TUNNELLING AND
TUNNEL MECHANICS

터널공학

터널굴착과 터널역학

Dimitrios Kolymbas 저

선우춘, 박인준, 김상환, 유광호
유충식, 이승호, 전석원, 송명규 역

씨아이알

저자 서언

터널공학은 급속히 발전하고 있는 흥미로운 기술 분야 중 하나이다. 또한 터널공학은 토목공학 분야 중에서도 새로운 기술의 발전이 지속적으로 이루어지는 몇 안 되는 분야 중 하나이다. 터널공학이 지금보다 더욱 중요한 기술로 자리 잡기 위해서는 새로운 도전과 공익에 기여하는 데 관심 있는 공학도들에게 기술이 널리 보급되어야 한다. 많은 사람들은 터널공학이 소수 전문가에 의하여 수행되는 기술 분야인 것으로 여기고 있다. 왜냐하면 터널기술이 이해하기 어렵고 많은 경험을 가진 전문가에 의해 독점되고 그 내용이 잘 공개되지 않기 때문이다. 저자는 이 책을 통하여 터널기술이 사람들에게 배타적인 기술이 아님을 설명하고자 한다. 따라서 저자는 과거 많은 연구와 시행착오를 겪어 얻어진 복잡한 기술의 정의와 상세 내용은 이 책에서 과감히 생략하고 터널기술을 쉽게 이해할 수 있도록 개념 설명에 주안점을 두었다. 이 책은 터널공학에 새로이 입문하는 독자에게 유용한 최신 정보를 간략하게 전달하도록 집필되었다.

암반역학은 토질역학에 비하여 학문적 발전의 여지가 많고 덜 알려져 있기 때문에 그 주요 원리들에 대한 설명을 이 책에 포함하였다. 또한 저자는 공학도에게 없어서는 안 될 이론과 실무의 통합적 관점에서 이 책을 저술하였다. 실무자들이 때때로 이론을 부정하는 경우가 있는데 (혹은 반대의 경우도 있음) 이는 애석한 일이다. 이 책에서 설명하는 이론은 흙과 암석의 거동을 이해하고 그들이 다양한 지보재와 어떠한 상호작용을 하는지 이해하도록 하기 위함이다. 이 책의 몇몇 장에서는 터널의 계획과 시공 과정을 설명하고 있으며 이 부분에서는 아무런 이론을 참고할 필요가 없다. 반면 몇몇 장에서는 실무와 이론적 내용을 동시에 설명하고 있다. 또한 어떤 장에서는 지금까지도 완전한 해답을 얻을 수 없는 이론적 내용에 대한 설명이 이루어진다. 이들은 모두 독자들에게 최신의 기술을 제공함은 물론 이론적 발전의 가능성과 연구에 대한 도전 정신을 불러일으키기 위하여 작성되었다. 실용적 측면은 흔히 상호 참조를 통하여 이론적 측면과 융합되므로 이 책에서는 참조할 수 있는 이론적 수식을 모두 부록에 수록하였다. 기본 개념과 실무 적용에 보다 관심이 있는 독자는 이론 부분을 건너뛰어도 무방하다.

개착식 터널 시공에 관한 내용은 이 책에서 포함하지 않았다. 지중연속벽과 같은 공법들은 이미 많은 지반공학 교재에서 다루어지고 있기 때문이다. 독자들은 재료의 강도, 공사비용, 공사기간 등 정량적 내용에 대한 서술을 접할 때 그 정량적 표현이 기술의 진보와 더불어 변화할 수 있음에 유의하기 바란다.

이 책에 포함된 내용은 저자의 주관에 의하여 저술되었으며, 저자의 관심 영역을 반영하고 있다. 저자의 저술 의도는 독자들에게 터널 시공과 관련된 개념을 제공하는 것이지 그와 관련된 모든 정보를 취합하여 제공하는 것이 아님을 이해하기 바란다. 각종 규정과 기준들은 상세하고 완벽한 내용을 담고 있지만 이 책의 분량이 늘어나는 것을 막고 이 책에서 다루어야 할 범주를 넘는다고 판단하여 싣지 않았다.

저자는 원고를 준비하는 데 큰 도움을 준 동료 Dr. Andreas Laudahn, Dr. Pornpot Tanseng, Dipl.-Ing. Markus Mähr에게 감사드린다. 또한 Professors Gerd Gudehus, Konrad Kuntsche, Cristos Vrettos와 Dipl.-Ing. Sigmund Fraccaro께서 소중한 제안을 하여 주신 데 감사드린다. 특히 저술과 관련하여 유익한 방법을 많이 알려 준 Yannis Bakoyannis께도 감사드린다. 이 책의 저술을 마무리하는 데 큰 도움을 주었고 그 도움이 없이는 이 책의 저술이 완성되지 않았을 내 동료 Dipl.-Ing. Ansgar Kirsch에게 감사드린다. 삽도 작성에 도움을 준 Michaela Major와 Alexander Schuh에게도 감사의 뜻을 전한다.

2005년 4월 Innsbrick에서

Dimitrios Kolymbas

역자 서문

터널공학은 20세기 후반부터 국내 일부대학을 중심으로 강의를 시작하였습니다. 그러나 그 대부분은 암반공학의 응용분야로써 강의하거나 상당부분 개론에 머무르는 수준이었다고 기억됩니다. 국내에서 터널공학이 본격적으로 학문으로써 자리 잡게 된 것은 상아탑 내의 노력과 함께 서울지하철 건설 중에 발생하는 문제점들을 해결하기 위해 국내의 우수한 엔지니어들의 헌신적인 노력의 결실입니다. 그들은 현장경험과 관련문헌으로부터 취득한 터널 및 지반공학적 이론들이나 개념들을 다양한 학회에 논문 또는 보고서 형식으로 발표하고 토론하는 과정에서 국내 터널공학을 학문으로써 자리매김하게 하였습니다. 이런 과정을 통해 국내에 뿌리내린 터널공학의 특성 때문에 강의교제도 충분하지 않았고 또한 학문으로써 인정받는 데에도 상당한 시간이 필요했습니다.

위에서 언급한 터널공학의 간단한 국내 진입과정을 통해서 알 수 있듯이 최근까지 대학 또는 현장 엔지니어에게 필수적인 터널공학 교재는 드문 것이 현실이었습니다. 이런 교재에 목말라하던 중 약 4년 전에 역자들은 Kolymbas가 발간한『Tunnelling and Tunnel Mechanics』책을 접하게 되었으며, 책의 구성과 내용이 교재로써 훌륭하다고 판단되어 2011년부터 터널공학을 공부하는 젊은 학자들을 중심으로 역자들을 구성하고 번역을 시작하게 되었습니다.

본 교재는 크게 세 부분으로 나누어집니다. 그 첫 번째가 'Part I: 설계'이며 그 내용이 학문 후속 세대뿐만이 아니라 이제 막 실무설계를 시작하려는 엔지니어에게 많은 도움을 줄 수 있도록 충실하게 되어 있습니다. 다음 부분은 'Part II: 터널굴착 역학'이며 터널공학에 필요한 기초부터 고급역학이론까지 체계적으로 정리한 영역입니다. 마지막 부분은 'Part III: 부록'이며 저자는 부록 내에도 매우 중요한 내용들을 정리해 두었습니다.

본 역서를 대학 교재로 사용 시에는 학부 4학년 학생들을 대상으로 하는 것이 적당할 것으로 판단되며, 지난 몇 년간 본 교재를 이용하여 학부 4학년생들에게 강의해 본 경험에 비춰보면 Part II를 1학기에 강의하고 Part I을 2학기에 강의하는 것이 대부분의 학생들이 편하게 터널공학을 이해할 수 있었다고 기억됩니다. 또한 학부 4학년 2학기에 Part I의 일부분만 강의하고 대학원에서 본 교재를 연속적으로 강의한 결과도 학습효과가 매우 높았습니다. 이처럼 대학 및 학과의 특성에 맞게 본 교재를 운용할 수 있다는 점이 본 교재의 큰 장점이라고 할 수 있습니다. 또한 본 역서는 현장 엔지니어에게 훌륭한 참고문헌이 될 수 있다고 판단되며, 현장에서 발생 가능한 수많은 문제들에 대한 해결 방안을 체계적이며 공학적으로 제공할 수 있는 참고서적임에 틀림없습니다.

본 역서는 저자의 저술의도를 완벽하게 이해하고 원서 내의 공학적 의미를 국내 독자들에게 전달해 주기 위해 노력하였지만, 아직 완벽하다고 할 수 없습니다. 계속적으로 독자와 소통하고 교육일선에서 수업을 진행하면서 보완하고 개정할 것을 약속하겠습니다.

끝으로 국내 터널공학 교육분야의 발전에 미력하나마 도움이 될 수 있는 본 교재가 나오기까지 인내심을 가지고 물심양면으로 도움을 주신 도서출판 씨아이알의 김성배 사장님과 출판부 직원들에게 진심으로 감사를 드립니다.

2013년 8월

대표역자 박인준

목 차

저자 서언 ··· iii
역자 서문 ··· v

Part 1. 설계

01 서론

1.1 터널이 주는 혜택 ··· 3
1.2 통계적 검토 ··· 3
1.3 터널에서의 용어들 ··· 6
1.4 횡단면 ··· 7
1.5 선형 ··· 16
1.6 지하수로 터널 ··· 18
1.7 기준과 권고사항들 ··· 20
1.8 비용 ··· 22
1.9 계획과 계약 ··· 23

02 터널 설비

2.1 교통제어를 위한 터널 내 설치물 ··· 29
2.2 통신을 위한 설비 ··· 30
2.3 환기 ··· 30
2.4 화재방지 ··· 40
2.5 도로 터널의 조명 ··· 48
2.6 배수 ··· 51
2.7 현대적인 도로 터널의 설비 사례 ··· 52
2.8 도로 터널의 안전 등급 ··· 54

03 지반조사와 기재사항

3.1 지반조사 57
3.2 현장 조사 60
3.3 지구물리 탐사 63
3.4 절리 64
3.5 풍화 69
3.6 암반 평가 및 분류 69
3.7 보고서 72

04 터널굴진

4.1 전단면과 분할단면 굴착 75
4.2 굴착 80
4.3 천공과 발파 84
4.4 쉴드 굴진 91
4.5 TBM과 재래식 굴진방식의 비교 113
4.6 암석 굴착 115
4.7 굴착단면 윤곽 126
4.8 버력처리 127

05 지보재

5.1 지보재의 기본개념 129
5.2 숏크리트 130
5.3 강재 철망 135
5.4 암반 보강 136
5.5 목재 지보 142
5.6 아치 지보 143
5.7 훠폴링 145
5.8 막장 지보 147
5.9 밀봉 147
5.10 지보를 위한 추천사항 148
5.11 임시 및 영구 라이닝 150
5.12 영구 라이닝 150
5.13 단일-쉘 라이닝 154

06 그라우팅 공법 및 동결공법

6.1 저압 그라우팅 …… 155
6.2 토사 균열, 보상 그라우팅 …… 158
6.3 제트 그라우팅 …… 158
6.4 주입재 …… 160
6.5 암석 그라우팅 …… 162
6.6 선진 그라우팅 …… 164
6.7 토사 동결 …… 164
6.8 동결의 전파 …… 166

07 NATM

7.1 HSE 개요 …… 169

08 지하수의 관리

8.1 암반에서의 유체 흐름 …… 173
8.2 시공단계에서의 지하수 유입 …… 178
8.3 배수 또는 방수? …… 179
8.4 배수 …… 179
8.5 원형 배수 터널로의 지하수 유입 …… 183
8.6 배수의 영향 …… 187
8.7 방수 …… 188
8.8 터널공사에서의 토목섬유 …… 190

09 압기공법

9.1 건강문제 …… 193
9.2 숏크리트에 미치는 영향 …… 195
9.3 분발 …… 195

10 하 · 해저 터널

10.1 침매 터널 ······ 198
10.2 케이슨 ······ 200

11 수갱

11.1 수갱 굴진 ······ 205
11.2 수갱에 작용하는 토압 ······ 208

12 시공 중 안전

12.1 건강 재해 ······ 209
12.2 터널공사에서의 전기설비 ······ 213
12.3 통제 ······ 215
12.4 위험관리 ······ 217
12.5 비상 계획 및 구조 개념 ······ 217
12.6 안전의 정량화 ······ 218
12.7 붕괴 ······ 219

Part 2. 터널굴착 역학

13 흙과 암석의 거동

13.1 흙과 암석 ······ 227
13.2 물체의 거동에 대한 일반적인 관점 ······ 227
13.3 탄성 ······ 229
13.4 소성 ······ 231
13.5 강도 ······ 233
13.6 최대 변형 이후 ······ 242
13.7 이방성 ······ 246
13.8 흙과 암석의 점성과 속도 의존성 ······ 248
13.9 크기 효과 ······ 250
13.10 개별요소 모델들 ······ 254
13.11 암반강도 ······ 255
13.12 팽창 ······ 259
13.13 현장 실험 ······ 262

14 고심도 원형터널의 응력장과 변형장

14.1 해석해의 근거 267
14.2 기본 원칙들 267
14.3 초기응력 273
14.4 유체 정역학의 초기응력 275
14.5 소성화 278
14.6 지반 반응선 284
14.7 공내재하시험기, 이론적 배경 287
14.8 지보 반응선 288
14.9 터널과 수갱에 대한 강성블록의 변형 메커니즘 291
14.10 압착 293
14.11 지반의 연화 302

15 앵커와 볼트의 지보작용

15.1 패턴 볼팅의 영향 306

16 천층 터널의 근사해

16.1 Janssen의 사일로 방정식 315
16.2 트랩도어 319
16.3 천정부와 인버트에서의 지보압 323
16.4 라이닝 및 라이닝 내부에 작용하는 힘들 328
16.5 상하계정리에 기반을 둔 추정치 330

17 굴착 막장의 안정성

17.1 자중 지반에 대한 근사해 333
17.2 수치해석적 결과 334
17.3 상하계정리에 따른 굴착 막장의 안정성 335
17.4 굴착 막장의 무지보 유지시간 338

18 터널에 미치는 지진의 영향

18.1 개요 339
18.2 부과된 변형 340

19 지표 침하

19.1 침하 추정 343
19.2 그라우팅에 의한 침하의 복원 348
19.3 터널공사에 의한 건물 손상 위험 350

20 터널굴착에서의 안정성 문제

20.1 암석파열 353
20.2 매설된 파이프의 좌굴 354

21 모니터링

21.1 수준측량 360
21.2 변위 및 내공변위 측정 360
21.3 지중변위계 및 경사계 361
21.4 라이닝 내부에서의 응력 계측 364
21.5 초기응력 측정 366
21.6 계측을 위한 단면 369

22 터널의 수치해석

22.1 총론 371
22.2 지반반력 방법 377
22.3 숏크리트 라이닝 설계와 관련된 어려움 379

Part 3. 부록

A 부록 385
B 부록 391
C 부록 393
D 부록 399
E 부록 403
F 부록 407
G 부록 411
H 부록 413
찾아보기 417

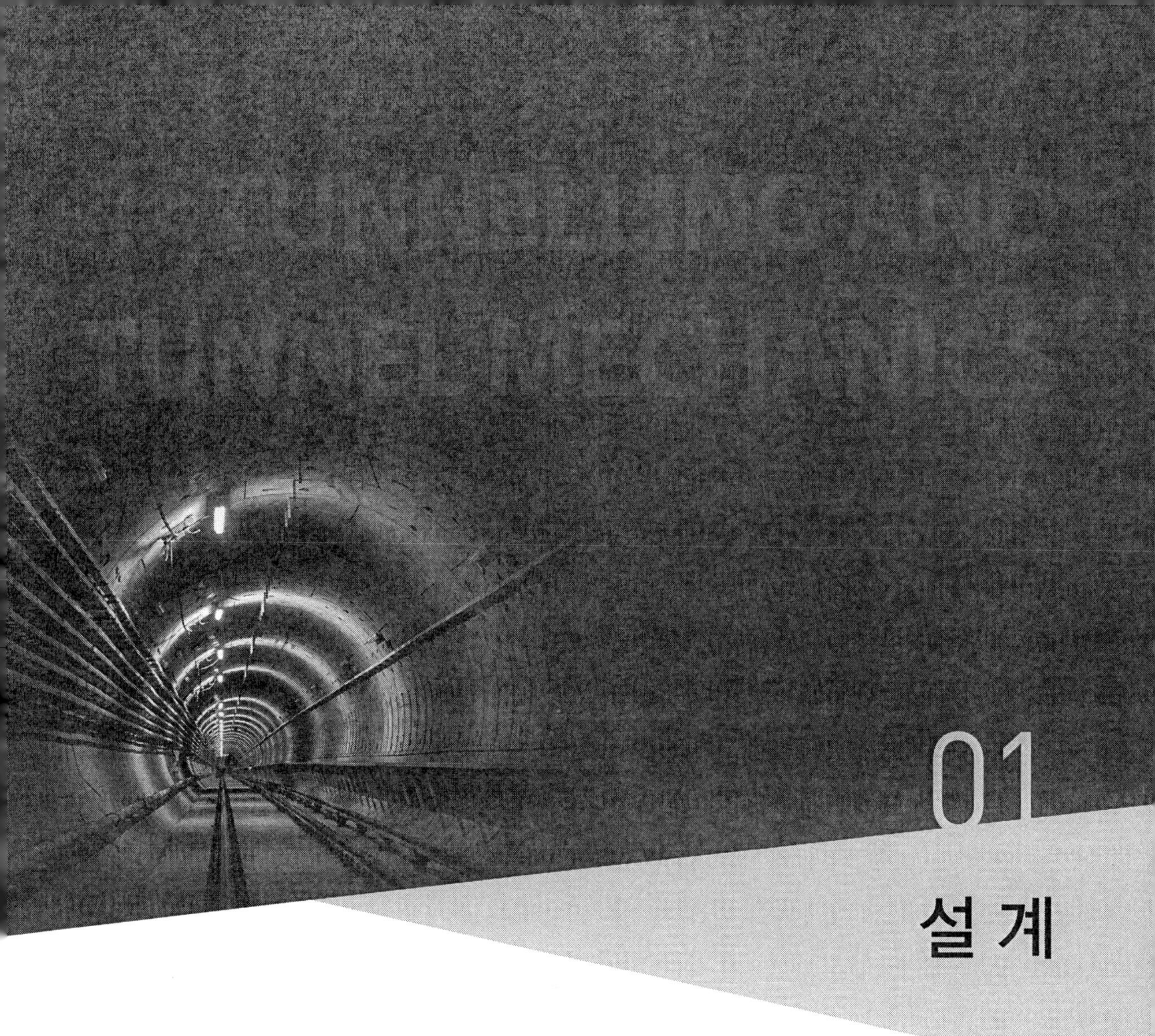

01 설계

01 서론

Tunnelling and Tunnel Mechanics

1.1 터널이 주는 혜택

터널의 필요성과 터널들이 가져다 주는 혜택들은 과대평가될 수 없다. 터널은 연결성을 개선하고 라이프 라인(역자주: 생활을 유지하기 위한 여러 시설. 도로, 철도, 항만 등의 교통시설, 전화, 무선, 방송시설 등의 통신시설, 상하수도, 전력, 가스 등의 공급처리시설 등)을 단축시켜 준다. 교통을 지하로 이동시킨다면 지상의 삶의 질은 개선될 것이고, 이를 통한 엄청난 경제적 영향을 미칠 수 있을 것이다. 저장시설, 전력, 물처리시설, 시민대피시설 그리고 기타 활동을 위한 시설들을 위해 지하공간을 활용하는 것은 제한된 공간, 안전한 운용, 환경보호 및 에너지 절약이라는 측면에서 매우 바람직하다. 물론, 터널건설은 위험하고 비용이 많이 들며, 높은 수준의 기술력이 요구된다.

1.2 통계적 검토

터널은 지속적으로 건설되고 있고, 터널들의 소유주들과 용도들은 매우 광범위하다. 결과적으로 어떠한 통계자료라도 현재 상황의 근사치에 불과할 수밖에 없다. 다음의 표들은 잘 알려져 있는 터널들에 관한 정보들이다.[1)]

1) 터널역사에 대한 개관들은 다음의 문헌에서 볼 수 있다: K. Széchy, Tunnelbau, Springer-Verlag, Wien, 1969; Z.T. Bieniawski, Rock Mechanics Design in Mining and Tunnelling, Balkema, 1984. M, Sintzel und G, Girmscheid: Vom Urner Loch zum NEATProjekt: das Abenteuer der Alpendurchquerung, *Spektrum der Wissenschaft*, August 2000; A. Muir-Wood, Tunnelling: Management by design, Spon, London, 2000.

• 가장 오래된 터널

Eupalinos 터널(Samos, 500BC)	1km
Urner Loch(1707, 스위스의 첫 번째 알프스 터널)	64m
Mont-Cenis(France-Italy, 1857~1870, 또한 Fréjus 터널이라고 불림)	12km
St. Gotthard 철도 터널(Switzerland, 1872~1878)	15km

• 가장 긴 터널

Seikan(Japan, 1981~1984)	54km
Euro-tunnel(France-England, 1986~1993)	50km
Simplon 1(Switzerland-Italy, 1898~1906)	20km
Grand-Apennin(Italy, 1921~1930)	19km
New Gotthard(Switzerland, 1969~1980)	16km

• 오스트리아의 긴 터널

Arlberg(1977~1977) 도로	14.0km
Arlberg(1880~1884) 철도	10.3km
Plabutsch	9.9km
Gleinalm(1973~1977)	9.9km
Tauern(1903~1909) 철도	8.5km
Karawanken(1902~1906)	8.0km
Landeck	7.0km
Pfänder	6.7km
Tauern(1970~1975) 도로	6.4km
Bosruck	5.5km
Katschberg(1971~1974)	5.4km
Felbertauern(1963~1966)	5.3km

• 긴 구간의 지하철

New York	221km
London	414km
Paris	165km
Moscow	254km

오스트리아의 터널 현황은 아래와 같다.[2)]

	개통구간(km)	공사구간(km)	계획구간(km)
도로 터널	343	41	119
철로 터널 ÖBB 지하철	150 15	50	275

Landeck 우회로 터널(길이 7km)은 2000년에 완공되었으며, 5.8km의 Strengen의 병렬 도로 터널의 공사는 2001년에 시작되었다(2005년 완공 예정).

2) 2004년 말의 자료. 주어진 터널들의 길이는 tube의 총 길이를 의미한다.
예) 55km Brenner 베이스 터널은 160km의 터널 tube를 지닌다.

독일의 터널 현황은 아래와 같다.[3)]

	공사구간(km)	예정구간(km)
도로 터널	37	130
철로 터널 DB 도시철도	35 32	247 84

스위스의 터널 현황은 아래와 같다.[4)]

	개통구간(km)	공사구간(km)
도로 터널	322	86
철도 터널	392	101

• 스위스 철로 터널

터널	공사기간	길이(km)	최장 높이(m)
Gotthard	1873~1882	14.9	1,800
Simplon 1	1898~1906	19.8	2,150
Lötschberg	1906~1913	14.5	1,600
Simplon 2	1912~1921	19.8	2,150
Furka	1973~1982	15.4	1,500
Vereina	1991~1999	19.0	1,500

• 스위스 도로 터널

Gotthard	1970~1980	16.9	1,500
Seelisberg	1970~1980	2 × 9.3	1,300

• Alp 관통 터널

Gotthard	1993~	2 × 56.9	2,300
Löstchberg	1994~	2 × 41.9	2,300

57km의 길이를 갖는 Gotthard 베이스 터널은 아마 2015년에 완공이 된다면 세계에서 가장 긴 터널이 될 것이다.

네덜란드에선 몇 개의 대형 프로젝트가 완성되어, 현재 진행 중에 있거나 계획단계에 있다.[5)]

- Old Mass 하부의 제2 Heinenoord 터널(2 × 945m)
- Old Mass 하부의 Botlek 철도 터널(2 × 1,835m) : 독일과 네덜란드의 로테르담을 연결하는 화물열차용 160km 길이의 Betuweroute의 구간

3) 2004년 초기에 대한 자료. STUVA(www.stuva.de)
4) 2003년 초기에 대한 자료. Tunnerling Switzerland, Swiss Tunnelling Society, Bertelsmann 2001.
5) E. Gurkan, W. Fritsche, Transport Tunnels in the Netherlands built by Shield Tunneling, *Tunnel* 8/2001, pp.6~17.

- Westerschelde 터널 : 6km 길이의 병렬 도로 터널
- Sophia 터널 : Betuweroute의 4.24km의 병렬 터널
- Pannerdesch 운하하부 터널 : Betuweroute의 1.62km의 병렬 터널
- Groene Hart 터널 : 고속열차용 7.16km 길이의 터널

이탈리아의 새로운 고속열차 노선 Bologna-Firenze는 140m^{2}의 횡단면을 갖는 약 78km의 2차선 터널이 포함되어 있으며 전 노선의 92%를 차지한다. 가장 긴 터널들은 Firenzuola(14.3km), Raticosa(10.4km) 그리고 Pianoro(9.3km)이다.

스페인에서는 28.4km 길이의 병렬 철로 터널 Guadarrama이 4개의 더블 쉴드(2대의 Herrenknecht와 2대의 Wirth)로 연약대를 포함하는 경암(편마암과 화강암)을 관통해 굴진되고 있다.

일본의 고속철도인 Shinkansen에는 많은 터널들이 건설되었다. 그 중 가장 긴 터널이 22.2km의 Daishimizu이다. 2000년 4월에 일본 도로터널의 총 길이는 2.575km에 이른다.[6)]

중국에 대한 낙관적인 평가는 매년 180km의 수로용 터널, 40km의 광산용 터널 그리고 300km의 교통용 터널 공사가 예측되고 있다.

1.3 터널에서의 용어들

그림 1.1과 1.2와 같이 터널의 횡단면과 종단면을 고려할 때, 다양한 위치들은 지정된 명칭으로 표시된다. '측점(chainage)'이라는 단어는 고정 기준점으로부터의 거리에 의해 정의되는 터널축 선상에 있는 한 점을 식별하기 위해 사용된다.

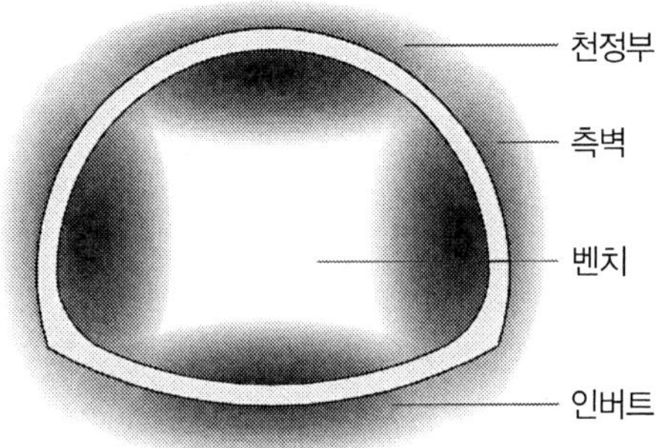

그림 1.1 터널 단면의 구성

6) H. Mashimo, State of the road tunnel safety technology in Japan, *Tunnelling and Underground Space Technology*, 17, 2002, pp.145~152.

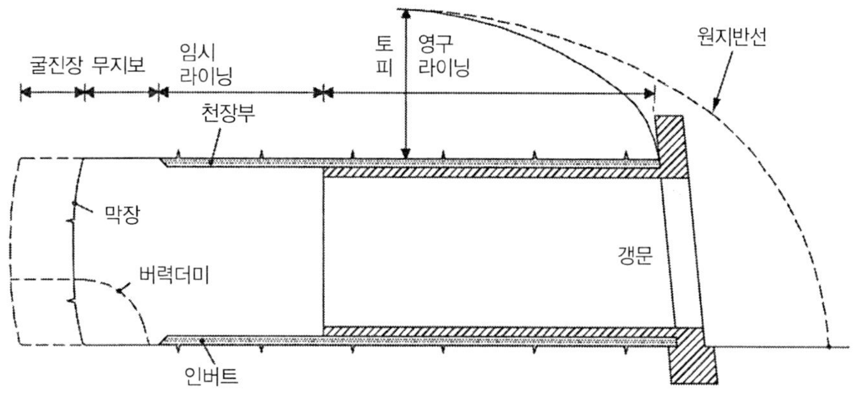

그림 1.2 굴진 종단면

1.4 횡단면

터널 횡단면의 모양을 단면형태(프로파일, profile)라고 부른다. 단면의 형태들은 다양하다. 예를 들어, 직사각형 단면들이 있다. 하지만 가장 많이 쓰이는 형태는 원형(그림 1.9)과(대부분 타원형) 입 모양(그림 1.4)이다. 단면형태의 선택은 터널의 활용에 필요한 요구사항을 수용하는 것을 목적으로 한다. 또한 선택은 굴착과 라이닝에 대한 비용뿐만 아니라 라이닝에서의(이것은 하중이 정확히 평가될 수 없기 때문에 종종 학문적일 수 있다.) 휨 모멘트를 최소화하도록 노력해야 한다. 단면형태의 선택에서 더 추가할 요소들은 환기, 유지관리, 위험관리, 터널 이용자들의 밀실공포증의 방지 등이 있다.

입모양 단면형태는 원형의 구획들로 이루어진다. 인접 곡률반경들의 비율은 5($r_1/r_2 < 5$)를 초과하지 말아야 한다. 최소 반경은 1.5m보다 작아서는 안 된다. 연암의 경우에는 라이닝의 하부는 주변 지반으로부터의 하중을 받는다는 것에 주목해야 한다. 따라서 인버터에서 정역학적 관점으로부터 곡선 단면이 바람직하다(16.3절 참조).

다음의 관계식은 입모양 단면형태에 대한 기하학적 성질들을 나타낸다. 초기 매개변수 r_1, r_2, r_3로 다음과 같이 구해진다.

$$\sin\beta = \frac{r_1 - r_2}{r_3 - r_2}$$

$$c = \sqrt{r_3^2 - 2r_2(r_3 - r_1) - r_1^2}$$

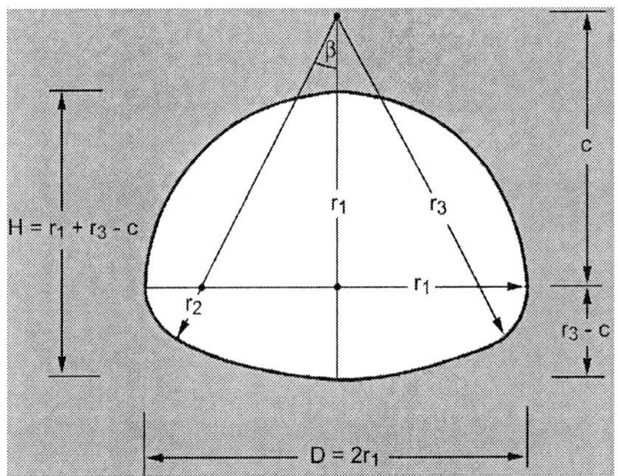

그림 1.3 입모양 터널 단면형태의 기하학적 구조

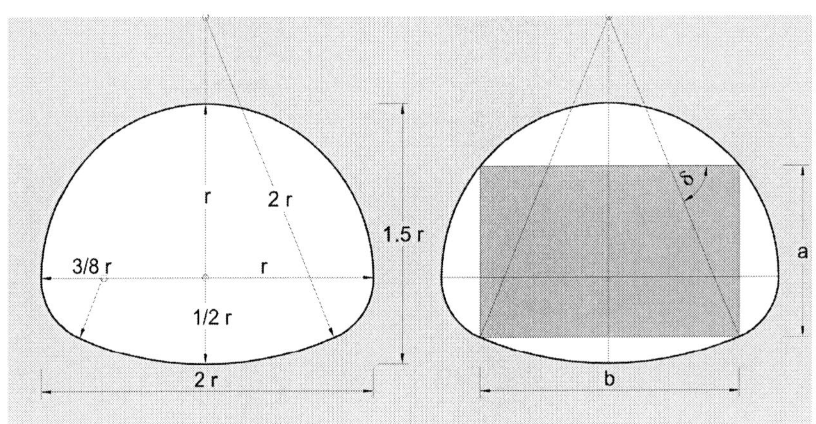

그림 1.4 입모양 터널 단면형태의 예

횡단면적 $A = \frac{\pi}{2} r_1^2 + \left(\frac{\pi}{2} - \beta\right) r_2^2 + \beta r_3^2 - (r_1 - r_2)c$; ($\beta$ 라디안으로 표시)

높이 $H = r_1 + r_3 - c$

너비 $D = 2r_1$

터널설계에서의 일반적인 문제점은 입모양의 단면형태 안에 직사각형을 맞춰 넣는 것이다(그림 1.4). 즉, 입모양 단면형태가 직사각형을 포함하도록 r_1, r_2, r_3를 선택하는 것이다. 하나의 가능한 방법은 다음과 같다.

1. r_1을 정한다.

2. $\cos\delta = \frac{b}{2r_1}$를 계산한다.

3. $r_3 = \frac{1}{\sin\delta}\left(a + c - \sqrt{r_1^2 - \frac{b^2}{4}}\right)$를 계산한다.

4. r_2를 정한다. (예를 들어 $r_2 = r_3/5$)

직사각형의 밑변들은 반경이 r_3인 원 위에 놓인 것으로 가정한다. 종종 터널의 크기는 횡단면적에 의해 결정된다. 일반적인 횡단면적의 크기는 다음과 같다.

일반적인 터널 횡단면	면적(m^2)
하수도	10
수력발전 수로 터널	10~30
도로 터널(단선)	75
철로 터널(단선)	50
지하철 터널(단선)	35
고속철로 터널(단선)	50
고속철로 터널(복선)	80~100

다음은 터널 횡단면의 일부 예들을 나타내는 것이다.

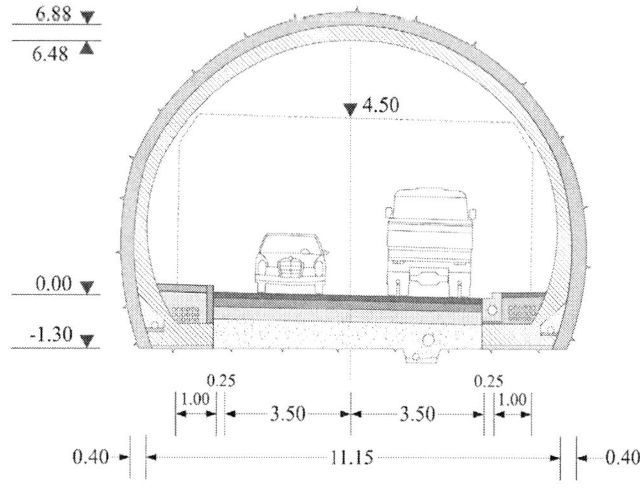

그림 1.5 Hochrheinautobahn-Bürgerwald 터널, A 98 Waldshut-Tiengen

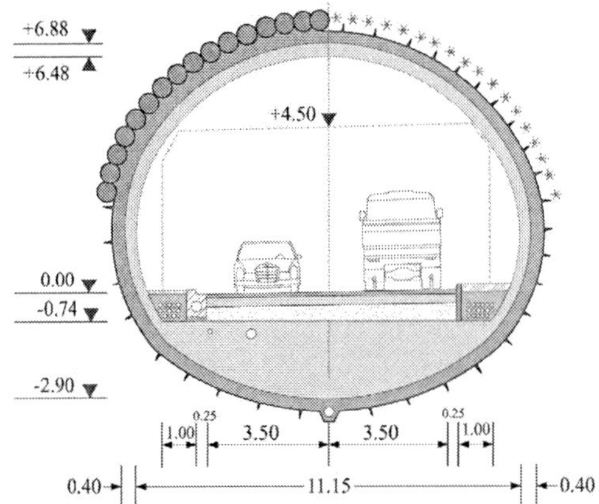

그림 1.6 Hochrheinautobahn-Bürgerwald 터널, A 98 Waldshut-Tiengen

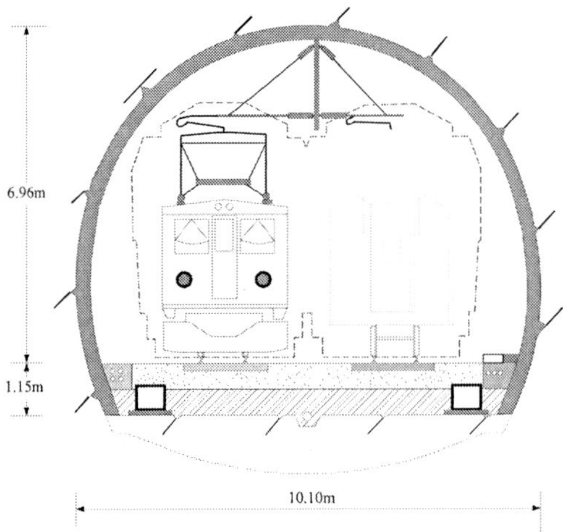

그림 1.7 Vereina Tunnel South, Rätische Bahn; 복선

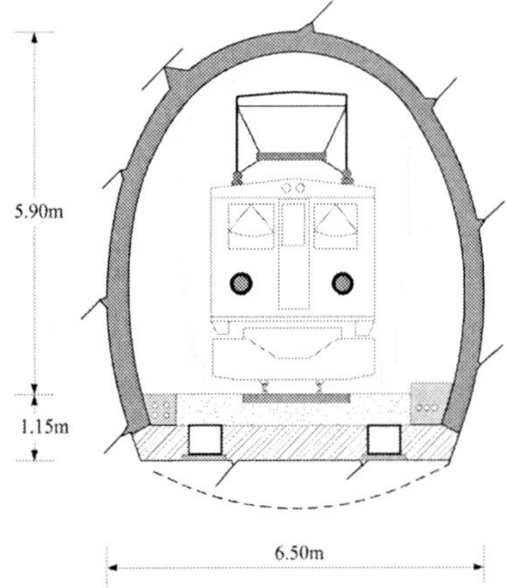

그림 1.8 Vereina Tunnel South, Rätische Bahn; 단선

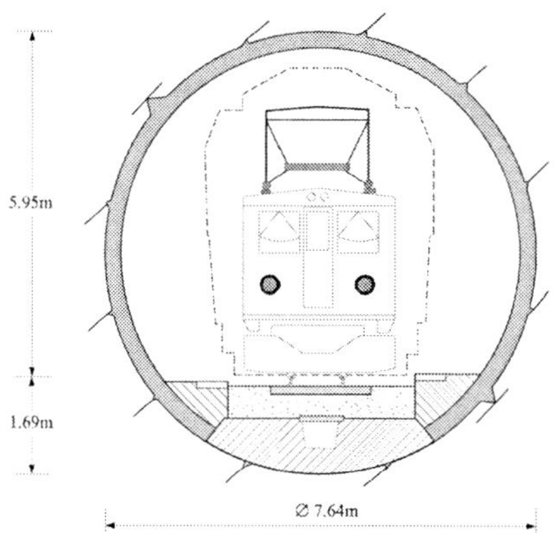

그림 1.9 Zugwaldtunnel Rätische Bahn; 단선

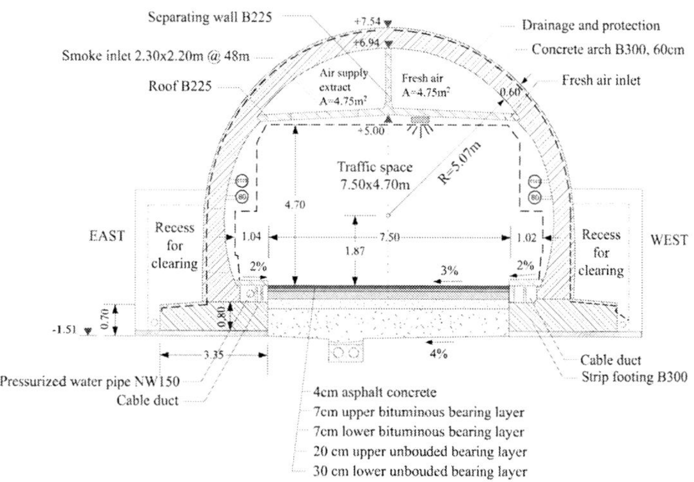

그림 1.10 Landeck 터널의 남부 우회로

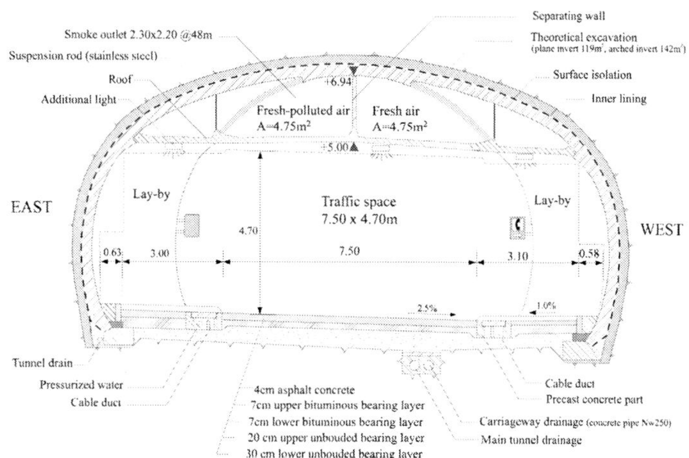

그림 1.11 Landeck 터널의 남부 우회로

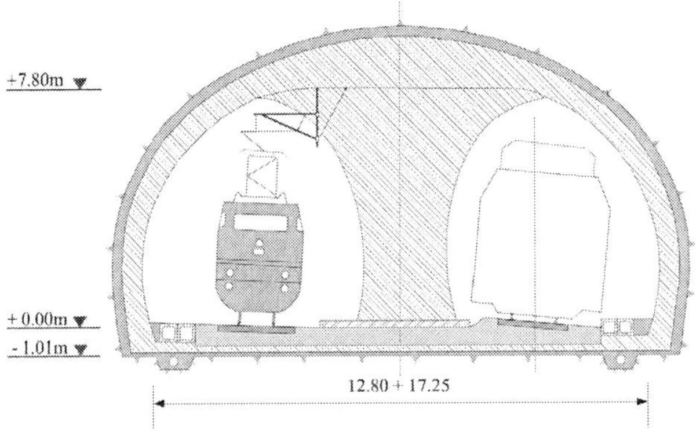

그림 1.12 Markstein/Nebenweg 터널

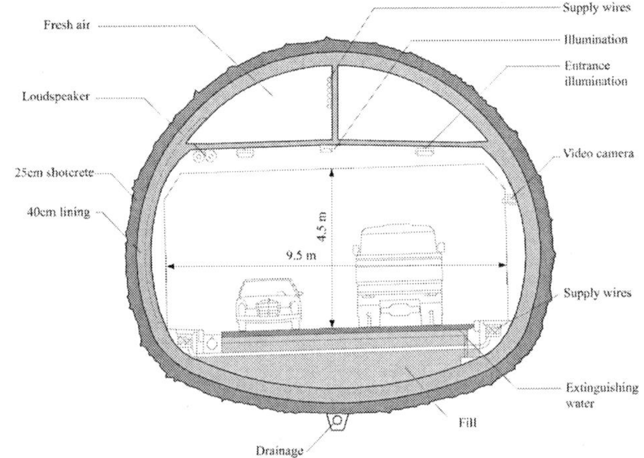

그림 1.13 Heslach의 B14 우회로

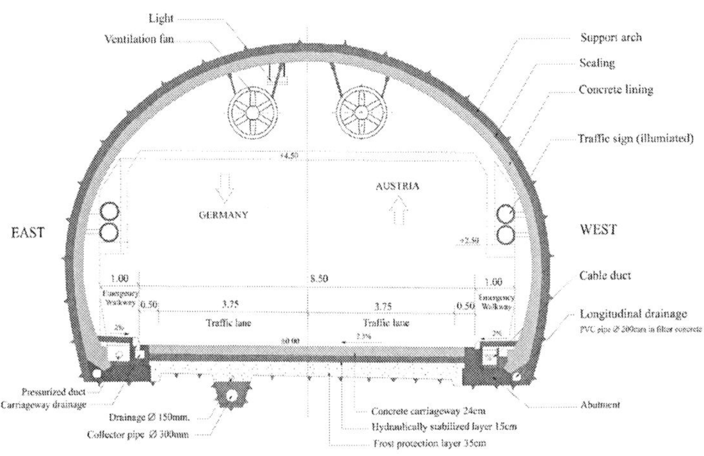

그림 1.14 Füssen 터널

1.4.1 도로 터널

도로 터널의 여러 구획들은 그림 1.15와 같이 명명되어진다.[7] 각 구획의 설계에 대한 규정들은 여러 국가에서 다르게 규정하고 있으며, 이 절에서 표시되는 그림들은 주로 PIARC 권장사항에 의거한 것이다.

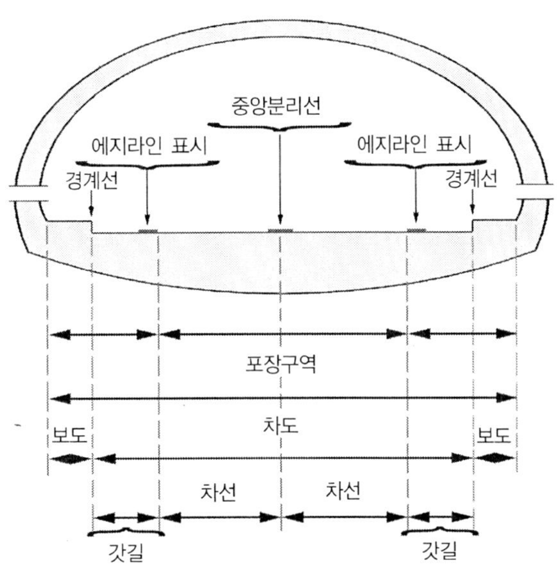

그림 1.15 PIARC에 따른 도로 터널의 구획구분

터널 설계에서는 다음과 같은 사항들을 고려해야 한다. 고려 대상 터널에 대한 지배적인 규정에 따라서 예상 교통량, 안전설비(비상구, 대피 터널, 비상대피구역, 차량 유턴구역), 차량 고장을 위한 설비[8], 도로의 평면선형과 종단선형(1.5절 참고), 그림 1.15와 같이 각 구성요소들의 너비 그리고 수직의 여유공간이 있다.

일부에 대한 일반적인 제안은 다음과 같다.

교통용량 : 교통용량은 다양한 요소들에 의해 정해지는데, 그 중에 도로의 너비와 대형차량의 비율, 종단 경사 등이 있다. 터널에서의 교통용량은 고속도로의 노출된 도로구간보다 약간 더 높게

7) World Road Congresses; Technical Committee on Road Tunnels PIARC, Cross Section Design for Bi-Directional Road Tunnels, 2004.

8) 고장은 교통체증을 제외한 어떤 이유에서든 터널 내 차량의 정지상태로 정의된다.

나타나는데, 이것은 아마도 터널에서 운전자의 증가된 정신집중 때문이다. 프랑스의 규정에 따르면, 양방향 시내 터널의 교통용량은 2,200pcph(시간당 승용차의 수)이고, 양방향의 산지 터널의 교통용량은 2,350pcph이다. 양방향 터널에서의 제한속도는 80~90km/h이다.

폭 : 차도에 대한 권장 폭은 3.50m(북미 : 3.65m)이다. 차선 표시의 너비는 15cm 이상이어야 한다. 안전을 이유로 대형화물차량이 반대 차선을 완전히 방해하지 않고, 정지해 있는 차량을 추월할 수 있도록 도로의 폭은 8.5m 이상이어야 한다.

갓길은 다음 사항을 위한 것이다.

- 차도의 용량을 늘림
- 에지라인을 가로지르는 운전자에게 여유공간을 제공
- 고장차량을 위한 공간을 제공
- 구조작업 수행을 위한 비상 차선을 제공
- 유지보수작업을 용이하게 해줌

그러므로 2.50~3m의 폭을 가지고 있어야 한다. 만약 비상이나 고장 차선과 같은 기능을 할 수 있는 1.0m~2.5m의 중앙분리대를 포함하는 도로에서는 갓길의 너비가 최소 0.50m까지 축소될 수 있다.

보도 : 보도는 직원들이나 사고 시에 보행자들을 위해 사용된다. 또한 정지된 차량으로부터 문을 열거나 차량의 비상구의 문을 여는 공간을 제공해 준다. 폭은 0.75m가 일반적이다. 일반 보행자나 자전거보행자는 일반적으로 터널에 출입하도록 허용되어서는 안 된다. 보도는 도로경계석[9)]으로 차도에 비해 7~15cm 정도 높여야 한다. 대안으로, 보도를 roll-over 경계석으로 설치되는 경우가 있는데, 이 경우에 이것들은 고장난 차량들에 의해 사용될 수 있다.

수직 여유공간 : 다음의 것들 사이에는 구별되어야 한다.

- 최소 헤드룸(headroom) = 대형 화물차량의 설계 높이에 차량의 움직임에 필요한 허용 공간을 더함. 4.20m가 권장된다.
- 유지되어야 하는 헤드룸[10)]

  표지판들이나 조명, 팬 등을 위한 추가적 허용공간은 0.20~040m 사이이다. 보도 위의 헤드룸은 2.30m가 되어야 한다. 만약 보도가 roll-over 경계석을 통해 차량들에 접근할 수 있다면, 그때

9) U.S.: curb
10) 미국: 재포장 후 허가된 차량의 안전한 통과를 위해 언제나 확보되어야 하는 헤드룸, 권장높이: 4.50m(RVS: 4.70m)

는 앞에서 언급된 헤드룸이 유지되어야 한다.

오르막 차선 : 대형 차량의 속도가 50km/h 아래로 떨어지기 때문에 3m 너비의 오르막 차로가 계획되어야 한다.

비상대피구역 : 비상대피구역은 고장난 차들을 수용하기 위해 계획된다. 이들 구역의 간격은 교통밀도가 증가함에 따라 감소하게 된다. 그러나 차량 고장은 정확히 비상대피구역이 있는 곳에서 일어나지 않는다는 것에 주목해야 한다. 비상대피구역의 변형이 턴어라운드(turn-around) 지점이다.

하루 교통량이 한 차선에서 10,000대의 차량[11]이 초과하는 곳에서는, 한 방향의 병렬 터널이 고려되어야 한다. 병렬 터널이 더 안전하고 또한 유지관리면에서도 더 선호된다. 화재발생의 경우 터널간 연결대피로가 있는 병렬 터널에선 탈출과 구조 활동을 위한 접근이 더 용이하다. 첫 번째 터널굴진으로 부터 얻은 정보들을 사용함으로써 두 번째 터널 막장에서의 시공은 지질적인 위험이 감소될 수 있다는 것에 주목해야 한다.

1.4.2 철로 터널

종종 경제적으로 더 양호한 양방향 복선의 단일 터널과 더 안전한 병렬 터널 사이에 선택이 필요하다.[12] 필요로 하는 횡단면은 철도회사들에 의해 명시되어 왔다. 예를 들면, 독일 철도(DB)는 단선의 고속철 터널에 대한 원형의 횡단면을 반경 4.9m로 설계했다. 복선 터널을 위해선 92에서 101m^{2}의 횡단면이 요구되었지만 개량된 전선 지지대의 설치로 이 단면은 약 82m^{2}으로 축소될 수 있었다.

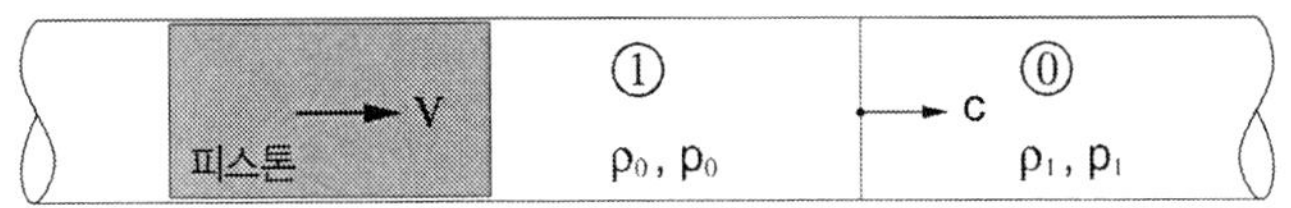

그림 1.16 튜브 내에서 피스톤의 움직임

11) 또한 다음과 같이 불림. Annual Average Daily Traffic(AADT) = 1년 동안의 총 교통량을 365일로 나눔. 매일 통과된 차량의 수로 표시

12) 참조; R. Grüter and W. Schuck: Tunnelbautechnische Grundatzentscheidunger für den Bau neuer Schnellfahrstecken für die Deutsche Bahn A.G, Vorträge der STUVA-Tagung 1995 in Stuttgart, 38-44, 다른 참조: E Knoll: Sicherheit imbahn Tunnel – Der Schlern Tunnel in Sudtirol – Eine neue Sicherheitsphilosphi. *Österreichische Ingenieur – und Architektenzeitschrift*, 142. Jg., Heft 11-12/ 1997, pp.789~800.

고속열차가 터널로 진입함에 따라 생성되는 공기역학적인 공기압력은 승객들에게 불편함을 일으킬 수 있고(객차가 압력 밀폐형이 아니라면), 라이닝에 작용하는 하중을 일으킬 수 있다. 이와 같은 공기역학적 효과는 만약 피스톤을 빠른 속도로 튜브에 넣었을 때를 생각하면 이해될 수 있다(그림 1.16). 피스톤과 튜브 사이의 틈새를 무시한다면, V의 속력으로 움직이는 피스톤은 앞에 있는 공기를 같은 속력으로 움직이게 한다. 이로 인해 c의 속력으로 움직이는 압밀 충격을 일으킨다. 그것은 다음과 같다(부록 E를 참조).

$$c = \frac{1}{2}\left(V + \sqrt{V^2 + 4\frac{p_0}{\rho_0}k}\right) \tag{1.1}$$

실제, 공기는 열차와 터널 벽 사이의 틈새를 통해 뒤로 빠져나갈 수 있다. 따라서 열차 앞쪽에서 밀어낸 공기쿠션에서의 압력은 틈새의 길이가 길어짐에 따라 점차적으로 증가한다. 바우 쇼크(bow shock) 전선이 갱문에 도달하면 희박쇼크(rarefaction shock)는 열차/피스톤 쪽으로 뒤로 이동하게 되고 그곳에서 갑작스런 압력저하가 일어난다. 실질적인 수치는 절대치로만 구해질 수 있으며, 그림 1.17과 같다.

양방향 터널의 복선과 관련하여, 터널 내에서 화물열차의 화물이 떨어질 우려가 있기 때문에 고속열차가 화물열차와 마주쳐서는 안 된다는 것을 참작해야 한다.

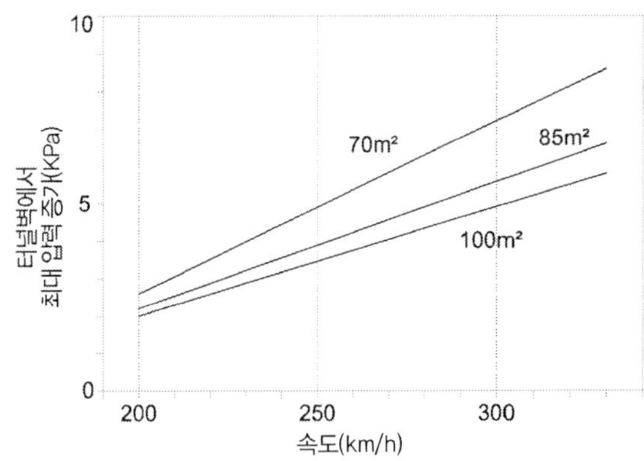

그림 1.17 고속열차의 진입에 따라 터널벽에서 생성된 공기역학적인 압력

1.5 선형

적절한 선형의 선택을 위해, 여러 가지 측면이 고려되어야만 한다: 지반공학적, 수문학적 그리고

위험 관리 문제들. 주요 지반공학적 관점은 불량한 암석과 불리한 지하수를 피하는 것이다. 선형 선정 또한 굴착방법(천공과 발파 혹은 TBM)에 영향을 받는다. 환경 훼손을 최소화하기 위해, 진동(예를 들어, 발파로 인한), 소음과 환기(① 오염된 공기의 처분은 인접해 있는 것들에 손상을 주어선 안 된다. ② 환기수갱이 너무 길어선 안 된다)의 측면에서 고려되어야 한다. 도로 터널에선 1,500m 이상의 직선 선형은 운전자의 집중력을 흐릴 수 있기 때문에 피해야 한다.

또한, 한 점에 대한 과도한 집중을 방지하기 위해, 터널의 마지막 몇 미터 정도는 평면상으로 완만한 커브를 갖도록 한다.

딜레마는 높은 고도의 터널과 베이스 터널 중의 선택이다(그림 1.18). 한편 높은 고도의 터널은 훨씬 짧으며, 지질적인 위험도 줄어든다(줄어든 토피 때문에). 반면에 동력 사용 및 장비의 마모가 증가하기 때문에 공사비용이 비싸진다. 속력이 감소되고, 겨울 동안에 교통 장애 혹은 지연들도 감안해야 한다. 베이스 터널은 훨씬 더 길어지고 그러므로 그만큼 더 많은 공사비용과 시공도 어렵다. 하지만 운영상의 많은 이점을 제공한다. Stuttgart-Heilbronn 고속도로의 Engelberg 터널의 예를 고려해 보자. 오래된 높은 고도 터널의 길이는 약 300m이며, 6%의 경사를 갖는 진입 경사로가 있다. 결과적으로, 대형 트럭들은 저속 주행을 해야 했고, 이것이 교통체증을 일으켰다. 새로운 베이스 터널(1999년 완공)은 길이가 2 × 2.5km이며, 최대 0.9%의 경사를 지닌다. 각 터널은 세 개의 차선과 한 개의 비상차선을 갖는다. 그 결과, 교통용량이 급격히 증가하게 되었다.

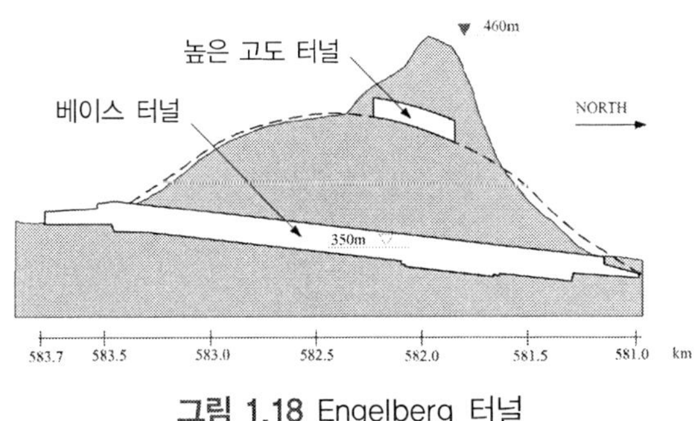

그림 1.18 Engelberg 터널

선형의 선정을 위한 더 자세한 요소들은 다음과 같다.

심도 : 터널화된 지하차도를 위해 지표침하와 지표함몰붕괴를 피하기 의해 충분한 토피가 필요하다. 이것은 또한 더 긴 경사로를 필요로 한다.

종단 경사 s : 다음과 같은 제한사항이 있다.

$s > 0.2 \sim 0.5\%$ 배수로

$s < 2\%$ 철로 터널

$s < 15\%$ 도로 터널(배기가스 때문에)

3.5%가 넘는 경사에선 굴뚝효과를 극복해야 하기 때문에 환기가 더 어렵다. 굴뚝효과는 화재의 경우에 특히 중요하다. 그러므로, 종방향 경사에 대한 훨씬 더 낮은 제한이 권장된다: 양방향 도로 터널에서는 4% 미만의 경사가 권장된다. 만일 터널의 길이가 400m를 초과한다면 경사 s는 2%를 초과해서는 안 된다.

경사가 증가할수록 배기가스 발생 또한 증가하게 되어, 환기비용도 증가하게 된다.

갱문 : 암설 사면에서의 긴 절단을 피해야 할 뿐만 아니라 조명에서의 큰 변동을 피해야 한다(터널 안에서의 높은 조명비를 피하기 위해). 그러므로 동서 방향의 터널 입구는 피해야 하고 두 개의 연속된 터널 사이의 거리는 너무 가까워서는 안 된다.

1.6 지하수로 터널

지하수로 터널은 물의 공급과 수력 발전소를 위해 건설된다. 수력발전을 위해 물은 고지대의 저수지로부터 저지대에 있는 발전소로 공급된다. 이 수로는 일반적으로, 거의 수평인 도수로 터널과 사갱이나 수갱으로 세분되어진다. 그림 1.19는 수로의 가능한 배열을 나타내는 것이다.

수갱에 대한 대안으로 수력발전소의 수압관(penstock)은 지상에 설치될 수 있다. 그러나 이것은 사면의 크리프, 낙석 등의 관점에서는 단점이 된다. 자신의 고도에 따라서 수로 터널은 1,500m 높이까지(15MPa 또는 150bar에 해당)의 상당한 압력에 노출될 수 있다. 이 압력을 견디기 위해서, 만약 인접 암석의 공극압이 수로 터널의 내부 압력보다 높지 않다면 라이닝이 설치되어야 한다. 라이닝 설치를 위한 부가적인 이유는 유체역학적인 벽면 마찰력을 줄이기 위함이다. 그리고 이것은 일반 터널 굴착에서 고려될 수 있으나 TBM 굴진의 수로 터널 벽은 충분히 매끄러워서 괜찮다. 일반적으로 도수로 터널은 라이닝을 하지 않거나 또는 철근 콘크리트나 프리스트레스 콘크리트로 라이닝을 한다. 프리스트레스는 라이닝과 암반 사이의 틈새에 대한 그라우팅이나 또는 긴장재에 의해 생기게 된다. 콘크리트 벽을 방수막으로 덮을 수 있다.

수갱(또한 '압력 수갱'이라 부름)은 보통 철재 라이닝으로 시공된다.[13)14)] 만약 초기응력의 최소

13) 수갱이 검사와 유지보수를 위해 비워져 있을 때, 높은 공극 내 압력이 외부적으로 라이닝에 작용할 수 있기 때문에 주의해야

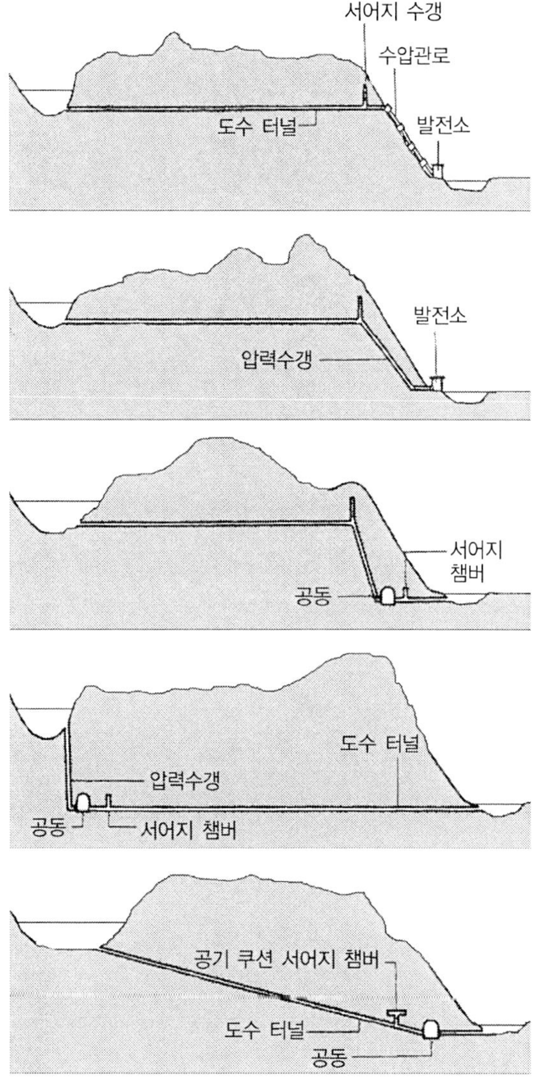

그림 1.19 수력발전소를 위한 도수로의 가능한 배치도

주응력이 수갱의 내부 압력보다 더 크다면 암석의 균열(제21.5.1항 참조)은 피할 수 있다.

안전상의 이유로 암석의 인장강도는 고려되지 않는다. 서징(surging)에 의해 생겨난 압력증가는 짧은 지속시간 때문에 고려되지 않는다. 배출 밸브의 빠른 잠금으로 생겨나는 압력을 줄이기 위해 일반적으로 서어지 수갱이 설치된다. 대안으로 압축공기(78bar까지의 압력으로)를 채워진 90,000m^3 부피의 라이닝이 되지 않은 서어지 챔버(surge chamber)를 설치한다. 주변 암석의 투수계수를 확인

한다.

14) 노르웨이에선 1.5MPa(150m 높이까지의 수압)까지의 압력이 걸리는 많은 수갱들이 라이닝이 되어 있지 않다.

하기 위해서 압기나 물을 이용한 시험이 사용된다.

어려운 굴착작업은 호수에 연결하는 것이다. 즉, 취수구를 만들기 위해 기존의 호수를 뚫고 나가는 것이다. 취수구는 산사태나 침식으로부터 보호되어야 한다. 최종 플러그는 발파가 되며, 그리고 버력들은 암석 트랩(trap) 안으로 떨어진다(그림 1.20).

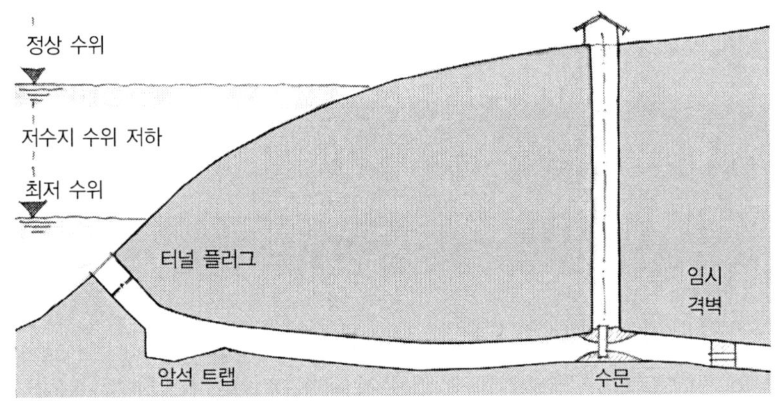

그림 1.20 호수 관통을 위한 개략도

1.7 기준과 권고사항들

기준, 법규, 권고사항들에 대해 증가하고 있는 양과 수는 거의 간과될 수 없다. 아래에 주어지는 기준들의 목록들은 결코 완성된 것이 아니다. 단지 지금까지 존재하는 목록 중의 일부에 대한 아이디어를 제공하고 있을 뿐이다.

오스트리아

터널에 관련된 지침과 법규들 :

- ÖNORM B 2203-1(2001) : 터널 굴착 - 표준계약. Part 1: 주기적인 굴착
- ÖNORM B 2203-2(준비중) : 터널 굴착 – 표준계약. Part 2: 연속굴착

도로교통 연구 위원회의 지침 :

(Richtlinien der Forschungsgemeinschaft Strabe und Verkehr)[15]

- RVS 9.231(준비중) : 터널 선형
- RVS 9.232(1994) : 터널 단면

15) www.fsv.at

- RVS 9.234(2001) : 터널 설비들
- RVS 9.24(1992) : 일반적이고 지반공학적인 준비작업
- RVS 9.261(2001) : 환기의 기본요소
- RVS 9.262(1997) : 신선한 공기의 수요
- RVS 9.27 (1981) : 조명
- RVS 9.281(2002) : 운영과 안전 시공
- RVS 9.282(2002) : 운영과 안전 장비
- RVS 9.286(1987, 준비 중) : 무선통신 장비
- RVS 9.31(1993, 1994) : 정적인 설계, 절단 및 토피
- RVS 9.32(1993) : 정적인 설계와 지상에 건물들이 있는 연약 지반에 굴착된 터널들
- RVS 9.34(1995) : 영구 라이닝을 위한 콘크리트
- RVS 9.35(2002) : 철근 콘크리트 피복
- RVS 9.4(1982, 개정 진행중) : 유지보수와 운영
- RVS 13.73(1995) : 구조물의 통제
- RVS 13.74(1999) : 운영과 안전설비들의 통제

배수 터널을 위한 지침(Richtlinie Ausbildung von Tunnelentwässerung, Österreichische Vereinigung für Beton - und Bautechnik) 2003년 6월

독일

법규들과 지침

- 독일철도(DB), DS 853 : 철로 터널의 설계, 시공 그리고 유지보수
- ETB : 위원회 'Tunneling'의 지침 - Ernst und Sohn, Berlin 1995
- RABT(2003) : 도로 터널의 설비와 운영에 관한 지침(Richtlinien für die Ausstattung und den Betrieb von Straβentunneln. Forschungsgesellschaft für Straβen und Verkehrswesen)

스위스

터널 관련 법규 및 지침

- SIA 196 : 지하 환기
- SIA 197/1 : 철로 터널의 설계
- SIA 197/2 : 도로 터널의 설계

- SIA 199 : 지하 탐사
- SIA 198 : 지하 작업
- SIA 260 : 구조설계의 기본사항들
- SIA 267 : 지반공학
- SIA 272 : 지하 구조물의 방수성

유럽국가의 자료들

2004년 4월 29일 Trans-European Road Network의 터널에 대한 최소 안전요구사항에 관한 자문 위원회 및 유럽의회의 지시명령 2004/54/EC.[16)]

1.8 비용

터널공사 비용은 지반의 성질과 현재의 환시세와 같은 기술적인 특성뿐만 아니라 다음과 같은 다른 요소들에 의해 좌우된다.[17)]

- 프로젝트 문화(협력)
- 법적절차
- 계약
- 법률과 기준 등
- 입찰하기
- 위험 관리

표 1.1은 최근 지하철의 확장공사 비용의 다양함을 보여준다.[18)]

표 1.1 최근 지하철 확장공사의 비용[19)]

도시	기간(년)	길이(km)	역의 수	비용(m$)	비용(m$)/km
London	9	16	11	6,000	375
Athens	12	18	21	2,800	156
Paris	8	7	7	1,090	155
Lisbon	8	12.1	20	1,430	118
Madrid	4	56	37	1,706	30

Madrid에서의 성공의 이유는 양호하고 매우 민첩한 관리(24시간 내에 의사결정 가능), 자신의 프

16) http://europa.eu.int./eur-lex/en/archive/2004/1_20120040607en.html
17) NEAT Project Control: Gotthard and Lötschberg Base Tunnels in International Comparison, *Tunnel* 1/2002, pp.48~50. 이 인쇄물에는 터널이 큰 비중을 차지하는 최근의 철로 프로젝트의 공사비용을 나타내는 표도 포함되어 있다.
18) 기간은 설계와 시공을 포함한다. 주어진 비용은 철도차량도 포함되어 있다.
19) Brochure of the Community of Madrid

로젝트 관리(문제발생 전에 분쟁해결) 그리고 적절한 시공방식 선택(전단면 방식의 금지, 5m^2 이하는 무지보 막장, 매우 강력한 EPB 터널 장비의 선택)이다.

표 1.2는 Hoek[20]에 따른 터널공사에 대한 대략적인 비용을 나타내고 있다. 여기서 알아야 할 점은, 이 비용에는 콘크리트 라이닝작업과 터널 피팅(fitting) 또는 TBM에 의해 굴진된 터널은 포함되어 있지 않다. d는 m로 표시되는 터널의 폭이다. 비용들은 6m$\leq d \leq$16m에 해당하는 것이다.

표 1.2 1m 터널의 굴착과 지보를 위한 대략적인 비용

사례	비용(US $/m)
국제적인 예상 최소 비용	1,000+600(d−6m)
최소의 지보가 필요한 양호한 지반	3,000+800(d−6m)
평균 터널 공사비용	5,000+1,000(d−6m)
많은 지보가 필요한 불량한 지반	7,000+1,200(d−6m)
심각한 압착성의 단층 지반	9,000+1,400(d−6m)

1.9 계획과 계약

터널 계획이 수립되고 다음과 같은 많은 측면에서 다루어진다.

- 자금 조달
- 부지 조사
- 용수권
- 폐석 처분
- 입찰
- 설계
- 시공
- 운영
- 유지관리
- 사고관리

터널공사는 불리한 지형환경으로 시공의 어려움(그리고 비용)이 예상보다 더 높아지거나 혹은 더 낮아질 수 있다는 의미에서 위험하다(즉, 조사한 결과에 근거한 자문에 의한 예측). 예측하지 못한('변경'이 된) 지질 조건뿐만 아니라 오염, 제삼자의 영향(알 수 없는 유틸리티, 합의에 따른 손해, 물자 조달과 허가취득 지연 등과 같은) 그리고 설계결함 등에 의한 위험은 발주자[21] 또는 시공업자에 의해 처리될 수 있다. 첫 번째 방법은 발주자에게 상당한 비용을 부담케 하고, 시공자의 효율적인 작업에 대한 의욕을 꺾을 수 있다. 두 번째 경우는 발주자가 입찰에서의 증가된 가격이나 클레임에 따

20) E. Hoek, Big tunnels in bad rock (36th Terzaghi Lecture), ASCE, *Journal of Geotechnical and Geoenvironmental Engineering*, September 2001, pp.726~740.

21) 또한 'promoter', 'client', 'employer'라는 용어를 사용한다.

른 비용부담이 따른다. 따라서 이런 위험은 양자에 의해 공유되어야 한다. 이것은 만일 예상치 못한 지반조건 때문에 생긴 부가적인 작업에 대해서는 시공업자에게 배상이 주어지고, 한편으로는 시공자가 업무의 효율성으로 보답함으로써 성취될 수 있을 것이다. 적절한 설계는 가능한 한 위험을 관리할 수 있을 것이라고 예상된다. 따라서 앞서 언급된 위험할당에 대한 두 가지 접근 방식은 발주자와 시공자 간의 두 가지 주요 계약방식에 반영된다(합작투자 파트너가 될 수도 있다).[22)]

설계시공일괄방식(Design-Build) : 시공자는 시공뿐만 아니라 설계에 대해서도 책임을 진다(그리고 때론 자금조달과 운영에 대해서도). 발주자의 엔지니어는 프로젝트에서 필수요건들과 설계 및 구성에 대한 발주자의 선호사항, 지반조건에 대한 충분한 평가 그리고 제삼자의 영향 등을 포함하는 예비 설계를 하게 된다. 시공자는 혁신적인 해결책을 적용할 수 있는 기회들이 증가하게 되고 그리고 시공자의 설계는 시공 공정과 긴밀하게 상호작용할 수 있다. 부분적으로 중복 설계 및 시공은 사업의 총 시간을 가속화시켜 준다. 이러한 장점은 설계시공 일괄방식이 특히 터널공사에서는 그렇게 매력적이 아님을 나타내는 일련의 결함들에 의해 균형이 잡히게 된다.[23)] 설계시공일괄방식의 단점은 다음과 같다.

- 공사과정에 있어서 발주자의 통제가 줄어든다(적어도 부분적으로).
- 시공자는 장기적인 성능보다는 주로 최저가 시공 방식에 관심을 갖는다. 또한 설계자와 시공자의 통합은 결함을 방지하는 데 도움이 될 전통적인 점검, 균형잡음 및 모니터링이 축소된다. 설계와 시공 관련 문서들의 양이 최소화된다.
- 발주자가 제공하는 지하조건에 대한 기재사항들이 특정적인 시공방식에 맞지 않을 수 있다.
- 시공자는 공사뿐만 아니라 설계에도 책임을 지기 때문에, 예상치 못한 지질조건들, 오염 및 제삼자의 클레임에 대한 종속이 증가된다. 따라서 시공자는 제안서의 일부분으로서 가설들, 지침들, 관심사항, 배제 및 이해사항에 대한 긴 목록을 포함시킴으로써 발주자에게 많은 위험의 책임을 없애려고 노력한다. 이것이 다양한 제안서들 간의 비교를 매우 어렵게 만든다.
- 설계시공 일괄계약의 제안서를 준비하는 것이 전통적인 설계시공분리 계약(design-bid-build)의 경우에 비해 시공자에게 더 많은 비용이 든다. 많은 수의 입찰자들이 참여할 수 있도록 일부 발주자들은 대략적인 설계와 공사비용의 0.05~0.3% 정도의 사례금을 낙찰자에게 지급한다.
- 설계시공 일괄방식은 다소 새로운 것이라서, 위험을 공유하는 원칙을 사용하는 최상의 방법을

22) R.A. Robinson. Application of Design-build Contracts to Tunnel Construction. In: Rathional Tunnelling, D. Kolymbas (ed.), Advances in Geotechnical Engineering and Tunneling, Logos, Berlin, 2003.

23) 미국 엔지니어 컨설팅 협회는 전통적인 설계와 분리된 입찰가/시공 프로젝트 전개 시스템이 일반대중의 건강, 안전 및 복지를 보호할뿐 아니라 발주자에게서도 최선의 선택이라고 강력히 믿고 있다.

결정하기 위해서는 상당한 실험이 여전히 요구된다.

설계시공분리 방식(Owner-Design or Design-Bid-Build) : 이것은 전통적이면서 일반적인 계약방식이다. 발주자는 설계에 대한 책임이 있다. 발주자는 타당성 조사, 환경영향평가서, 예비설계 및 실시설계 등을 수행할 설계자와 계약을 하게 된다. 여러 번의 반복 단계에서 설계는 리뷰가 이루어지고 여러 단계를 거치는 동안 프로젝트의 많은 문제점들과 쟁점들이 드러난다.

위에서 설명한 두 가지 일반적인 계약방식들을 제외하고, 다음과 같은 계약방식들이 고려될 수 있다.[24)]

산정배분(Admeasurement) 계약 : 이 계약은 수량의 청구서에 의거하여 초기에 제안되었거나 혹은 차후에 협상이 된 비율로 완성된 작업을 재측정함으로써 지불하는 원칙을 포함한다. 따라서 작업에 대한 큰 변화가 생길 수 있다.

실비정산계약 : 시공자는 작업을 수행하면서 발생되는 비용을 지불받는다. 비용을 평가하기 힘든 부분에서는 단순화된 가정이 이루어지며 이에 따른 비율이 설정될 수 있다. 이러한 계약에서는 관리와 간접비, 이익은 대개 수수료 기준으로 지불된다.

일괄총액계약 : 전체 작업 또는 완성된 부분적인 작업에 대해 단일 가격이 지불된다. 지불은 모든 작업이 완성되거나 주요 작업이 완성된 후에 이루어진다.

목표(target)계약 : 이 계약은 작업에 대한 가능한 비용의 추정치를 근거로 한다. 비용은 작업상의 변화나 비용 증가에 대해 조정이 될 수 있다. 시공자의 실제 비용은 실비정산계약처럼 감시가 이루어진다. 그리고 실제 비용과 목표 비용의 차이는 지정된 방식으로 분담정산된다. 관리 간접비용과 이익요소들에 대해서는 별도의 수수료가 있을 수 있다. 시간 목표뿐만 아니라 비용 목표도 설정될 수 있다.

위험이 참여 당사자 간의 적대감을 결코 초래해서는 안 된다. 이것은 시너지 효과를 그들로부터 박탈하고 추가비용을 발생시킬 것이다. Muri-Wood[25)]는 다음과 같이 말했다.

부적절한 관리의 가장 지배적이며 철학적인 기초는 제로섬 게임의 개념이며, 변호사들의 지배로부

24) CIRIA Report 79(1978년 5월), Tunnelling-improved contract practices

25) Tunneling: Management by design. Spon, London, 2000.

터 야기되는 결함이다. 사업의 실패로부터 더 많은 수익을 올리는 변호사들이 가장 능력이 있는 엔지니어가 사업의 성공으로 벌게 되는 수익보다 크다는 것은 분명히 기본체계에 결함이 있다.

독립적인 전문가들로 구성된 분쟁검토위원회(DBR, Dispute Review Boards)는 비용이 많이 드는 소송 없이 논쟁을 해결하는 데 도움을 줄 수 있다. DRB은 일반적으로 3명의 전문가로 구성된다. 한 명은 발주자에 의해 또 한 명은 시공자에 의해 세 번째 전문가는 먼저 지명된 2명의 전문가의 추천에 의해 임명된다.

성공하려면 DRB은 프로젝트와 프로젝트 관계자들에 관한 정확한 이해가 필요하다. 이것은 들어야 할 분쟁이 있고 없고 여부와 상관없이 정기적인 현장회의와 현장방문을 통해 가장 잘 달성될 수 있다. 만약 당사들이 자신의 입장에 관한 짧게 작성된 진술을 사전에 제공한다면 청문회는 더 효율적으로 이뤄질 수 있다.[26] 이와 더불어 잘 정의된 계약 관련 서류들과 지반공학적인 보고서(3.7절 참조)가 제공될 때 DRB는 효율적으로 이뤄진다.

가장 저렴한 제안을 선택하면 종종 재정손실을 일으킬 수 있다. 나은 품질이 비용이 더 들 수 있지만, 단기적으로 중요한 수리 및 보수 작업을 범하는 것보다 훨씬 더 나은 장기적인 옵션을 만들어 준다. 앞으로 건설 산업에서의 배정 기준은 갈수록 더 초기품질, 수명, 낮은 유지보수 및 운영비와 연계되어야 할 것이다.

1.9.1 비용과 시간관리

지하 작업은 종종 상당한 추가 비용과 지연으로 완료되어 왔다. 따라서 효율적인 비용과 시간 관리가[27] 필요하다.[28] 예로 최근에 완료된 두 개의 스위스 터널들을 고려해 보자. 15.4 km 길이의 Furka 터널은 초기에 책정된 7천5백만 스위스 프랑을 초과하여 1억 5천만 프랑이 추가되었다. 반면에, 1999년부터 개통된 19km Vereina 터널은 예상금액보다 적은 비용과 예상 공사기간보다 반 년 정도 일찍 완공되었다.

예산비용이 초과되는 이유는 다음과 같다.

• 정치적 압박, 예를 들어 저렴한 공사로 유도

26) R.J. Smith, Dispute review boards – When and how to benefit from a successful contracting practice. In: Proceed. 'World Tunnel Congress/ STUVA-Tagung' 95, STUVA Volume 36, 219-213

27) 또한 '비용과 시간(혹은 스케줄) 통제'라고 명명한다.

28) F. Amberg, Br. Rothlisberger, Cost and schedule management for major tunnel projects with reference to the Vereina tunnel and the Gotthard base tunnel. In: Rational Tunneling, D. Kolymbas (ed.), Advances in Geotechnical Engineering and Tunnelling, Logogs, Berlin, 2003, pp.277~336.

- 지질에 대한 유리한 또는 낙관적인 해석
- 관련자와 관련 회사에 대한 과도한 과세
- 비용통제의 부족

비용은 두 단계로 추정된다.

프로젝트 전의 상황에서는 비용은 일반적으로 경험에 의해서 이뤄지고, 추정 비용의 정확도는 25%이다.

입찰에 대한 근간을 형성하는 시공단계에서는, 비용은 현재의 재료비, 인건비 및 장비 비용을 기초로 굴착, 지보, 라이닝, 설비 등을 고려한 상세한 계산에 의해서 추정된다. 정확도는 10%로 보다 높다.

인플레이션에 대한 규정은 고려하고 있는 시공작업에 대해서 조정되어야 한다. 통제는 시작시점에서 명확한 가격 기준이 있어야 하고 짧은 시간 간격의 실행과 주기적인 피드백으로 달성될 수 있다.

- 현장에서의 수량에 대한 일상 기록, 이것은 관련 당사자들의 상호합의에 의해 평가되어야 한다.
- 주간 비용 관리
- 예측과 분기별 대차대조표

또한 시간(스케줄) 통제도 피드백 루프(loop)를 기반으로 한다. 마감기한은 프로젝트의 모든 단계에 대해 정하고, 변동에 대한 조기 인정은 보장되어야 한다. 스케줄에 대한 도구는 막대 그래프와 선 그래프(경로 시간 도표)를 사용한다.[29] PERT와 같은 네트워크 계획방식은 비싸고, 건설 분야에는 설정되어 있지 않다. 작업과정에 대한 평가는 일보를 기반으로 이뤄지는데, 여기에는 모든 작업 활동이 작성된다.

1.9.2 전문가들

터널 프로젝트에는 많은 분야의 전문가들이 참여한다.[30]www.rockscience.com

건설 감독관들은 시공의 과정과 품질이 최종 승인된 설계에 명시된 대로 이루어지는지를 확인해야 한다. 그들은 건설산업 분야에서 고용되며, 그들은 매우 높은 수준의 이론적 지식이 요구되지 않는다.

29) 참조: 예를 들면, 소프트웨어 TILOS, www.astadev.de

30) E. Hoek, The Role of Experts in Tunnelling Projects, 2001, www.rockscience.com

건설 전문가들은 콘크리트 품질 설계, 발파설계, TBM 운용 등과 같은 특별 주제에 대해 조언하는 것이 요구된다.

설계 전문가들은 일반적으로 팀에 의해 수행된다. 일상적인 계산들은 경험이 많은 설계자들의 감독 하에 상대적으로 경험이 적은 대학졸업자들에 의해 수행된다. 경험이 있는 설계자들은 중요한 기술적인 문제를 해결하기 위해 기술 전문가들을 참여하게 할 수 있는 권한을 가져야만 한다.

설계 검토자들은 기술적인 어려움과 비용의 측면에서 중요한 설계들에 대한 포괄적인 검사를 수행한다.

전문가 패널들[31]은 가장 복잡한 기술, 계약 및 일정 문제점들에 대해 기술적인 자문을 제공한다. 그들은 또한 자금지원기관을 위한 기술 감사 역할을 한다. 전문가 패널들은 일반적으로 최고 수준의 기술 능력과 경험을 갖는 둘 또는 세 명의 전문가들로 구성된다. 그들은 관련 조직들과 완전히 독립적이어야 하고, 편견이 없고 균형이 잡힌 의견을 줄 수 있는 충분한 성숙과 경험이 있어야 한다. DRP(혹은 DRB)가 전문가 패널의 특수한 경우이다.

전문 감정인 : 분쟁이 DRB에 의해서 해결될 수 없을 때, 이 분쟁은 중재 또는 법원으로 가게 된다. 그들은 기술적인 관점에서 흔들림이 없어야 할 뿐만 아니라 변호사에 의해 익숙하지 않고, 때로는 대립되는 조사 하에서도 분명하고 설득력 있는 증거를 제시해야 한다.

터널작업에서 합리적인 접근방식에 대해 여전히 만연하는 부족함으로 인해 이 분야에서 전문지식의 습득은 시행착오의 과정을 만든다는 것이다. Hoek에 의해 주목된 것처럼, 때로는 전문가들이란 다른 사람의 희생을 통해 그들의 경험을 얻는 사람으로 간주된다. 과학적인 접근방식의 증가와 함께, 이런 관점은 설 땅을 잃어버릴 것이다.

31) 컨설팅위원회라고도 한다.

터널 설비

터널 내 공사 중 설비의 중요성은 전체 공사비에서 설비비용이 차지하는 비용을 보면 쉽게 알 수 있다. 오스트리아 9.2km 연장의 Plabutsch 서측 터널(도로 터널)의 경우 다음과 같이 비용이 소요되었다.

	비용(백만 유로)
계획수립, 통제	11.0
본공사	91.0
지반 계측	2.3
전기설비	18.0
환기	5.8
소방용수공급	1.0

2.1 교통제어를 위한 터널 내 설치물

교통제어를 위해 다음의 설비들이 포함된다.

- 도로 표지판
- 비상전화와 함께 터널 내 설치된 교통신호등(터널 입구, 회차로, 비상주차장, 크로스오버에 설치되어야 함)
- 교통 유도 설치물(측면 반사경, 도로노면 표식)
- 교통량 조사 : 최대 허용 교통량(환기 용량과 관련)이 터널 통제실에 기록되어 있어야 함
- 차고제한 : 터널에 통과 가능한 높이 이상의 차량을 선별하기 위한 장치(광학센서등 이용)
- 1,500m 이상의 장대 터널 혹은 교통량이 많은 터널을 위한 화상 모니터링 시스템 : 터널 전 연장뿐만 아니라 갱구부 전면 지역도 관찰되어야 한다.

• 운행속도의 감속 경고를 위한 현대식 센서들(예를 들어, 화재에 의한)

도로 터널에서의 교통사고율은 일반 개방된 도로에 비해 약 50% 감소된다.[1] 그 이유는 다음과 같다.

• 터널 내 속도제한이 일반적으로 운전자들에 의해 수용된다.
• 눈, 비, 바람, 노면 빙결, 안개 등이 터널 내에서 거의 발생하지 않는다.

그러나 사고가 발생하면 개방된 도로보다 피해가 훨씬 더 심각할 수 있음을 고려해야 한다.

2.2 통신을 위한 설비

비상 전화 : 비상전화는 500m 이상 되는 터널에서 150m 간격으로 설치되어야 한다. 터널 갱구부와 U턴 구역에도 또한 비상통신설비가 설치되어야 한다. 전화 부스는 유리문으로 터널 쪽으로 열리도록 설치되어야 한다.

서비스 전화 : 서비스 전화는 연장 1,000m 이상 되는 터널의 모든 서비스제공 장소와 모든 통제실에 설치되어야 한다. 만약 무선 통신 시스템이 설치되면 서비스전화 설치는 필요 없다.

무선 통신 : 터널 연장 1,000m 이상 혹은 교통량이 많은 터널에는 소방소, 경찰, 도로 관리뿐만 아니라 라디오를 통한 교통안내를 위한 무선 통신이 설치되어야 한다. 라디오 재방송장비 및 확성기는 공적인 정보를 제공한다.

2.3 환기

터널 내 환기 시스템은 2개의 시스템으로 구분되어야 한다. 즉 시공 중 환기(즉 터널 굴진작업 동안)와 운영 중 환기(즉 터널의 운영기간 동안). 운영 중 환기를 위한 지출은 최대로 총 공사비용의 약 30%에 이른다.

2.3.1 시공 중 환기

시공 중 환기는 다음과 같은 목적을 갖는다.

1) According to G. Brux, Safety in road tunnels, *Tunnel*, 6/2001, 52-61, in the year 2000 up to 10 accidents per km tunnel.

산소의 공급 : 공기 중 산소농도는 20% 이하로 떨어져서는 안 된다. 18%[2] 이하에서는 호흡이 불가능 하여 보호마스크를 사용해야 한다. 산소의 결핍은 다음의 원인에 의해 일어난다.

- 내연기관
- 작업자의 호흡
- 목재 혹은 석탄의 산화 등
- 지하수는 질소보다는 산소를 더 잘 용해시킨다.

공기의 정화 : 다음의 오염물질은 제거되어야 한다.

- 암석굴착 및 숏크리트 작업에 의한 분진
- 내연기관 연소물질
- 발파 후 가스
- 암석에서 발생하는 가스
- 라돈감쇠 생성물

작업환경에서의 공기오염과 관련하여 최대 허용농도(MAC; Maximum allowable concentration)가 적용된다.[3] 이러한 최대 농도는 하루 8시간, 1주 42시간의 노출시간에 대한 것이다. 또한 단시간 노출 농도 제한치도 있으며, 이것은 짧은 노출시간에 초과되어서는 안 되는 것이다. 그리고 또한 순간 노출농도 제한치도 절대 초과되어서는 안 된다.[4]

오염물질	최대허용농도(MAC)
CO_2	5,000cm^3/m^3
CO	30cm^3/m^3
NO_X	5cm^3/m^3
SO_2	5cm^3/m^3
H_2S	10cm^3/m^3
미세먼지	4mg/m^3
미세 석영입자	0.125mg/m^3
호흡 석면	10,000$fiber/m^3$

2) 이것은 성냥불이 켜지지 않는다는 사실로 확인할 수 있다.

3) 단위는 cm^3/m^3 또한 ppm으로 표시된다. MAC의 한계는 여러 기관에 의해 발표되었다. 따라서 이들 값들은 나라에 따라 다를 수 있다.

4) 12장 참조

입경이 5㎛ 이하인 미세 SiO_2 분진은 작업자의 폐에 축적되고 폐가 굳어지는 치명적인 질병인 진폐증을 초래할 수 있다. 라돈 및 라돈 감쇠 생성물에 의한 방사능은 공기 m^3당 1,000~3,000Beguerel를 초과해서는 안 된다.

대기 중 메탄의 농도가 4~14%인 경우는 폭발할 수 있다.

환기는 또한 냉방을 목적으로 한다. 예를 들어 Simplon 터널의 경우 지열로 인해 55℃, Lötschberg 터널의 경우 34℃ 였다는 것을 염두에 두어야 한다. 지열 이외에도 콘크리트의 수화열이 부가적인 열원이 될 수 있다. 스위스에서는 작업환경의 온도를 28℃로 제한하고 있다.

다음은 환기의 대안으로 고려될 수 있다.

- 공급 : 신선한 공기의 공급
- 배출 : 오염된 공기의 배출(숏크리트 작업 시 선호됨)

환기 풍관은 합성시트나 철판으로 만들어진 연장이 가능한 튜브이다(그림 2.1). 환기 풍관의 단면적은 터널 단면적의 약 1/60~1/30에 이른다. 신선한 공기의 요구량은 다음과 같다.

1인당 : 2.0m^3/min

디젤장비 : 1KW당 4.0m^3/min

신선한 공기 요구량을 추정하기 위해서는 굴착, 적재 및 운반(동시 계산을 하지 않음)을 위한 가용한 모든 디젤 엔진의 정격 출력을 고려해야만 한다. 대규모의 터널 시공 현장의 경우 1,000 디젤 KW 이상의 총 동력은 쉽게 도달하게 되며, 이것은 소요 공기량 4000m^3/min에 해당된다. 스위스 기준 SIA 196은 디젤 엔진의 배출가스를 희석을 시키기 위한 신선한 공기의 공급량을 다음과 같이 규정하고 있다.

	굴착 및 적재 장비	버력처리 및 콘크리트 장비
배출가스의 사후 처리가 없는 잘 유지관리된 디젤엔진	6m^3/KW/min	3m^3/KW/min
10mg/m^3의 배출가스 한계의 제어장치와 미세입자 필터를 장착한 디젤엔진	4m^3/KW/min	2m^3/KW/min

영국 기준 BS6164는 단위 터널면적당 9m^3/min의 신선한 공기공급과 디젤 동력 KW당 1.9m^3/min의 신선한 공기공급을 권고하고 있다[5].

신선한 공기량을 산정을 할 때, 풍관에서의 공기 누출도 고려해야 한다. 낡은 풍관은 공기누출에 의해 초기에 유입된 공기의 2/3까지 손실될 수 있다. 천공 및 발파공법에 의한 굴진의 경우(4.3절 참조)는 발파 후 유해 가스가 생성된다. 따라서 발파 후 15~20분 이내에는 작업이 재개되어서는 안 된다. 필요한 공기량은 화약 Kg당 대략 $2m^3$/min이고, 터널 전단면에 대한 평균 공기 유속은 최소한 0.3m/sec이 되어야 한다. 일반적으로 신선한 공기는 막장 부근에 공급된다. 그래서 가장 오염된 공기는 갱구부에서 발견된다.

환기는 숏크리트와 막 굴착된 토사의 습도를 감소시킬 수 있다는 것에 주목하라. 이에 따른 겉보기(혹은 모세관) 점착력의 상실은 만약 막장이 지보가 되어 있지 않다면 막장의 붕락을 초래할 수 있다.

그림 2.1 환기 풍관[6)]

2.3.2 시공 중 환기의 설계

직경 d, 길이가 l인 풍관(그림 2.2)을 생각하자. 작은 압력의 변화 때문에 공기의 압축률이 무시된다. 즉, 공기의 밀도 ρ를 상수로 간주하게 된다.[7)] 환기팬은 풍관에서의 공기항력에 인한 손실을 극복할 수 있는 압력 p_1을 확립해야 한다. 알려진 관계식으로부터,

$$\frac{dp}{dx} = \lambda \frac{1}{d} \frac{\rho}{2} v^2$$

5) W.T.W. Cory, Fans for vehicular tunnels, *Tunnels & Tunneling International*, September 1998, pp.62~65.

6) http://www.brescianigroup com

7) 해수면 위의 건설 현장의 높이와 부지의 온도에서 지배적인 공기 밀도가 사용되어야 한다. ρ는 0.98과 1.36Kg/m^3 사이의 값을 갖는다.

결과적으로 다음과 같다.

$$\triangle p = p_1 - p_2 = \lambda \frac{1}{d} \frac{\rho}{2} v^2 = \frac{8\lambda l \rho}{\pi^2} \frac{Q^2}{d^5} \tag{2.1}$$

여기서,

$$Q = \pi \frac{d^2}{4} v$$

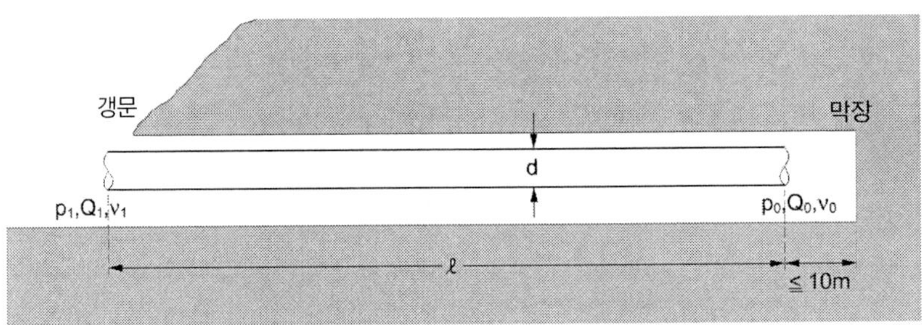

그림 2.2 환기설계를 위한 기호[8)]

λ의 일반적인 값은 0.015~0.024의 범위를 가지며, 풍관의 품질에 의해 결정된다. 따라서 환기팬의 초과 압력 Δp는 공기공급량 Q의 제곱으로 변화된다. 풍관으로부터의 공기누출을 고려해야 하기 때문에 실제 문제는 더욱 복잡하다. 그래서 $Q_1 \neq Q_0$이다. 비누출표면적 f(= 풍관의 단위 표면적 당 누출 표면적)와 배출속도 v_L로부터 연속방정식은 다음과 같다.

$$\frac{\pi}{4} d^2 \frac{dv}{dx} = f \pi d v_L$$

배출속도 v_L은 베르누이 법칙에 따라서 $\sqrt{p - p_0}$에 비례한다. 이때 $p - p_0$는 풍관 내에서의 초과압력이다. 손실계수 ξ를 고려하면, v_L은 다음과 같다.[9)]

$$v_L = \sqrt{\frac{2(p - p_0)}{\rho(1 + \xi)}}$$

8) 풍관의 끝은 가능한 막장 가까이에 설치한다. 그러나 천공 및 발파 공법의 경우 너무 가까우면 곤란하다.
9) 풍관의 품질에 좌우된다. $f/\sqrt{1+\xi}$의 값은 5×10^{-6}와 20×10^{-6} 사이의 값이다.

만약 풍관에 낮은 압력이 걸리면(배기인 경우), 그때 v_L은 풍관 안쪽을 향한다. 다음의 미분방정식들의 결과 시스템은 도표형태로 사용할 수 있는 다소 복잡한 해를 가진다.[10)]

$$\frac{dp}{dx} = \lambda \frac{l}{d} \frac{\rho}{2} v^2$$

$$\frac{dv}{dx} = \frac{4f}{d} \sqrt{\frac{2(p - p_0)}{\rho(1+\xi)}}$$

만약 d, l, λ, Q_0(= 필요한 신선한 공기량)와 p_0(= 풍관의 끝부분의 압력)의 값이 주어지면, Q_1 / Q_0 및 $p_1 / \left(\frac{\rho}{2} v_1^2\right)$의 값들은 도표로부터 얻을 수 있다. 환기팬의 압력은 p_1과 환기팬의 입구부와 풍관의 굴곡부 및 구조에 의한 부가적인 압력손실을 합한 결과이다. 이러한 손실은 $\xi_i \frac{\rho}{2} v^2$와 같이 표현된다.

환기팬에 의해 소비되는 동력의 크기는 다음과 같다.

$$N = \frac{1}{\eta_v \eta_M} Q_1 p_{vent}$$

여기서 η_v는 환기팬의 효율, η_M는 모터의 효율성이다. 풍관의 공기역학은 공급량 Q_1과 관련 압력 p_1 사이의 관계식을 결정한다. 이러한 관계는 포물선과 같으며, 이것을 '풍관의 특성곡선'이라고 부른다. 환기팬의 공기역학은 Q_1과 p_1 사이의 다른 관계식을 결정하고, 이것을 소위 '환기팬의 특성곡선'이라고 부른다. 두 특성의 교차점은 Q_1과 p_1의 운영값들을 결정한다(그림 2.3).

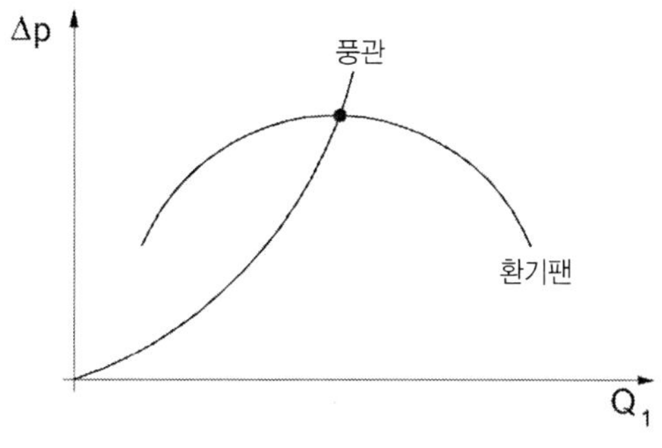

그림 2.3 2개의 특성곡선의 교차

10) SIA 196 참조

터널의 막장의 진행에 따라 풍관의 길이가 조정되어져야 하며, 또한 운영상의 특성도 변한다.

분진의 제거 : 굴착 및 숏크리트 타설(특히 건식방식)은 제거되어야 할 많은 양의 분진을 발생시킨다. 건조한 분진의 분리는 공기 여과방식에 근거한다. 분진은 가능한 한 발생원에 가까운 곳에서 제거되어야 하며, 반면에 분진의 전파는 격벽에 의해 억제되어야 한다.

2.3.3 도로 터널의 환기

환기는 오염의 방지, 가시거리 확보, 화재 시 대피통로 확보, 구조팀의 출입구 확보, 손상의 감소를 위한 것이다.[11] 필요한 신선한 공기의 공급량은 예상되는 교통량에 따라 다음의 농도가 초과되지 않도록 계산되어야 한다.[12]

CO 농도	< 100ppm
NO_X 농도	< 25ppm
탁도 : 소광계수	$< 7 \times 10^{-3}/m^{-1}$
공기유속(평균)	< 10m/s

철도 터널(특히 지하철에서)에서는 냉각, 즉 더워진 공기(기관차에 의한)의 제거는 환기의 다른 기능이다.

도로 교통은 10~15Km/h의 속도에서 오염이 최대로 발생된다. 촉매제를 장착한 차량의 증가는 도로 터널에서 트럭의 비율과 도로경사도 등에 영향을 받지만 30%에서 50% 정도에 이르는 신선한 공기 요구량의 절감을 이룰 수 있다.

환기 기술은 다음과 같이 4가지로 구분될 수 있다.

종류식 자연 환기 : 이 환기는 양쪽 갱구부의 압력차와 차량들에 운영에 따른 피스톤 작용으로 이루어진다.

팬 : 이것은 터널 직경의 약 10배 간격으로 설치되어 종방향 환기를 수행한다. 공기의 흐름 방향을 바꿀 수 있다. 대형 팬은 설치비용과 관련하여 더 높은 추력을 얻을 수 있다.

11) G. Teichmann: Fire Protection in Tunnels and Subsurface Transport Facilities, *Tunnel* 5/1998, pp.41~46.

12) PIARC (*Permanent International Association of Road Congresses*)-handbook

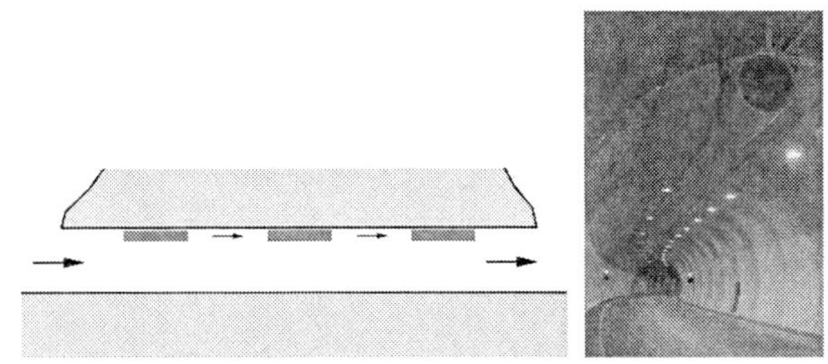

그림 2.4 배기 팬

반횡류식 환기 : 신선한 공기가 터널의 종축방향에 수직한 특별한 통로를 통해서 공급되고, 반면에 오염된 공기는 갱구부(급기 시스템)를 통해서 배출된다(그림 2.5 좌측). 이 방식은 중간 정도의 교통부하가 있는 2~4km 연장의 터널에 적당하다. 다른 방식으로는 특별한 풍관을 통해 오염된 공기를 배출하고(배기 시스템, 그림 2.5 우측), 그리고 신선한 공기는 터널 갱구부를 통해서 공급된다. 따라서 가장 좋지 않은 공기는 터널의 중앙부가 된다. 공기의 풍속은 터널 갱구부 주변에서 최대에 도달한다.

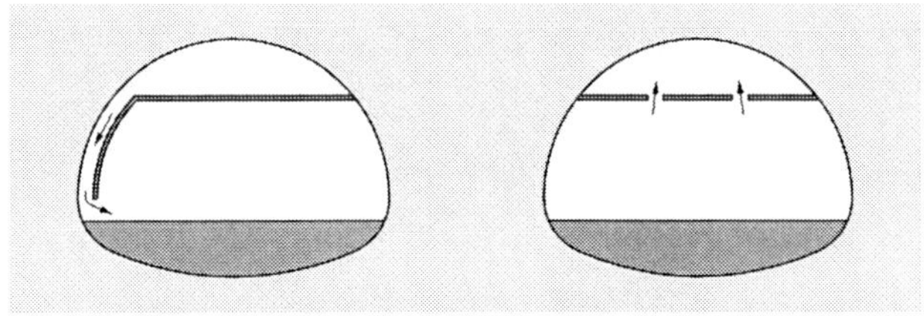

그림 2.5 반횡류식 환기 예(급기 및 배기식)

그림 2.6 차로 상부의 급기 및 배기 통로(격벽 설치 전)[13]

13) Historische Alpendurchstiche in der Schweiz, Gesellschaft fur Ingenieurbaukunst, Band 2, 1996.

횡류식 환기 : 터널 축방향에 수직인 방향으로 신선한 공기가 공급되고, 오염된 공기(위쪽으로 흐름)가 배출되는 방식이다(그림 2.7).

단면적 30m^{2}까지의 환기 풍관이 사용된다. 이러한 면적의 결정에는 공기역학적인 검토뿐만 아니라 유지관리를 위한 접근성의 필요성도 검토되어야 한다. 장대 터널의 경우에는 환기 수직구(그림 2.8)나 터널방향에 평행하게 굴진된 환기갱도가 필요할 수도 있다.

도로 터널 장비와 점검에 대한 독일 기준(RABT)에 따르면, 터널의 연장과 시공 방식에 따라서 표 2.1과 같은 환기 시스템이 설치되어야 한다.

만약, 오염된 공기의 배출이 환경적으로 부정적인 영향을 미치게 되면, 정화 시스템(전기집진 방식 등에 의한)이 검토되어야 한다.

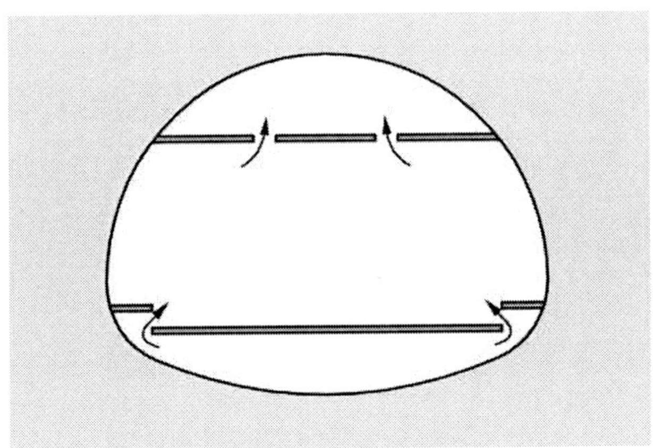

그림 2.7 횡류식 환기 예

표 2.1 도로 터널 장비와 점검에 대한 독일 기준(RABT)에 따른 환기 시스템

터널 연장(Km)		환기
양방향 터널	일방향 터널(병렬)	
<0.4	<0.7	CO 경고 시스템이 설치된 자연환기방식
 <2 <4	 <4 <6	종류식 환기방식 - 팬 - 팬과 환기수직구
 <0.5 <1	 <2 <2	반횡류식 환기방식 - 가역류식 - 반횡류식 환기방식
<2	<6	횡류식 환기방식

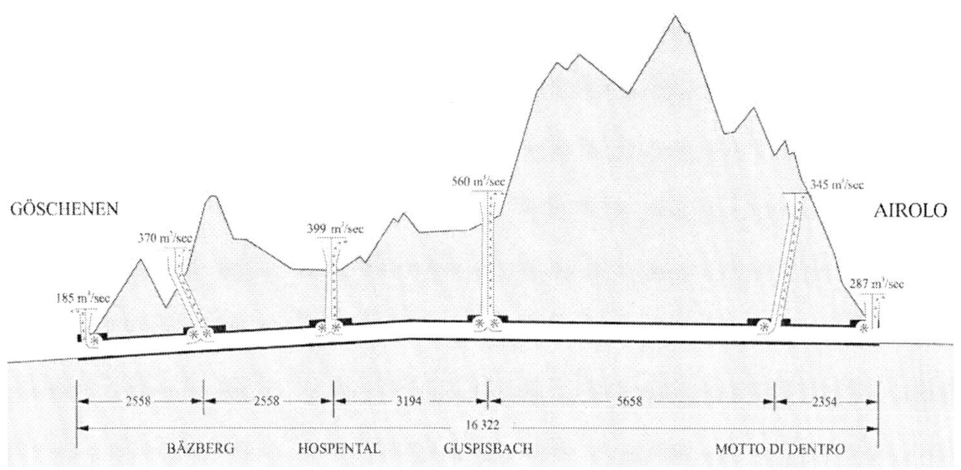

그림 2.8 Gotthard 터널 환기 개념도[14)]

2.3.4 환기 제어

다음 사항들은 모니터링이 이루어져야 한다.

풍속 : 터널 내에서의 평균풍속은 A지점에서 B지점 음파의 이동시간 t_v 그리고 B지점에서 A지점으로의 음파의 이동시간 t_r을 측정하는 초음파 변환기로서 측정이 이루어진다(그림 2.9). 단순화하기 위해서 터널 축방향만 고려한다. 분명히 x가 터널의 직경에 비해 클 경우,

$$t_v = \frac{x}{c+v},\ t_r = \frac{x}{c-v}$$

여기서 c는 음파의 속도이다. 따라서 속도 v는

$$v = \frac{x}{2}\left(\frac{1}{t_v} - \frac{1}{t_r}\right)$$

온도 : 터널 내의 온도는 측정된 음파의 속도로부터 유추될 수 있다.

공기 불투명도 : 일반적으로 이것은 터널 내의 공기, 분진에 의한 불투명, 내연기관에서의 연무와

14) Tunnelling Switzerland, K. Kovári & F. Descoeudres (eds.), Swiss Tunnelling Society, 2001, ISBN 3-9803390-6-8.

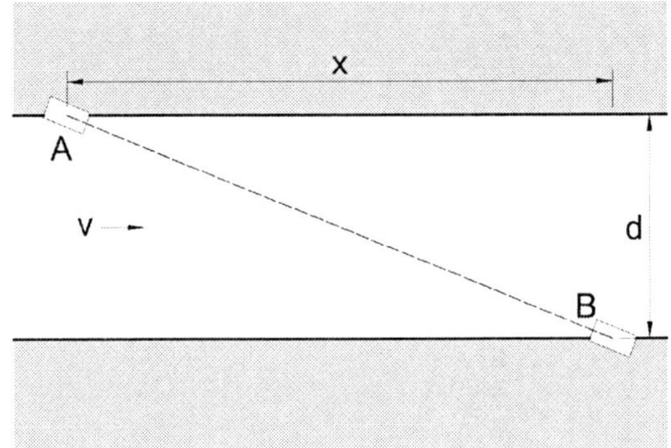

그림 2.9 평균풍속(v)의 측정

디젤의 그을음 등에 의한 빛의 손실 강도를 측정하여 얻어진다. 측정을 위한 거리는 최소 15m이다. 측정장비는 설치 및 관리에 대해 매우 민감하기 때문에, 산란광의 강도를 결정하기 위한 불투명도를 측정하는 것이 바람직하다.[15] 요구되는 광도계는 적절한 위치에 설치되며, 이것은 측정위치에서 500m까지 떨어져 설치될 수 있다.

CO 농도: 적외선 빔의 비흡수율 측정은 CO 농도를 결정하기 위해 측정된다. 만약 이것이 규정한계내에서 유지된다면, NO_x의 수준도 인정될 수 있다.

2.4 화재방지

제한된 공간적 특성으로, 터널에서의 화재는 재앙이 될 수 있다.[16][17] 1995년 Baku 지하철 화재로 289명의 희생자가 발생했다. 다른 지하철 화재 참사는 1903년 프랑스 파리(84명의 희생자)와 1987년 런던(Kings cross 역, 31명 사망)이 있다. 1978년과 1999년 사이에 터널에서의 사고로 97명의 희생자가 발생했다.[18] 1999년 Tauern 터널에서 12명이 사망했고 Montblanc 터널 사고로 41명의 생명을 앗아갔다. 다음 사항들이 몽블랑 참사의 원인으로 보고되었다.

- 노후화된 환기 시스템

15) G. Halbach und H. Rhyn: Sichtweitemessung in Straßentunneln. *Felsbau* 5/1995, pp.296~300.

16) 그러나 이것은 모든 터널 화재의 경우에는 해당되지 않는다. 1999년 재해 전에, Montblanc 도로 터널에서 트럭 17대 연소, Gotthard 도로 터널에서 1992~1998년 차량 42대의 화재가 있었다.

17) 터널 참사의 목록은 다음 문헌에서 볼 수 있다: U. Schneider et al., Versuche zum Brandverhalten von Tunnelinnenschalenbeton mit Faserzusatz, *Bautechnik* 78(2001), Heft 11, pp.795~804. ; See also: Fire Protection in Tunnels, *Tunnel*, 2/2002, pp.58~63. ; K. Kordina, Planning Underground Transport Facilities to Cope with Fire Incidents. *Tunnel* 5/2004, pp.9~20.

18) J. Day, Road tunnel design and fire life safety, *Tunnels & Tunnelling International*, Oct. 1999, pp.29~31.

- 비효율적인 경고 시스템
- 프랑스와 이탈리아 간의 통신교류의 부족
- 화재 발생 당시 1명의 소방원만 근무함

미국은 화재사고가 많지 않았으며, 이것은 아마 엄격한 화재방지 기준과 많은 경우 단선 병렬 터널의 적용 때문이다. 1982년 Caldecott(캘리포니아주 오클랜드)의 터널에서의 화재로 7명의 사망자가 발생했다.[19)]

최대 교통량 시간대에는 도로터널 1차선 Km당 100명까지 수용할 것이다. 철도 터널의 경우는 이 숫자는 철도 차량당 평균 800명이다. 이러한 사람들이 화재위험에 노출되어 있으며, 이 화재위험은 엔진 발화 혹은 화물의 발화, 사고에 의한 화재, 축의 과열, 방화 등이 원인이 될 수 있다. 터널굴진 중에 암석에서의 메탄가스 누출 혹은 기계에서의 기름 유출에 의해서 화재가 발생될 수 있다.[20)]

사람들은 연기, 유독성 연소물질, 산소 부족, 열기와 공황상태로 위험에 처하게 된다. 화재로 인한 연기는 매우 짙어서 가시도가 1m 이내로 떨어져 방향을 잃게 만든다.[21)] 연기의 배출은 화재발생원에 최대한 근접해서 이루어져야 한다. 가스배출후드의 간격은 충분히 작아야 한다. 화재발생원에 가장 가까이에 있는 후드들만 개방시키는 것이 중요하다. 이것은 원격조정 장치나 용융 와이어로써 구현이 될 수 있다.[22)] 만약 공기를 연기발생원 쪽으로 불어넣어야 한다면 국부적인 배연이 지원될 수 있다. 종방향 경사가 i가 3%를 넘지 않는(3%를 넘으면 추가 검토가 필요) 2차선 도로 터널에 대해, 오스트리아의 권고 RVS 9.261은 연장 150m 이상의 터널구간은 배출후드를 통해 최소 120m^3/s의 배출용량을 규정하고 있다. 구제대책의 설계를 위해서는 온도와 연기발생량을 포함하는 실질적인 화재강도를 추정하는 것이 중요하다. 최근의 화재사고와 현장시험을 근거로 하여, 화재발생 시나리오가 수정되어 왔다. 현재는 240m^3/s의 연기 발생량, 100MW까지의 화력, 30분에서 수 시간 사이의 지속시간 그리고 5분 이내에 1,000℃ 이상의 온도 상승을 가정해야만 한다. 시간에 따른 온도의 상승은 여러 기준들에 명시되어 있다.[23)]

- 독일 기준의 RABT 곡선(5분 이내 T_{max} = 1,200℃)
- Eurocode 1-2-2(탄화수소 곡선, T_{max} = 1,100℃)
- Rijkswaterstaat 곡선(60분 이내 최대 T_{max} = 1,350℃, 이런 높은 온도들은 휘발유 운송트럭이 포

---

19) The US fire protection regulations are compiled in the *National Fire Protection Association (NFPA)* 502.
20) 그러므로 현재에는 가연성이 낮은 오일이 사용된다.
21) 발광 난관은 가장 가까운 비상구에 도달하는 통로를 나타낸다. 참조: http://www.nils.nl
22) C. Steinert, Dimensioning semicross ventilation system for cases of emergency, *Tunnel* 1, 1999, *Tunnel* 2, 1999, pp. 36~52.
23) Kordina, K., Meyer-Ottens, R., Beton Brandschutz Handbuch, 2. Auage, Verlag Bau+Technik, Dusseldorf 1999.

함되었을 때 일어날 수 있다)

화재사고들의 속도를 추정하기 위해서는 다음의 사항들을 고려해야만 한다.

- 보통 휘발유의 탱크는 약 3분 동안 화재에 버틸 수 있다.
- 열대류 바람은 3m/s까지의 속도에 도달한다. 따라서, 연기가 감지되기 전에 180m 이상의 길이까지 퍼져 나간다. 연기의 전파 속도는 개인의 탈출 속도와 같다.

급격한 온도의 상승을 동반하는 화재가 확대되는 전환(플래쉬 오버, flash-over라 부름)은 7분에서 10분 사이에 이루어진다. 차가운 공기의 상부에 가열된 가스층이 형성되는 것은 환기효율에 도움을 주고 대피를 용이하게 해준다. 이렇게 형성된 층은 주행하는 차량, 스프링클러, 화재에 의한 대류 등의 빠른 공기의 흐름에 의해서 교란될 수 있다. 따라서 화재 시 종방향의 풍속은 1m/s로 감소되어야 한다. 정상적인 터널 운영에서는 풍속은 화재 시 층 형성과 대류에 많은 영향을 준다. 따라서 풍속은 2.5m/s를 초과해서는 안 된다(비록 자연환기방식의 산악 터널에서는 14m/s까지의 풍속이 관측되었다 할지라도).[24)]

결과적으로 화재 시 환기는 다음 두 목적을 달성해야 한다: 화재주변의 한정된 터널 단면에서의 대량의 연기를 배연하고, 종방향 풍속을 제어하는 것이다. 환기팬을 설계할 때 환기팬의 동력은 더워진 공기에서는 50%까지 저하된다는 점을 고려해야만 한다.

연기의 전파를 억제할 수 있는 한 가지 방법이 차단벽(stopper)이다[25)]: 강화고무 혹은 플라스틱으로 만들어진 팽창성 벨로우즈(bellows)는 터널 단면 전체를 차단한다. 이 아이디어는[26)] 네델란드의 Betuwe선과 같이 화물전용 장대 철도 터널에서만 권장되었다. 신선한 공기의 흐름을 차단함으로써 산소공급 부족으로 화재가 진압된다. 산소 마스크와 방화복을 착용한 열차 기관사는 비상 대피통로를 탈출할 수 있다.

터널 사용자들은 충분한 차간 거리를 유지함으로써 조심운전을 통해 안전에 크게 기여할 수 있다. 또한 터널 운영 종사자에 대한 안전교육도 중요하다.[27)]

안전 및 구조계획은 설계자, 시공자, 발주자 및 소방 관할관공서 간에 사전 논의가 이루어져야 한다. 이러한 종합적 절차는 경제적인 측면에서도 이점이 있다. 이것이 비용이 많이 드는 설계 변경을 피할 수 있게 해주기 때문이다. 대부분의 터널이 원거리에 위치하고 있다는 점을 고려하면 구조팀의

---

24) K. Pucher, P. Sturm, "Fire Response Management" bei einem Brand im Tunnel. *Österreichische Ingenieur- und Architektenzeitschrift* 146 Heft 4/2001, pp.134~138.

25) T. Thomas, Protecting tunnels against fire, *Tunnels and Tunnelling International*, Jan. 2000, pp.44~46.

26) G.L. Tan, Fire fighting in tunnels, *Tunnelling and Underground Space Technology*, 17 (2002), pp.179~180.

27) DMT 회사는 Dortmund에 소방방재 훈련 센터를 운영하고 있다.

도착에 주로 의존해서는 안 되고, 차라리 위험에 처한 사람들 스스로 구조활동을 할 수 있도록 해야 한다. 소위 자기 구조단계는 겨우 몇 분간만 지속되지만 매우 중요하다. 탈출속도는 보통 2.5~5m/s 이며, 노약자의 경우는 0.5~1m/s 정도로 낮아진다. 구조활동의 가장 좋은 방법은 환기가 되는 충분한 수의 피난 연락갱을 갖는 보조 터널을 제공하는 것이다. 또 다른 대안은 주 터널과 평행한 구조용 갱도가 제공되는 것이다.

방재 피난대피소는 환기 측면에서 문제가 있고, 또한 심리적 이유에서도 문제가 있다. Mont-Blanc 및 Tauern 터널의 화재사고에서 유도된 경험은 반횡류식 및 횡류식 환기방식은 충분히 빠르게 연기를 배출할 수 없다는 것이다. 안전설비는 중복되어야 하고, 고장 안전 원칙에 따라 작동해야 한다. 즉, 전력공급은 10초 이내에 대체 공급이 가능해야 한다.

화재진압대책은 수동적 및 능동적 대책이 존재해야 한다. 능동적 대책은 화재 감지기, 소화기, 스프링클러, 비상 환기 및 통신 시스템에 의한 화재의 진압을 목적으로 한다. 수동적 대책은 내화용 콘크리트, 연소 시 독성가스를 생성하지 않는 합성물질, 노면 하부에 매설되는 안전 전기 케이블, 누출 연료를 모으기 위한 횡방향 배수관들, 낮은 공극률의 물질(연료로 충전되지 않는)의 사용 그리고 또한 대피통로를 알리는 뚜렷한 신호등 등과 같이 위험의 최소화를 목적으로 한다.

방화용 대책들은 시험을 통해 검증되어야 한다. 냉연시험(cold smoke test)은 상대적으로 쉽고 비용이 저렴하지만, 실제 화재시험만이 달성할 안전수준의 정품검증을 제공할 수 있다.

2.4.1 내화 콘크리트

화재는 콘크리트의 박리현상을 유발하여 손상을 일으킨다. 이러한 박리의 깊이는 화재에 노출시간에 따라 증가되고 30cm 이상의 깊이까지 이를 수 있다. 연약 지반의 침수 터널이 특히 취약하다. 예를 들면, 1996년 유로 터널의 라이닝 세그먼트는 화재로 인해 라이닝 두께의 2/3까지 박리현상에 의해 손상을 입었다.[28)]

이러한 박리현상은 콘크리트 공극들의 구조와 콘크리트의 습도와 결합된 빠른 온도 증가에 기인한다. 100℃부터 콘크리트 공극 내에 포획되어 있는 물은 증기로 변환되면서 상승된 압력은 콘크리트의 박리를 유발한다. 고강도 콘크리트(C55/67)는 특히 화재에 취약하다. 또한 더 높은 온도에서 골재들의 화학적 변환들이 일어날 것이다. 300℃ 이상에서는 철근의 강성과 강도가 감소된다. 강섬유 보강은 열전도율을 증가시키고, 이것이 열화작용을 가속화시킨다. 따라서 보통의 보강 강철봉이 수반되어야 한다.[29)]

---

28) 차후 지보는 강재 아치, 록 볼트 그리고 강섬유 숏크리트로 착수되었다

폴리프로펠렌 섬유는 380℃가 넘어서면 분해된다. 그 결과 공극들은 증기의 탈출을 위한 통로를 형성하여 압력을 완화시키고, 따라서 박리현상을 저감시킨다.

긴 섬유보다는 6mm의 짧은 섬유가 바람직하다. 증기압의 형성 및 철근 보강재의 열화 이외에도, 화재에 의한 가열은 다음과 같은 방법으로 콘크리트에 영향을 준다.[30)]

- 시멘트와 골재의 열팽창 계수의 차이로 인한 열응력이 발생한다. 시멘트는 높은 온도에서 수축한다.
- 573℃ 이상에서는 석영 성분의 재결정 작용으로 골재의 부피가 증가한다(예를 들어, 화강암과 편마암).
- 약 800℃ 이상에서는 석회석($CaCO_3$)은 냉각 후 분해되는 산화칼슘(CaO)과 이산화탄소(CO_2)로 변환된다.
- 1,200℃ 이상에서는 돌들이 녹고 갇힌 가스가 탈출한다.

콘크리트 내화성을 향상시키기 위해서 높은 온도에서 분해되는 광물들을 피하도록 권장된다. 조골재(16mm 이상)는 특히 이러한 점에서 불리하기 때문에 피해야 한다.

'시스템 Hochtief'[31)] 또는 'Ligntcem' 콘크리트[32)] 같은 내화 콘크리트는 적절한 골재의 입도분포를 갖고 있다. 내화 콘크리트 시스템 Hochtief는 $1m^3$의 콘크리트당 3kg의 폴리프로필렌 섬유를 함유하고 있다. 이 콘크리트는 일반 화재에 내구성을 가지며, 화재에 노출된 표면의 20%에서만 1cm 깊이까지 박리현상이 일어난다. 6cm 피복의 콘크리트는 300℃ 이상의 온도로부터 철근 보강재를 보호한다.

내화 콘크리트에 대한 대안으로 보호용 패널이나 도포가 사용될 수 있다. 그러나 이것들은 시공 중에는 보호기능이 없고, 라이닝의 육안검사를 어렵게 하며, 두께가 10cm까지 이르기 때문에 다소 더 큰 굴착단면이 요구된다. 예를 들어, Westerschelde 터널에서는 45mm 두께의 내열성 클래딩이 로봇 시스템으로 도포되었다. 이러한 피복은 2시간 동안 화재로부터 보호하기 위한 것이다.[33)]

다음과 같은 종류의 보호용 패널들이 존재한다.[34)]

---

29) ETV-Tunnel, Teil 2, Absatz 9.3.2. Dortmund, Verkehrsblatt-Verlag, 1995.

30) K. Paliga, A. Schaab, Vermeidung zerstörender Betonabplatzungen bei Tunnelbräanden. *Bauingenieur* 77, Juli/August, 2002.

31) J. Dahl, E. Richter, Fire Protection: New Development to avoid Concrete Splintering, *Tunnel*, 6/2001, pp.10~22.

32) Lightcem 콘크리트는 2시간까지 온도 1,350℃를 견딜 수 있으며, 소화용 물과 접촉에서 깨어지지는 않는다. 접착제로서 마이크로실리카와 팽창성 점토의 골재를 포함한다.

33) J. Heijboer, J. van der Hoonaard, F.W.J. van de Linde, The Westerschelde tunnel, Balkema, 2004.

34) A. Schlüter, Passive Fire Protection for Tunnels: Guidelines, Parameters, Reality and suitable Measures. *Tunnel* 7/2004, pp.22~33.

- 유리홈 골재를 사용한 유리섬유보강 콘크리트판
- 구멍이 뚫린 금속판, 전체 두께가 약 35mm로 가장 얇은 패널
- 고온에 견디는 물질로 만들어진 특수 콘트리트로 구성된 규산염 내화판

2.4.2 화재 감지기와 소화기

화재 감지기는 신속한 소방구조를 가능하게 해주고, 화재발생 이후 더 이상 추가 차량의 진입을 차단할 수 있게 해준다.[35] 또한 화재경보는 피난대피소와 터널 입구부의 화재경보기 버튼을 수동으로 눌러서 작동이 되도록 해야 한다.

1,500m 이상의 장대 터널에서는 자동화재 감지가가 설치되어야 한다. 다음의 화재감지 시스템이 고려될 수 있다.

열 센서 : 이러한 센서들은 고립적인 지점에만 적용되어서는 안 되고 터널 전 구간에 대해 항상 활성화되어 있어야 한다. 그렇지 않으면 화재감지는 지연될 수 있다. 저항을 측정하는 방법은 터널 내의 가혹한 환경에서는 취약하다. 공압원리를 이용하는 것이 더 효과적이다. 고온은 막힌 동파이프내에 갇힌 공기의 압력을 상승시킨다. 이러한 압력 상승은 압력변환기에 의해 인식이 된다. 유리섬유와 레이저빔을 기본으로 하는 화재감지기(온도가 높아지면 점점 더 산란이 되는)는 열원을 정확하게 찾아낼 수 있고, (적절한 소프트웨어의 도움으로) 열확산을 감지할 수 있다(예를 들어 Fibro-Laser).

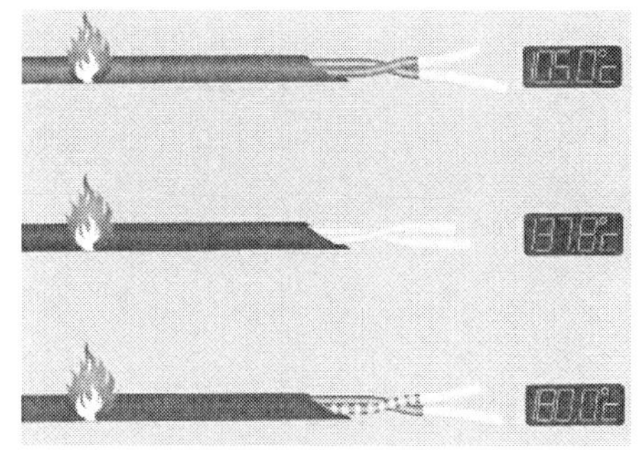

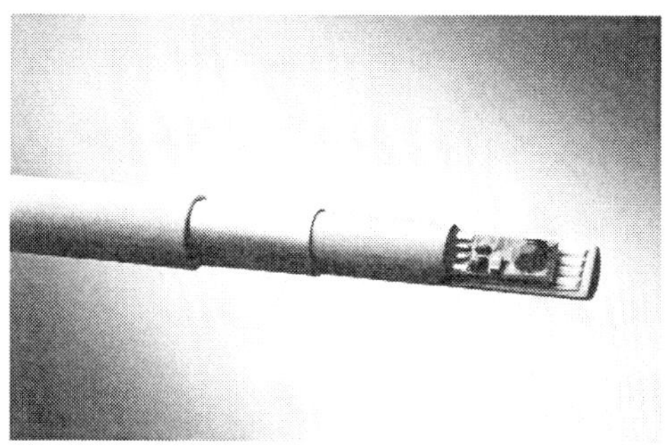

그림 2.10 화재감지용 케이블[36]

35) J.P. Emch and S. Brügger: Performance Requirements for Fire Detection Systems in Road Tunnels, *Tunnel* 4/1995, pp.36~43.

가스 센서 : 이것들은 산소량의 감소, 가연성 가스의 존재 그리고 유독성 연소생성물을 알아낸다.

연기 센서 : 도로 터널에서 이것들은 쉽게 잘못된 경보를 발생시킬 수 있고, 결과적으로 전체 동력의 환기를 작동시킨다. 그리고 이것은 센서의 높은 전력 소모로 비용이 많이 든다.

화염 센서 : 이 센서들은 타고 있는 화염만을 감지한다.

화상 제어 : 비디오 제어와 패턴의 인식에 의한 교통혼잡, 연기, 화재의 자동감지는 유망한 혁신 기술이고, 그리고 열 센서보다 훨씬 빨리 반응할 수 있다.

화재 감지기는 파손에 대해 높은 내구성을 가져야 한다. 이것들은 비상전원공급 장치와 함께 제공되어야 한다. 그리고 이탈할 수 있는 최대 길이는 50~500m로 제한되어야 한다(교통량에 따라 다르다).

장비는 견고해야 하고 예를 들어 청소차량의 청소 브러쉬(그림 2.14) 또는 차량으로부터 떨어져 나온 물건 등을 견딜 수 있어야 한다.

소방 : 연장이 600~1,000m인 터널에 대해서는 최소 100mm 직경의 압력 파이프이면 충분하다. 이 파이프는 영구적으로 물로 채워질 필요는 없지만, 터널입구부에서는 물이 공급될 수 있어야 한다. 각 터널입구부에는 최소 $80m^3$의 용량의 물탱크가 설치되어야 한다.

연장 1,000m 이상의 터널에서 압력 파이프는 차도의 측선 아래에 설치되어야 하며, 동결 방지처리가 되어야 한다. 꼭지에서의 수압은 6bar에서 12bar 사이여야 한다. 적어도 한 시간 동안 1,200L/min의 물의 공급이 보장되어야 한다. 소방용수는 소화전 및 120m 길이의 호스가 갖추어진 비상전화 설치장소에서 사용될 수 있어야 한다.

또한, 터널 사용자들은 각 비상전화 설치장소에 비치된 2개의 소화기에 접근할 수 있어야 한다.

스프링클러를 사용할 때 물방울이 너무 큰 경우는 연기를 관통해 물방울이 떨어져 연기입자를 포집하지 못한다는 것을 명심해야 한다. 미세한 물 분무(직경 0.01mm)는 100bar의 고압과 적절한 노즐에 의해 만들어질 수 있다.[37] 따라서 온도는 수초 이내에 700℃까지 떨어질 수 있다. 물이 증발하면 부피가 1,640배로 증가되고 이것이 산소공급을 차단한다. 물분무를 적용하는 목적은 화재를 소화하는 것보다 화재를 제어하는 것이다. 시험에서 공기속도가 5m/s일 경우에 효과적인 것으로 나타났다. 이러한 노즐은 지하철 정거장, 철도에서의 탑재형 시스템 그리고 도로 터널에서 설치될 수 있

36) 왼쪽: Brochure Thermostick Elettrotecnica s.r.L.; right: Listec GmbH

37) http://www.fogtec.com

다.[38] 예를 들어 파리의 Socatop 터널의 쉴드 굴진 중의 살수가 유익했던 것으로 판정되었다. 2002년에 운반 기관차의 고무타이어에 의해 화재가 시작되었다. 살수가 연기의 확산을 지연시켰고, 지원 구역의 온도를 80℃까지 낮추었다. 이것이 작업자들이 그 시간에 접근이 가능했던 굴착 챔버로 대피할 수 있게 해주었다.[39]

2.4.3 사례: Montblanc 터널의 개보수

1999년 3월의 터널 화재 후 11.6Km 연장의 개보수는 현대적인 화재방지의 다양한 측면을 보여준다.[40] 다음의 것들이 처리되었다.

- 양방향으로 600m마다 비상주차장은 중량물 차량이 정차할 수 있도록 했다. 또한 매 600m마다 비상회차로를 설치하였다.
- 터널의 한쪽 측면에 매 300m마다 대피소가 설치된다. 이곳들은 신선한 공기가 풍관을 통해 환기가 이루어지고 약간의 과압 상태에 둔다. 대피소는 터널과 에어로크로 연결된다. 대피소 앞에서의 화재의 경우에 내부 온도가 4시간 후에 35℃를 넘어서는 안 된다. 지하의 신선한 공기갱도에 있는 대피갱도를 통해 구조대는 구난자에게 접근할 수 있고 피해자들을 터널 바깥으로 대피시킬 수 있다(그림 2.11). 이 경우 신선한 공기의 환기는 최소한으로 줄일 수 있다.
- 비상벽감실은 교대로 약 100m 간격으로 배치된다. 비상 전화기, 소화기 및 유리문이 설치된다. 소방용 벽감(recess)은 150m마다 배치시키고 300m 간격으로 소화전이 설치된다.
- 환기팬은 82.5m^3/s의 신선한 공기를 공급한다.
- 화재 환기 시스템은 150m^3/s의 배기 용량을 가진다.
- 폐쇄회로 TV 모니터는 모든 대피소와 벽감실이 모니터링이 되도록 한다. 150대의 카메라는 (150m마다 양측 벽면에 설치) 터널의 완벽한 감시를 가능하게 한다.

---

38) R.A. Dirksmeier, Fire Protection Solution with Water Mist, *Tunnel* 5/2002, pp.22~26.

39) M. Herrenknecht, U. Rehm, Bewältigung schwieriger geologischer Bereiche beim Einsatz von Tunnelvortriebsmaschinen, VGE.

40) F. Vuilleumier, A. Weatherill, B. Crausaz, Safety aspects of railway and road tunnel: example of the Lötschberg railway tunnel and Mont-Blanc road tunnel. *Tunnelling and Underground Space Technology*, 17 (2002) 153-158; M. Bettelini, Mont-Blanc fire safety, *Tunnels & Tunnelling International June* 2002, pp.26~28.

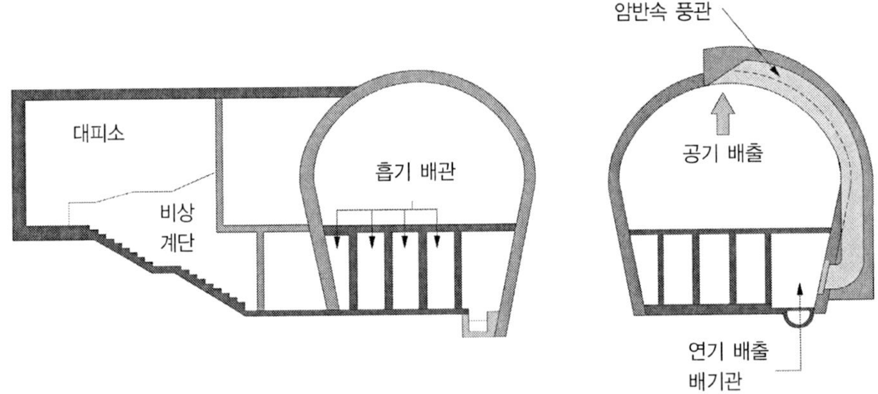

그림 2.11 개보수된 몽블랑 터널의 대피소

2.5 도로 터널의 조명

도로 터널은 충분한 조명이 이루어져야 한다. 조도는 입구부에서 터널 안쪽으로 향해 가면서 점차적으로 감소된다. 그림 2.12는 조명과 관련하여 구분되는 터널의 3개의 주요 구간을 나타낸다.[41] 처음 2개 구간은 입구부 구간과 전이구간이다. 입구부 구간의 길이 S_H는 차량이 정지하는 데 필요한 길이이다. 이것은 다음 식에 의해 구해진 설계속도 V(km/h)의 결과이다.

$$S_H(\mathrm{m}) = \frac{1}{3}V + \frac{(V/3.6)^2}{2(b \pm g \cdot s/100)}$$

여기서 b = 6.5m/s^2(평균 브레이크 제동 감속도), S = %로 표시되는 종단경사, g = 중력가속도(m/s^2)이다.

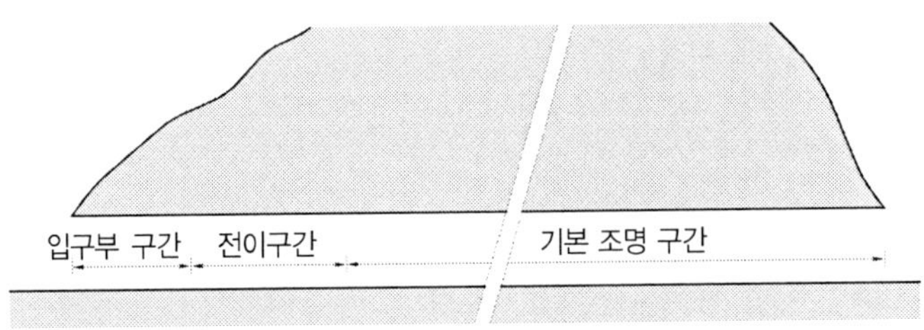

그림 2.12 터널 조명 구간 구분

41) RVS 9.27, October, 1991.

전이구간에서 조도가 점진적으로 감소된다. 이 구간의 길이 S_{tr}은 다음의 사항들에 의해 결정된다.

- 입구부 구간의 종점에서의 조도 L_e
- 내측(기본 조명구간)의 조도 L_i
- 조명조건의 변화에 대한 눈의 적응과 최대 허용 주행 속도로부터 식 2.2)는 적응기간 t_r과 조도 L_e 및 L_i과 관계가 있다. 전이구간의 길이 S_{tr}은 속도 V와 t_r로부터 결정될 수 있다.

전이구간의 길이 S_{tr}은 내측 구간(기본 조명조도 L_i) 안에서 입구부 구간 종점의 조도 L_e로부터 다른 구간에 대해 인간의 눈이 적응하기 위해 필요한 시간 t_r에 의해 결정된다.

$$L_i/L_e = \left[1.9 + t_r(\sec)\right]^{-1.423} \tag{2.2}$$

$$S_{tr} = t_r \cdot V$$

조도 L_e와 L_i는 외부 조도 L_{20}(cd/m^2)에 따라 결정된다. 그리고 이것은 그림 2.13에서 나타내는 구간에 대한 평균조도이거나 혹은 4,000cd/m^{2}의 값을 취한다.

L_e는 다음의 표에 따른 L_{20}으로부터 구해진다.

V(km/h)	L_e
≤60	L_{20}/30
60 < V≤80	L_{20}/25
80 < V≤100	L_{20}/20

기본조명은 남은 터널구간에 대해 적용이 된다. 이것의 조도 L_i는 3cd/m^{2}이어야 하며, 여기서는 먼지와 노후화에 따라 30%의 저감이 발생하는 것을 고려해야 한다.[42] 조도는 터널 안에서 일정해야 한다. 즉, $L_{min}/L_{max} \geq 0.55$를 만족해야 한다. 2.5에서 15 Hz 범위의 주파수에서는 깜빡임을 피해야 한다.

눈의 적응을 쉽게 위해서 터널 입구부들은 가능한 어두워야 한다. 따라서 경제적 여유가 있다면 갤러리와 조명저감 구조가 사용되어야 한다. 최대의 조명을 달성하고 청소를 쉽게 하기 위해서 터널

42) 인간 생리학 전문가들은 예를 들어 30cd/m^{2}처럼 상당히 더 높은 Li의 값을 추천한다. 그러나 관련비용은 대부분의 경우 저렴하지 않다.

내부 벽들은 밝으면서 빛을 반사하지만 눈부시지 않게 피복되어 있어야 한다. 그리고 이것은 정기적으로 청소가 이루어져야 한다.[43)]

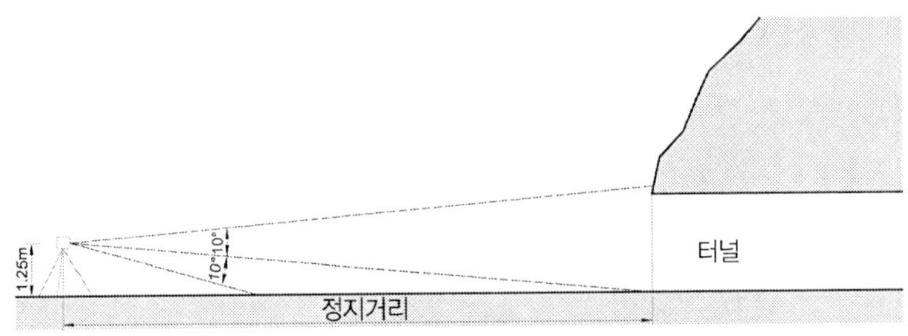

그림 2.13 외부조도 측정을 위한 구간

이를 위한 좋은 해법은 터널 벽에 에나멜 패널을 부착하는 것이다(그림 2.15). 터널 내부마감의 목적은 다음과 같다.

- 벽과 노면 사이의 휘도 차이에 의한 도로선형의 확인

그림 2.14 터널 청소용 차량[44)]

43) 화재 전에 Mont-Blanc 터널은 2주일에 한 번(동절기) 그리고 한 달에 한 번(하절기)에 청소가 이루어졌다. 매번 청소비용으로 17,000€가 소요되었다.

44) Assaloni Commerciale s.r.L.

- 운전자가 벽면으로부터의 거리를 평가할 수 있도록 해줌
- 운전자의 집중을 분산시키는 전선과 파이프를 배면으로 은폐

운전자의 집중력을 향상시키기 위해서 길이가 약 20m이고, 조도가 $10cd/m^2$인 영역을 비상대피 구역 중 한 개씩 건너 설정되어야 한다. 정전 동안 비상전화 설치구역과 일부 중간지점뿐만 아니라 교차지점들은 조명이 이루어져야 한다. 도로 터널의 조명에 대한 규정은 지속적으로 개선되고 있고, 생리학 및 조명 기술에서의 최근의 진보가 고려되고 있다.

그림 2.15 에나멜 패널('Smaltodesign')

2.6 배수

배수를 통한 터널과 지하수의 상호작용은 매우 중요한 문제로 8장에서 다루어진다. 이 절에서는 단지 배수를 위한 시설물들에 대해서만 고려한다. 다음의 물들은 집수가 되어야 하고 다른 곳으로 배출되어야 한다.

- 지하수(생태학적 이유로 지하수의 배출은 가능한 적게 해야 함)
- 외부 유입수(갱구를 통해 유입되는 강수와 얼음 녹은 물)
- 작업 용수(예를 들어 청소작업으로 발생한 용수)

모든 종류의 물이 함께 모이는 혼합 시스템과는 달리, 한편에는 지하수 그리고 다른 편으로는 강수(갱구를 통해 유입) 및 서비스 용수(유지관리 혹은 소방에 사용된)가 소위 분리 시스템(이중 배수 시스템)이라고 불리우는 분리된 관을 통해 배출된다.

인화성 액체의 유출의 경우에 대해서 화재의 전파를 차단할 수 있는 규정이 고려되어야 한다. 종방향 배수로가 터널 양측에 설치되어야 한다. 배수관의 직경은 종방향의 경사(최소 0.5%)와 파이프의 재질에 좌우되며, 최소 15cm는 되어야 한다. 청소 및 수세식 수직관은 50~60m 간격으로 제공되어야 한다. 차로에서 제거된 물은 직경 20cm 이상, 경사 0.5% 이상의 종방향 배수관, 약 110m 간격으로 설치된 청소용 수직관을 통해 배출된다. 있을 수 있는 물에 의한 피해뿐만 아니라 동결의 위험도 고려되어야 한다.

2.7 현대적인 도로 터널의 설비 사례

Kaisermühlen 터널[45] : 비엔나의 Kaisermühlen 터널은 200여 개의 오스트리아 터널 중 가장 안전한 터널 중 하나로 알려져 있다. 자동차도로 A22(Donauufer Autobahn)에 포함되어 있으며, 터널 연장은 2,150m이다. 하루 교통량이 100,000대로 오스트리아에서 가장 교통량이 많은 터널 중 하나이다. 2,000개 이상의 램프가 조명을 제공하고 있고, 환기를 위해 104개의 팬이 사용된다. 7.5km 연장의 센서 케이블이 자동 화재 모니터링을 위해 설치되어 있으며, 팬이 설치된 2개의 환기건물이 10분 내에 터널공기의 완전 교환을 보장한다. 200m 간격으로 설치되어 있는 22개의 비상전화 설치소가 있으며, 터널 입구부 전방에 9개의 비상전화는 터널관리자와 통신을 가능하게 해준다. 50개의 로봇 비디오 모니터가 터널을 제어한다. 터널 천단부의 무선 증폭기와 안테나 케이블은 서비스팀들의 통신을 가능하게 해준다. Donau(Danube) 강으로부터 연결된 특수 파이프라인은 소방용수를 공급한다. 분리벽에 있는 수많은 피난문과 피난계단은 최대한 빠르게 터널로부터 대피가 이루어지도록 해준다. 터널 통제실은 주야로 운영되며, 터널 경비원은 13개의 자동 화재 프로그램과 150개 이상의 교통 프로그램의 지원을 받는다. 교통 안내 및 정보의 간결한 시스템은 운전자가 예상치 못한 상황에 반응하는 것을 도와준다. 완전히 정전이 되는 경우에 대비하여 이동식 및 고정식 발전기뿐만 아니라, 3개의 예비 축전기를 보유하고 있다.

Engelberg base 터널[46]: 각 3차선 및 한 개의 비상주차로로 갖는 병렬 터널(최대 굴착단면적

45) *Austria Innovativ*, 4/1999.
46) H. Gottstein: Engelberg Base Tunnel-Technical Operating Equipment, *Tunnel*, 7/99, pp.18~26.

265m^2, 최대 콘크리트 라이닝 두께 3.50m)인 Engelberg base 터널은 매일 120,000대의 교통량을 수용한다. 터널 내에는 다음의 설비들이 설치되어 있다.

20KV의 2개 폐회로에 의한 전원공급

6.4MW급 변압기

2개의 125KVA용 UPS 설비[47)]

다양한 단면적을 갖는 800km 이상의 케이블

1,200개의 50~400W의 나트륨 고압등(일부 이중조명)

6개의 조도측정용 비디오

2개의 조명용 컴퓨터

4개의 650KW급 급기용 축류팬

3개의 370KW급 배기용 축류팬(동측 터널)

4개의 240KW급 배기용 축류팬(서측 터널)

29개의 CO 측정센서

4개의 NO 측정 센서

16개 공기연무 감시소

4개의 공기유량 감시소

8개의 625m 길이의 화재감지용 케이블

비상전화기 설치장소의 39개의 수동화재 경보기 버튼

통제실에 설치된 30개의 화재경보기 버튼

2개의 화제 통제실

2개의 소방대 운영 공간

22개의 컬러 화상 모니터(각 터널당 11개)

4개의 갱구부용 줌 조절 기능을 갖춘 컬러 화상 모니터

2개의 video cross rails

6개의 컬러 모니터

ANE 90 비상전화장치가 설치된 39개의 비상전화설치소

4개의 무선 송신기

구조팀을 위한 4m 밴드의 3개 송신기

구조팀을 위한 2m 밴드의 4개 송신기

47) 중단되지 않는 전원공급

터널당 2개의 안테나, 5개의 구간으로 나누어진 송수신용

2개의 무선을 위한 외부 안테나(BOS[48]) 및 이동전화기용)

이동전화 교환기당 8개의 무선증폭기와 5개 이동통신사(c-net, D1, D2, E plus와 E2 net)를 위한 안테나를 갖춘 크로스 오버에 있는 4개의 증폭기지

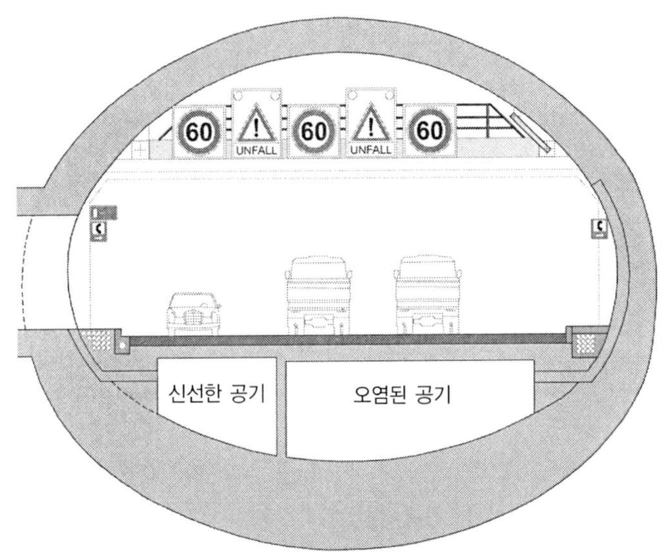

그림 2.16 Engelberg base 터널에서의 안전 설치물

2.8 도로 터널의 안전 등급

2001년 독일 자동차 클럽 ADAC에서 유럽의 16개 주요 터널의 안전성을 점검하였다. Garmisch-Partenkirchen 소재의 Farchant 터널과 Vienna 소재의 Kaisermühlen 터널이 가장 우수한 것으로 조사되었으며, 반면에 최근에 완성된 노르웨이의 Laedal 터널은 아래에서 3번째, 그리고 스페인의 Monrepo 터널이 최하위로 조사되었다. 다음의 항목들이 평가되었다(괄호 안에는 항목별 가중치이다).

- 터널 시스템(8.5%) : 갓길, 고장차량 비상주차대, 폭
- 실제 상황(6%) : 조도, 도로면 표지
- 교통신호(5%) : 교통혼잡, 속도제한, 위험물의 운행 제한
- 교통통제(7.5%) : 안전통제실, 인근 경찰서, 영상 모니터링, 위험물의 자동인식, 교통량 조사와 통제

---

48) *Behörden und Organisationen mit Sicherheitsaufgaben*, i.e. police, fire brigade, customs, relief organisations, etc.

- 통신(8%) : 교통방송, 비상전화(외국어 통화 가능), 이동전화, 확성기
- 대피, 구난통로(13%) : 비상구의 간격
- 화재발생의 경우(24%) : 내화용 피복, 안전하게 설치된 전력선, 화재감지기, 소화기, 압력수 공급, 충분한 소화전, 유출된 가연성 액체를 위한 배수로, 소방대 도착시간
- 화재시 환기(17%) : 연기가 퍼져 나갈 수 있는 터널 내의 구간길이, 가역방향 환기팬, 연기의 배출
- 비상관리(11%) : 경고 및 구조활동계획, 안전설비의 정기적 관리

어떤 평가항목은 다소 임의적이다. 예를 들어, 터널 안전 평가와 관련하여 어떤 항목을 평가할 것인가 그리고 각 항목의 가중치를 결정해야 한다는 것이다. 요소들과 가중치를 고정하는 데 독단적인 결정을 피할 수 있는 방법은 없다. 따라서 모든 터널에 대해 동일한 기준을 적용하는 한 개별 터널들에 대한 적용에 서는 객관성을 배제하지 않았다. 따라서 조사된 터널의 안전성에 대한 대략의 사실적인 이미지가 예상될 수 있다. 이를 통해 더 높은 안전성 확보에 기여한다. 2001년 이후 ADAC 터널의 평가가 매년 수행되었고, 나쁜 평가를 받은 여러 개의 터널이 개보수 작업을 거쳐 매우 양호한 수준의 안전성을 획득했다.

03 지반조사와 기재사항

Tunnelling and Tunnel Mechanics

3.1 지반조사

지하는 많은 유쾌하지 않은 놀라움(예를 들면 연약대, 물의 유입 등)을 감추고 있는 알 수 없는 광대한 곳이다. 따라서 상세한 지반조사가 기술적인 목적뿐만 아니라 모든 관련 당사자의 계약 규정을 위해서도 필요하다.

지반조사는 굴진작업과 관련된 모든 지반 물성을 수집하는 것을 목적으로 한다.[1] 보통은 지반조사, 설계 및 시공은 서로 다른 전문가, 회사 그리고 기관뿐만 아니라 다른 시간에 수행된다. 따라서 요구되는 정보가 필요할 때 사용할 수 없는 경우가 발생하기도 한다. 즉, 추가조사를 위한 예산 및 시간이 부족한 경우이다. 지반조사를 위한 비용은 공사비 규모의 3%까지 할 수 있다.[2] 보통은 지반조사 결과는 입찰자에게 가능한 완전한 정보를 제공해야 하는 발주자에 의해 제공되어야 한다. 그렇지 않은 경우 발주자는 클레임의 증가 가능성에 직면하게 될 것이다. 미국[3]의 사례에 따르면, 55% 이상의 클레임이 예측치 못한 지반조건에 기인하며, 표 3.1과 같이 조사물량 증가에 따라 클레임이 감소한다.

---

1) 다른 참조: ETB(Empfehlungen des Arbeitskreises 'Tunnelbau'), RVS 9.241 und RVS 9.242, DS 853(Eisenbahntunnel Planen, Bauen und Instandhalten), DIN 4020(Geotechnische Untersuchung für bautechnische Zwecke), SIA 199 (Erfassen des Gebirges im Untertagebau), AFTES guidelines for caracterisation of rock masses useful for the design and the construction of unterground structures(www.aftes.asso.fr)

2) 노르웨이 경우 지반조사의 상대비용(시공비와 관련)은 간단한 터널은 1%, 저장공동은 3~4%, 특별한 사업의 경우 5~6%

3) R.A. Robinson, M.A. Kucker, J.P. Gildner, Levels of geotechnical input for design-build contracts, In: Rapid Excavation and Tunneling Conference, 2001 Proceedings, 829-839, Society for Mining, Metallurgy, and Exploration, Inc., Littleton, Colorado.

표 3.1 클레임에 대한 조사물량의 영향

터널길이 m당 조사시추 길이(m)	입찰가에 대한 클레임 비용
0.5	30~40%
1	<20%
1.5	<10%

지하에 대한 정보는 단계별로 얻게 된다. 각 단계는 적절한 후속 조사를 알려준다(Glossop[4]에 의하면 "만약 당신이 현지조사로부터 무엇을 찾아야 하는지 알지 못한다면, 많은 가치 있는 것을 찾을 가능성이 없다."). 일반적으로, 세 단계의 조사가 이루어진다.

1단계 : 예비조사

2단계 : 주요 지반조사(본조사)

3단계 : 프로젝트 자체의 일환으로서 수행되는 추가조사

모든 조사는 문서화가 잘 되어야 한다. 지반조사는 토목공학 프로젝트를 위한 현지 조사를 처리하는 지질공학과의 긴밀한 협력하여 수행되어야 한다.[5]

3.1.1 예비조사

예비조사는 다음과 같이 이루어진다.

• 부지에 대한 예비 평가, 즉 기존 자료에 대한 조사(소위 탁상조사라 함)로 다음과 같은 것들로 구성된다.

- 지형도, 지질도, 수리 지질도 및 다른 지도(예: 단층을 찾기 위한 항공사진)
- 인근 공사 현장에서 수집된 증거 및 경험
- 절리, 연약대 등의 탐지를 위한 지표조사 그리고 터널 노선을 따라 작성된 지질공학도

예비조사의 목적은 다음을 결정하기 위함이다.

- 검토 중인 터널의 가능 여부
- 굴착 및 지보에 영향을 미치는 지질의 규모 정도
- 추가 조사

4) R. Glossop, 1968, Rankine lecture.

5) P.N.W. Verhoef, Wear of Rock Cutting Tools, Balkema, 1997.

예비조사는 잠정적인 설계와 다른 조사(대안 노선)들을 위한 기준이 된다.

- 예비 지반조사는 즉 타당성을 확인하고 만들어내야 할 조사의 다음 단계에 대한 계획을 가능하게 하기 위한 현장조사이다.

3.1.2 본 조사

본 조사는 측석에서 획득되어야 하는 정보를 포함하고 설계, 입찰, 환경영향평가, 시공뿐만 아니라 손실분석을 제공한다.

현장 조사 결과의 틀 속에서 지반 보고서가 만들어져야 한다.

3.1.3 공사 중 및 공사 후 조사

터널 공사에서 만나게 될 층서에 대한 완전한 정보를 사전에 얻고, 그들의 거동을 예측하는 것은 불가능하다. 이러한 이유로 터널 시공 중에 필요한 어떤 다른 조사와 관찰을 위한 규정이 만들어져야 한다. 따라서 이러한 조사의 목적은 획득한 정보를 지속적으로 업데이트하고, 예측의 타당성을 확인한다. 여기에서는 시공 중 조사는 터널 막장 및 측벽의 지질 매핑, 변형, 침하, 응력, 진동, 지하수의 계측을 포함한다.

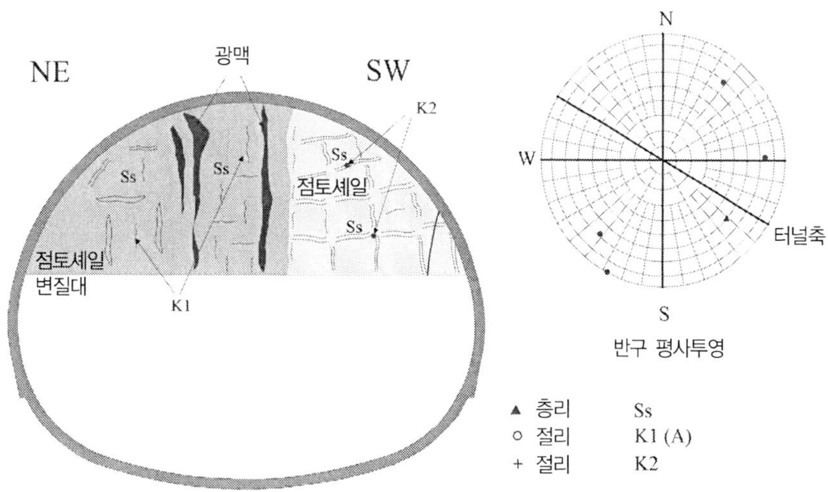

그림 3.1 Aegidienberg 터널 막장의 지질 기록

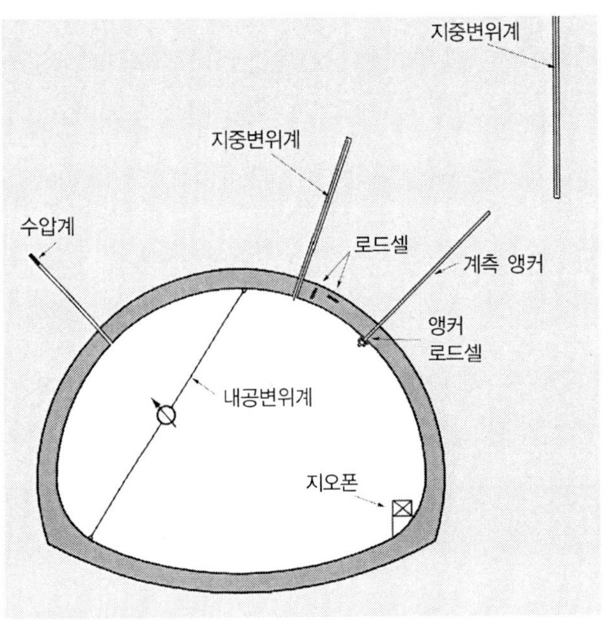

그림 3.2 터너굴착을 위한 계측[6)]

3.2 현장 조사

지반공학에서 사용되는 일반적으로 방법 이외에 다음과 같은 방법들이 터널굴착에서 적용된다.

- 탐사갱 및 시험굴
- 공기의 투과율을 결정하기 위한 현장 시험
- 슬러리 및 토압식 지보(EPB) 적용성을 위한 시험
- 천공장비의 마모도 시험

암반 내의 지질구조를 확인하기 위해 시추코어를 위한 천공이 수행된다(최소 직경 100mm). 시추공은 계획된 터널의 바깥쪽 양측면에 교대로 배치한다. 시추공은 나중에 뒷채움을 하거나 지하수 관측정으로 사용된다. 시추공의 심도는 터널 인버트 아래로 대략 터널 직경만큼 천공을 해야 한다. 갱문 가까이에는 대략 3개 정도의 시추공이 천공되어야 한다. 천층 터널을 따라 이러한 시추공들은 평면도상에서 매 100m에서 300m마다 시추가 이루어져야 한다. 심부 터널의 경우 만약 시추가 접근이 불가능한 산악지역에서 시작해야 한다면 시추공들은 매우 어렵거나 적합하지 않은 것으로 판명된다. 초기의 터널공사에서 탐사 천공의 심도가 수 미터로 제한되어 지하의 구조는 지표조사 결과로부

6) 내공변위 측정 테이프는 다소 구식이다. 최근에는 대부분 리모트 센싱으로 측정된다.

터 유추되어야 했다.

어떤 경우에는 대구경 코어(0.6~1.0m)를 채취하여 실내 시험이 수행될 수 있다(그림 3.3 및 3.4). 대구경 코어에서 얻어진 시험 결과는 작은 규모의 불균질성들이 자동적으로 평균화되기 때문에 매우 높은 품질을 나타낸다. 대구경 코어의 채취는 노력이 많이 들고 현장에 직접 접근해야 한다.

그림 3.3 대구경 코어 시료를 위한 천공(ϕ60cm)

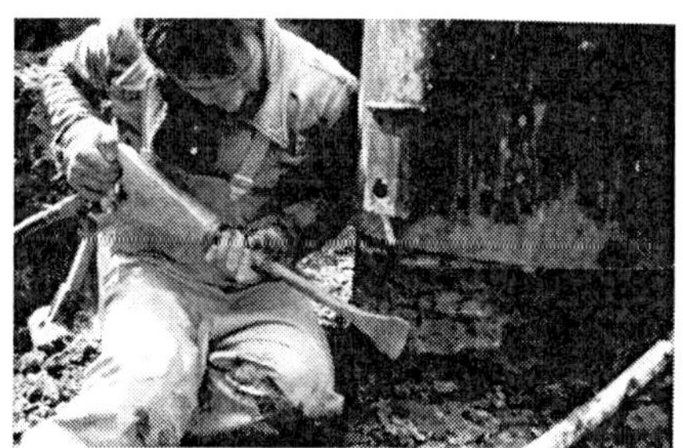

그림 3.4 커팅에 의한 대구경 코어 시료 채취

CIRIA 보고서 79는 다음과 같이 권장한다.[7)]

- 현장조사 전문가는 터널공사 전문가일 필요는 없다. 따라서 지반조사 계약에 대한 참고 항목들은 필요로 하는 자료에 대해 분명히 명시되어 있어야 한다.
- 현장 조사 계약자들의 선택은 가격이 아니라 주로 능력으로 선정해야 한다. 경험과 필요한 기술적 능력에 대한 필요성을 인지해야 한다.

7) CIRIA Report 79, Tunnelling - improved contract practices, May 1978.

3.2.1 탐사 시추

지하의 지질구조는 채취된 코어를 근거로 판단한다(그림 3.6). 즉, 코어인 원통형 시료들은 특수 천공장비로부터 획득된다. 가능한 교란되지 않은 상태로의 코어의 회수는 발파 및 그라우팅을 위한 천공과 달리 특별한 주의가 요구된다. 후자의 경우는 천공된 암석은 작은 조각이나 칩 형태로 부서진다.

코어 샘플러는 회전 및 하향의 추력에 의해 암반으로 천공된다. 천공 장비는 코어와 암석 사이의 환형의 틈새를 굴삭하게 되며 암석 코어는 코어 샘플러 안으로 밀려들어가게 된다. 후에 코어들은 위로 인발된다. 코어는 환형 쐐기(그림 3.5)에 의해 고정되어 끌어올려진다.

샘플러의 구동은 세척이 동반되어야 하는데, 이것은 연암이나 점토의 경우에는 코어에 해가 되기도 한다. 코어는 지속적으로 세척액에 노출되어 이것이 이완된 구성물을 씻어내고 따라서 코어는 침식이 된다. 따라서 단일관 코어 샘플러는 코어 채취에 부적합하다.

이중관 코어 샘플러는 외부관만 회전한다. 세척액은 내부와 외부관 사이의 환형틈새로 흐르게 된다. 따라서 코어는 코어의 하단에서만 세척액과 접촉하게 되어 훨씬 덜 침식이 된다. 그러하더라도 샘플러가 실트 혹은 점토와 같은 침식 가능한 층에 도달하면 즉시 세척을 중단해야 한다. 코어의 길이가 1.5~3m 정도 확보된 경우에는 지표로 인양된다. 이러한 목적을 위해 전체 시추관을 빼내어 올려서 각 개별 관들로 해체해야 한다. 이것은 특히 깊은 심도의 시추공에서는 많은 시간을 소모하는 작업이다. 예를 들어 100m 심도의 시추공에 3m 길이의 튜브를 사용할 경우 숙련된 팀은 천공 리그의 제거와 재설치를 위해 30~40분이 소요된다. 대안으로 천공 리그를 공안에 그대로 두고, 시추 코어를 와이어로 들어올리는 것이다(와이어 라인 천공법). 이 방법으로는 심도 400m까지 작업이 가능하며 통상 코어 직경은 132mm이다.

일반적으로 실내 실험을 위해서는 최소 100mm 직경의 코어가 필요하다. 일반적으로 코어의 직경이 증가할수록 코어의 품질(또한 가격)이 증가한다. 공압식 냉각 천공 역시 지반구조에 대한 정보를 제공하고, 비록 코어를 채취할 수 없지만 시추 천공보다 빠르고 저렴하다는 것에 주목하라. 지반구조에 대한 정보는 천공과정, 추력, 토크, 그리고 세척 압력의 기록들로부터 유추될 수 있다. 예를 들어, 10개의 비코어식 천공과 비교를 위한 1개의 코어용 시추는 생각할 수 있는 것이다. 시추 비용을 절약하기 위한 또 다른 방법으로는 300m 심도의 터널의 경우 시추공의 상부(200~250m)는 코어가 없는 다운홀 햄머로 신속히 천공하고 시추공 하부(50~100m)만 코어를 채취하는 시추를 실시한다.

천공 작업과 코어의 품질은 코어비트에 의해 좌우된다. 코어 비트의 선정은 많은 요소들에 의해 달라지지만 일반적으로 연약한 지반일수록 더 날카로운 비트가 사용되어야 한다.

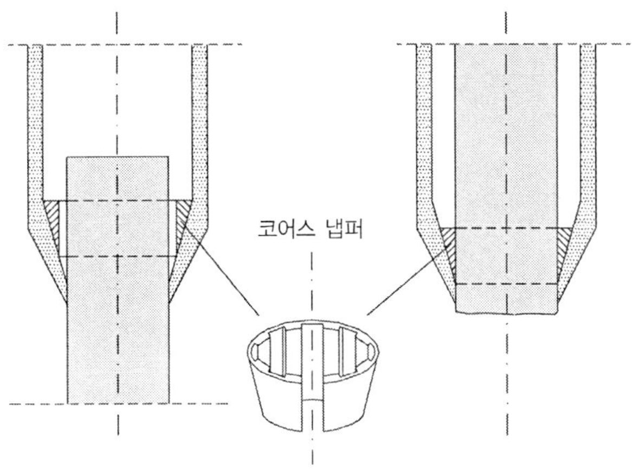

그림 3.5 코어 비트와 스냅퍼

3.3 지구물리 탐사

탄성파의 반사 및 전파, 전기장, 자기장 그리고 중력장은 조사지반의 물성에 의해 영향을 받는다. 따라서 다양한 종류의 파들의 전파 및 반사에 대한 측정으로 지반 물성의 추정이 가능해진다. 여러 송·수신기의 신호들에 대한 분석을 통해 지반 물성의 공간적 분포를 얻을 수 있을 것이다(토모그래피). 예를 들어, 탄성파 토모그래피로 5~10m 간격의 두 시추공 사이에 위치하는 공동 그리고 블록들의 탐지가 가능하다.

터널 작업 중 가장 좋지 않은 상황 중의 하나가 공동, 함수 절리, 관입암, 연약토로 채워진 단층과 같은 예상치 못한 지역이나 장애물과 조우하는 것이다. 따라서 시험 천공뿐만 아니라 물리탐사방법을 이용하여 굴착 중에도 막장 전방에 대한 탐사를 시도한다. 지구물리탐사는 선진 도갱 없이도 온라인상으로 지반의 이미지화가 예상된다. 파를 보내고 온라인에서 얻은 반사파를 분석하기 위한 목적으로 진행 중인 연구가 있다. 송·수신기가 TBM의 커터헤드에 설치된다.[8] 시험결과는 조짐이 좋지만 아직은 만족할 만한 수준은 아니다. 측정된 자료들로부터 지반 물성치의 공간적 분포를 얻기 위한 수학적인 공정은 소위 역산법에 속한다. 이러한 방법은 얻어진 결과들이 유일하지 않다는 결과에 의해 수학적 의미에서 '부적절한' 것이다. 따라서 이들의 해석은 일부 추가적인 정보의 사용가능성을 전제로 한다.

8) B. Lehmann, C. Falk, T. Dickmann: Neue Entwicklungen zur Baugrunderkundung für die 4. Röhre Elbtunnel, Baugrundtagung 1998 in Stuttgart, pp.189~200.

그림 3.6 암석 코어

3.4 절리

절리(불연속면)들의 공간적 분포는 지질 콤파스와 줄자로 측정되며 오늘날에는 디지털 이미지의 분석에 의해서 이루어지기도 한다. 절리는 종종 절리군 형태로 나타난다. 중요한 특성은 다음과 같다.

- 개별 블록들의 형태와 크기
- 절리 밀도. 이 밀도는 절리군 i에 속한 절리의 단위 길이(m)당 절리의 평균 개수 λ_i로 정의된다. $a_i = 1/\lambda_i$는 절리 간의 평균 간격이다. λ는 모든 절리군의 합산으로 시추공의 길이 1m에서 발견되는 모든 절리를 측정하여 결정할 수 있다. λ를 결정하기 위한 간접 방법은 탄성파의 전파속도를 측정하는 것이다. 왜냐하면 탄성파 속도는 절리들에 의해 감소하기 때문이다. 만약 c_l이 무결암에서의 전파속도(암석시료의 실내실험으로 측정)이고 c_f가 암반에서의 전파속도(현장 시험에서 측정)라면 두 값의 비 $k := c_f/c_l$는 λ와 다음과 같이 상관성을 갖는다.9)

$$\lambda \approx \frac{5}{K^2} - 4$$

소위 속도 지수는 $100k^2$으로 정의되며 심하게 풍화된 암석은 0~20의 분포를, 그리고 무결암에서는 80~100의 분포를 갖는다.

- 코어 회수율. 이것은 1m 시료 채취 중 회수된 모든 코어의 길이이다. 다른 방법으로는 코어의 길이가 최소 10cm 이상 되는 코어의 길이만 계산하는 것이다. 1963년 Deere에 의해서 제안된 이 수는 RQD(Rock Quality Designation)라 불린다. RQD는 λ와 다음과 같은 상관관계를 갖는다.

9) J.A. Franklin & M.B. Dusseault: Rock Engineering, McGraw-Hill Publishing Company, 1989.

$RQD \approx 115 - 3.3\lambda$

석회질 암석의 경우 다음 관계가 있다.

$RQD \approx 100e^{-0.1\lambda}(0.1\lambda + 1)$

- 절리의 공간적 방향성은 주향과 경사로 나타낸다. 주향은 절리와 수평면이 만나서 이루는 교선의 방향을 나타내는 α로 표시된다. α는 시계방향으로 측정되며 0°에서 180° 사이의 값을 갖는다. 다른 방법으로는 교선의 경사 방향을 나타내는 α_F를 사용한다(가장 가파른 하강선). α_F는 0°에서 360° 사이의 값을 갖는다.

경사각 β는 수평선과 가장 가파른 하강선 사이의 각도편차로 0°에서 90° 사이의 값을 갖는다. 평면과 선의 공간적 위치를 도시하기 위해서는 하반구 투영법이 사용되며, 이것은 수평면상에 하반구의 투영 면적이 보존된다(그림 3.8). 평면은 하반구의 중심을 통과하는 면들의 법선으로 표현된다. 이 법선은 하반구의 한 점을 통과하고 이 점을 극점(pole)이라고 부르며 이것들의 투영이 도시된다.

분석적이고 수치 해석을 위해 절리의 단위법선벡터 n은 $x-y-z$ 좌표계로 표현될 수 있다(그림 3.9).

$$n = \begin{pmatrix} \sin\beta \sin\alpha_F \\ \sin\beta \cos\alpha_F \\ \cos\beta \end{pmatrix}$$

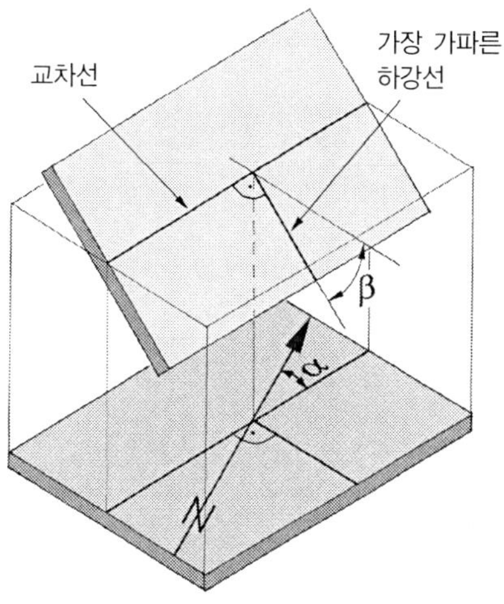

그림 3.7 주향과 경사의 정의

하나의 절리군에 속하는 절리들은 엄격히 평행이 아니다. 따라서 그들의 극점들은 하반구 투영면에 한 점에 일치하지 않고 한 그룹의 산재된 점들의 형태를 나타낸다.

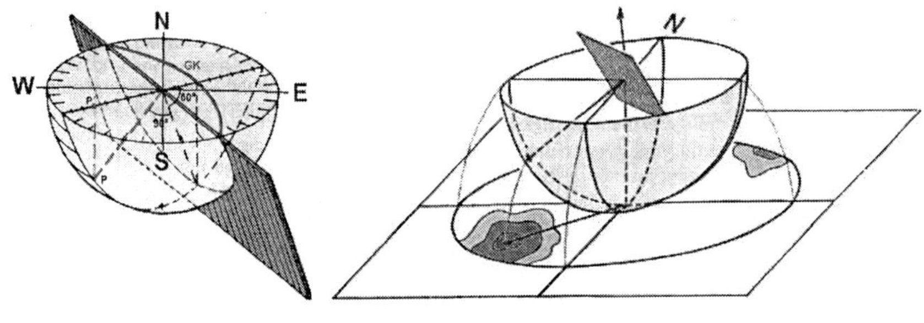

그림 3.8 하반구의 3D 도식

절리의 공간적인 방향성은 Bieniawski와 Wickham에 의해 터널굴진 방향과의 관계에 따라 평가될 수 있다(표 3.2)[10].

- 절리의 연속성, 이 속성은 절리가 완전한지 혹은 브리지(bridge)에 의해 중단되는지를 나타냄
- 거칠기
- 절리 간격
- 절리 충전물의 특성

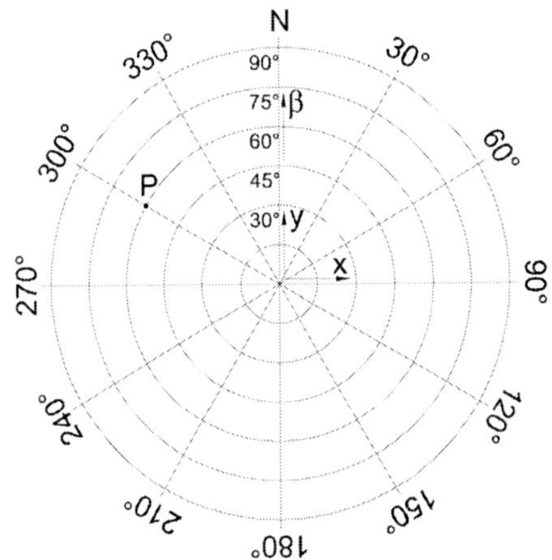

그림 3.9 한반구 투영. 점 P는 절리의 극점($\alpha_F = 120°$ 및 $\beta = 60°$)

10) E. Hoek, P.K. Kaiser, W.F. Bawden, Support of Underground Excavations in Hard Rock, Balkema, 1995.

표 3.2 절리방향성의 평가

주향(α_F)	경사각(β)	평가
터널축에 평행, 경사 방향 굴진	45~90°	매우 양호
	20~45°	양호
터널축에 평행, 경사 역방향 굴진	45~90°	보통
	20~45°	불량
터널축과 수직	45~90°	매우 양호
	20~45°	보통
모든 주향 α_F	$0 \leq \beta \leq 20°$	보통

다음과 같이 다양한 형태의 불연속면들로 구분된다.

단층(전단대) : 단층은 2개의 블록이 서로에 대해 상대적으로 미끄러질 때 형성된다. 두께는 매우 작은 크기에서 수 킬로미터에 이르기도 한다(참조, 캘리포니아의 St. Andreas 단층). 단층 충전물은 교란되거나 풍화 혹은 이완될 수 있다. 단층 충전물은 다음과 형태로 구분된다.

- 카키라이트(Kakirite) 등방성 토사(즉 점착력이 낮거나 없는 이완된 토사)
- 카타크라사이트(Katakrasite) 등방성 암석
- 압쇄암(mylonite)[11)] : 암석(셰일)

충진물은 주변 암석보다 투수성이 높을 수 있다. 하지만 단층은 석영이나 불투수성 광물로 충전되어 준대수층을 형성하는 경우가 생긴다. 예를 들어 역학적 관점에서 보면 활석으로 충전된 절리는 마찰각이 2~4°로 낮은 값을 갖는 것이 관찰된다. 때로는 단층면이 글라이딩 작용에 의해 매끄러울 수

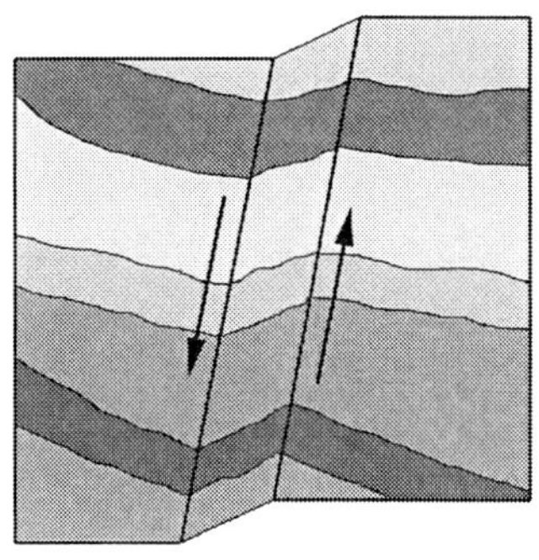

그림 3.10 단층

11) 초기에는 '압쇄암'은 이완되거나 교란된 암석을 나타냈지만 오늘날은 Kakirite와 동일한 의미를 갖는다.

있다. 이러한 단층면을 단층경면(slickenside)이라고 부르며 매우 낮은 마찰각의 특성을 갖는다. 지질학적으로 형성된 단층경면은 주로 과압밀화된 점토에 의해 접하고 있으며, 터널 건설과정에서 다시 활성화되고 손상의 원인이 될 수 있다.

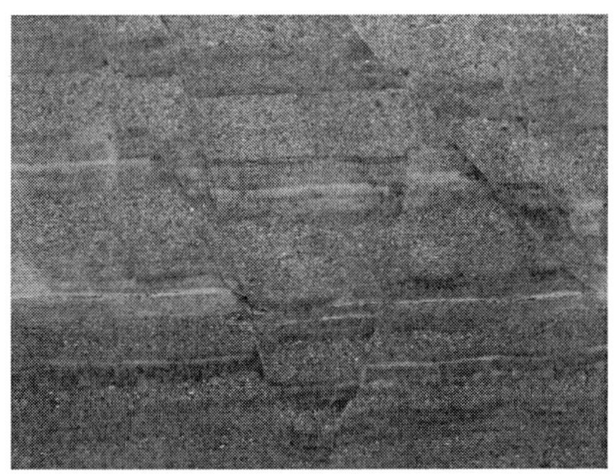

그림 3.11 성층암 내의 단층

그림 3.12 층상의 퇴적암

층리, 퇴적물 지층의 분리 : 이러한 층리는 반드시 전단강도를 감소시키는 표면을 구성하지 않는다.

엽리(편리) : 엽리는 변성작용에 의한 재결정화로 인해 형성된다. 편리(schistosity)는 엽리(foliation)의 동의어이다. 층리와 엽리의 일반 용어는 엽층리(lamination)이다. 이러한 용어는 결코 유일한 의미를 갖지 않는다. 엽리는 취성암석이 높은 현지응력상태에서 일어나는 코어 디스킹과 혼동되어서는 안 된다. 코어 디스킹은 코어를 채취할 때 코어가 칩의 형태로 잘게 쪼개지는 현상이다(13.5.3항 참조).

3.5 풍화

풍화는 물, 바람, 온도, 화학적 분해 등의 영향으로 암석이 악화되는 것을 나타낸다. 건조하고 추운 지역에서는 풍화가 주로 물리적 작용에 의해 이루어지는 반면에 따뜻한 지역에서는 주로 화학적 작용에 의해서 이루어진다. 풍화는 상당히 깊은 심도까지(예를 들면 러시아에서는 1,500m에 이르기도 한다) 도달할 수 있다. 풍화전선(weathering front)이 균일한 방식으로 전파되지 않는다는 사실에 주의해야 한다. 풍화는 절리와 기타 연약대를 따라 보다 더 잘 일어난다. 또한 풍화전선은 매우 불규칙하다는 것을 명심하라. 풍화암이 신선암 하부에서 발견되었다는 경우가 보고되고 있다(포르투갈의 Porto에서). 풍화의 영향은 매우 강력하다. 예를 들어 화강암은 원래의 모양을 유지하고 있으면서 연약한 토사의 거동을 보일 수 있다.

3.6 암반 평가 및 분류

아직까지도 절리 및 풍화 암반의 거동을 설명할 수 있는 만족할 만한 수학적 모델이 없다. 따라서 우리는 일부 쉽게 관찰할 수 있는 물성을 기반으로 암반의 평가법을 개발하고 실용적으로 진행하려고 시도한다. 이러한 암반평가는 굴착 또는 지보와 같은 특수한 적용에 대해서 다룬다. 암반 평가는 정성적 표현(이 흙은 매우 투수성이 높다)이나 정량적 수치로서(이 토양의 투수계수는 10^{-5}m/s) 표현될 수 있다.

다음과 같은 목적으로 여러 암반 분류법이 제안되었다.[12)]

- 암반을 서술하고 엔지니어와 지질전문가 간의 소통을 지원하는 개념을 만들기 위해
- 다소 일정한 물성을 갖는 균일한 영역의 결정하기 위해
- 터널 설계를 위한 유용한 수치를 제공하기 위해
- 굴착 및 지보에 대한 권고사항을 공식화하기 위해
- 이전 현장의 경험으로부터 다른 현장으로 경험을 전달할 수 있는 가능성을 만들기 위해

12) Z.T. Bieniawski: Classication of Rock Masses for Engineering: The RMR System and Future Trends, In: Comprehensive Rock Engineering, Vol. 3, 553-573, Pergamon Press, 1993.

암반분류법을 사용할 때 다음 사항들은 피해야 한다.

- 암반 분류법을 하나의 '처방'으로 사용하고 분석적 및 관찰적인 방법을 무시함
- 불충분한 입력 자료로 단일 암반 분류법을 사용함
- 암반분류를 기반으로 하는 표현의 한계와 보수적 특성을 무시함

가장 오래된 암반분류법이 Terzaghi에 의해 개발되었다. 이후 Lauffer(1958)에 의해 무지보 막장의 자립시간에 따른 분류법이 제안되었고, Deere에 의한 RQD, Wickham의 RSR(Rock Structure Rating)-시스템, Bieniawski의 RMR-시스템, Barton의 Q-시스템, Hoek의 GSI(Geological Strength Index)-시스템 그리고 다른 것들이 제안되었다. 암반분류 시스템에 따른 권장사항과 표현방식은 사실상 이론이다. 다른 이론과 마찬가지로 암반분류법은 경험을 추출하여 다른 상황에 전달하여 예측을 하는 것을 목적으로 하고 있다. 하지만 합리적인 역학 이론과는 대조적으로 암반분류법은 다소 임의적이므로 주의해서 사용해야 한다. 암반분류법의 주요 단점은 암반분류에 따른 표현들이 거의 이해되거나 확인될 수 없다는 것이다.

오스트리아 코드 ÖNORM B 2203-1에 따른 암반분류 기준은 굴진에 해당된다. 굴진 등급은 2개의 숫자로 특정지어진다. 첫 번째 숫자는 굴진 단계이며 둘째 숫자는 주어진 분류법에 따라 평가된 지보의 결과를 나타낸다.

3.6.1 RMR 분류법

Bieniawski에 의해 만들어진 RMR(Rock Mass Rating) 분류 시스템[13)]은 6개의 기준에 따라서 암반을 평가한다. 이러한 각각의 기준들에 대해 어떤 점수들이 할당된다.[14)]

표 3.3 RMR 시스템에서의 평점

일축압축강도 (qu, MPa)	<1	1~5	5~25	25~50	50~100	100~250	>250
점하중 시험 강도지수 Is(MPa)	-	-	-	1~2	2~4	4~10	>10
평점	0	1	2	4	7	12	15

RQD(%)	<25	25~50	50~75	75~90	90~100
평점	3	8	13	17	20

13) 1976, 1989 그리고 2002년 버전이 있다.
14) RMR에 근거한 암반강도의 평가는 13.11절에서 설명되어 있다.

불연속면의 간격(cm)	<6	6~20	20~60	0.6~2m	>2m
평점	5	8	10	15	20

불연속면의 조건	평점
연속적, 간극	0
단층경면, 연속적, 간극 1~5mm	10
간극 <1mm, 약간 거친 표면, 몹시 풍화된 표면	25
매우 거친 표면, 분리가 없음, 풍화되지 않은 벽면, 불연속적인 절리	30

절리 방향의 평가 (표 3.2 참조)	매우 불리	불리	보통	유리	매우 유리
평점	~12	~10	~5	~2	0

지하수 유입 10m 터널당/분	없음	0~10	10~25	25~125	>125
평점	15	10	7	4	0

할당된 점수의 합은 암반의 전체 평점으로 RMR 값으로 표시된다. RMR은 여러 경험적 예측식으로 조언을 받을 수 있다.

3.6.2 Q-시스템

Barton의 Q-분류 시스템은 1974년 노르웨이에서 소개되었고, 다음 6개의 요소가 고려된다.

1. RQD(코어 회수)
2. 절리군 수 J_n
3. 절리면 거칠기 J_r
4. 절리면의 변질 지수 J_a
5. 절리면 지하수 저감지수 J_w
6. 응력 저감지수 SRF

Q 값은 다음 식으로 구한다.

$$Q = \left(\frac{RQD}{J_n}\right) \cdot \left(\frac{J_r}{J_a}\right) \cdot \left(\frac{J_w}{SRF}\right)$$

이 식에서 RQD/J_n은 블록의 크기를, J_r/J_a는 블록 간의 전단강도를 평가한다. 표 3.4는 요소들의 값의 분포를 나타낸다. Q와 RMR 사이의 여러 상관관계식이 다음 식과 같이 제안되어 있다.

$RMR \approx 9\ln Q + (26-42)$[15]

표 3.4 Q-시스템의 요소들에 대한 값의 범위

요소	범위
Q	0.001(예외적으로 불량)~1,000(예외적으로 양호)
RQD	0~100%, 10% 이하의 값은 사용하지 않는다.
J_n	0.5(절리가 없거나 거의 없는 괴상암반)~20(파쇄되고 흙과 같은 암석)
J_r	0.75(단층경면이 있는 평면상의 절리)~4(불연속적인 절리)
J_a	0.75(변질되지 않은 절리벽면)~20(두꺼운 폭의 팽창성 절리)
J_w	1.0(건조상태)~0.05(매우 많은 지하수 유입)
SRF	1.0(중간 암석 압력)~20(높은 암석 압력)

3.7 보고서

실내 실험실 시험과 현장 시험결과로부터의 원자료와 그들의 해석 간에는 명확히 구별되어야 한다. 설계-시공 일괄 계약을 참조하여 발주자는 시공수단이나 방법을 정의하거나 제한할 수 있는 건설문제의 해석을 제시하지 말아야 한다. 그러나 발주자는 입찰이 너무 다양하고 어려워 비교할 수 없는 상황을 피하기 위하여 조사에서 획득한 충분한 자료를 제공해야 한다.[16]

SIA 199에 따라 다음과 같은 문서들이 작성된다.

1. 지반의 기재사항

- 지질학 : 해당 토사 및 암석층의 지질학적 또는 구조지질학적 레이아웃. 균질한 영역으로 분류. 이러한 관점에서 흙에 대한 가장 중요한 매개변수는 흙의 구조와 밀도이고 암석은 구조, 절리 및 풍화이다.
- 수리조건 : 지하수의 흐름과 지표수와의 관계, 공극내의 지하수의 순환, 절리, 카르스트지형, 투수계수. 터널에 대한 지하수의 영향(예를 들면 콘크리트에 대한 손상 정도)과 지하수 및 지표의

15) Z.T. Bieniawski, Rock Mechanics Design in Mining and Tunnelling, Balkema, 1984, p.126.

16) R.A. Robinson, M.A. Kucker, J.P. Gildner, Levels of geotechnical input for design-build contracts, In: Rapid Excavation and Tunneling Conference, 2001 Proceedings, pp.829~839. ; Society for Mining, Metallurgy, and Exploration, Inc., Littleton, Colorado.

수원에 대한 터널의 영향이다.

- 지반공학적 조건 : 이 항목들은 굴착 및 지보와 관련한 모든 지반공학적 물성을 포함한다.
- 가능한 추가 진술 : 메탄, 이산화탄소, 황화수소와 같은 잠재적인 가스, 방사능(라돈가스), 암반 온도, 지진, 활성 단층, 산사태, 석영, 석면과 같은 위험한 물질, 오염물질이 관련된다.[17)]

2. 지반의 평가

이 항목은 위에서 언급된 지반물성에 근거한 굴착과 터널의 사용량에 대한 예측을 포함한다.

주요 목적 중 하나는 위험요소(예를 들어, 공동붕괴, 지반붕락, 암반파열, 가스 폭발, 지표침하)를 인식하고 대책에 대해 계획하는 것이다. 이러한 위험 요소와 대책은 소위 안전 계획에 포함되어야 한다. 위험요소는 다음과 같은 등급으로 분류될 수 있다.

위험의 정도	1	2	3
발생	있을 수 없는	가능한	있을 수 있는

지반의 평가는 굴착 및 지보에 관한 기술을 포함된다.

- 굴착방법, 굴진 길이, 과굴, 천공, 터널 벽과 막장의 지보
- 배수 및 압축 공기에 의한 지보, 그라우팅, 동결과 같은 안정대책
- 버력의 재사용이나 처분 가능성

3. 지질, 수리 및 지반공학 보고서

상기 항목은 다음과 같은 구조를 갖는 보고서에 제시되어야 한다.

- 계약과 관련 질의 사항
- 데이터의 출처 및 사용된 문서
- 적용된 시험과 방법의 문서화
- 지반에 대한 서술
- 지질단위에 대한 요약 및 결론
- 지반의 평가
- 결론, 권장사항, 공개질의사항, 누락 자료, 추가조사

---

17) Contaminated soil was, e.g., encountered during the construction of the Baltimore metro, *Tunnelling & Tunnelling*, September 1995.

• 계획(도면)이 있는 부록

자료, 시추와 사운딩의 프로파일, 실내 및 현장측정 결과가 달린 부록 최종 보고서에는 굴착공사 중 관찰된 조건들이 수록되어야 한다.

4. 자료의 제출

모든 자료의 출처는 명확하게 서류화되어야 한다. 따라서 측정된 자료와 문헌조사, 경험, 예상 및 추정을 통해 얻은 자료(소위 소프트 데이터)들과는 구분이 되어야 한다. 측정 자료를 언급할 때는 측정방법, 측정개수, 값의 분산 및 불확실성이 함께 추가되어야 한다.

또한 측정 자료(사실적 정보)와 그것으로부터 추출된 결과(해석치) 사이는 구분되어야 한다. 따라서 조사자료를 수록한 지반자료 기록(Geotechnical Data Record)과 자료를 분석하고 요약한 지반분석 기록(Geotechnical Baseline Record)은 구분되어야 한다. 이러한 구분은 종종 계약에 영향을 미친다. 그러나 사실적 정보와 어느 정도의 분석은 분리할 수 없다.

암석의 어떤 독특한 물성과 관련하여 서술된다. 이것은 판단(예를 들면, 연암)에 의해 구두로 평가될 수 있지만, 합리적인 관점에서 물성은 정량적으로 평가될 수 있어야 한다. 따라서 물성의 정의에 주의를 기울여야 한다. 좀 더 구체적으로 표현하면, 어떤 물성들은 구성방정식에 의해 엄격하게 정의된다. 예를 들어 영율은 Hooke의 법칙 $\sigma = E\varepsilon$에 의해서 정의된다. 영율을 참조하여 어떤 특정 물질에 대해 기본 구성방정식이 실제적인가 하는 의문을 가져야 한다(예를 들어 모래 혹은 물에 대한 영율은 의미가 없다). 마모도와 같은 또 다른 물성은 방정식 형태로 표현될 수 없다. 이런 경우 임의로 절차를 정하는 어떠한 것에 의존해야 한다. 또한 암석 마모도 이외에도 적절히 명시될 수 없는 다른 물성들이 있다. 이것은 예를 들어 암석의 인성으로써 암석 절단에 대한 저항으로 이해되는 경우이다. 인성을 더 적절히 표현하려는 시도는 지금까지 실패했다.

측정 가능한 수량의 사양은 다음에 근거하여 생겨난다.

• 직접적인 실험실 혹은 현장 측정
• 다른 수량과의 경험적 상관관계
• 크기효과에 대한 고려
• 유사한 상황으로부터의 판단
• 역해석

04 터널굴진

Tunnelling and Tunnel Mechanics

터널굴진은 굴착작업, 공동의 지보작업, 굴착에서 발생된 폐석처리 작업(버력처리)으로 이루어진다. 굴진은 재래식 굴진(또는 점진적이거나 주기적이라고도 함)과 연속굴진으로 구분한다. 이 장에선 적용이 되고 있는 여러 가지 방식을 소개할 것이다. 이러한 방식들은 종종 복합적이기 때문에 엄밀한 분류는 어렵다. 한편으로는 재래식(또는 점진적) 굴진 또 다른 한편으로 연속굴진(또는 TBM)으로 구분하는 것이 일상화되었다. 그러나 이것은 합리적이 아니다. 또한 TBM 굴진도 여러 단계로 구성되어 있고 점진적이다(4.2장과 4.4.4항 참조).

재래식 굴진의 주요 특징은 작은 전진 단계로 작업이 이루어지고, 연약 지반에서 한 굴진장은 0.5~1m 정도이다. 이 굴진장은 새롭게 노출된 굴착공간이 지보가 설치될 때까지(최소 90분) 안전하게 지탱될 수 있어야 하기 때문에 매우 중요한 설계변수 중의 하나이다. 또한 굴진장은 지표침하에도 영향을 준다. 굴진장을 감소시키면 지표침하도 상당히 감소한다.

4.1 전단면과 분할단면 굴착

큰 공동은 작은 공동들보다 덜 안정적이다(16.3과 참조). 그래서 많은 경우에 터널의 단면은 한 번에 굴착되지 않고 부분적으로 굴착된다. 연암에서 30~50m^{2}보다 큰 단면에서 막장은 반드시 지보작업(흙더미 막이, 숏크리트, 네일)이 이루어져야 하거나, 부분으로 나누어 굴착되어야 한다. 터널기술의 초기단계에서 많은 다른 종류의 분할단면 굴착방식이 개발되었다. 그에 따른 용어들은 고유하지도 않고 체계적이지도 않다. 예를 들면 코어굴진(core heading)과 옛 오스트리아 터널방식이 언급될 수 있다. 목재나 벽돌이 지보로 사용되었을 때 이러한 분할 굴착방식이 개발되었다. 반면에 현대식 지보는 강재나 숏크리트로 수행되고 있다.

다음은 여러 형태의 분할단면 굴착방식들에 대한 설명이다.

코어굴진 : 이 방식은 독일식 굴진방법으로도 알려져 있다(첫 적용은 프랑스에서 이루어졌다). 먼저 단면의 측벽과 상부에서 굴착과 지보작업이 이뤄지고 중심부(코어)의 굴착과 지보작업이 이뤄진다. 인버트에서의 링 폐합은 마지막에 이뤄진다. 또한 첫 번째로 생성된 갱도는 탐사용으로 사용된다. 천단아치는 양 측면 갱도 위에서 개설되어 이로 인해 주변 침하를 작게 유지할 수 있었다.

구 오스트리아 터널공법 : 이 방식은 그림 4.1과 같다. 이것의 특징적인 모습은 천단의 슬롯이다. 여러 굴착 막장에서의 동시 작업으로 빠른 전진이 이루어졌다. 예로 구 Arlberg(철도) 터널이 이 방식으로 시공이 되었다. 이 터널의 공사기간은 길이가 거의 같고 약 100년 후에 시공이 된 새로운 Arlberg(도로) 터널과 비슷한 수준이다.

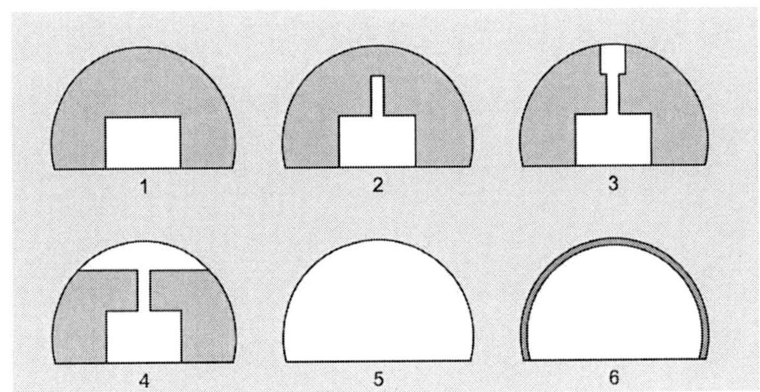

그림 4.1 구 오스트리아 터널공법의 굴착 순서

현재 가장 널리 쓰이는 부분단면 굴착방식으로는 (i) 정설도갱(top heading)과 (ii) 측벽도갱(sidewall drift)이 있다. 그림 4.2는 여러 다른 형태의 분할단면굴착을 나타낸다.

정설도갱 : 천단부분이 벤치보다 먼저 굴착된다(그림 4.4 및 4.5). 숏크리트에 의한 천단부의 임시 지보는 일종의 아치형 다리를 연상시킬 수 있다(그림 4.6). 이것이 왜 접합부들이 침하되는 경향이 있고, 이것이 지표의 지반침하를 유도하는지를 설명해 준다. 이에 대한 대책이 받침대(코끼리 발이라고도 함)를 확장시키고, 받침대를 마이크로파일로 보강하거나 혹은 임시 인버트를 시공하는 것이다. 후자는 천단부의 굴진 후 바로 시공이 되어야만 한다. 즉, 천단부의 굴진 후 2~5개의 진

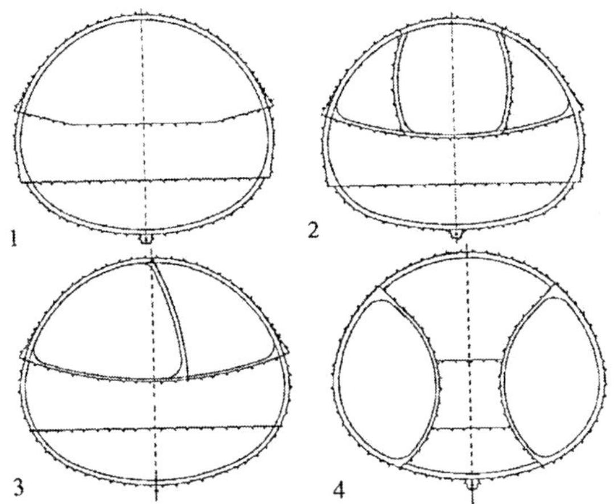

그림 4.2 분할단면 굴착방식들.[1)]
단면의 표시된 부분들이 순차적으로 굴착되고 지보가 이루어진다.

행 단계가 이루어지기 전에 수행되어야 한다.[2)] 곧바로 이뤄지는 천단부의 임시 인버트 시공이나 또는, 더 나은 것은 곧바로 이뤄지는 벤치와 인버트의 굴착과 지보작업은 천단부 아치 받침대의 침하가 크게 일어나는 것을 피할 수 있게 해준다. 이것은 길이 $a = a_1 + a_2$(그림 4.5)가 가능한 작게 유지되어야 한다는 것을 의미한다. 반면에 a_1은 천단부에서 굴착작업과 지보작업이 효율적으로 이뤄질 수 있도록 충분히 크게 유지되어야 한다.

만약에 정점부분과 벤치부분을 동시에 굴착하려 한다면, 램프(ramp)는 지속적으로 앞으로 움직여져야 한다. 이와 다르게 램프가 중앙이 아닌 벤치의 사이드에 설치되어 있다면, 반대편 사이드 쪽에선 좀 더 긴 굴착작업을 진행할 수 있다. 램프의 굴착작업이 불안정하게 진행된다면, 벤치의 굴착작업과 지지작업 이후 램프를 놓도록 해야 한다. 독일의 Kaiserau 터널의 도갱 중 붕괴가 일어

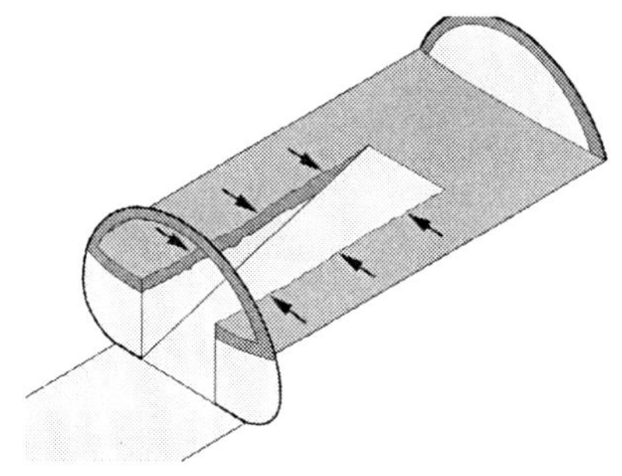

그림 4.3 임시 라이닝에서의 슬릿(slit) Kaiserau 터널에서의 붕괴를 일으켰다.

1) Wu, W. and Rooney, P.O., The Role of numerical analysis in tunnel design, In: Tunneling Mechanics(edited by D. Kolymbas), 87-168, Lagos, Berlin, 2002.

2) Ritchtlinien und Vorschriften für den Straßenbau(RVS 9.32).

났는데, 붕괴의 원인은 램프를 만들기 위해 만든 슬릿이 막장의 임시 인버트를 비효율적으로 작용하게끔 했기 때문이었다(그림 4.3).

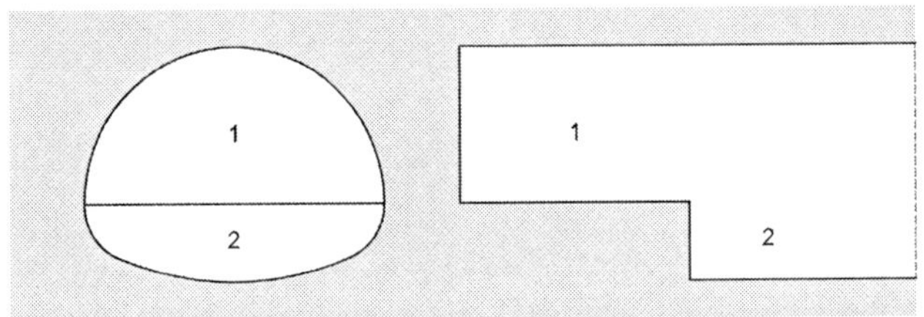

그림 4.4 정설도갱 횡단면 및 종단면. 1: 막장, 2: 벤치

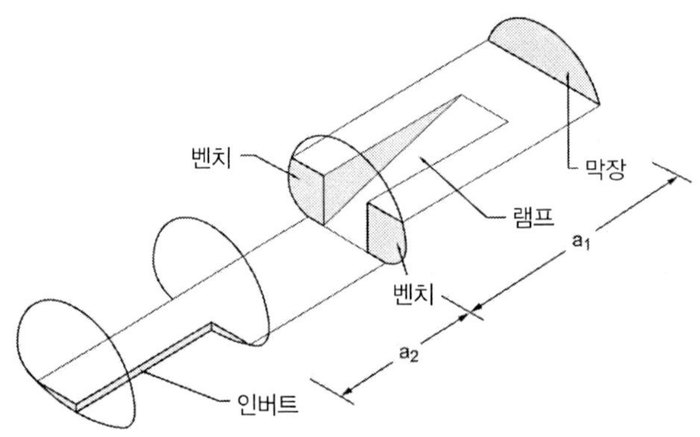

그림 4.5 정설도갱의 개략도

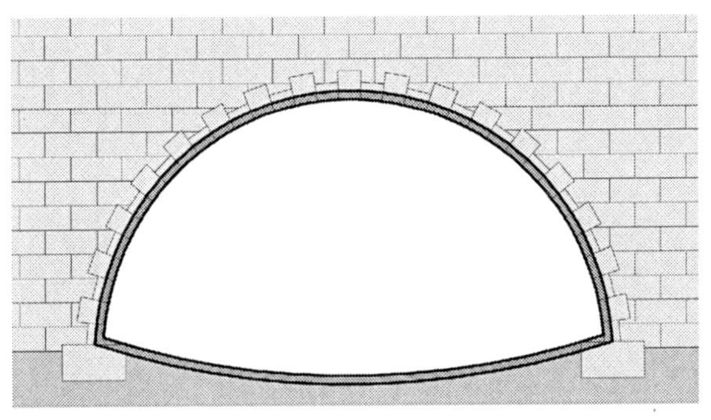

그림 4.6 천단부 지보를 설명하는 개념. 굴착의 지보는 석교의 아치와 같은 방식으로 작용. 상재하중은 2개의 받침대에 집중

측벽 도갱 : 측벽 도갱들이 먼저 굴착되고 지보가 이루어진다. 이 측벽도갱들이 나중에 굴착될 천단부의 지보를 위한 받침대로서 역할을 한다(그림 4.7과 4.10). 이런 방식의 굴진은 정설도갱보다 대략 50% 정도 비싸고 느리다. 그러므로 낮은 강도의 암석이나 토사에서 선호된다. 정설도갱 방

식에서 측벽도갱 방식으로의 전환은 시공이 어렵다는 것을 명심하자.

모든 종류의 분할굴착방식에서는 다른 단계들에서 시공이 이루어진 라이닝 세그먼트의 연결에 주의를 기울여야만 한다. 최종 라이닝(보강을 포함)은 어떠한 부실한 부위(장애물 혹은 슬릿)도 없이 연속성이 있어야만 한다. 예를 들어 임시 인버트와 코끼리 발과의 연결을 고려한다면, 다음과 같은 방식이 적용될 수 있다. 나중에 설치될 벤치부 라이닝과의 연결을 위한 보강재(철망이나 콘크리트용 철근)는 코끼리 발에서 돌출시켜 임시 인버트 아래의 보호용 모래층 내에 접어둔다(그림 4.9). 추후 임시 인버트를 깨어 버리고 추가적인 굴착을 수행할 때 이러한 철망이 손상되지 않도록 조심해야만 한다.

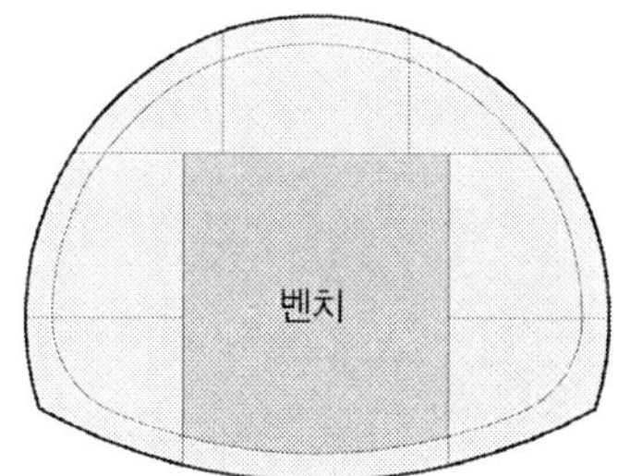

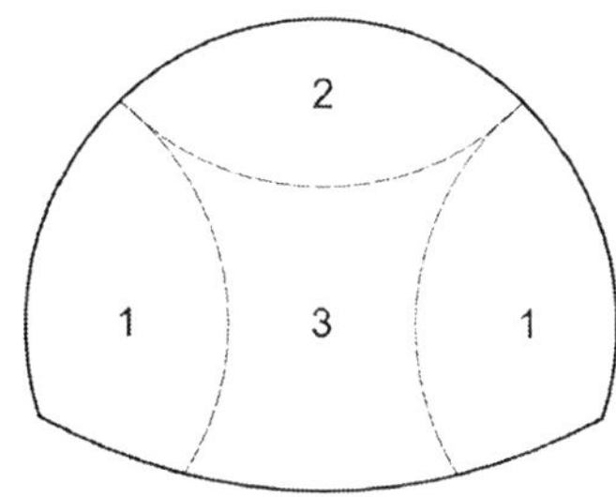

그림 4.7 좌: 코어 굴진, 우: 측벽 도갱

그림 4.8 측벽 도갱[3)]

3) Tunneling Switzerland, K. Kovari & F. Descoeudres (eds.), Swiss Tunneling Society, 2001.

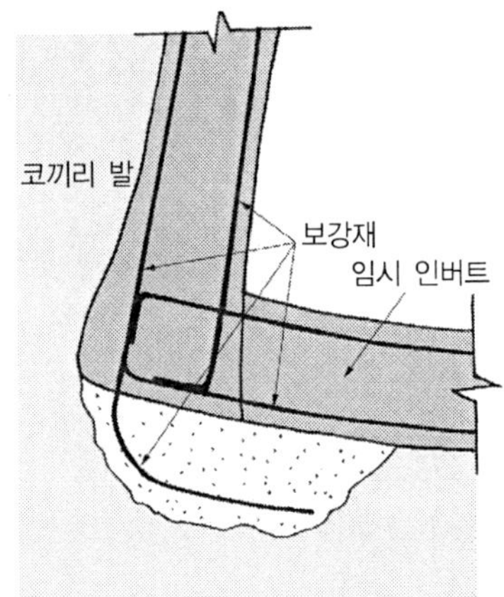

그림 4.9 임시 인버트와 코끼리 발의 연결에 대한 보강 시공의 상세도

4.2 굴착

굴착은 다음에 열거될 장비들과 방식들로 암석을 때어내는 작업이다.

해머: 공압식 및 유압식 해머들은 연암들에서 사용될 수 있으며 천공과 발파(다음 절에 설명)와 비교할 만한 성과를 이룰 수 있다. 부가하여 천공과 발파에 의해 발생되는 진동을 피할 수 있다. 예로써 유압식 해머 Krupp Berco사의 HM2500은 다음과 같은 굴착성능을 갖는다.

그림 4.10 Niedernhausen 터널, 측벽 도갱[4)]

4) *Tunnel*, 9, 2/2000, p.19.

이러한 성능은 이완발파를 통해 향상될 수 있다. 유압식 해머들은 바퀴 또는 궤도 차량에 의해 수행된다. 분진은 완벽하지는 못하지만 노즐이나 호스로 살수함으로써 처리된다.

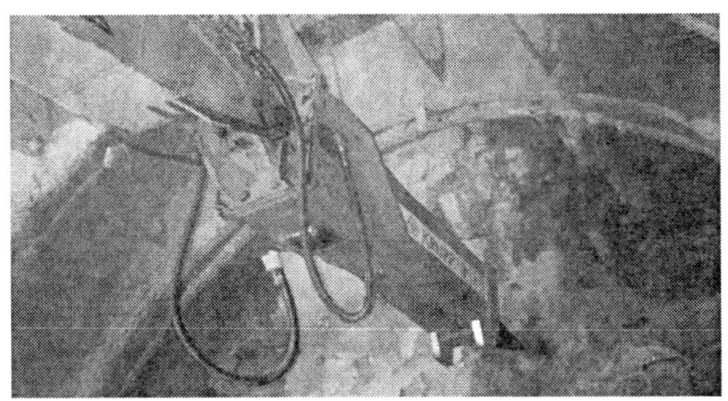

그림 4.11 유압식 해머[5)]

암석의 일축강도(MPa)	굴착성능(m^3/h)
40~50	40
70~80	26
80~100	20

굴착기 : 백호 버킷은 연암의 굴착에 사용되는 반면에 협재되어 있는 경암을 만나게 되면 얇은 리퍼와 유압식 치즐(chisel)이 적용된다. 이러한 도구들이 제한된 터널의 단면에서 작업이 이루어지기 위해선 회전이 충분히 자유로워야만 한다. 굴착기들은 암석의 강도가 보통 정도이면, 즉 암석이 연암이거나 절리가 발달한다면(RMR < 30) 높은 성능을 발휘할 수 있다. 리핑은 RMR이 30~60 정도인 암석에 적용된다. 리핑 적용성에 대한 또 다른 기준은 P파의 진파속도는 1~2km/s이다.

그림 4.12 좌: 굴착기[6)]; 우: 로드 헤드[7)]

5) Krupp Berco
6) Libherr 932.
7) Voest Alpine AM 100.

로드헤드(붐커터, Road header, boom cutter) : 이 장비들은 보통암 그리고 절리가 발달한 암석에 사용된다. 커터는 굴착기의 익스텐션 암(붐)에 장착되어 암석들을 작은 조각들로 분쇄한다. 이와 같이 과굴이 줄어들고, 또한 주변 암석의 이완을 크게 줄여준다. 분진 제거 대책(흡착이나 살수)을 제공해야만 한다. 암석의 강도의 증가에 따라 요구되는 모터의 동력이 증가될 수 있다.

TBM : TBM은 암석의 마모도가 너무 높지 않다면 보통암과 경암($50 < q_u < 300\mathrm{MN/m^2}$)에 적용할 수 있다. 이 TBM들은 디스크 커터가 장착된 회전식 커터헤드로 원형 단면을 굴착한다. 암석에 대해 커터헤드에 추력을 주기 위해서, TBM들은 신장이 가능한 그리퍼들로써 터널 벽에 지지하게 된다. 그러므로 암석들은 충분한 강도를 지녀야 한다.

지보는 굴착작업후로 바로 설치된다. TBM의 분류가 점진적인(소위 주기적인) 굴진 대신에 연속적인 굴진으로 분류하는 것은 TBM이 여러 단계로 전진하기 때문에 잘못된 것이다. 주로 굴착 도구들의 유지관리를 위해 주기적인 휴식이 필요하다.

TBM의 설계는 디스크들의 추력, 토크, 크기와 간격에 의해 결정된다. 전진속도(m/h)는 굴착속도(m/h)와 TBM의 효율(%)를 곱한 값으로 나타낼 수 있다.

TBM은 굴착된 공간을 거의 꽉 채우기 때문에, 체계적인 지보작업은 장비후방에서만 이뤄질 수 있다(즉 10~15m 작업공간 후방). 하지만 연암에서 록볼트(그림 4.13 좌)나 철망(그림 4.13 우)과 같은 지보대책이 커터헤드 주변에 적용되어야 한다.

그림 4.13 좌: 커터헤드 후방에서의 앵커시공, 우: 커터헤드 후방에서 철망설치[8)]

8) Herrenknecht AG.

최소 곡률반경은 40~80m이며, 지원장비들을 갖췄다면 최소반경은 150~450m이다.

TBM은 대개 원통형 철근 쉴드로써 터널붕괴로부터 보호한다. TBM에 대한 더 많은 상세 설명은 4.4절에서 이루어진다. 반면에 회전식 커터헤드에 의한 암석굴착은 4.6.2항에서 설명된다.

천공과 발파 : 천공과 발파방식은 1627년 슬로바키아의 Banská Štiavnica의 은광산에서 Tyrolean Kaspar Weindl에 의해 처음으로 시도되었다. 이 방식은 연암들(예: 이회토, 롬, 점토, 백악)뿐만 아니라 경암들(예; 화강암, 편마암, 현무암, 석영)에도 적합하다. 다양한 성질을 갖는 암석들에 적용이 가능하다. 그 외에 천공과 발파방식의 장점은 다음과 같다.

- TBM으로 작업할 수 없는 비교적 짧은 터널
- 매우 단단한 암석
- 모양이 원형이 아닌 단면

천공과 발파방식이 경제적으로 적용되기 위해서는 관련된 작업단계들(천공, 장약, 전색, 기폭, 환기, 지보)이 지체시간이 없도록 서로 협조적으로 이루어져야 한다. 위 작업들 중 가장 시간이 많이 소요되는 작업은 천공과 장약이다.

더 상세한 천공과 발파에 의한 굴착방식은 다음 절에서 설명된다.

그림 4.14 그리퍼 TBM[9], 1: 쉴드, 2: 아치 세그먼트, 3: 환형 이렉터(erector), 4: 록볼팅용 천공장비, 5: 보호캐노피(canopy), 6: 보호 거더(girder), 7: 그리퍼(grippers)

9) Brochure Herrenknecht TBM.

4.3 천공과 발파

천공과 발파방식은 여러 작업단계(천공, 장약, 전색, 기폭, 환기에 의한 배연, 버력처리, 지보)로 다음에 설명된다.

4.3.1 발파공의 천공

회전-충격식 천공은 발파공을 천공하기 위해 적용되며, 직경의 범위는 17에서 127mm(대부분 약 40mm)이고 천공속도는 3m/min 정도가 된다. 발파공의 미리 정해진 위치, 방향, 길이 등은 정확히 유지되어야 하며, 이를 위해 점보라 불리는 2~6개의 붐으로 된 천공장비는 타이어 차량에 장착된다(그림 4.15). 발파공의 길이는 굴진길이(일반적으로 1~3m)와 일치한다. 양호한 발파결과를 얻기 위해서, 굴진길이는 터널 단면의 최소 곡률반경을 넘어선 안 된다(평형공 심발에서는 굴진길이가 더 길어질 수 있다. 4.3.5항 참조).

그림 4.15 점보[또한 부머(boomer)라고도 함][10)]

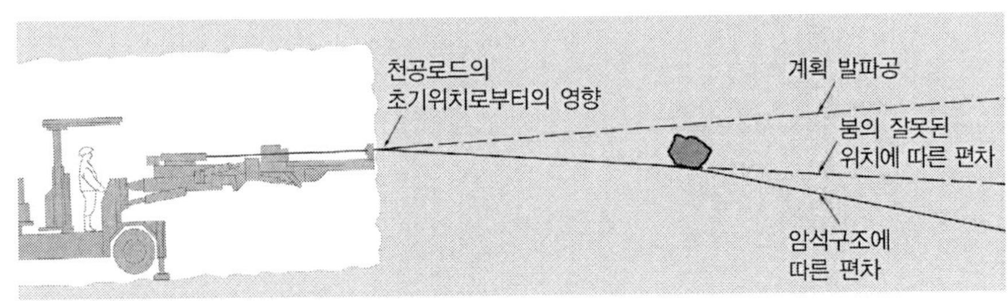

그림 4.16 굴진천공. 계획 및 실제 천공 위치

10) Hydralift.

4.3.2 장약

터널작업에 긴 장약들이 사용되며, 장약은 화약의 종류에 달라진다. 약포는 다짐봉으로 발파공 안으로 밀어넣고, ANFO(질산암모늄과 연료유의 혼합체)와 같은 분상화약과 에멀젼은 발파공 안으로 부어 넣거나 펌프로 주입한다.

4.3.3 전색

폭발은 고체(또는 액체) 화약이 폭발가스라고 불리는 가스들의 혼합형태로 순간적으로 변환되는 것이다(부록 A를 참고). 충격을 만들기 위해서는 발파가스가 억제되어야만 한다. 즉, 연기 확산을 못하게 해야만 한다. 이것이 바로 발파공을 전색해야 하는, 즉 틀어막아야 하는 이유이다. 연기의 충격력은 초음속이기 때문에 마개의 강도는 중요하지 않다. 그래서 모래나 방수약포로도 적절한 전색을 할 수 있다. 심지어 긴 발파공에서는 내부의 공기층으로도 적절한 전색을 제공할 수 있다. 전색은 암석에 주는 충격을 증가시키고 장약의 화학적 변환을 개선시킴으로써 독성의 폭발 가스의 양을 감소시킨다. 특히 물로 하는 전색은 분진 생성을 억제시키는 대안이 된다.

4.3.4 점화

폭굉(detonation)은 산화작용으로 여기에서 산소는 화약류에서 화합물형태로 존재한다. 반응면은 화약류 내에서 8km/s 정도까지 이를 수 있는 폭굉속도로 전파되며, 이것은 화학성분, 크기, 밀폐 그리고 화약류의 오래된 정도에 따라 다르다. 폭굉면 뒤에 폭발가스가 따르며 이 후가스는 고압가스들의 혼합물이다. 1kg의 화약류는 대기압하에서 약 $1m^3$의 부피를 가진 가스를 생성한다. 고압의 폭발가스는 밀폐공간에서 엄청난 압력을 가하게 된다. 화약류의 에너지량이 엄청나게 큰 것이 아니라, 에너지가 방출될 때의 속도가 엄청난 힘을 만들어 낸다. 현대의 화약류는 충격, 마찰이나 열에 의해 활성화되지 않고, 초기 폭발(더 작은)에 의해서만 점화될 수 있다. 그래서 점화(ignition)는 다음 것들을 통해서 일어난다.

전기뇌관(Electric detonator) : 이것들은 열에 민감한 주장약과 덜 민감한 둘째 장약으로 이루어진다. 주장약은 전교선으로 점화된다. 지연제는 전류가 끊긴 후에 화약류가 수 밀리세컨드 후에 폭발이 될 수 있도록 첨가될 수 있다. 뇌관은 발파공의 바닥부에 위치시킨다. 전기뇌관은 지연시간에 있어 더 높은 정확도(스무스 발파에서는 중요)를 지니며 코드화된 신호로 점화될 수 있다.

도폭선(Detonating cord) : 이러한 도폭선(ø 5에서 14mm)에는 화약으로 만들어진 심이 있으며, 전기뇌관으로 점화된다. 폭굉은 이 선을 따라 약 6.8km/s의 속도로 전파된다. 현재의 여러 도폭선들('Nonel', 'Shockstar')은 신축성이 있는 합성튜브로 되어 있으며, 내부벽면은 10~100g/min의 화약(Nitropenta)으로 도포되어 있다. 하나의 뇌관으로써 다발의 도폭선을 점화할 수 있다.

뇌관의 폭력은 시간이 지나감에 따라 줄어들지만 적절한 보관을 통해서 긴 수명을 보장하도록 한다.

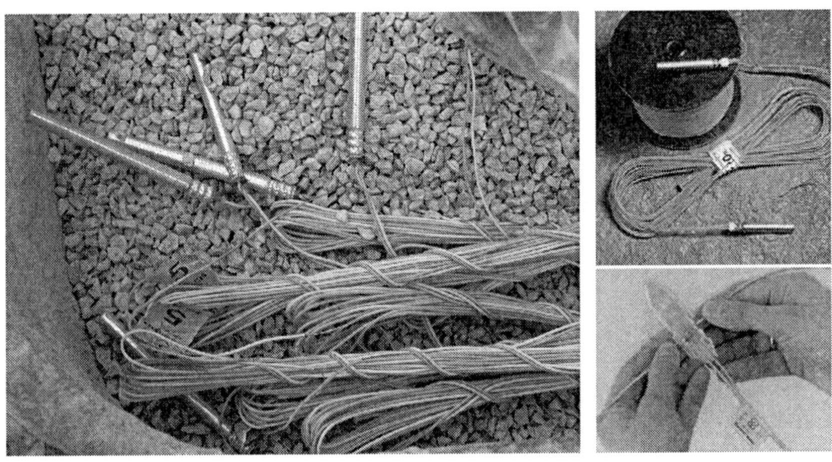

그림 4.17 뇌관들

4.3.5 장약의 배치와 점화 순서

폭발의 목적은 (i) 운반이 용이하도록 암석을 작은 조각들로 파쇄하고, (ii) 불충분한 굴착단면이나 과굴을 피하고(스무스 발파) 그리고 (iii) 주변 암석을 교란하지 않는 것이다. 이런 목적을 달성하기 위해서, 장약의 분배와 점화순서에 대한 여러 가지 설계들(천공과 점화 패턴들)이 경험적으로 개발되었다. 이것은 생산공과 주변공으로 구분된다. 가장 효율적인 굴착은 폭발가스가 암석을 자유면으로 밀어 낼 때 이루어진다. 이것은 예를 들면 V-컷(팬 컷)[11]으로 달성될 수 있다. 막장의 중앙부에 있는 발파공들은 원추형으로 배열되며 첫 번째로 점화된다(그림 4.18). 주변 발파공들은 수 밀리세컨드의 지연으로 순차적으로 점화된다. 따라서 암석은 심발공에서 주변공으로 점착적으로 파쇄되어

11) J. Johansen, Morden Trends in Tunneling and Blast Design, Balkema, 2000.

나간다. 평행의 발파공들(평행 심발공)은 정확하고 더 쉽게 천공이 되고, 더 긴 굴진장이 가능하게 된다. 그러나 원추형의 배치된 V-컷보다 더 많은 화약이 요구된다. 평행 컷에서는 여러 개의 무장약공이 배치되며, 이것들이 공동을 만들어 폭굉이 암석들을 밀어내게 된다. 이로 인해 발파효율이 증대된다. 스무스 발파에서는 주변공의 간격을 좁게 하고(예: 40~50mm), 도폭선들로 장약이 이루어진다(그림 4.19). 스무스 발파는 비용이 많이 드는 후처리 작업을 최소화해 준다.

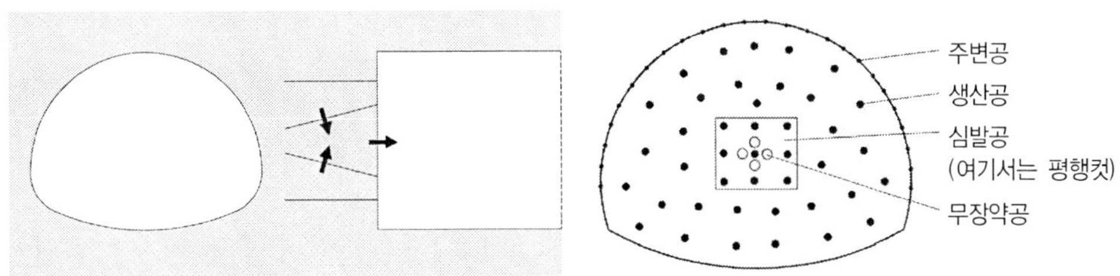

그림 4.18 좌: 경사 심빼기, 우: 발파공의 배열

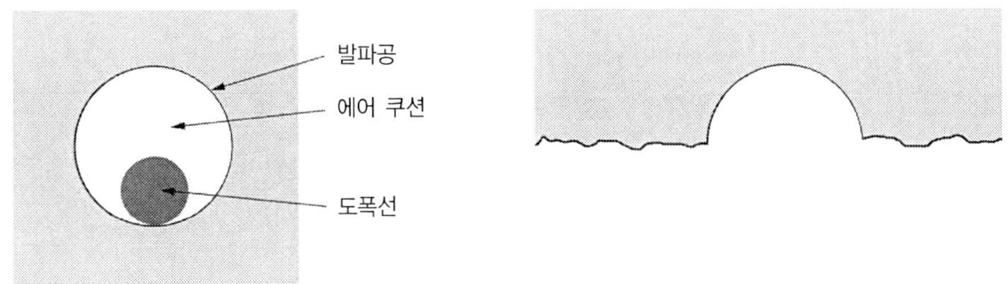

그림 4.19 좌: 주변공의 장약, 우: 발파 후의 암석표면

이방성 및 층리 또는 절리가 발달한 암석의 경우, 발파공들의 배치와 점화패턴은 암석의 구조에 맞추어 적용해야만 한다. 천공과 발파를 위한 여러 작업단계들은 주기적으로 반복된다. 따라서 각 암석의 물성에 따른 발파방식의 최적화와 조정이 요구되며, 이것은 컴퓨터를 이용해 수행될 수 있다.[12)]

4.3.6 화약류

여러 형태의 화약류가 있다. Ammongelite나 Gelamon과 같은 젤라틴 화약류는 은 플라스틱이며, 높은 강도와 대량의 가스(대략 800L/kg)를 발생시킬 수 있다. 이들은 방수가 되며 안전하게 취급할

12) "Computerised drill & blast tunneling", *Tunnels & Tunneling*, July 1995, pp.29~30 and G. Girmscheid "Tunnelbau im Sprengvortrieb-Rationalisierung durch Teilrobotisierung und Innovation", *Bautechnik* 75(1998), pp.11~27.

수 있다. 폭굉속도는 6.5km/s이다.

에멀젼 화약에서는 기름이 가연제 역할을 한다. 산소는 10^{-6}m 직경의 방울들 내에서 사용 가능한 염(질산염)용액에서 제공된다. 이 방울들은 10^{-9}m 두께의 기름막으로 덮여 있다. 화약은 1000L/kg 체적의 가스와 5.7km/s의 폭굉속도를 만들어 낸다. 화약은 방수가 되고 취급이 안전하며 발파공에 안에 펌프로 주입되거나 약포로도 사용된다. 비화약류의 구성 물질들은 따로 분리되어 공사현장에 배달되고 거기서 함께 혼합된다. 젤라틴 화약과 비교하여 에멀젼 화약의 강도는 감소되기 때문에 약 10% 정도의 발파공이 더 필요하다. 반대로 이것들의 폭발가스가 독성이 덜 하기 때문에(독특한 암모니아 냄새를 풍기지만) 더 짧은 시간의 환기가 필요하고 그리고 폐석들이 덜 오염된다.

분상 화약류도 또한 안전하지만 방수가 안 된다. 1000L/kg 체적의 가스와 약 3km/s의 낮은 폭굉속도로 암석을 파쇄하기보다는 밀어낸다.

최근 개발된 제품들에는 소위 BRISTAR나 CALMMITE와 같은 비폭발성 화약류들이 있다. 이것들은 팽창성 시멘트이다. 물과 섞어 발파공에 주입하면 이것들이 팽창되어 600bar에 이르는 압력을 가하여 주변 암반을 파쇄한다.

그림 4.20 화약류의 약포

4.3.7 화약류 소비

화약류에서 중요한 것은 비용 문제이다. 요구되는 화약류의 양은 터널 단면의 감소와 암석강도의 증가에 따라 증가된다. 이것의 범위는 대략 0.3kg/m^{3}과 4.5kg/m^3 사이이다.

4.3.8 안전 규정

자격조건을 가진 사람만이 화약류를 취급할 수 있다. 화약류의 수령, 소비 및 반품 여부는 취급하기 쉬운 방법으로 등록이 되어야 한다. 운반은 위험물 운반규정을 준수해야 한다.[13] 점화를 위한 전기회로는 점검이 이루어져야 한다. 발파된 암석은 상당히 먼 거리까지 비산될 수 있으므로 안전거리는 막장으로부터 200~300m의 거리를 유지해야 한다. 불발 화약의 제거는 특히 어렵다. 때로는 전색을 제거하고 새로운 뇌관을 장착할 수 있다. 또 다른 방법은 새로운 장약을 중첩시키고, 이전의 화약과 함께 폭파시킨다.

전자기장(예를 들어 핸드폰으로부터의 무선 주파수의 방사)은 예상치 못한 전기 폭파장치를 작동시킬 수 있으므로, 주파수 방사의 근원으로부터 안전거리를 유지해야 한다.[14]

4.3.9 환기

현대의 폭발물들은 긍정적인 산소 비율을 가지고 있지만 여전히 CO_2, CO, 질소산화물과 같은 독성 가스를 지니고 있다. 먼지들도 위험한데, 특히 석영먼지들이 그렇다. 그래서 폭파 후 최소 15분 정도, 최소 0.3m/s의 속도(가장 큰 단면을 기준으로)로 환기를 한 후에 작업이 계속될 수 있다. 환기하는 동안 작업자들은 외부의 바깥공기 속이나 먼지 보호 컨테이너에서 머무르고 있어야 하는데, 이는 폭파충격으로 인해 숏크리트 라이닝이 분리되거나 떨어질 수도 있기 때문이다.

4.3.10 지원

새로이 개발된 것이 Loetschberg의 주 터널(그림 4.21)에 적용된 것과 같은 걸이형 지원 시스템(hanging backup system)이다. 지원 시스템이 운행될 두 개의 오버헤드 궤도를 매달기 위해 록볼트가 사용된다. 이 시스템의 장점은 더 빠른 작업, 더 나은 안전성, 막장으로의 자유로운 입출입, 인버터와 교차통로의 더 쉬운 시공이다.[15]

---

13) www.sprenginfo.com

14) P. Röh, Beeinflussung elektrischer Zündanlagen durch mobile und stationäre Funkeinrichtungen. *Nobelhefte* 2002, pp.5~14.

15) M. Knights, P. Hoyland, Policies and projects-Swiss style, *Tunnels & Tunneling International*, April 2002, pp.28~31.

4.3.11 충격과 진동

천공과 발파(또한 TBM에 의한[16])에 의한 진동은 탄성파처럼 지하로 전파되고, 공사현장들과 사람들의 일상에 영향을 끼칠 수 있다. 이러한 진동의 영향은 최대 진동속도로 통제되며(10Hz 이상의 주파수)[17], 이 진동속도는 지오폰을 통해 측정될 수 있다. 표 4.1는 v_{max}의 전형적인 값들을 나타낸다.

그림 4.21 Loestchberg의 주터널에서 천공 및 발파에 의한 굴진작업의 걸이형 지원 시스템(아크릴 모형)

표 4.1 v_{max}의 전형적인 값

v_{max}(mm/s)			
진동원	거리(m)		
	5	10	25
유압 해머	1.7	0.6	0.1
트럭	3.0	1.1	0.3
대형 불도저	3.9	1.4	0.3
TBM	5.5	2.2	0.6
진동 말뚝	30	12	2.8

16) R.F. Flanagan: Ground vibration from TBMs and shields, *Tunnels & Tunneling*, Vol. 25, No. 10, 1993, pp.30~33. J. Verspohl: Vibrations on buildings caused by tunneling, *Tunnels & Tunneling*, 1995, BAUMA Special Issue, pp.81~85.

17) Values of the peak velocity for domestic structures exposed to transient vibration can be seen in *Tunnels & Tunneling International*, June 2002, pp.31~33.

진동에 의한 위험과 영향에 대한 평가기준은 DIN 4150과 ÖNORM S 9020과 같은 표준규격들에서 볼 수 있다. 일시적인 진동(예: 천공과 발파에 의한)은 v_{max} = 0.5mm/s에서부터 감지될 수 있고, v_{max} = 5mm/s에서부터는 불만을 야기시킬 수 있다. 특히 인간은 밤 동안에 지속적인 진동에 특히 더 민감하고 더 참을 수 없어 한다. 진동의 위험은 일반적으로 과대평가되며, 이것이 건물들에 있는 기존의 균열들이 천공과 발파에 영향을 준다. 그러므로 주변에 거주하는 주민들에게 발생할 수 있는 위험에 대해 알려야만 한다. 부가적으로 증거의 영구보존이 수행되어야 한다. 천공과 발파에 의한 진동은 수 밀리세컨드 간격의 지발발파로 화약을 더 작은 양의 화약으로 분할함으로써 감소시킬 수 있다. 예를 들면, Nonel 뇌관은 6초 안에 25개를 폭발시킬 수 있다.[18] TBM으로 인한 진동은 45m 이상의 거리에선 감지되지 않는다.

4.4 쉴드 굴진

쉴드(shield)들은 연암이나 토사에서 굴진을 위해 사용된다.[20] 쉴드는 일반적으로 원형 단면의 강재 튜브이다(그림 4.22와 4.23). 쉴드의 앞면엔 커터들이 장착되어 있다. 잭(jack)들에 의해서 앞

그림 4.22 현대식 쉴드 굴진[19]

18) *Tunnels & Tunneling*, July 1995, p.8.

19) Tunneling Switzerland, K. Kovari & F. Descoeudres (eds.), Swiss Tunneling Society, 2001.

20) 추가적인 참조 B. Maidl, M. Herrenknecht, L. Anheuser, Maschineller Tunnelbau im Schildvortrieb, Ernst & Sohn Verlag, Berlin, 1995 ; M. Kretschmer und E. Fliegner, Unterwssertunnel, Ernst & Sohn Verlag, Berlin 1987.

으로 전진이 이루어진다. 블레이드 쉴드(blade shield)는 개별적으로 돌출될 수 있는 블레이드들이 장착되어 있다(그림 4.24).

잭(Jacks) : 잭은 0.8m에서 1.5m의 스트로크를 가지고 있으며, 400bar까지의 압력으로 작동되고, 3MN에 이르는 힘을 발휘할 수 있다. 이것들의 받침대는 이미 개설된 라이닝이다. 쉴드의 원주를 따라 배치되어 있는 잭들에 다른 압력을 적용시켜 쉴드를 조정할 수 있다. 이때 쉴드가 너무 길면 안 되며(L < 0.8D), 공동의 직경은 쉴드의 외부 직경보다 약간 더 커야 한다. 즉, 쉴드와 암반 간의 공간은 약 25mm 정도가 되어야 한다. 매번의 전진 스트로크 후에는, 쉴드 테일부의 보호 속에서 라이닝 세그먼트를 추가하는 시공을 위해 잭들의 유압 피스톤들을 작동시킨다(그림 4.25). 그 다음에 이어지는 전진 스트로크 동안에 테일 간극(tail gap)은 그라우팅으로 채워진다. 각 작업 단계

그림 4.23 St. Clair River 아래에서의 역사적인 쉴드 터널 공사

그림 4.24 블레이드가 장착된 쉴드와 로드헤드[21]

21) Herrenknecht

들의 조화가 중요하다. 일반적인 전진속도는 0.5~2m/h이다.

너무 큰 추력은 라이닝 세그먼트에 손상을 줄 수 있다. 추력은 주로 벽의 마찰을 이겨내기 위한 것으로 $\mu\sigma$UL에 의해 추정될 수 있으며, 여기서 L과 U는 각각 쉴드의 길이와 원주를 나타낸다. 수직응력 σ는 단순하게 터널축의 심도에서 유효수직응력의 값을 취하고, 마찰계수 μ는 일반적으로 0.7과 0.9로 가정된다. 만약 막장이 브리스팅 플랩(breasting flaps)(그림 4.26)으로 지지된다면, 8~10MN의 힘이 추가되어야 한다.

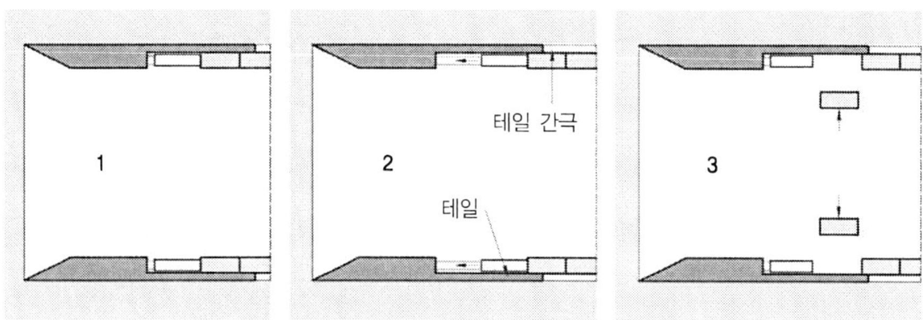

그림 4.25 쉴드굴진의 작업단계[22]

그림 4.26 좌: 플랫폼-쉴드[23], 우: 막장 브리스팅 플랩(breasting flaps)이 장착된 쉴드[24]

굴착: 굴착은 회전식 커터헤드(그림 4.27)를 이용하여 전단면을 굴착하거나 붐 헤더 혹은 로드커터(로드헤드)를 이용하여 선택적인 굴착이 이루어진다(4.2절 참조).

22) Les Vignes-Tunnel, Herrenknecht

23) Les Vignes-Tunnel, Herrenknecht

24) Wayes & Freytag

커터헤드는 전기 또는 유압으로 구동될 수 있다. 전기구동은 효율이 더 높지만 제어하기가 더 어렵다. 유압구동은 유연성이 더 높다. 필요한 추력과 토크는 경험적으로 결정된다. 하지만, 일반적으로 커터헤드가 막장을 지지할 것으로 예상되지 않는다는 것에 주의해야 한다. 정지상태에서 공동들은 패널들로 폐쇄해야 한다. 점성토에서는 휠은 가능한 한 떨어져 있어야 한다. 점성토(예: 소성점토)의 점착력은 상당한 장애요소이며, 물로 씻어내는 것으로 대처할 수 있다.

지반굴착을 위해 커터헤드는 다음과 같은 장비들이 장착된다.

- 디스크 커터, 드래그 비트(disc cutters, drag bits)(암석과 협재된 블럭들)
- 치즐, 스크래퍼(chisels, scrapers)(모래와 자갈)
- 스크래퍼(점성토)

커터헤드에 대한 일부 보수작업은 앞에서만 수행될 수 있다. 이를 위해 주변 흙은 그라우팅이나 동결 작업에 의해 안정시킬 수 있다. 이때 검사가 실행될 수 있는 공간을 만들어 주기 위해서 쉴드를 후퇴시킨다.

또한 커터헤드에는 흙에 대한 사전 조사나 그라우팅을 수행하기 위한 선진천공에 필요한 장비를 갖출 수 있다. 모스코바(Lefortovo)의 4번째 Elbe 튜브와 그 이후에 사용되었던 Herrenknecht의 커터헤드(그림 4.27 오른쪽)는 초음파로 장애물이나 블럭들을 탐지할 수 있는 장비인 Amberg를 장착했었다.

그림 4.27 스크래퍼와 디스크가 장착된 커터 헤드

막장지보 : 불안정한 막장은 지표의 침하를 야기시킬 수 있기 때문에 예를 들어 패널(그림 4.26, 우)이나 커터헤드(만약 $5 < C_u < 30\text{kN/m}^2$이면)로써 지보가 이루어져야 한다. 그 대신에 흙이 플랫폼 쪽으로 밀려들어와 지보 더미를 형성할 수 있도록 허용한다(플랫폼-쉴드, 그림 4.26, 좌). 매

우 연약한 토사는 측면변위가 일어날 수 있다. 특히 지하수위 아래에서는 무지보 막장은 많은 문제를 일으킬 수 있거나 불가능하다. 17장과 4.4.3항을 참조하라. 만약 커터헤드로 막장을 지지해야만 한다면 가능한 한 크게 막장 부분을 커버할 수 있어야 한다. 버력이 슬롯을 통해 들어간다. 대안으로 커터헤드의 스포크(spoke) 위에 패널들이 탄력적으로 장착될 수 있다.

그림 4.28 더블 쉴드[25)]

그림 4.29 더블 쉴드 TBM[26)], 1: 가변성쉴드, 2: 그리퍼, 3: 잭

라이닝 세그먼트 : 이것들은 조립용 철근콘크리트나 주철로 만들어지고, 곡면길이는 최대 2.2m, 너비는 0.6~2.0m에 이른다(그림 4.32). 여러 개의 세그먼트들이 하나의 링을 형성한다. 각각의 링들은 키 세그먼트로 폐합이 된다(그림 4.30).

더 넓은 세그먼트는 라이닝 작업의 속도를 높이지만 휘어진 터널에서는 단점을 갖는다. 세그먼트

25) *Felsbau*, 3/2001, p.26.

26) Herrenkecht

들은 진공 이렉터로 운반이 되며, 임시적으로 일자형 또는 곡선형 볼트들로 고정이 된다(그림 4.31). 대안으로 플러그나 스터드가 사용될 수 있다.

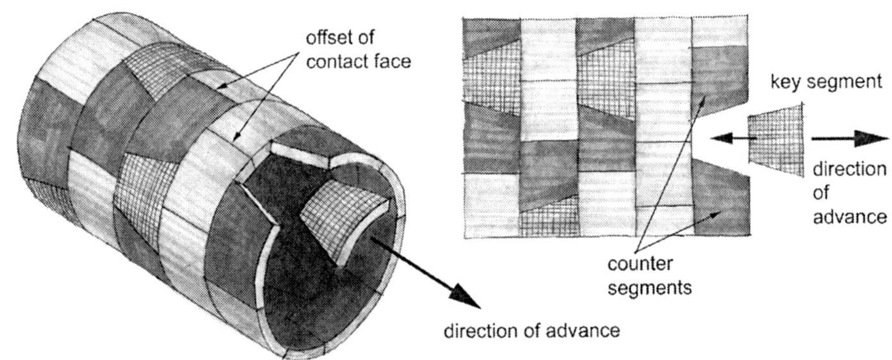

그림 4.30 세그먼트 배열, 좌: 투시도, 우: 전개도

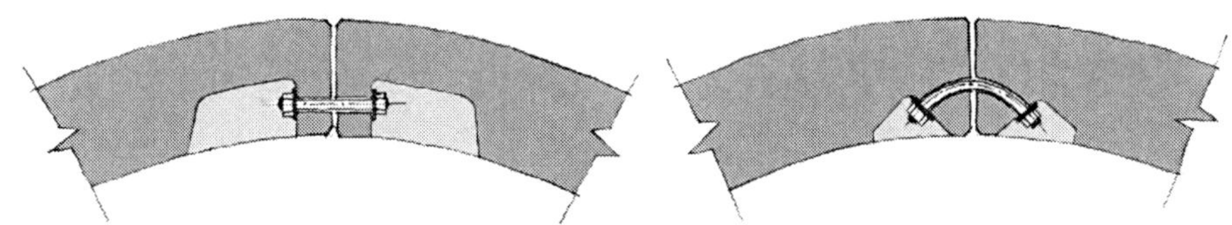

그림 4.31 일자형 또는 곡선형 볼트로 조합된 세그먼트

일반적으로 세그먼트는 콘크리트 C35/45로 만들어진다. 더 높은 콘크리트 강도는 필요 없으며, 이것이 세그먼트들을 더 잘 부러지게 만든다(모서리가 떨어져 나갈 수 있다). 이전에 사용되었던 속이 비거나 주름진 세그먼트는 더 이상 사용되지 않는다. 또한 세그먼트들은 운반과 시공 중에 하중을 견딜 수 있도록 설계되어야 한다. 강섬유 보강콘크리트(예를 들면 콘크리트 m^3당 30kg의 강섬유 사용)의 사용은 생산공정을 간단하게 해주고, 모서리 파손의 위험을 줄여준다. 강섬유들은 종종 철근 보강재와 함께 사용된다. 구상흑연주철(SGI, spheroidal graphite iron)의 도입으로 근래에는 주철 세그먼트의 사용이 증가되고 있다.[27] 이 세그먼트의 인장강도는 휨모멘트를 견디도록 해주며, 철근 콘크리트 세그먼트보다 30~40% 정도 가볍다. 게다가 이 주철 세그먼트들은 터널 단면에서 더 작은 면적을 차지하며, 연결부위에선 충분한 방수가 이루어진다. 부식이 적다(매년 0.4mm).

27) Tunnel & Tunneling, January 1998.

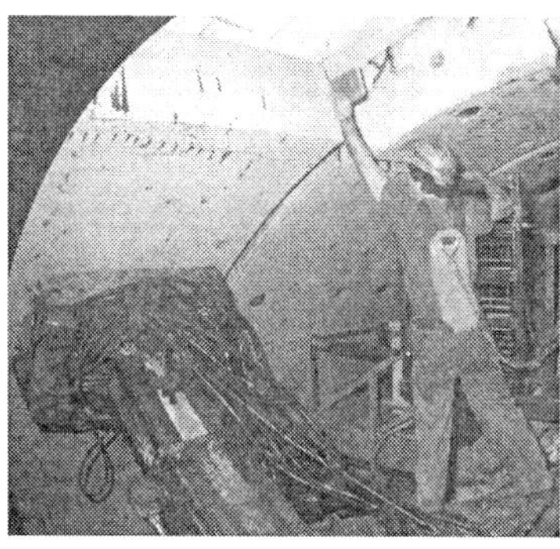

그림 4.32 조립형 터널 라이닝[28]. 접합부에 작은 나무판을 끼움

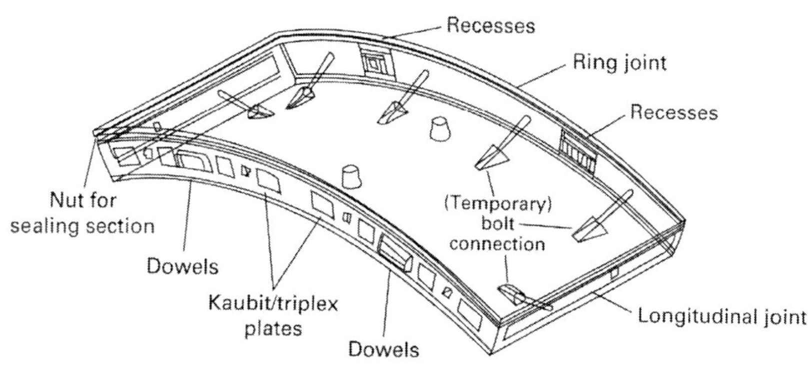

그림 4.33 라이닝 세그먼트[29]

양호한 힘의 투과율을 보장하기 위해서 세그먼트들은 높은 정밀도로 제작되어야 한다. 세로방향의 오차는 0.3~1mm, 그리고 두께는 2mm를 넘어선 안 된다.

1mm 이하의 거칠기를 갖는 평면 연결부위가 성공적으로 사용되어 온 반면에 홈이음(장부이음, tenon and mortise) 방식은 쉽게 손상을 입을 수 있다. 라이닝 세그먼트가 서로 압축을 받기 때문에, 세그먼트들이 연결될 필요는 없다. 그러나 설치를 위해선 볼트로 연결을 해야만 한다. 만약에 횡방향 힘이 크다면, 횡방향 힘을 감소시키기 위해 개별 링들은 서로에 대해 상대적으로 미끄러질 수 있다. 이런 움직임을 방지하기 위해, 예를 들면 얇은 나무판으로 연결부위를 충전시킨다(그림 4.32). 라이닝은 세그먼트들 사이에 위치하는 개스킷에 의해 방수가 된다(그림 4.33). 개스킷들은 압축이 되어서 방수가 이루어진다. 이 외에 물 팽창 개스킷도 있다.

유망하지만 아직 완전하지 않은 개발품이 압출 콘크리트를 이용한 라이닝이다. 이것은 쉴드 테일

28) Method Madrid

29) J. Heijboer, J. van den Hoonaard and F.W.J. van de Linde, The Westerschelde Tunnel, Approaching Limits, Balkema, 2004.

부의 커버에 있는 케이싱 안으로 비강화 콘크리트(또는 강섬유로 보강이 된)를 압출시켜 라이닝을 타설한다(그림 4.34). 대부분의 경우 라이닝이 쉴드 장비보다 훨씬 비싸기(대략 터널 공사비의 80% 정도) 때문에 신중하게 설계되어야 한다.

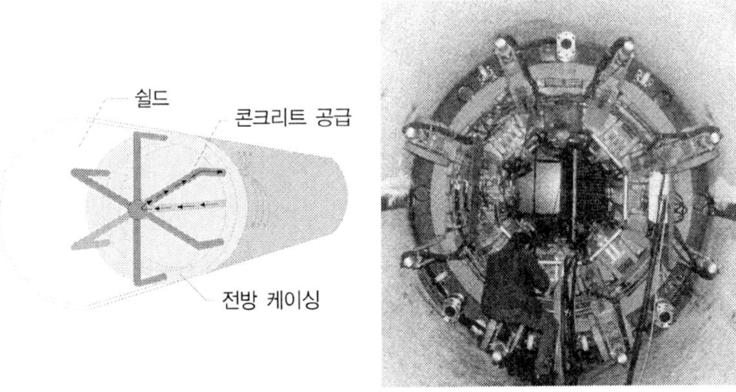

그림 4.34 압출 콘크리트의 공급[30)]

커버(cover) : 만약에 터널이 장애물 밑으로 지상 라이프라인(lifeline, 생활을 유지하기 위한 여러 시설. 도로, 철도, 항만 등의 교통 시설, 전화, 무선, 방송 시설 등의 통신 시설, 상하수도, 전력, 가스 등의 공급 처리 시설 등: 역자주)을 유도하기 위해 설계가 되었다면 반드시 램프가 제공되어야 한다. 긴 경사로를 피하기 위해 작은 커버들을 쓰는 경향이 있다. 이 경우 막장 지보는 매우 정밀해야 한다. 최소 커버직경은 0.8D(D = 쉴드의 직경)을 유지하는 것이 좋다.

버력 : 전통적인 굴착기들을 사용하는 경우 버력처리는 트럭으로 수행된다. 커터헤드를 사용하는 경우 버력처리는 다음의 방식들로 수행된다(그림 4.35).

- 컨베이어 벨트로 운반후 순차적으로 트럭이나 기차로 운반
- 슬러리와 섞어서 펌프로 이송
- 물이나 포말을 혼합하여 반죽형태로 만든 뒤 스크류 컨베이어나 펌프로 이송

터널 굴진에서 예정된 공동을 차지하고 있는 토사만 제거되어야 한다. 반면에 주변의 토사들은 그 자리에 그대로 남아 있어야 한다. 하지만 굴착작업 동안 완벽하게 주변 토사의 일부가 예정된 공동 안으로의 유입되는 것을 완전히 피할 수 없기 때문에 이것들도 또한 제거가 된다. 이러한 부분의 토

30) Unterirdisches Bauen in Deutschland, published by STUVA, 1995.

사들이 소위 체적손실을 일으킨다. 쉴드 굴진에서 공동 안으로의 토사유입은 막장을 통해 일어나게 되고, 이러한 유입이 과다할 경우 상당한 지표침하나 공동의 붕괴가 일어날 수 있다. 그러므로 버력의 배출 시 계량에 의해 조절하도록 노력해야 한다.

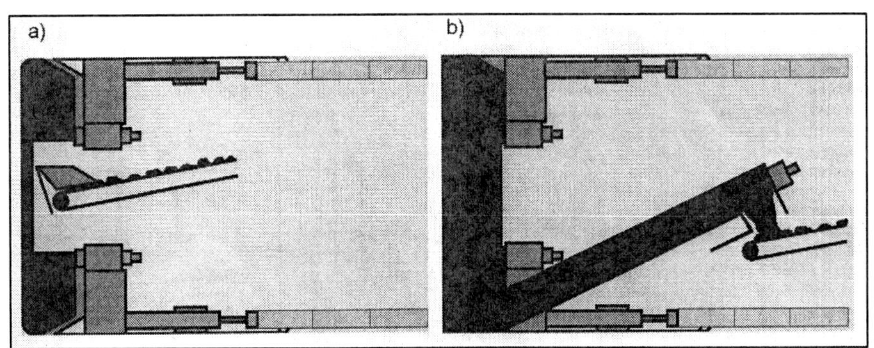

그림 4.35 컨베이어 벨트(a) 혹은 스크류 컨베이어에 의한 버력 처리(b), Herrenknecht

테일 간극 폐색 : 쉴드의 외부직경은 라이닝의 외부 직경보다 크다. 그래서 이동한 쉴드는 테일 간극을 남기며, 그 두께는 20cm에 이른다. 이런 큰 간극은 라이닝 링들을 움직이게 하거나 큰 지표침하가 일어킬 수 있으므로 모르타르로 채우거나 폐색을 시켜야만 한다('테일간극 그라우팅' 혹은 '백 그라우팅'). 모르타르는 가능한 빨리 시공되어야 하지만 너무 빨라도 안 된다(그러지 않으면 펌핑할 수 없다). 침하를 방지하기 위해선 링 테일 폐색은 굴착 후 바로 처리되어야 하며, 그라우팅의 압력은 초기수직응력과 같아야 한다. 물론 이런 요구사항을 수행할 정확한 방법은 없는데, 이것은 초기응력이 지점마다 다르고 또한 정확히 알기 힘들기 때문이다. 게다가 그라우팅 압력장을 정확히 조절할 수 없다. 라이닝과 쉴드 테일 사이의 슬롯은 반드시 공간은 틀어막아야 한다. 그렇지 않으면 그라우팅한 모르타르가 빠져나올 수 있다. 플러깅은 브러쉬의 빗살들이 그리스로 채워져 있는 스틸 브러쉬로 이루어진다(그림 4.36).

테일 간극 내에서 그라우팅 압력을 일정하게 유지하는 새로운 방식은 만약에 임계압력에 도달하는 경우에만 항복이 되는 유연밀봉립(sealing lip)을 제공하는 것이다. 그렇게 함으로써 간극은 일정한 압력으로 채워질 수 있다.[31] 결론적으로 그라우팅의 체적이 테일 간극의 부피를 상당히 초과할지라도 완벽하게 침하를 되돌릴 수 없다는 것이 밝혀졌다. 이것은 재하-제하 반복에서의 지반의 역학적인 거동을 고려한다면 설명이 될 수 있다.[32]

31) S. Babendererde, Grouting the shield tail gap, *Tunnels & Tunneling International*, Nov. 1999, pp.48~49.

32) M. Mähr, settlements from Tail Gap Grouting due to Contractancy of Soil, *Felsbau* 22(2004), No.6, pp.42~48.

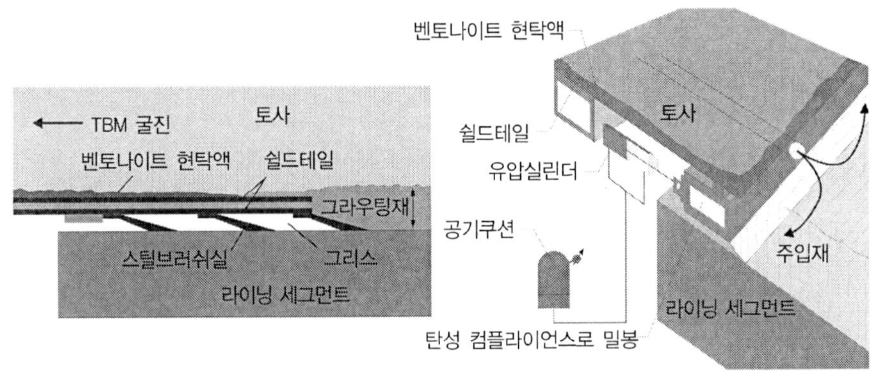

그림 4.36 테일 간극의 밀봉

유도(guidance) : 만일 터널의 곡률반경이 300m 이하이면, 쉴드를 관절로 이어지게 하는 것이 바람직하다. 라이닝 세그먼트들은 터널 곡면에 조정되어야 한다. 그렇지 않으면 손상을 받을 수 있다. 그림 4.37과 같이 변단면 세그먼트(tapered segment)들이 보편적으로 적용될 수 있다. 소정의 곡면을 따라서 잭들이 적절하게 재하되어야 하고 미끄러지는 방식으로 설치되어야 한다. 그렇지 않으면 지나치게 변형될 수 있다. 커터헤드가 장착된 쉴드에서는 잭들은 휠의 토크에 대응하는 경향이 있다. 이 토크는 라이닝의 벽면 마찰에 의해 주변 지반에 전달된다. 만약 이 마찰이 충분하지 못하면 쉴드가 회전하게 될 것이다.

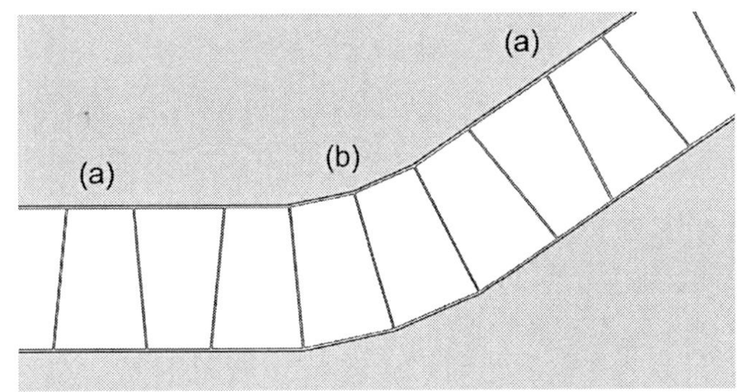

그림 4.37 원추형 세그먼트에 의한 라이닝 (a) 직선굴진, (b) 곡면굴진

더블 쉴드 : 이 쉴드는 두 개 부분으로 이뤄져 있다(그림 4.28, 4.29). 전방 쉴드에는 커터헤드가 설치되어 있고, 후방 쉴드(그리퍼 쉴드)에는 측면 브레이싱을 위한 그리퍼들과 세그먼트들을 설치하기 위한 장비들로 구성된다. 전방과 후방 부분들은 가변성 영역(telescopic section)으로 연결되어 있다. 따라서 라이닝 세그먼트가 시공되고 있는 동안 굴착작업이 계속될 수 있다. 더블 쉴드는

TBM과 쉴드의 복합체이고, 다양한 종류의 암석에서 운영하기 위한 것이다. 양호한 암석에서는 커터헤드는 후방 부분에 대해 지지되고 그리퍼로 인접한 암석에 연결된다. 따라서 라이닝 세그먼트들은 커터헤드가 작동되는 동안에 설치될 수 있다. 연암에서는 쉴드의 두 부분들을 결합시켜 일반적인 하나의 쉴드처럼 작동된다. 즉, 라이닝 세그먼트들을 설치하는 동안에 굴착작업은 중지해야만 한다.

터널 굴진 기계 : 많은 쉴드들은 하나의 커터헤드가 장착되어 있고, 이것이 TBM의 주요 특징이다(그림 4.38).

이것이 '쉴드'와 'TBM'라는 용어가 자주 혼동이 되는 이유이고, 서로 동의어로 여겨지는 이유이다. 아무튼 이것은 잘못된 것이다: 쉴드는 이완된 지반에서 사용되는 반면에 TBM(쉴드화되지 않은 또는 개방형)은 경암에 사용된다. 두 방식이 조합은 다양한 성질을 갖는 암석에 적용된다. 쉴드와 TBM에 대한 총칭으로 단어 '터널 굴진 기계'가 사용되기 시작되었다. 일반적으로 통용되는 분류는 다음과 같다.

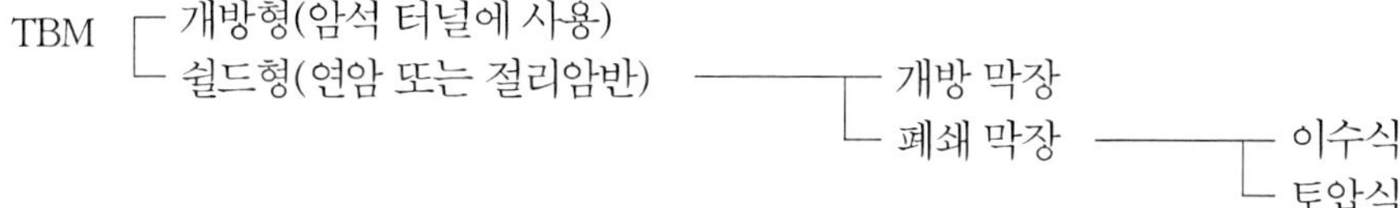

TBM은 암석이 붕괴된다면 쉴드로 보호할 필요가 있다.[33)]

그림 4.38 TBM(Herrenknecht), 1: 커터헤드, 2: 컨베이어벨트, 3: 잭, 4: 라이닝 세그먼트용 이렉터, 5: 라이닝

33) TBM의 평가와 선택을 위한 제안사항. Deutscher Ausschuh für unterirdisches Bauen, Österreichische Gesellschaft für Geomechanik, SIA-Fachgruppe für Untertagebauten, *Tunnel* 5/1997, pp.20~35 ; See also: Tachenbuch für den Tunnelbau 2001, Glückauf Verlag.

4.4.1 지하수에서의 쉴드 굴진

만약에 쉴드가 지하수위 아래에서 가동이 된다면, 어떤 상황에서도 융기에 대한 충분한 안전성이 확보되어야 한다. 그 뿐만 아니라, 쉴드는 물과 토사의 유입으로부터 보호되어야만 한다. 이것은 압축 유체(또는 공기)로써 막장을 지보함으로써 달성될 수 있다. 기본적인 메커니즘은 부록 B에 설명되어 있다. 다음과 같은 변화된 형태들이 있다.

압축공기하에서 쉴드 굴진 : 압기는 토사와 물에 대한 지보 역할을 한다. 쉴드의 앞부분이나 또는 터널 전체가 가압이 될 수 있다. 후자의 경우, 대용량의 압축공기는 공기손실에 대한 안전성을 개선시켜주지만, 모든 작업들이 압축공기하에서 이루어져야 하기 때문에 더 어렵다. 압축공기의 분출은 작업자들을 위험하게 할 수 있고 지표에 큰 구멍을 낼 수 있다. 격벽을 이용해서 압축공기를 쉴드의 앞부분에 격리시킬 수 있다. 버력은 에어록(air lock)을 통과해야만 한다.

토사의 지지는 침투력에서 비롯되며, 고압의 경사가 예상된다. 이것은 벤토나이트나 숏크리트 같은 밀봉재로 토사표면을 코팅함으로써 이루어진다. 그러면 압력은 이 얇은 밀봉재 안에서 감소되고, 그로 인해 높은 경사가 형성된다. 그 효과는 마치 토사표면을 불투수성 막으로 덮은 것과 같다. 수축에 의한 균열이 생긴다면 밀봉재에서 누수가 생길 수 있다는 것에 주의하자.

작업공간에서의 압력이 작업자들의 건강상의 이유로 3bar로 제한되기 때문에 압축공기 굴진은 수심 30m까지 적용될 수 있다. 분출을 피하기 위해서는 충분한 높이의 비교적 불투수성이 큰 커버가 요구된다. 10^{-5}~10^{-3}m/s의 투수도를 지니는 토사에 대한 공기공급량 Q(누기를 채워주기 위한)는 경험식 $Q(\mathrm{m}^3/\mathrm{s}) \approx 4-8A\,(\mathrm{m}^2)$으로 계산될 수 있다. 여기서 A는 터널의 단면적이다.

이수식 쉴드(slurry shield) : 만일 막장의 지보를 압축 슬러리에 의해 수행된다면 압축공기기에 의한 지보들의 일부 단점들을 피할 수 있다. 대부분의 경우 슬러리는 벤토나이트의 현탁액이다. 분출의 위험이 없고, 모든 작업이 일반적인 대기압 하에서 수행될 수 있다. 지반의 지보는 침투력에 의해 달성된다. 그리고 이것은 토사표면에 벤토나이트로 만들어진 점토 케이크의 형성이 예상된다. 토사는 커터헤드로 굴착된다. 만약 지반이 연약하면 굴착잡업은 워터젯(water jet)으로도 수행이 될 수 있다. 버력은 슬러리와 1:10의 비율로 혼합되고 분리작업장으로 펌핑이 된다(그림 4.40). 그러므로 암석조각과 블럭들은 먼저 분쇄되어야만 한다. 분리비용은 실트와 점토의 양이 증가하면 증가된다.

지반을 지지하기 위해 필요한 슬러리의 압력은 추정되거나 계산되어야만 한다(17장 참조). 설정된 압력을 유지하고 버력처리로 인한 압력손실을 보충하기 위해서는 신뢰할 수 있는 압력조절이 보장되어야 한다. 가압되고 있는 공간 부분에는 에어쿠션(air cushion)이 제공된다(그림 4.39). 공기의 높은 압축률 때문에 이 에어쿠션의 압력은 작은 체적변화에도 덜 민감하다. 공기의 압력을 조정하고 슬러리의 제거와 추가로 균형을 맞춤으로써 압력은 0.05과 0.1bar 사이의 정확도로 제어될 수 있다.

그림 4.39 이수식 쉴드[34)]

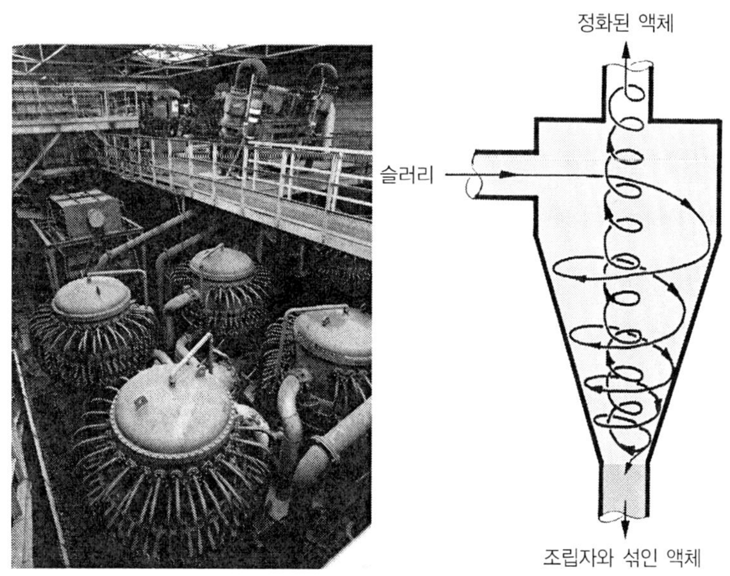

그림 4.40 좌: 분리공정, 우: hydrocyclon의 작동 원리

34) *Tunnels & Tunneling International*, March 2004, p.15.

유지보수와 블록을 제거하기 위해서는, 굴착 챔버는 에어록을 통해 들어갈 수 있다. 유지보수 동안은 슬러리는 압축공기로 대체된다. 하지만 압축공기는 쉽게 빠져나갈 수 있기 때문에(분출) 위험한 지보 수단이라는 것을 명심해야 한다. 이런 이유로 Grauholz와 Westershelde 터널 굴진작업 중에 붕괴가 일어났었다. 하나의 대안으로 쉴드 막장 전면의 토사를 동결시키고 동결된 토사의 보호 아래에서 유지보수작업을 수행하는 것이다.

가장 큰 이수식 쉴드 기계들 중 하나가 'Herrenknecht사의 'Trude'이며 모스코바의 Elbe 터널(3.1 km 길이)의 4번째 튜브와 그 이후의 작업에 사용되었다. 커터헤드는 400t의 무게, 14.2m의 직경 그리고 분당 2.5회전으로 작동되었다. 이것은 연한 퇴적물, 자갈 그리고 암석을 굴착할 수 있다.

'Thixshield' 공법(그림 4.43)에서는 막장은 버력을 빨아들이고 추출할 수 있는 이동식 로드헤더로 굴착된다. 로드헤더는 전단면 커터헤드에 비해 다음과 같은 장점들을 갖고 있다.

- 더 작은 토크
- 원형단면에만 국한되지 않음
- 장애물 제거용이

토압식(EPB, Earth-Pressure-Balance) 쉴드 : 슬러리 대신, 막장은 이미 굴착된 흙으로 만들어지는 머드(mud)로 지지된다. 토사는 커터헤드의 구멍들을 통해 굴착 챔버로 유입된다. 대부분의 경우 물과 다른 첨가제들(예: 폴리머 포말)은 굴착된 흙을 유연하게 하기 위해 첨가된다. 그러지 않으면 회전하는 커터헤드와의 마찰에 의해 열이 생길 것이다. 슬러리와 비교해 두꺼운 머드의 컨시스턴시가 커터헤드의 더 큰 토크를 필요로 하게 만든다(이수식 쉴드보다 약 2.5배). 한편 토크는 라이닝과 암반 사이에 작용하는 마찰력에 의해 제한된다. 그러므로 EPB 쉴드의 직경은 약 12m로 제한된다.

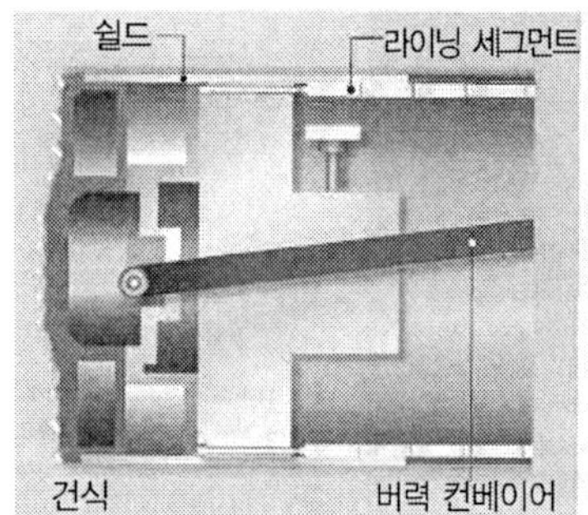

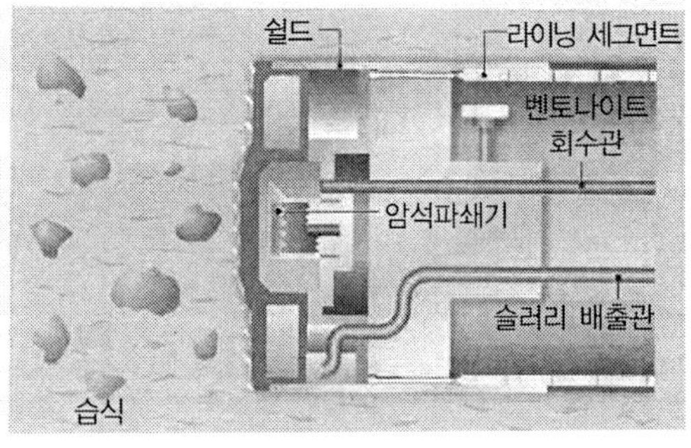

그림 4.41 건식방식(좌)으로부터 파쇄기가 있는 슬러리 막장지보(우)로의 Mixshield 방식의 전환[35]

35) *Tunnels & Tunneling International*, October 2001, p.26.

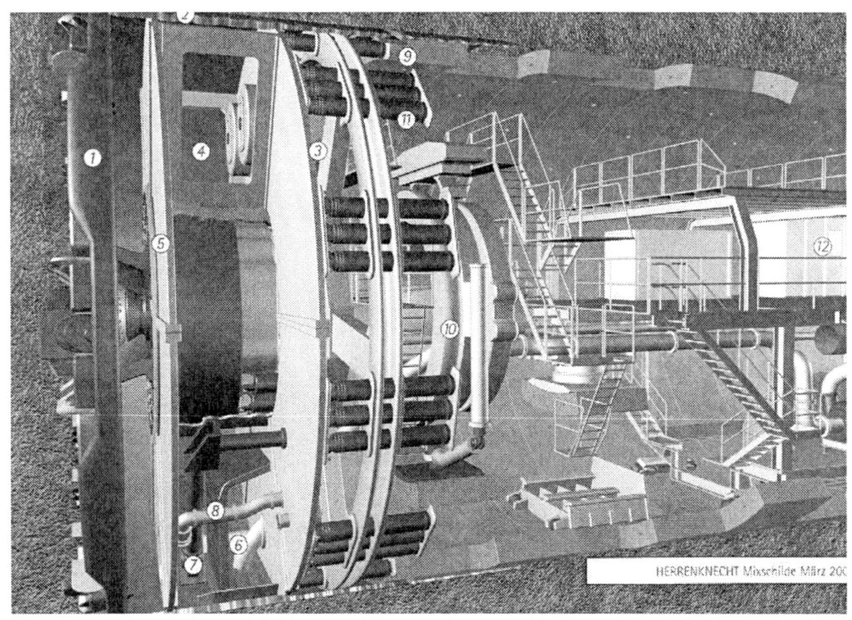

그림 4.42 Mixshield[36]; 1 커터헤드, 2 쉴드, 3 압력격벽, 4 에어쿠션, 5 디바이더(굴진벽), 6 유압 컨베이어(피더), 7 암석파쇄기, 8 슬러리 공급관, 9 라이닝 세그먼트, 10 세그먼트용 이렉터, 11 잭, 12 운전실

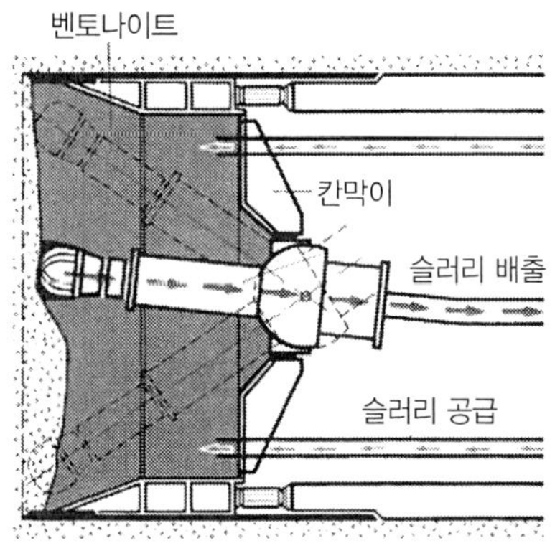

그림 4.43 Thixshield: 커터 및 격벽이 장착된 굴착챔버[37]

막장 지지에 필요한 머드 압력의 제어는 다음과 같은 수량을 조정하여 달성한다.

- 커터헤드의 회전 속도(대략 분당 2~3회전)
- 전방 챔버로부터 버력을 제거하는 스크류 컨베이어의 회전속도(대략 분당 4~5회전). 머드는 컨

---

36) Herrenknecht

37) Philipp Hozmann

베이어의 스크류를 메울 수 있을 만큼 충분히 두꺼워야 한다. 그렇지 않으면 압력챔버(pressure chamber) 안의 압력이 떨어질 것이다.

- 잭을 이용한 쉴드의 전진

  머드의 압축성과 균질하지 않고 비정수압적인 압력 분포로 인해, 압력제어는 정확하지 못하며 ±0.5bar 정도의 변동을 한다.

  머드의 50~70%는 고형물을 포함하기 때문에 트럭이나 컨베이어 벨트로 버력처리가 이루어질 수 있다. 일반적으로 벤토나이트 함양이 너무 높지 않다면, 배출능력은 쉽게 보장될 수 있다.

쉴드는 압력 챔버가 채워질 때까진 작업을 시작할 수 없다. 이것은 이수식 쉴드가 토압식 쉴드보다 더 간단하다.

포말 등으로 버력에 대한 적절한 조절은 토압식 쉴드를 매우 다양한 지반(자갈 포함)에 적용할 수 있게 해준다. 서로 다른 지보압을 필요로 하는 다양한 토사층으로 구성된 이질적인 지반에 주의를 기울여야 한다.

포루투갈의 Porto 지하에서 EPB-TBM에 의한 굴진이 특히 어렵다는 것이 입증되었다. 작업에서 조우한 화강암은 일부의 장소에서는 풍화되어 있었고 연한 토사의 거동을 나타내었다. 그래서 TBM이 부분적으로는 풍화암을 그리고 부분적으로는 풍화되지 않은 화강암을 만났을 때 머드의 압력이 제어될 수 없었다. 결과적으로 몇 번의 붕괴가 발생했다. 이에 대한 해결책은 가압의 슬러리를 머드에 작용시키는 것이었다. 이런 방식으로 막장에 작용하는 안정화 압력은 훨씬 더 제어가 잘 이루어졌다.

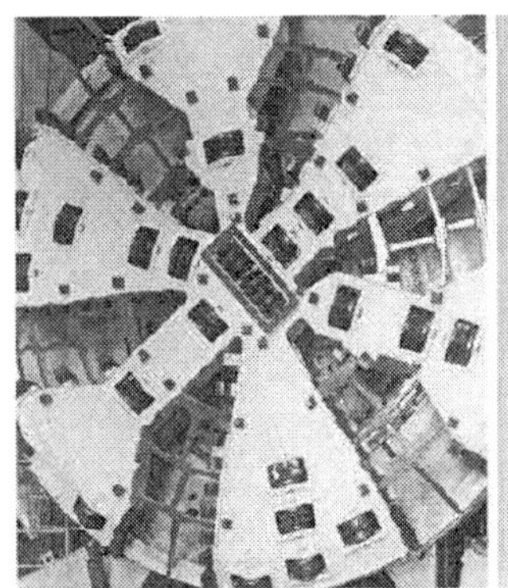

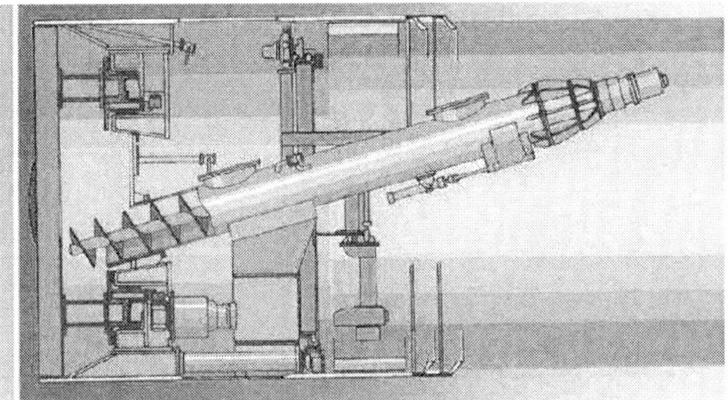

그림 4.44 토압식 쉴드[38)]

38) Wirth Howden Tunneling

그림 4.45 토압식 쉴드[39]: 1 막장, 2 커터헤드, 3 압력 챔버, 4 격벽, 5 잭, 6 컨베이어 스크류, 7 세그먼트 이렉터, 8 세그먼트에 의한 라이닝

4.4.2 박스형이나 파이프형 추진공법(jacking)을 이용한 터널공사

지반이 굴착되거나 막장에서 밀려나가는 동안 터널굴진은 프리캐스트의 지보 구성요소들(파이프나 박스/프레임)의 추진공법으로 진행된다(그림 4.46, 4.47). 박스형 추진공법은 일반적으로 기존의 도로나 철도레일 아래에서 교통의 방해 없이 지하철을 공사할 때에 적용된다.

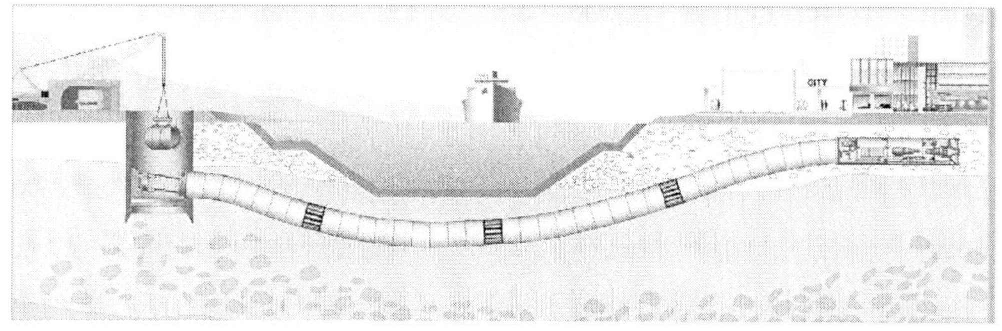

그림 4.46 파이프형 추진공법

39) Herrenknecht

그림 4.47 유압식 버력처리에 의한 파이프형 추진공법[40)]

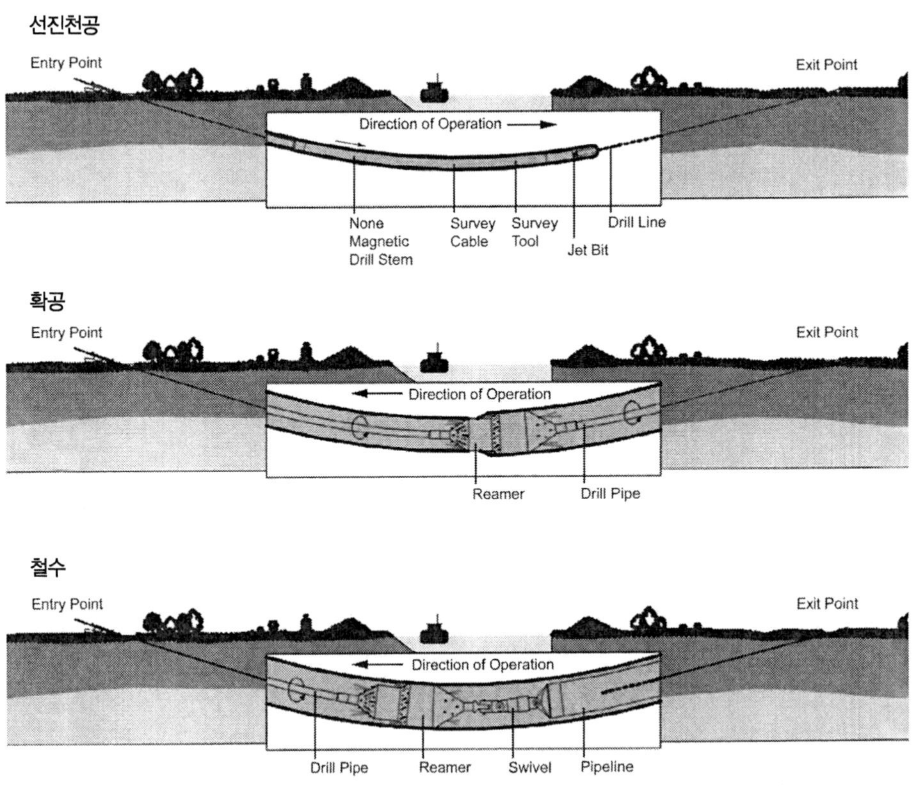

그림 4.48 리밍에 의한 수평 방향성 천공[41)]

40) Herrenknecht Microtunnueling

파이프형 추진공법과 쉴드 굴진의 유일한 차이점은 잭들의 위치이다: 파이프형 추진공법에선 잭들은 시점 수갱이나 중간의 잭 스테이션(jack station)에 위치하는 반면에 쉴드 굴진갱에는 쉴드 바로 뒷부분에 위치하게 된다.

굴착 직경은 파이프의 직경보다 약간 더 크다. 그래서 생성된 간극은 마찰을 줄이기 위해 벤토나이트로 충전될 수 있다.

4.4.3 마이크로 터널

마이크로 터널은 케이블이나 기타 라이프라인 등을 비개착식으로 매설할 때 사용된다. 직경 0.8m 미만의 작업 공간에서 작업을 할 수 없기 때문에, 굴진은 굴착면에 설치된 잭들과 해머들을 이용하여 수행된다. 흙은 측면으로 치워지거나 스크류 컨베이어에 의해 제거되거나, 물로 씻겨 나간다. 중요한 문제는 굴진방향의 제어이다. 가능한 방법은 직선으로 굴진하기 위해 영구적으로 회전하는 비대칭 해머를 사용하는 것이다. 반면에 곡선이 추적될 때마다 회전이 정지된다.

4.4.4 굴진 속도

터널굴진은 다양한 단계로 이루어져 있고, 일부 단계들은 연속적이다. 따라서 상대적으로 서로 각 단계를 조정하는 것이 중요하다.

굴착속도를 v_a라 하고, TBM의 하루 작업시간을 t_a라 하자. 지보속도를 v_s, 하루에 지보를 위해 필요한 시간을 t_s라 하자. 속도 v_a와 v_s는 사용가능한 기계들과 지반에 의해 규정지어진다. 여기서 문제점은 최대 굴진속도가 달성될 수 있도록 어떻게 t_a와 t_s를 결정하냐는 것이다. 이것은 매일의 굴진길이 z나 굴진속도 $V = z/24\text{h}$가 최대가 되어야 한다는 것을 의미한다. 먼저 t_s에 의존해서 z를 결정하고, $t_a + t_s = 24\text{h} - t_w$를 고려해 보자. 여기서 t_w란 유지보수를 위한 1일의 중단시간이다. 이와 같이 $t_a = 24\text{h} - t_w - t_s$를 구할 수 있고, 1일 굴진길이는 $z = \text{Min}\{v_a t_a; v_s t_s\}$이거나 또는 다음과 같다.

$$z = \text{Min}\{v_a(24\text{h} - t_w - t_s); v_s t_s\} \text{가 된다.} \quad (4.1)$$

관계식 (4.1)은 그림 4.49(왼쪽)에 표시되어 있다.

---

41) Herrenknecht HDD Rigs, February 2003.

$$t_s = t_{s0} := (24\text{h} - t_w)\frac{v_a}{v_s + v_a}$$

물론 위의 식에 대해 하루 굴진길이 z는 최대 $z_{\max}$가 된다.

$$z_{\max} = \frac{v_a v_s}{v_a + v_s}(24\text{h} - t_w) \tag{4.2}$$

그러므로 최대 굴진속도 $V_{\max}$는 아래와 같다.

$$V_{\max} = \frac{z_{\max}}{24\text{h}} = \frac{v_a v_s}{v_a + v_s} \cdot \frac{24\text{h} - t_w}{24\text{h}} \tag{4.3}$$

그림 4.49에서 식 (4.3)의 도식으로부터 $V_{\max}$의 증가율은 v_a와 함께 감소하는 것을 알 수 있다.

실제로 굴진속도는 많은 요소들에 좌우되며 '전반에 걸쳐' 형태로 제공될 수 없다. 몇몇 참조점들은 다음과 같다.

정설도갱	5m/일
측벽도갱과 동시 굴진	3m/일
암석에서 TBM[42)]	8m/일
토사에서 쉴드 굴진	20m/일

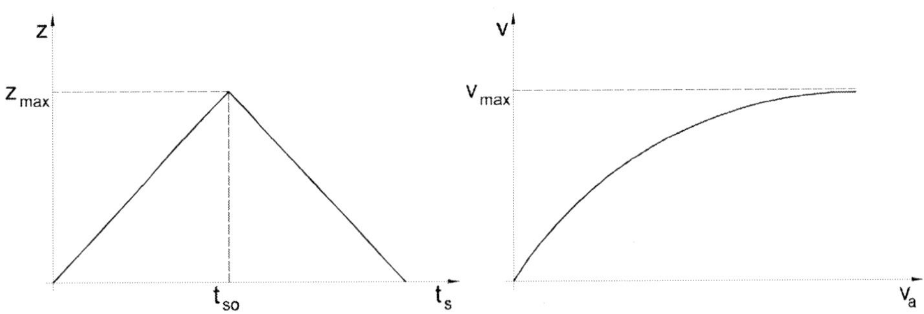

그림 4.49 일일 굴진길이 z 대 지보시간 t_s; 전진속도 v 대 굴착속도 v_a

42) Lötschberg 터널공사에서 TBM에 의한 굴진속도 48m/일의 기록이 달성되었다.

4.4.5 진입 및 진출 작업

종종, 쉴드는 시점부 수갱과 종점부 수갱인 두 개의 수갱 사이에서 움직인다(그림 4.51). 시점부 수갱의 뒷벽은 잭의 받침대 역할을 한다. 라이닝의 길이는 잭의 추력을 받기 위해 적어도 30~40m가 요구되며, 추력은 벽의 마찰력에 의해 주변 지반으로 전달된다.

쉴드를 지반 안으로 전진시키기 위해서 수갱으로부터 시작하여 먼저 유지벽을 통과해야만 한다[43]. 만약 유지하고 있는 흙이 매우 낮은 강도를 지녔거나 혹은 지하수위 아래에서 터널이 굴착된다면 어려워질 수 있다. 일반적으로 벽은 0.5~1m 너비로 제거되며 막장은 임시적으로 흙더미로 지

그림 4.50 케이슨벽과 토사 사이의 멤브레인[44]

그림 4.51 TBM 관통[45]

---

43) 벽에서 이에 해당하는 공동을 'eye'라고 부른다.
44) Herrenknecht Mixsheilds September 2002.
45) Tunneling Switzeland, Swiss Tunneling Society, Bertelsmann 2001.

지된다. 지보대책으로 주변 흙을 그라우팅이나 동결을 시킬 수 있다. 만약에 굴진이 지하수위 아래에서 수행되어야 한다면, 시점부 수갱을 압축공기 하에 둘 수 있다. 또는 멤브레인(그림 4.50)으로 지반과 수갱(케이슨) 사이의 중간 파티션을 만들 수 있다. 그러면 쉴드는 멤브레인 벽앞에서 낮추어 진다. 쉴드가 토사속으로 굴진될 수 있을 때까지 압력차이는 지속적으로 조정된다.

진출은 그림 4.51과 같다.

4.4.6 쉴드 굴진의 문제점들

쉴드가 터널 벽의 붕괴를 방지해 준다는 사실은 쉴드 굴진이 어려움이 없다는 것을 의미하지 않는다. 쉴드나 TBM의 비용이 도갱 비용에 비해 저렴하다는 것을 명심해야 한다. 그럼에도 불구하고 기계고장은 긴 시간동안 굴진 공정을 지연시킬 수 있고, 따라서 엄청난 최종적 비용을 초래할 수 있다.

또한 다음과 같은 항목을 고려해야 한다.

천공능력(drillability) : 암석에서의 굴진속도는 커터헤드의 회전속도가 어떤 한계 이상으로 증가될 수 없다는 사실에 의해 제한된다. 디스크 커터의 베어링들과 실(seal)들은 150m/min의 최대속도를 낼 수 있게 해준다. 이것이 휠의 회전속도에 제한을 설정해 준다. 휠상의 디스크 커터 수의 증가 또한 유지보수를 위한 정지시간도 증가시킨다. 따라서 효율적인 전환 속도는 회전당 3~4mm이상이다. 만약 디스크 커터가 허용치보다 더 큰 하중이 걸리면 디스크 커터는 진동을 일으키고 손상을 입을 수 있다. 디스크 커터의 수리와 교체는 어렵다.

막장의 안정 : 연약한 토사로 충전되어 있는 연약대를 만나게 되면 문제가 생길 수 있다. 커터헤드는 누적이 된 버력이나 혹은 블록형 버력에 잼이 될 수 있다. 만약 막장에서의 문제를 제거하기 위해 쉴드를 작업 전면에서 후퇴시킨다면 더 많은 토사와 블럭들이 공동으로 붕괴되어 들어올 수 있다. 사전 그라우팅은 작업시간을 길어지게 하고, 커터헤드를 움직이지 못하게 할 수 있다. 종종 더 양호한 암석이 나올 때까지는 전통적인 굴진방식이 사용된다.

압착성 암석의 관통 : 압착성 암석(14.10절 참조)에서는 충분히 큰 커터헤드를 사용하여 여굴을 일반적 경우인 6~8cm에서 14~20m로 늘릴 것을 권장한다. 또한 쉴드가 2~5MPa의 압력으로 압착이 되더라도 쉴드를 밀 수 있는 더 강력한 잭이 사용되어야 한다. 물론 라이닝 세그먼트들은 적절하게 설계되어야 하고, 어떠한 작업 중지도 피할 수 있어야 한다.

4.5 TBM과 재래식 굴진방식의 비교

TBM과 재래식 굴진방식 사이의 선택은 종종 직면하게 되는 딜레마이다. 전 세계적으로 TBM은 점점 더 많이 사용되고 있는 반면에 재래식 굴착기술은 작업하기 어렵거나 다양한 성질의 지반, 짧은 터널과 다양한 단면을 갖는 터널 등에서 사용된다.

최근들어 TBM의 적용범위가 확장되었다. 개선된 천공기술로 인해 이제 압축강도가 400MPa 이상의 경암을 뚫을 수 있다. 또한 절리암반이나 연암도 후퇴하는 커터헤드와 적절한 쉴드 그리고 NATM 지보 방식을 이용해 굴착할 수 있다.

터널시공에서 쉴드는 터널의 천반과 붕괴 가능성이 있는 막장의 붕괴로부터 보호해 줄 수 있다. 반면에 천공과 발파 방식은 예상치 못한 연약지대를 만날 때마다 문제점이 발생할 수 있다.

예를 들면, Bogota의 Los Rosales 터널은 단단한 사암에서 굴착되었다. 그러나 이 암반이 부분적으로 너무 연약하여 그라우팅 공을 통해 연암들이 밀려들어왔다($6m^3$ 정도). 이 작업은 TBM으로 완성할 수 있었다.

작업안전 관련 : TBM에 의해 더 나아진 지보의 장점은 혼잡한 작업공간에 의해 부분적으로 무시될 수 있다는 것이다. TBM 굴진에서 획일적인 작업은 천공과 발파 굴착에 비해 배우기가 더 쉽다. TBM 기술의 좋은 점은 여굴의 소지를 없앤다는 것이다. 그리고 이 여굴은 터널 단면적이 평균적으로 천공과 발파에서는 10% 정도 그리고 절리암반이나 부적절한 발파에 있어서는 25% 증가한다(4.7절 참조).

비용비교에서 TBM 굴진은 높은 설치비용이 수반되기 때문에 터널의 길이가 상당히 긴 경우에만 수익성이 있다는 것을 고려해야만 한다(그림 4.52).

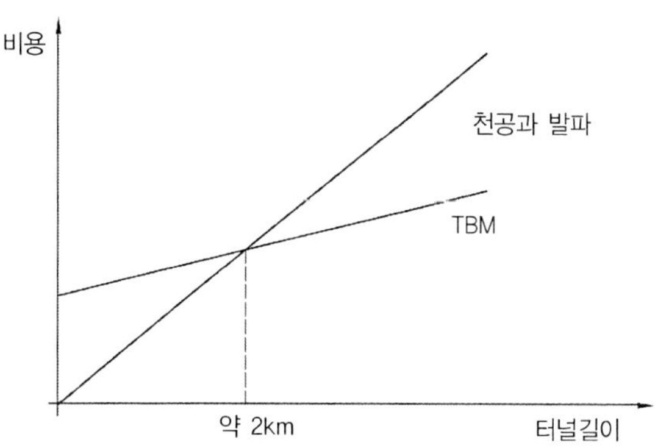

그림 4.52 TBM과 천공발파의 단가 비교

숏크리트 지보에 의한 재래식 굴진방법의 장점

- 다양한 단면의 굴진(원형단면만이 아닌)
- 사용 장비들은 다른 용도로도 사용될 수 있으며, 쉽게 교체될 수 있다.
- 낮은 설치비용
- 지질 조건에 적응이 용이

숏크리트 지보에 의한 재래식 굴진방법의 단점

- 작업인부들이 굴착막장 가까이에서 상대적으로 보호되지 않은 채 노출된다.
- 굴진속도는 약 5~7m/d로 제한된다.
- 어려운 지반조건에서의 굴진(특히 지하수위 아래)은 값비싼 대비책이 적용될 경우에만 가능하다.
- 대부분의 경우 내부라이닝이 수반되어야 한다.

세그먼트 라이닝에 의한 쉴드 굴진방법의 장점

- 연약한 토사(또는 지하수위 아래)에서 굴착작업이 가능하다.
- 충분한 안정성 : 막장이 즉각적으로 지보가 된다면
- 설계단면대로 정확하게 굴착된다.
- 빠른 굴진속도 : 특히 1~2달 정도의 학습 단계 후
- 사전 조립에 의한 고품질 라이닝으로 보조 라이닝이 필요치 않다.
- 낮은 비용 : 터널이 충분히 길면

세그먼트 라이닝에 의한 쉴드 굴진방법의 단점

- 일정한 직경을 갖는 원형단면으로 제한된다.
- 설치비용이 높다.
- 작업인부들의 학습단계에 긴 시간이 필요하다.
- 진입작업공정의 비용이 비싸다.
- 다양한 지반 조건에 따른 보정이 어렵다.
- 기계 손상은 총체적인 작업지연으로 이어진다.

4.6 암석 굴착

천공(drilling), 보링(boring), 절삭(cutting)들의 용어는 거의 암석굴착을 나타내는 동의어로 사용된다.

4.6.1 시추공 천공

터널공사에서 시추공은 다음과 같은 목적 하에 만든다.

- 탐사(현장 조사)
- 천공과 발파
- 그라우팅
- 록볼트 그리고 다른 형태의 보강재의 설치

천공은 파쇄, 암석 제거와 코어 비트의 냉각으로 이루어진다.[46] 냉각뿐만 아니라 천공 분진과 암편 제거는 세척으로 수행된다(그림 4.53). 탐사를 위한 천공은 물로 세척하는 반면에 충격식 천공에서는 압축공기로 세척한다. 만약 시추공의 벽이 지보가 되어야 한다면 점성 유체를 사용한다.

발파공들의 천공은 빠른 속도와 코어 비트의 낮은 마모 그리고 높은 정밀도(정확한 발파를 위해서 0.1의 정확도가 요구된다)가 요구되는 반면에 탐사용 천공은 양호한 코어 회수와 안정된 공벽이 목적이다. 오일이나 가스 생산을 위한 천공은 주변 암석의 교란을 최소화하는 것을 목적으로 한다.

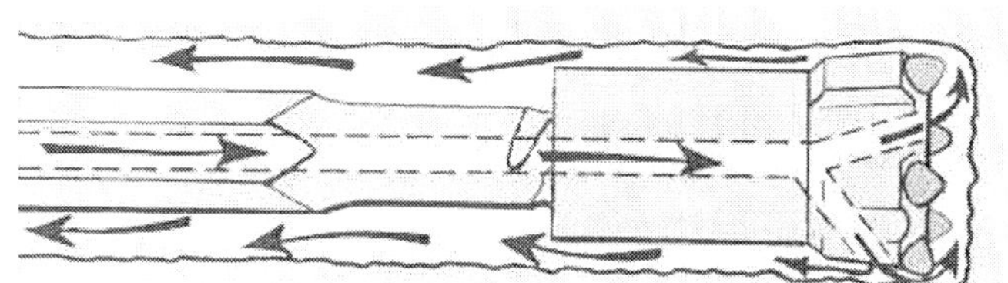

그림 4.53 세척에 의한 천공[47]

천공은 코어비트의 충격이나 회전 운동에 의해 수행된다. 광산업의 초창기 시절에는 끌과 대형 해머가 사용되었고 1m/h의 천공속도를 달성한 반면에 요즘엔 텅스텐 카바이드의 코어 비트를 사용하

46) 추가참조: J.A. Franklin and M.B. Dusseault: Rock Engineering, McGraw Hill, 1989.
47) AtlasCopco Rock Tools

는 유압충격식 천공은 300m/h의 천공속도를 얻을 수 있다(그림 4.54). 이완된 토사는 오거로 천공한다; 소위 연속되어 있는 날로 구성된 오거의 사용이 증가되고 있다.

충격식 천공은 압기 또는 유압으로 구동된다. 유압식 구동은 여러 이유로 장점을 갖는다. 시추공이 더 정밀하게 천공되고 압기식에서 필요로 하는 동력의 1/3로 천공속도가 두 배 정도 빠르다. 유압식(전기식 또는 디젤 구동) 압축기는 압기식 압축기보다 무겁거나 크지 않다. 더욱이 압축공기의 방출이 없어 가시성이 보장된다.

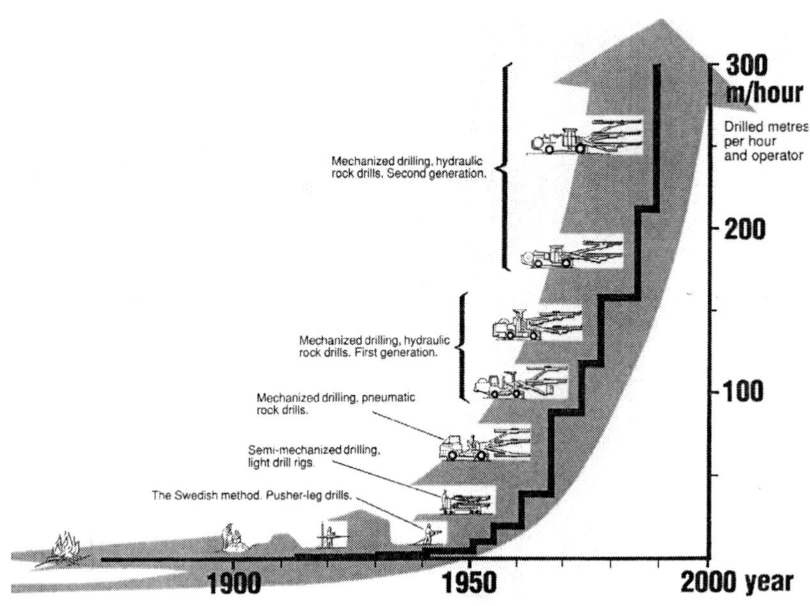

그림 4.54 암석 천공기술[48)]

충격식은 피스톤의 타격으로 이루어진다. 타격 모멘텀은 천공 로드를 따라 전파되어 결국에는 암석을 타격하게 된다. 긴 로드의 경우, 에너지는 벽의 마찰력에 의해 크게 줄어든다. 이러한 이유로 천공로드가 120m 이상이면 타격들은 다운홀 해머에 의해 천공로드의 끝부분 가까이에 적용이 되도록 한다. 방향성 시추에서는 다운홀 터빈이 사용된다.

천공속도를 최대화하기 위해 다음과 같은 매개변수들이 조정되어야 한다: 추력, 회전속도, 세척액의 유동학적 속성 그리고 유압식 구동. 연암(분당 60~100회)에서 경암(분당 40~70회)보다 빠른 회전속도가 요구된다. 회전속도의 증가와 함께 추력은 감소되어야 한다. 코어비트는 연암(qu < 20MPa)용에는 톱니형이 장착되며 경암용에는 버튼형이 장착되어야 한다. 디스크 커터는 암석의 칩핑을 일

48) AtlasCopco, Underground Rock Excavation

으킨다(4.6.2항 참조). 텅스텐 카바이드와 인조 다이아몬드는 천공 도구의 수명을 연장해 준다.

적절한 천공도구를 선택하기 위해 다음의 요소들이 고려되어야 한다: 암석물성, 투수도, 분산성 또는 팽창성 점토광물의 존재, 암석의 온도 및 응력상태 그리고 세척액의 유동학적 성질. 적절한 선택은 물성이 변하는 층상 암석에 있어서는 더 어렵다.

굴착된 암석이 진흙으로 분해될 경우 작업의 어려움이 생긴다. 분산도(dispersivity)(주로 점토광물에 의한)는 물이 암석을 분해하는 것을 의미한다. 분산도에 대한 암석의 민감도는 슬레이킹 내구성 시험으로 측정될 수 있다.

슬레이킹 내구성 시험(slake durability test) : 각각 40~60g의 무게를 가지는 암편 10개를 오븐에 건조시키고 체 드럼(sieve drum)에 넣어 물 속에서 10분 동안 천천히 회전시킨다. 초기 건조 암편 시료들의 무게에 대한 드럼에 남아 있는 조각들의 무게의 비를 I_{d2}라고 한다.

점토광물 특히 팽창성 점토광물들이 버력을 끈적하게 만듦으로써 어려움을 초래할 수 있다. 이에 대한 대처방안들이 적절하게 설계된 굴착도구(좁은 공간을 피하기 적합한 기하학적 구조), 적절한 표면 코팅과 세척이다.

워터젯 천공은 특별한 목적, 예를 들면 록볼트의 시추공들(거친 시추공벽 때문에) 에 적용된다.[49] 워터젯은 고정식이거나 진동식일 수 있다. 여기서 수압은 대략 암석의 일축압축강도보다 100배 정도 크다. 암석은 물방울 형태나 연속적으로 분사되는 물의 충격에 의해 제거된다. 물과 함께 미립자를 분사하여 굴착작업을 향상시킬 수 있다. 다른 메커니즘은 케비테이션 침식(cavitation erosion: 가스방울들의 자체파열로 마이크로 제트에 영향을 준다)이 있다.[50]

4.6.2 디스크 커터에 의한 암석 굴착

TBM의 굴진속도는 터널 프로젝트를 계획하고 입찰하는 데 매우 중요한 항목이다. 그러므로 가능한 정확히 예측되어야 한다. 소위 TBM 성능예측모델이 개발되었고 여러 모델들 중에 NTH (Norwegian Institute of Technology)와 CSM(Colorado School of Mines)의 모델이 있다.

암석의 굴착은 거의 조절이 불가능한 요소들에 좌우되는 매우 복잡한 공정이다. 그래서 대부분의 TBM 예측 모델은 조절 가능한 여러 요소들의 경험적인 상호관계식에 기초를 두고 있다. 기본 프로세서의 합리적인 분석의 부족은 이미 존재하는 방식이나 장비들에 대한 응용을 제한한다. 즉, 새로

49) 또한 워터젯이 석탄광에서 스파크를 피하기 위해 적용되었다.
50) A.W.Momber, Wear of rocks by water flow, Int. J. of Rock Mechanics and Mining Sciences, 41(2004), pp.51~68.

운 기술개발에 대한 추정은 문제가 있다.

원시 데이터의 회귀 분석보다는 역학적인 개념에 근거한 이 절에서의 설명은 대략적인 방향을 제공하기 위한 것이지 장비들에 대한 정확한 예측을 위한 도구로서의 의미는 아니다.

디스크 커터들(또한 '디스크'라 불린다, 그림 4.55)은 높은 압력을 가하여 이 압력으로 암석을 분쇄한다(그림 4.56). 디스크들은 암석을 암편들로 분쇄할 수 있는 힘 F = 250kN까지 발휘할 수 있다. 디스크 베어링(그림 4.55)은 암석에 대해 높은 추력이 가해질 때 마찰이 감소될 수 있도록 설계되어 있다. V 모양의 단면을 갖는 커터들은 더 이상 사용되지 않는다. 그 이유는 마모가 지속적으로 암석과의 접촉면적을 변화시키기 때문이다. 그래서 V 모양 단면 커터들은 '일정 단면 디스크'들로 교체되었다(그림 4.56).

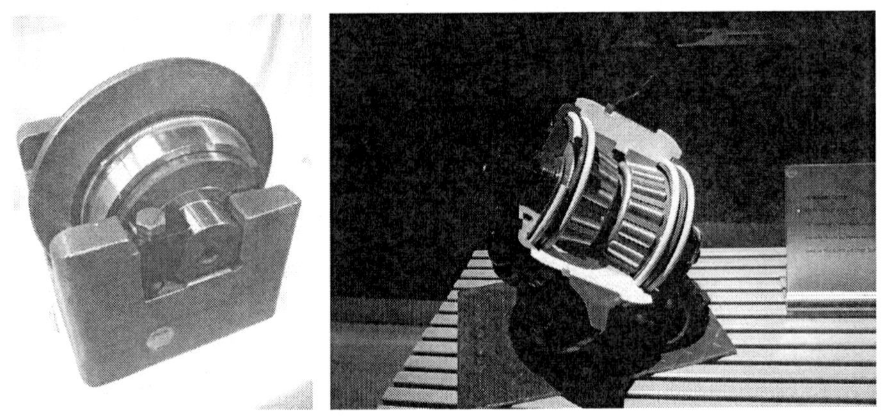

그림 4.55 좌: 커터, 우: 커터 베어링(Herrenknecht)

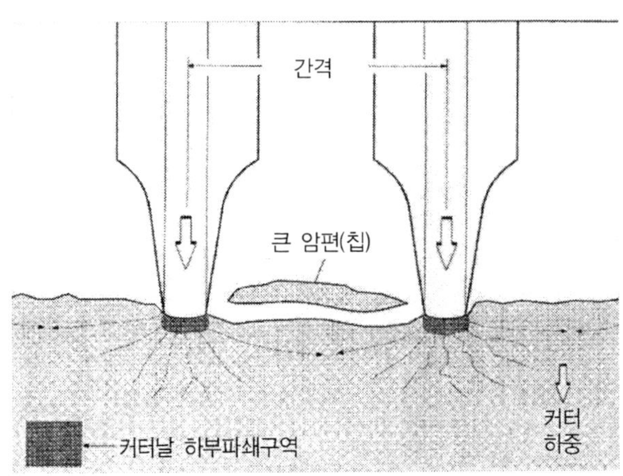

그림 4.56 커터의 작동원리[51]

51) AtlasCopoco, Underground Excavation

그림 4.57과 같이, 커터는 TBM 축으로부터의 거리 R(반지름)을 가진다. TBM의 커터헤드는 단위 시간당 N의 회전수로 회전한다. 커터는 반지름 r(일반적인 커터의 직경은 38~48cm 사이에서 다양하다)이며 단위 시간당 n의 회전수로 회전한다. 미끄러짐을 무시하면 다음과 같다.

$$n = \frac{2\pi R}{2\pi r} N = \frac{R}{r} N$$

그러므로 커터의 선형속도는 $v = 2\pi NR$에 이른다. 진동을 조절하기 위하여 v는 대략 150m/min으로 제한된다. 회전속도(즉, N)를 제한하는 다른 이유는 암석 칩들의 지나치게 큰 원심력을 방지하기 위함이다. 따라서 주어진 R_{max} 값에 대해 또한 N은 제한된다. 커터에 작용하는 힘과 순간 속도의 분포가 그림 4.58에 표시되어 있다.

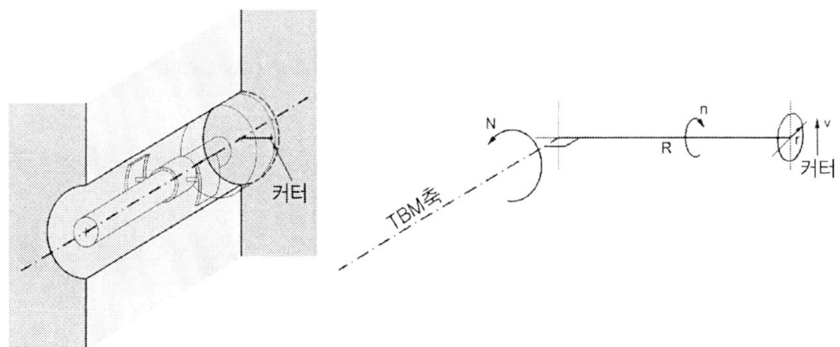

그림 4.57 TBM에서의 커터의 위치

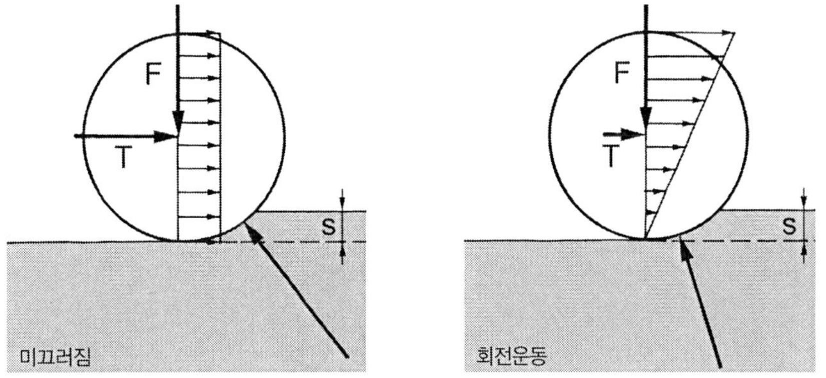

그림 4.58 커터에서의 힘(T와 F)과 속도 분포. 좌: 미끄러짐, 우: 회전운동

분명하게 커터헤드의 총 토크는 다음과 같다.

$$M_t = \Sigma_i (T_i R_i) \tag{4.4}$$

여기서 합은 모든 커터들에 대해 유효하다. 또한 회전운동(그림 4.58 우)의 경우에는 커터와 암석 사이에 상대적인 미끄러짐에 의한 휠의 마모가 있다는 것을 명심하라(그림 4.59).

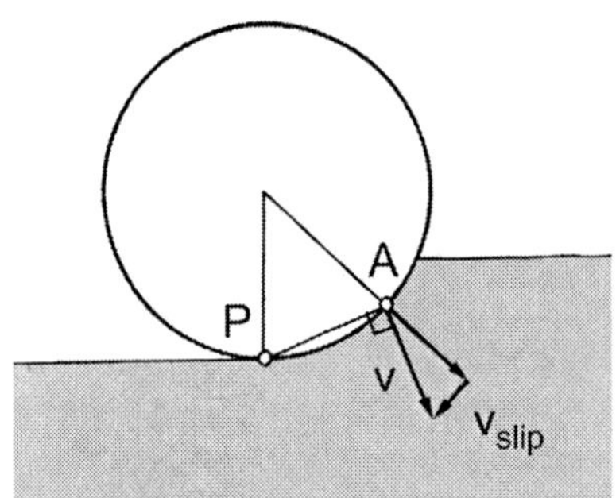

그림 4.59 P는 회전의 순간 극점. v는 AP에 대한 수직인 순간속도이고 마모를 일으키는 미끄럼 요소 v_{slip}을 가짐

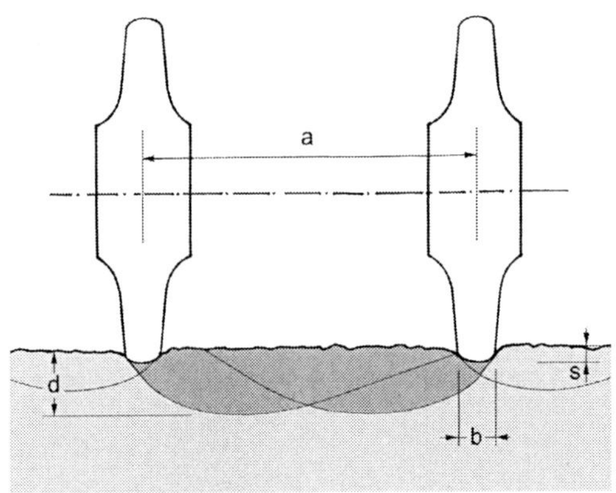

그림 4.60 소성의 펀칭(punching) 문제로 본 암석의 칩핑[52)]

그림 4.60과 같이 암석은 두 개의 인접 커터들 사이에서 치핑이 일어난다. 커터에 직접적으로 접촉되는 작은 부분이나 암석은 치핑이 되지 않고 가루로 파쇄된다. 탄성영역에서는 펀칭력 F와 압입자

52) J.B. Chetham,(1958). An analytical study of rock penetration by a single bit tooth. Proc. 8th Annual Drilling and Blasting Symp., Univ. of Minnesota, Minneapolis; Pariseau and Fairhurst, 1967. The force penetration characteristic for wedge penetration into rock. *Int. J. Rock Mech. Min. Sci. & Geomech. Abstr.* 4: pp.165~180.

국 s 사이의 관계는 Hertz의 방정식에 의하면 선형이다.

$$s = \frac{F}{bE}\kappa$$

여기서,

$$\kappa = \frac{1}{\pi}\left[\lambda(1-\mu_{steel}^2)+1-\mu_{rock}^2\right]$$
$$\lambda = E_{rock}/E_{steel}$$
$$E = E_{rock}$$

이 관계가 $F < F_l$에 대해 유지되고 있다고 가정한다. 허용한도의 힘 F_l에서 Prandtl의 이론에 따른 소성 펀칭이 일어난다고 추정한다. 분명히 이 이론의 적용은 등방성의 취성이 아닌 재료로 제한된다. 그러나 암석역학에서 소성이론을 사용하는 것과 φ와 c 의 값으로 암석의 강도를 특성화하는 것은 관행이다. 이 정도로 소성이론의 적용은 고려된 분쇄과정에 대한 개략적인 평가는 합리적인 것 같다. 적어도 암석의 내부마찰각이 없어지는 경우, 즉 $\varphi_{rock} = 0$에 대해 펀칭하중 F_l은 다음과 같이 추정될 수 있다. 길이가 a이면(그림 4.61) 다음과 같이 추정된다.

$$a = 2\sqrt{r^2-(r-s)^2} \approx 2\sqrt{2rs} \tag{4.5}$$

PRANDTL의 해로부터 다음 식을 구할 수 있다.

$$\frac{F}{ab} \approx 5c$$

여기서 c는 암석의 점착력이다($\varphi = 0$에 대해 $c = q_u/2$를 갖는다. 그리고 여기서 q_u는 일축압축강도이다).

$$\leadsto F \approx 5abc$$
$$\approx 10\sqrt{2rs}\,bc$$

식 (4.5)로써 펀칭력, 즉 커터당 필요한 추력을 다음과 같이 구할 수 있다.

$$F \approx 200\kappa rbc^2/E$$
$$= 50\kappa rbq_u^2/E$$
$$= 100\kappa\ r\ b\ \epsilon$$

단위 체적당 분쇄작업일 ϵ(그림 4.62): $\epsilon = \frac{1}{2}q_u\varepsilon_l$. ϵ는 일축압축시험으로부터 구할 수 있다.

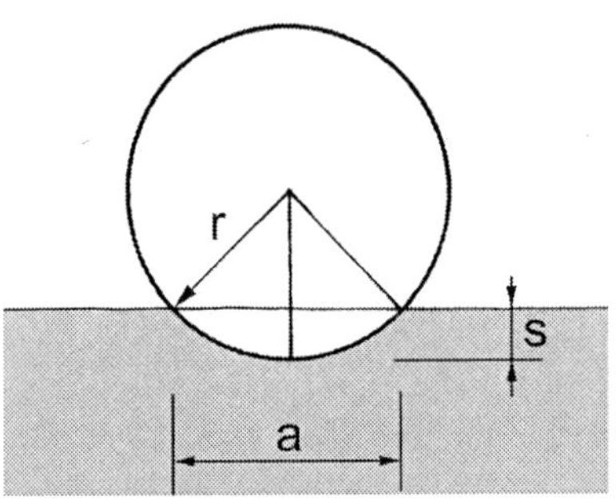

그림 4.61 펀칭길이 a 계산

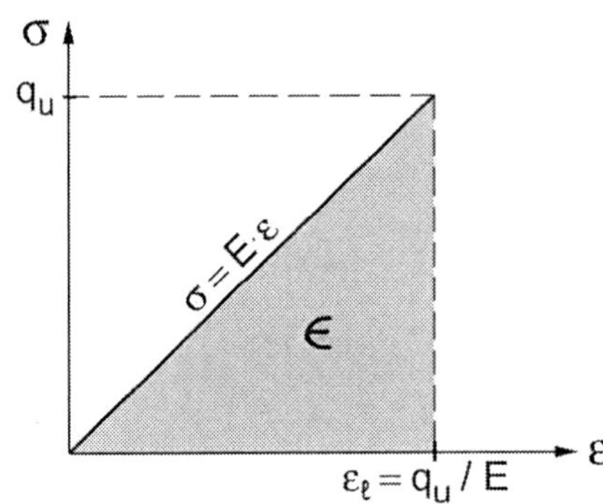

그림 4.62 단위 체적당 분쇄작업 일 $\epsilon = \int \sigma d\varepsilon = \frac{1}{2}q_u\varepsilon_l$

비분쇄작업 일(specific fragmentation work), 즉 단위 체적당 분쇄작업일량과 관련하여 이것은 암편의 표면 증가와 함께 증가해야 한다고 주장되고 있다. 이것은 합리적이지만 아직은 증명되지 않은 가정이다. 비분쇄작업일량 ϵ를 주어진 수량으로 가정하고, 터널 축방향으로 선형의 침투를 위한 일을 무시하면 다음과 같이 단위 회전당 침투 일(penetration work)을 구할 수 있다.

$$W = 2\pi M_t / (Ad)$$

여기서, 작용 토크 M_t, 터널의 단면적 A, 그리고 침투깊이 d(그림 4.60)이다.

$A = \pi D^2/4$와 M_t를 가지고 (식 4.4)에 따라서 $M_t \propto D^3$을 구할 수 있다. 순침투속도는 $N \cdot d$이다.

커터의 위치가 커터헤드상에 고정되어 있다는 것이 고려되어야 한다. 따라서 s는 제한된 펀칭력에 맞게 항상 조정될 수 없다. 커터가 더 낮은 값의 E와 c를 갖는 버력(이전의 펀칭에 의해 생겨난)과 접촉할 때마다 우세한 힘 F는 상당히 떨어진다. 베어링은 추력의 감소와 함께 회전마찰력이 증가되도록 설계되어 있다. 결과적으로 마모가 크게 증가한다. 이것은 압입자국의(베어링의 위치는 고정이 되어 있기 때문에) 감소를 유도하게 되고 따라서 힘의 추가적인 감소로 연결된다. 커터는 미끄러짐을 유지하고, 마모는 매우 빠르게 진행된다. 양호한 버력 제거가 마모를 감소시켜 주는 것으로 관찰되었다.

경암에 대한 시추는 아직까지 완전하게 이해되지 않고 있다. 위에서 유도된 방정식들은 단지 기본적인 프로세스를 분석하고, 관련 있는 수량들 사이의 상호관계에 대한 질적인 통찰력을 제공하기 위

그림 4.63 Uetliberg 터널에서 언더커팅[53)]

53) S. Mauerhofer, M. Glättli, J. Bolliger, O. Schnelli: Uetliberg Tunnel: Stage reached by Work and Findings with the Enlargement Tunnel Boring Machine TBE, *Tunnel* 4/2004.

한 시도에 불과하다. 실험들에 대한 정량 검사는 의심스럽다.[54] 예를 들어 소성이론으로부터 유도된 펀칭력에 관해서 마찰각 φ이 결과에 민감하게 영향을 미칠 수 있다는 사실에 주의를 기울여야 한다. 그러나 φ값의 실험적 결정이 어렵다. 게다가 φ는 응력에 의존하므로 재료의 속성은 아니다. 따라서 TBM의 성능 예측(침투속도와 추력에 의한 마모, 토크, 회전속도와 TBM 설계)은 여전히 경험적이다.[55]

디스크 커터들의 다른 적용이 언더커팅(undercutting)이고, 여기서 디스크 커터가 앞서 굴삭한 공간으로부터 암석을 깎아내는 것이다(그림 4.63과 4.64 참조).

4.6.3 마모

굴착 도구의 마모는 중요한 문제이다. 암석의 마모도를 평가하기 위해 여러 방식들이 제안되었다. 이런 방법들은 다음과 같다.

CERCHAR(Laboratoire du Centre d' Etudes et Recherches des Charbonnages): 7kg의 무게가 작용하는 원뿔형 강재 팁(tip)을 시험 암석시료의 표면을 따라 1cm의 길이로 여섯 번 긁는다. 그리고 끝부분이 마모로 인해 편평해진 정도를 측정한다. 1부터 6의 값을 갖는 CERCHAR 지수는 마모된 팁의 직경(0.1~0.6mm까지)에 배속된다.

LCPC(Laboratoire Central des Ponts et Chaussees) : 먼저 암석을 파쇄한다(4~6.3mm 크기의 암편 500g의 시료를 표준화된 강재 프로펠러와 함께 분당 4,500회로 회전으로 돌린다). 지수 ABR은 암석 1톤당 프로펠러의 질량 감소(마모에 의한)로 정의된다.

Schimazek의 마모계수 $F = Vd\sigma_z / 100$

V : 석영의 체적 백분율

d : 석영입자의 평균 크기(mm)

σ_z : 암석의 인장강도(MN/m^2)

평가의 예 :

$F < 0.05$: 별로 마모되지 않음

$F > 2$: 대단히 마모됨

---

54) R. E. Gertsch, Rock Toughness and Disc Cutting. PhD thesis, University of Missouri-Rolla, 2000.

55) 추가 참조:. University of Trondheim (NTH), 1994, "Hard Rock Tunnel Boring", Project report 1-94.

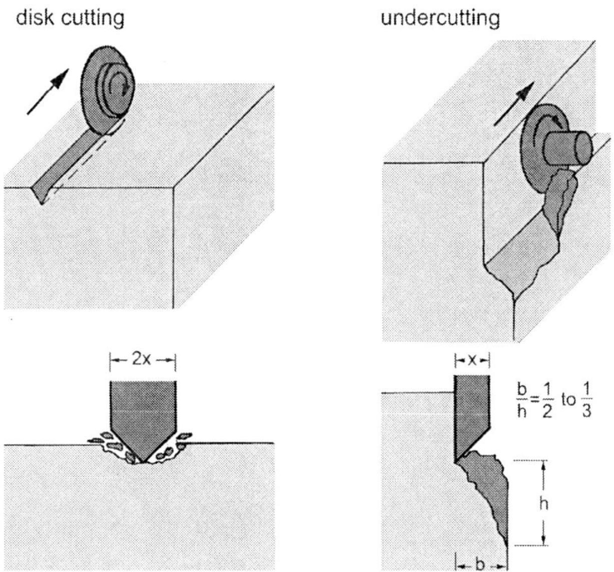

그림 4.64 암석절삭 원리(좌: 일반적인 기술, 우: 언더커팅56))

4.6.4 천공 : 역사적인 검토

고대시대에는 망치와 끌로 암석을 뚫었다. 16세기부터 19세기까지는 '불을 때는 방식(stoking)'이 적용되었다: 터널의 막장에 불로 가열하고 그 후에 물로 냉각을 시켰다. 이로 인해 암석에 생긴 균열

그림 4.65 Lötschberg 터널에 사용한 디스크 커터: 마모된 디스크 커터(좌)

56) L. Baumann, U. Zischinsky, Neue Lose-und Ausbautechniken zur maschinellen "Fertigung" von Tunneln in druckaftem Fels. In: Innovationen im unterirdischen Bauen, STUVA Tagung 1993, pp.64~69.

은 굴착작업을 쉽게 해주었다. 암석블록들은 쪼개기(splitting)로 제거하였다: 나무못들을 천공한 구멍에 삽입한 후에 물을 부어 나무못을 팽창하게 만들어 암석들을 쪼갰다. 오늘날에도 천공과 분할 방식(drill & split)이 적용되고 있는데 여기서는 강재 쐐기를 사용하여 암석을 분할한다. 이런 방식은 천공과 발파 방식에 의한 진동을 피해야만 하는 곳에서 적용된다. 이 기술의 최대 굴착속도는 24시간 동안에 1m이다.

4.7 굴착단면 윤곽

실질적인 이유들로 굴착된 단면윤곽은 계획된 단면윤곽과는 맞지 않는다. 언더프로파일(underprofile, 미굴)은 탬플릿이나 측지장비에 의해 감지될 수 있다. 남은 암석들은 예를 들면 굴착기나 조심스런 발파로써 제거한다(스케일링).

오버프로파일(overprofile, 또한 과굴이라고 함), 즉 과도한 굴착으로 나쁜 지질조건에 의해 발생될 수도 있고, 피할 수 없거나 또는 부적절한 굴착에 의해 발생될 수도 있다. 과굴된 부분은 쇼크리트로 채워져야 하므로 추가적인 비용부담을 발생시킨다. 따라서 과굴의 두 유형 간의 차이는 경제적인 중요성이다. 폭 d(그림 4.66)의 범위로 표시되는 과굴의 정도는 기술적인 장비들로 측정되어야 한다. d는 시공자에 의해서 명시되어야 한다. 폭 D의 범위(표 4.2)는 지질적인 과굴을 명시하는 것이다. 즉, 지질적인 조건에 의해 강요된 과굴이고 시공자에게 부담이 된다.

만약에 구체적인 명시가 없다면, SIA 198는 이론적인 터널단면 A와 함께 D에 대한 다음의 표현을 권장한다.

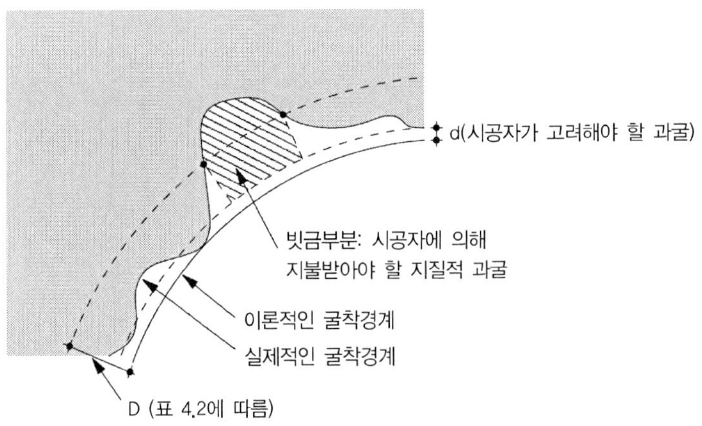

그림 4.66 로더헤드나 재래적인 방식으로 굴착된 터널에 대한 환불가능한 과굴(SIA 198에 따름)

표 4.2 그림 4.66(SIA 198)와 관련된 폭 D의 범위

굴착방식	D
천공과 발파	최대{0.07 $\sqrt{A}$, 0.40m}
로드헤더	최대{0.05 $\sqrt{A}$, 0.40m}
토사_ 쉴드 없이	최대{0.05 $\sqrt{A}$, 0.40m}
쉴드	최대{0.03 $\sqrt{A}$, 0.25m}
TBM	최대{0.03 $\sqrt{A}$, 0.20m}

4.8 버력처리

굴착된 암석/흙의 제거를 버력처리(mucking)로 알려져 있고, 이 작업은 버력의 적재, 운반 그리고 하역으로 구성된다. 운반을 위해 다음과 같은 것들의 이용이 가능하다.

무궤도 운반 : 일반적인 토공 트럭들이 사용된다. 물론 유해한 연소가스의 배출을 감소하기 위한 규정을 따라야 한다(2.3.1항 참조). 양호한 차도는 약 50km/h의 속도 주행을 가능케 해주는 것이 중요하다. 경사도는 7% 정도로 제한되고, 터널의 필요한 너비는 7~8m이다. 신선한 공기공급에 대한 요구가 매우 높다: 300ps(220kw)의 덤프트럭은 분당 2000m^{3}의 신선한 공기를 필요로 한다.

궤도 운반 : 이것은 혼잡한 공간에서 적용 가능하다. 즉, 폭이 6m 미만인 곳이다. 일반적인 궤도폭은 600~1,435mm 사이이고, 최대 경사도는 3%, 최소 곡률반경은 7m 그리고 최고속도는 약 20km/h로 제한된다. 기관차는 디젤 또는 전기 모터에 의해 구동된다. 후자의 경우 동력은 축전지로 공급된다. 에너지 소모는 트럭보다 낮다.

연속 컨베이어 : 컨베이어는 매우 큰 운반능력을 지닌다(최대 200t/h).[58] 작업인력을 위한 분리된

그림 4.67 궤도차량 버력처리[57]

57) http://www.schoema-locos.de

58) S. Wallis: Continuous conveyors optimize TBM excavation in the Blue Mountains and Midmar, *Tunnel* 3/95, pp.10~20.

운송수단이 필요할 뿐만 아니라 암석 파쇄기와 약주입장치를 위한 운송수단도 필요하다. 큰 운송 능력 이외에도, 이것의 주요 장점은 안전하고 깨끗하고 조용한 운송이다. 그러나 컨베이어의 고장은 모든 작업의 중지를 의미하기 때문에 집중적인 유지관리가 필요하다. 컨베이어는 화물기차 위에 장착될 수도 있다.

그림 4.68 연속컨베이어에 의한 버력처리59)

터널의 버력은 가능하다면 숏크리트나 타설 콘크리트를 위한 골재로 사용되고 그리고 속채움용으로 사용된다. 골재로서의 사용은 적절한 광물학적 구성이 필요하고 가능하다면 분쇄나 미립자를 제거하기 위한 세척이 필요하다. 일반적으로 화성암에 대한 천공과 발파 작업에서 생성된 버력이 TBM에서 생성된 버력보다 골재로서 더 적합하다.

만약 버력이 굴진 후에 바로 사용될 수 없다면 폐석처분장에 저장되어야 한다. 트럭들의 하역작업은 간단하지만 기차의 경우는 특별한 하역설비가 필요하다(그림 4.69에 한 예가 표시되어 있다).

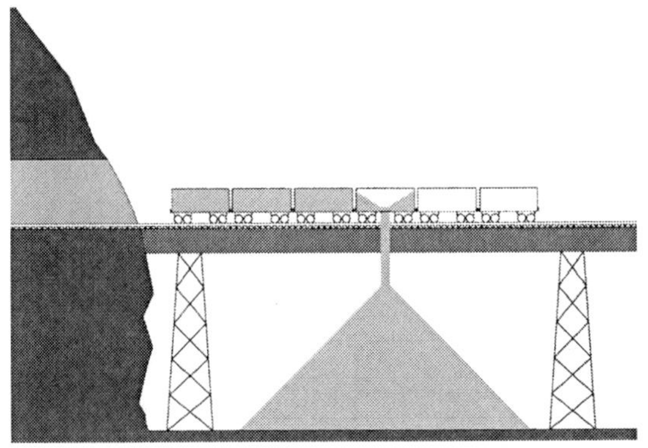

그림 4.69 바닥배출구로를 통한 하역작업

59) Rock-Machines Sweden AB.

05 지보재

Tunnelling and Tunnel Mechanics

5.1 지보재의 기본개념

지반의 초기응력은 절대로 터널 라이닝에 작용하지 않는다. 운 좋게도 초기(또는 1차)응력은 굴착 동안이나 라이닝 설치 후 발생하는 지반변형에 의해서 줄어들게 된다(여기서 '라이닝'은 굴착 직후 가능하면 빨리 타설되는 숏크리트의 표막(shell)으로 이해하면 된다). 여기서 우리는 지반(토사나 암석)의 변형이 초기응력의 감소를 암시하는 중요한 현상에 대해서 생각해 볼 것이다. 이것은 아칭(arching)이 발생한다는 징후다. 지반의 변형은 라이닝의 변형과 연관이 있기 때문에, 라이닝에 작용하는 하중은 그 자체의 변형에 따라 영향을 받는다. 이런 현상은 흙-구조물 상호작용의 경우 항상 발생하며, 이때 하중이 하나의 독립적인 변수가 아니기 때문에 설계에 있어서 내재된 어려움이 된다. 여기서 문제는 '라이닝에 작용하는 압력이 얼마인가?'가 아니라 오히려 '압력과 변형 사이에 어떤 관계가 있는가?'라는 것이다.

터널굴착 시 발생하는 변형을 고려하는 것이 NATM[1]이 가지는 장점인데, 그림 5.1에 도식적으로 표현되어 있다. 암석은 상징적으로 빔(beam)으로 표현된다. 여기서 굴착과 라이닝의 설치는 중앙기둥을 제거하고 낮은 기둥으로 교체하는 것으로 표현된다. 다시 말해, 라이닝을 상징하는 중앙기둥이 아래로 이동되고 따라서 감소된 하중을 받게 된다. 물론 여기서 '압력이 변형에 의해 감소된다'라는 원리는 조심스럽게 적용되어야 할 것이다. 과도한 변형은 기초구조물(bearing construction)에 압력의 강력한 증가를 초래하는 역효과를 낳게 될 수도 있다(그림 5.1c). 이 사실을 지적하는 것은 NATM의 또 다른 장점이다: 지반 구성물질의 연화(softening)나 그와 관련된 느슨해짐(loosening)은 중요한 쟁점이다. 하지만 이 연화는 최댓값(peak) 이후 부드러운 응력 감소와 관련이 없다는 것이 강조되

1) 7장 참조

어야 한다. 왜냐하면 이것은 조밀한 토사 시료에 대한 실험실 실험에 의해서 얻어지기 때문이다. 대조적으로 구조적인 점착력의 결여 때문에 불량한 암석에서 관찰되는 극단적인 강도의 저하는 의미가 있다.

전통에 의하면 토목 기술자들은 구조물의 변형과 파괴(붕괴)를 구분한다. 하지만 두 개념들 간의 진정한 차이점을 찾기란 불가능하다. 사실상 파괴는 엄청 큰 변형에 불과하다. 어쨌든 큰 변형은 피해야만 한다. 어떻게 하면 언더피닝이나 터널작업에서 큰 변형을 피할 수 있을까? 두 가지 방법이 있다. 하나는 비경제적이기는 하나 조기에 견고한 지보재를 설치하는 것이고, 다른 하나는 굴착 공동의 크기를 작게 유지하는 것이다. 터널작업에서는 후자의 선택이 추구된다. 이것을 수행하기 위한 두 가지 방식이 있다:

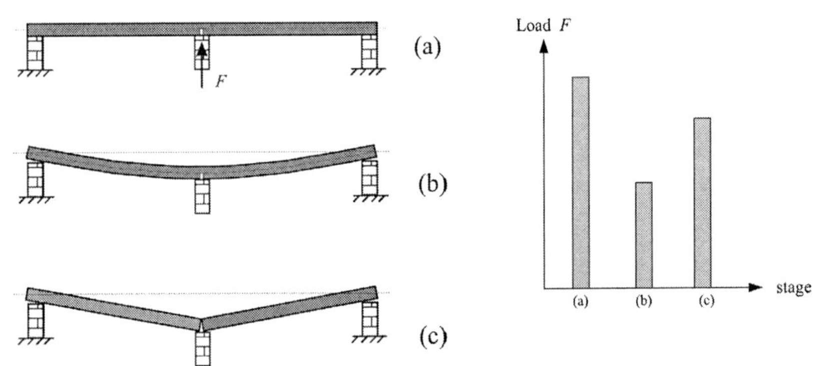

그림 5.1 지보원리의 설명. b→c로 전이될 때 하중의 증가는 빔의 강도 손실(파괴) 때문임

- 전단면 굴착 대신 분할굴착
- 짧은 굴진장

물론 너무 짧은 굴진장은 경제적이지 않을 것이다. 그러므로 터널공사의 핵심기술은 굴진장을 가능한 한 크게 유지하는 것이고 지반강도를 잘 활용하는 것이다.

5.2 숏크리트

숏크리트(또는 스프레이 콘크리트(sprayed concrete))가 캐스트 콘크리트와 구별되는 것은 최종 제품의 강도가 아니라, 이것의 타설 과정이다. 터널공사에서는 숏크리트는 (i) 막 노출된 표면을 3~5cm의 두께로 덮기 위해, 그리고 (ii) 공동의 지보를 위해 사용된다.

숏크리트의 특징들은 일반적인 콘크리트의 특징들[2]과 거의 같지만, 탄성계수는 일반 콘크리트의 탄성계수보다 낮다.

재령 28일까지는 숏크리트의 강도와 강성이 캐스트 콘크리트의 경우와 유사한 양상으로 발달한다. 그 후에는 충분한 습도가 유지되면 강도는 수화작용에 의해 상당히 증가하는데, 추후 2년까지는 50% 정도 증가한다. 시간에 따른 급속경화 숏크리트의 강도 증가는 다음 표와 같다.

재령	강도(N/mm^2)
6분	0.2~0.5
1시간	0.5~1.0
24시간	8~20
7일	30~35

숏크리트를 타설하는 데에 2가지 방법이 있다:

건식 혼합 : 건조한 시멘트와 골재가 공압으로 운반되고, 노즐에서 물이 첨가된다.

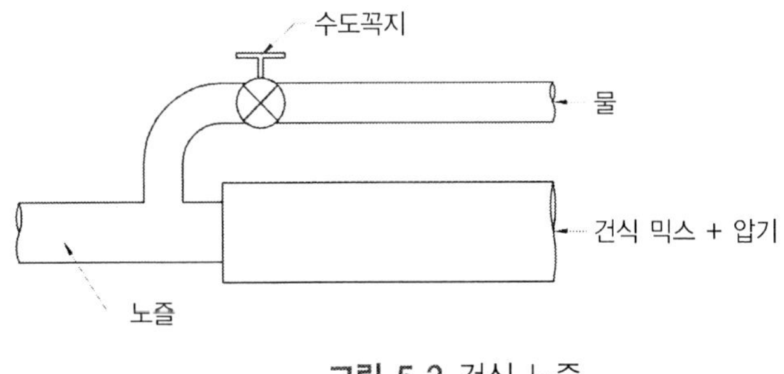

그림 5.2 건식 노즐

습식 혼합 : 레미콘이 노즐까지 압축공기에 의해 운반된다. 노즐의 증가된 무게 때문에 습식 혼합은 로봇(기계)으로 타설하는 것이 더 좋다.

건식의 장점들

- 장비들이 더 작고 저렴함
- 장비 청소 및 유지비용이 더 저렴함
- 숏크리트 타설의 중단과 재시작이 더 단순함

2) P. Teichert: Sprayed concrete, Published 1991 by E. Laich SA, CH-6670 Avegno.

- 긴 운반거리(150m까지)
- 더 정확한 양의 첨가물
- 더 좋은 콘크리트의 질(습식 혼합물을 펌핑하기 위해선 보다 높은 함수량이 요구됨)
- 습한 작업여건 등에서 타설하는 경우, 함수량을 수동으로 줄일 수 있음

습식의 장점들

- 분진 발생의 감소
- 리바운드(rebound)의 감소
- 콘크리트 물성값의 산포도 감소
- 높은 작업능력

그림 5.3 숏크리트 타설-습식방법

표 5.1 숏크리트 라이닝의 일반적인 두께

굴착단면 $50m^2$까지	20cm 이하
굴착단면 $50\sim100m^2$	25cm 이하
교차부, 수직구	15cm

방출량에 따라 숏크리트는 0.5~2m의 거리에서, 가능하면 벽면에 수직으로, 수직벽인 경우는 4cm 두께로, 천장인 경우는 2~3cm의 두께로 타설된다(뿜어진다). 숏크리트는 아래 부위부터 시작하여 천장으로 이동하며 타설된다. 보강재 뒷부분을 타설할 때는 '빈공간(shadows)'이 생기지 않도록 주의해야 한다. 충격속도가 20~30m/s로 높기 때문에, 리바운드는 수직벽의 경우는 일반적으로 15~30%, 천장의 경우는 25~40%가 발생하며, 주로 조립자들로 구성된다. 숏크리트 골재의 직경 ∅

는 16mm 보다 작고, 그리고 이들의 직경은 타설 두께의 1/3을 넘어서는 안 된다. 리바운드는 세립자의 비율을 늘림으로써, 즉 시멘트나 실리카흄(silica fume, 즉 분말 SiO_2)을 첨가함으로써 줄어들 수 있다. 실리카흄의 높은 비표면적(specific surface)은 물을 흡수해서 숏크리트의 반죽질기(consistency)를 감소시킨다. 규산나트륨(sodium silicate)과 같은 경화촉진제가 해결책이 될 수 있지만, 이에 따라 생성된 콘크리트는 낮은 강도를 갖게 된다. 그러므로 해당 시멘트에 따라 사용된 촉진제는 알맞게 조절되어야 한다. 충분한 부착을 위해선, 작업면(암반이나 사전에 타설된 숏크리트층)을 적절하게 청소하고, 공기와 (또는) 물을 뿌려줌으로써 촉촉하게 해야 한다.

리바운드를 줄이고 원하는 경화과정을 만들기 위한 목적으로 하는 일반적인 첨가제들은 알칼리성이므로 위험할 수 있다. 최근에는 비알칼리성의 첨가제들도 개발되어 왔다. 분진 발생, 리바운드 및 에칭(etching)재들의 존재가 숏크리트 작업을 어려운 작업으로 인식하게 만든다. 이러한 이유로 숏크리트 타설은 로봇이나 원격 조정이 되는 '뿜어 붙이는 팔(spraying arm)'을 사용하여 기계화될 수 있다. 이렇게 되면 굴진작업이 상당히 빨라질 수 있다.

리바운드를 줄이기 위한 좋은 방안은 그림 5.4와 같은 롤오버 셔터벨트(rollover shutterbelt)를 쓰는 것이다. 또 다른 방안은 숏크리트 타설 시 사용하는 압축공기 대신 원심 스키딩(centrifugal skidding)으로 교체하는 것이다.

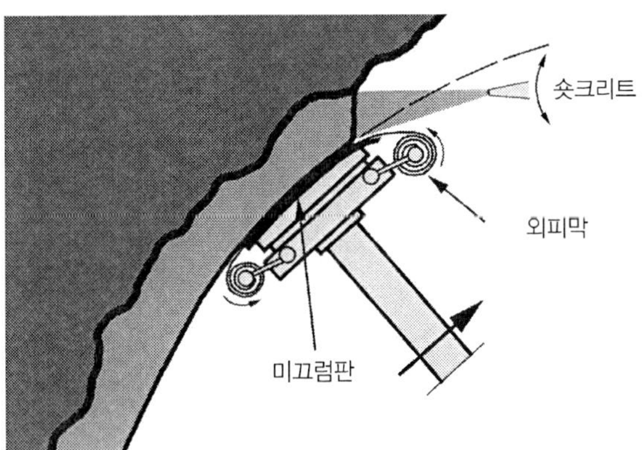

그림 5.4 Rollover shutterbelt

숏크리트의 과도한 소비는 리바운드(리바운드된 것들을 재사용해선 안 된다), 과도한 타설 및 장비세척 때문이며, 그 소비량은 200% 정도까지 이른다.

막 굴착된 신선한 암반 표면에 대한 숏크리트의 봉합은 또한 TBM 굴착에서도 적용된다. 이 경우 숏크리트는 후드(hood) 안에 타설된다(그림 5.5).

그림 5.5 Löetschberg 터널의 TBM 굴진에서의 숏크리트 후드

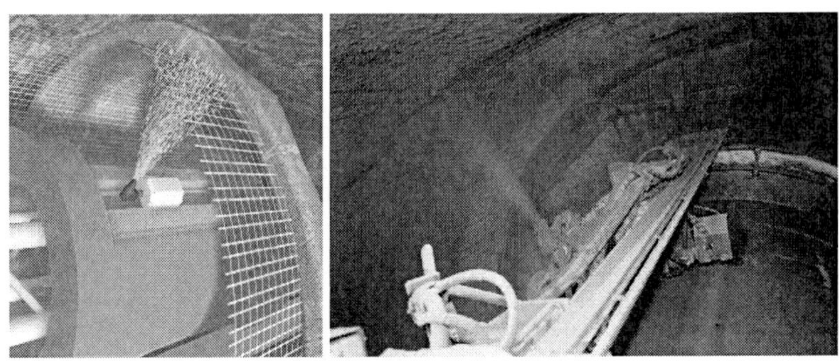

그림 5.6 숏크리트 로봇[3)]

5.2.1 강섬유 보강 숏크리트(SFRS ; Steel fibre reinforced shotcrete)

강섬유(최근에는 합성섬유도 있다)를 첨가하면 숏크리트의 인장강도와 연성이 증가하게 된다.[4)] 따라서 재래식 강재 보강방식은 불필요하게 되었고, 타설 시 생기는 빈 공간이 생기지 않는다. 강섬유의 길이는 최소 호스지름의 2/3을 초과해서는 안 된다. 일반적인 크기는 길이가 40~50mm이고 직경이 0.8~1.0mm이다. 강섬유의 함량은 30kg/m^3 이상이어야 하며 반면에 골재의 입자는 8mm을 넘으면 안 된다. 물/시멘트 비는 0.5를 초과해선 안 된다. 만약 숏크리트 면이 불수투성 막으로 덮이게 된다면, 강섬유가 포함되지 않은 일반 숏크리트 층을 먼저 타설해야 한다. 그렇게 하지 않으면 막이 손상을 입게 된다.

3) Herrenknecht

4) 합성섬유의 크리프 거동은 여전히 검토되어야 한다.

그림 5.7 강섬유와 강섬유 보강 숏크리트5)

5.2.2 숏크리트의 품질평가

다음의 조절사항들이 숏크리트의 적정 품질을 보장하는 데 도움이 된다.6)

- 재료들의 적절한 구성, 포장, 명칭, 저장에 대한 조절
- 신선한 숏크리트의 강도 조절. 10 N/mm^2 미만의 압축강도에서 코어 시료의 추출은 불가능하고, 몰드에서의 숏크리트는 대표적인 시료를 만들 수 없다. 따라서 여러 가지의 간접적인 방법들이 제안되었다. 그 방법들은 핀을 관통시키거나 볼트나 평판들을 인발하는 것에 기초를 두고 있다. 숏크리트의 거친 표면 때문에 초음파나 해머 타격시험은 부적절하다.
- 경화된 숏크리트의 강성, 강도 및 투수성은 10cm 직경의 추출된 코어를 사용하여 측정한다. 터널작업의 경우 재령 28일인 숏크리트는 일반적으로 23 N/mm^{2}의 압축강도가 요구된다.
- 강섬유 보강 숏크리트의 기계적 성능은 빔들의 휨으로 측정된다. 강섬유의 함량은 일반적으로 초기 혼합량과 비교했을 때 줄어든다. 이때 함량은 숏크리트 시료를 깨고 자석을 사용하여 강섬유를 추출해 냄으로써 측정될 수 있다.
- 숏크리트의 두께는 임의의 위치에서 스텐실(stencil)을 이용하거나 시추코어를 통해 측정한다(매 100m^{2}당 한 번 정도로).

5.3 강재 철망

강재 철망(철망 크기가 100mm 이상, 직경은 10mm 미만, 콘크리트 피복은 2cm 이상)은 수작업으

5) La Matassina

6) Österriechischer Betonverein, Richtlinie Spritzbeton 1998, http://hompages.netway.at/beton

로 설치되기 때문에 너무 무겁지 않아야 한다. 일반적인 무게는 5 kg/m^{2}이다. 철망설치 작업은 노동집약적이고, 작업자들이 작은 낙석에 노출되어 있기 때문에 상대적으로 위험하다. 천공 및 발파에 의한 굴진의 경우에는 막장에 인접한(1m 이내 근접) 철망은 후속 발파로 인해 손상을 입을 수 있다.

5.4 암반 보강

강성과 강도에 의한 암석(경암 혹은 연암 및 토사)의 역학적 성질은 다양한 종류의 보강방식에 의해 개량될 수 있다.7) 강봉8)은 양 끝에서 고정될 수 있으며, 암반에 대해 프리텐션을 줄 수 있다.

이런 방식으로 주변 암반은 압축되고, 그 결과 암반의 강성과 강도는 증가하게 된다. 이런 보강 봉들을 앵커 또는 볼트9)라고 부른다. 다른 대체 보강방식은 전장에 걸쳐 예를 들어 그라우팅으로 주변 암반에 접착되는 봉들로 구성된다. 그런 봉들은 프리텐션이 되지 않으며 네일10)이라고 부른다. 네일들이 보강된 암반은 합성체이며, 이것은 원래 암반에 비해 강성이 증가한다. 보강의 세 번째 작용은 강봉(다웰, dowel)이 2개의 인접한 암반 블록들이 서로 미끄러지는 것을 방지할 때 주어진다. 이 경우 그 봉은 횡력에 의해 재하되고 플러그처럼 작용하게 된다. 그러나 여기서 언급된 명칭의 사용

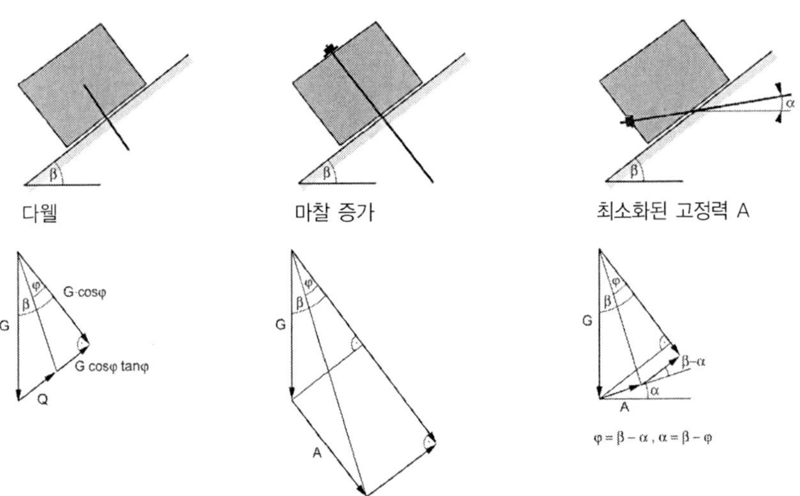

그림 5.8 삽입재(inlet)들의 보강작용

7) 암반보강에 대한 훌륭한 소개가 다음 책에 주어져 있는데 절판되었다. 'Rock Engineering' by J. A. Franklin and M. B. Dusseault, McGraw-Hill, 1989.

8) 유리섬유와 같은 합성물질로 만들어진 앵커 또는 목재가 막장의 일시적인 보강재로 사용된다. 하지만 그것들은 후속 굴착에 의해 쉽게 파괴될 수 있다.

9) 이 두 단어는 비슷한 뜻이다. 그러나 어떤 저자들은 힘이 200kN 이하일 경우 '볼트'를 사용한다. 이것은 일반적으로 직경은 25mm 이하, 길이가 2-3m보다 작은 봉(bar)으로 얻어진다.

10) 지반공학에서는, 이러 종류의 보강을 네일링이라고 한다.

(앵커, 볼트 및 다웰)은 유일한 것이 아니라 종종 서로 바뀌어 사용되기도 한다. 플러깅(plugging ; dowelling), 프리텐션, 그리고 네일링(nailling)의 보강작용에 대해서는 그림 5.8에 예시되어 있다.

플러깅과 네일링은 동시에 발생한다는 것에 주목하라(그림 5.9). 결과적으로 보강력 A는 반드시 보강봉 방향으로 작용할 필요는 없다.

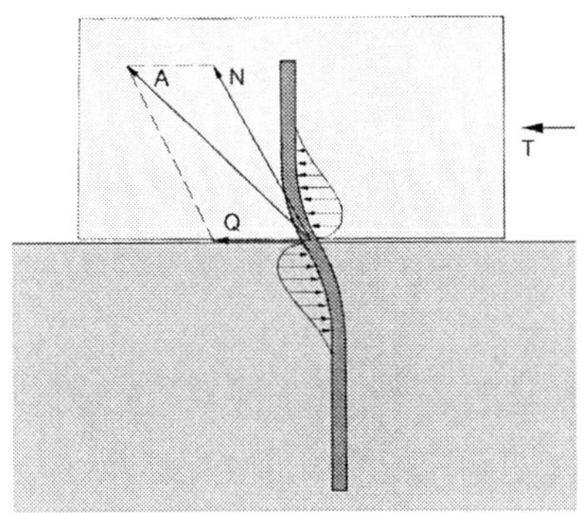

그림 5.9 다웰에 작용하는 힘

5.4.1 주변 암반과의 연결

연결, 즉 보강재와 주변 암반 사이의 힘의 전달은 기계적으로나 그라우트(시멘트 모르타르 또는 합성수지)에 의해 이루어진다. 기계적인 연결은 설치후 바로 힘을 받게 된다. 이것들은 다음과 같은 것으로 구성된다.

쐐기 : 원뿔형 쐐기는 시추공 끝에 위치하게 된다. 해머타격(슬롯과 쐐기앵커, 그림 5.10)이 아니면 나사(thread)를 회전시킴으로써(확장형 쉘 앵커, 그림 5.11) 종방향으로 이동될 수 있다. 이렇게 함으로써 홈이 파인 봉이나 쉘(shell)이 암반을 꽉 잡을 수 있도록 힘을 가하게 된다. 집중된 힘의 전달은 충분히 단단한 경암(압축강도 100Mpa 이상)에서만 가능하다. 슬롯과 쐐기 앵커는 발파

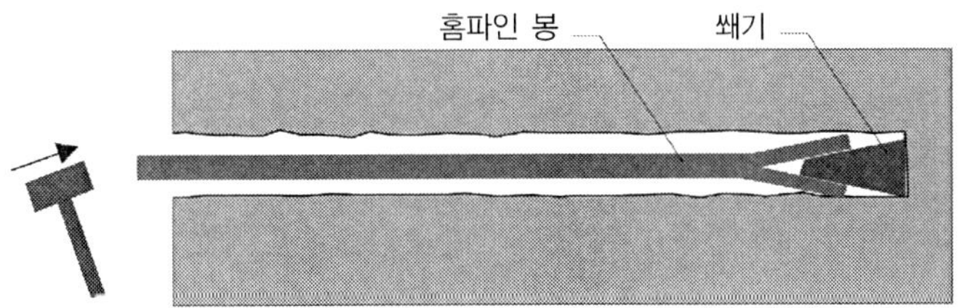

그림 5.10 슬롯과 쐐기 앵키

등에 의한 충격과 진동으로 인해 이완될 수 있다.

관형 강재 록볼트: 볼트 전장에 걸친 접촉은 시추공벽에 대해 관형의 철(속이 빈 중공 앵커(hollow anchor)이라고도 함)을 팽창시켜 밀착시킴으로써 이루어진다. 이러한 팽창은 탄성적이거나(그림 5.12 참조), 수압을 이용해서 이루어진다(Atlas Copco사의 Swellex 록볼트, 그림 5.13 참조). 전단력은 마찰에 의해서 암반에 전달된다.

이 외에도 암반과의 부착은 시멘트 모르타르나 수지를 이용해서 만들어질 수 있다. 이때 획득될 지보력은 장착과 경화에 약간의 시간이 필요하기 때문에 즉각적으로 발휘되지 않는다.

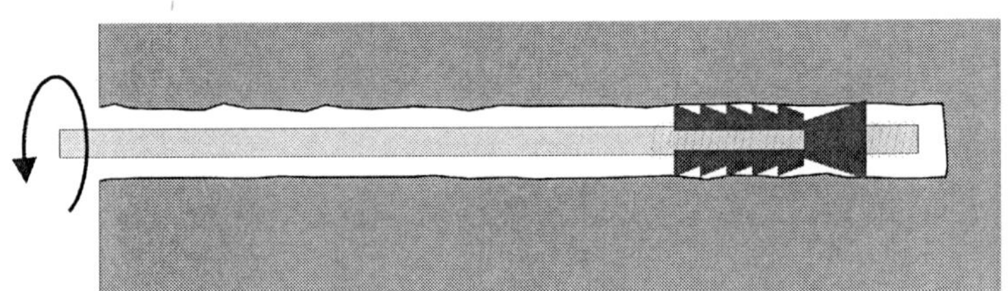

그림 5.11 확대형 쉘 앵커(expanding shell anchor)

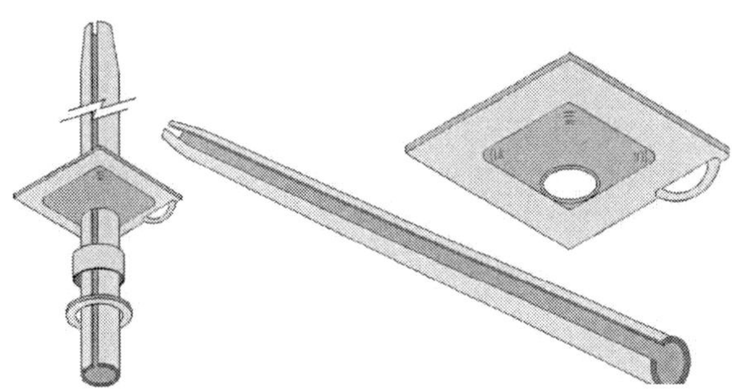

그림 5.12 중공 앵커 시스템

그림 5.13 Swellex 앵커

그라우팅된 록볼트[11] : 강봉(rebar)과 시추공벽 사이의 환형의 틈새는 시멘트나 수지 그라우트로 채워진다. 그라우팅을 하기 전에 깨끗한 암반 표면을 확보하기 위해 물이나 공기로 공을 완전히 세척해야 한다. 또한 암반에 그라우팅이 빠져나갈 수 있을 정도의 개방절리를 포함하지 않는지를 확인을 해야 한다. 이것은 토목섬유가 함유된 그라우트를 사용함으로써 해결될 수 있다(그림 5.14). 시멘트 그라우트(모르타르)는 입도가 양호한 모래와 시멘트가 50/50과 60/40 사이의 비율로 구성된다. 충분한 강도를 얻기 위해서는 물/시멘트비는 중량기준으로 40% 이하이어야 한다. 모르타르는 요구 강도를 얻기 위해서 6시간 내에 경화가 이루어져야 한다. 소성을 증대시키기 위해서는, 시멘트 무게의 최대 2% 정도까지의 벤토나이트를 첨가할 수 있다. 시멘트 그라우트는 발파에 의한 진동으로 손상을 받을 수 있다는 것에 유의해라. 어떤 경우에는 굴진이 40~50m 정도 앞서 가기 전까지는 그라우팅이 허용되지 않는다.

합성수지는 촉매제와 섞이게 되면 중합작용(polymerization)에 의해 매우 빠르게(2~30분 내에) 굳는다. 두 성분들이 천공된 공 안으로 주입되거나 또는 카트리지 내부에 담겨 삽입되고, 그리고 삽입 된 카트리지는 강봉을 찔러넣어 터뜨린다.

시멘트 모르타르는 여러 방식으로 주입될 수 있다.

- 철근과 공벽면 사이의 환형의 틈샘에 그라우팅하기
- 모르타르로 채워진 유공관(perforated tubes)을 시추공에 넣는다. 이어서 해머타격으로 앵커를 삽입함으로써 모르타르가 구멍을 통해 빈 공간으로 밀러들어간다(유공관 볼트 perfobolts, 그림 5.15). 유공관 볼트는 현재 더 이상 사용되지 않는다.

그림 5.14 토목섬유 함유물 내의 앵커 로드

11) 소위 SN-앵커. 이름은 스웨덴의 Store Norfors에서 처음으로 사용된 것으로부터 유래된다. 또 다른 어원은 SN을 Soil & Nail 라 말한다.

- '자체시추(self-boring)'나 '자천공(self-drilling)' 앵커(SDA)[12]: 로드는 42~130mm의 직경을 갖는 강관이며 회전·충격식 천공장비에 의해 암반에 삽입된다. 천공 시 물이 사용되며, 천공 후에 천공비트는 암반에 묻히게 된다. 표준적인 천공길이는 1~6m 사이이다. 연결장치로 두 개의 로드가 연결될 수 있다. 모르타르 그라우팅은 70bar 정도까지의 압력을 가진 튜브를 통해 이루어진다.

앵커의 헤드부에서 긴장재(tendon, 강재 로드)는 지지판(bearing plate)이나 면판(faceplate)에 고정되어 있어서, 앵커의 인장이 암석표면에 작용하는 압축력으로 전환된다. 구형의 와셔는 긴장재가 암석표면에 수직으로 고정되도록 해주는데, 긴장재는 암반표면에 수직이 되지 않는 경우에도 역시 사용된다(그림 5.16). 또한 면판은 철망을 고정시키는 데도 유용하다(그림 5.17).

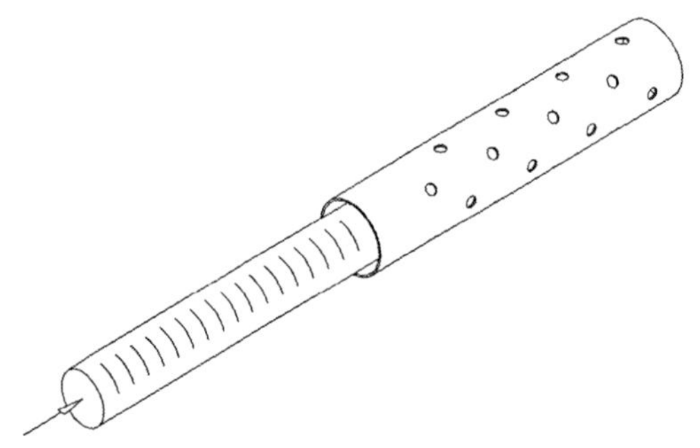

그림 5.15 유공관 볼트

그림 5.16 구형와셔[13]

그림 5.17 전면판은 철망을 고정하는 역할도함

12) 소위 IBO-앵커, 예를 들어 Ischebek 사에 의한 상품명 TITAN과 Atlas Copco사에 의한 상품명 MAI.

13) DYWIDAG

5.4.2 인장

앵커는 토크 렌치나 공기 충격렌치, 또는 유압식 인발기 등을 이용해 인장력을 줄 수 있다. 단기 적용을 위해 적용되는 인장력은 항복력의 70%에 이른다. 그렇지 않으면 주변 암반의 팽창에 의해서 인장력이 점진적으로 작용된다.

5.4.3 시험

앵커의 품질관리는 다음 항목들의 점검으로 이루어진다: 천공구멍의 깊이와 직경, 천공구멍으로부터 천공에 의해 생긴 암편의 청소, 강재로드의 표면 세척, 적절한 그라우팅, 인장력과 인발시험.

초기 평가, 즉 특정 프로젝트를 위한 한 개 또는 여러 개의 대체 가능한 록볼트 시스템에 대한 적합성을 평가하는 것이다. 각각의 시험에서 인발력과 변위가 기록된다. 프로젝트의 대표적인 암석들에 대해 10~20개의 볼트들이 검사가 된다.

검중 시험(품질관리)은 설치된 볼트들을 대상으로 명시된 비율로 수행된다.

5.4.4 적용

터널공사에는 2가지 종류의 록볼트가 적용된다.

국부적 볼팅(Spot bolting) : 고립되어 있는 블록들을 안정화시키기 위해 개별 록볼트들이 설치된다.

패턴 볼팅(Pattern bolting) : 거의 규칙적으로 배열된 록볼트들을 체계적으로 설치한다. 몇몇 합리적인 접근방식이 있음에도 불구하고(15.1절 참조) 패턴 볼팅의 설계는 경험적으로 이루어진다. 석탄 광산에 대해 Bieniawski는 다음의 접근방식을 제안했다.[14] 암반의 RMR 값과 터널 폭 s에 근거하여, '암반하중높이' h_t를 다음과 같이 구한다.

$$h_t = s(100 - RMR)/100$$

그러면 볼트의 길이는 $l = \mathrm{Min}\{s/3; h_t/2\}$가 되고, 볼트들의 간격은 (0.65~0.85)l이 된다.

---

14) J.A. Franklin, M.B. Dusseault, Rock Engineering, McGraw-Hill 1989, 16.3.2절.

불안정한 암반에서는 볼트는 공을 천공한 후 즉시 설치되어야 한다. 그러는 가운데, 작업은 견고하거나 안정된 지반으로부터 지보되지 않거나 의심스런 지반 쪽으로 작업을 하는 오랫동안 수립되어온 안전 관행을 준수해야 한다.

터널공사 외에도 앵커는 토목공학와 광산의 다른 분야에서도 또한 적용된다. 예를 들면 타이백(tied-back) 옹벽이나 사면을 보강하거나, 정수압에 의한 지반융기를 막기 위해 앵커가 사용된다.

그림 5.18 앵커의 인발시험[15)]

5.5 목재 지보

터널굴착의 초기시대엔 목재지보가 임시 지보를 위한 유일한 수단이었다(그림 5.21). 오늘날에는 목재지보는 작거나 불규칙한 공동(예를 들어 갑작스런 물의 유입으로 생긴)의 지보재로 주로 사용된다. 목재지보는 최근의 마드리드 지하철 공사에서 체계적으로 사용(벨기에 옛 터널방식에 따라서)되어 왔다(그림 5.19 및 5.20).

그림 5.19 마드리드 지하철 공사에서 사용된 목재지보(2000)

15) DYWIDAG DSI(Info 10)

그림 5.20 마드리드 지하철 공사에서 사용된 목재지보(2000)

그림 5.21 벽돌식 라이닝 구축, Lötschberg tunnel[16)]

나무는 운반하고 다루기가 용이하고, 균열에 의해 임박한 붕괴를 예고해 주기도 한다. 반면에 암반 표면에 불연속적인 접촉은 문제가 있다.

목재 지보들의 간격은 보통 1~1.5m이며, 충분한 종방향의 버팀대를 위해서는 주위가 요구된다.

5.6 아치 지보

아치 지보는 굽어진 U형 강재 지보재(rolled steel profiles)나 격자 지보재(lattice girder)의 세그먼트들로 구성된다(그림 5.22, 그림 5.23, 그림 5.24). 아치의 세그먼트들은 고정 또는 신축성 조인트로써 함께 장착된다(더 큰 내공변위를 수용하기 위해). 주변 암반과의 접촉은 나무 쐐기나 (초기의) 물렁한 모르타르로 채워진 주머니들을 사용하여 빈 공간을 채움으로서 이루어진다. 대개 아치들은 나중에 숏크리트로 덮이게 된다. 이것은 아치가 있던 위치에서 공동 쪽으로 돌출되어 화환모양의 숏크

16) Historische Alpendurchstiche in der Schweiz, Gesellschaft für Ingenieur baukunst, Band 2, 1996, ISBN 3-7266-0029-9.

리트 표면을 만들어낸다. 숏크리트 표면과 토목섬유 방수막 간의 좋은 접촉을 만들기 위해서, 인접한 두 아치들 간의 처짐이 그들 간격의 1/20을 초과해서는 안 된다. 아치는 지보재로서의 역할과 더불어 굴착 단면을 확인하는 데에도 도움이 된다. 또한 이것은 종방향으로 훠폴링 삽관(forepoling spiles)을 장착해 주는 역할을 한다. 분명히 U자형으로 굽어진 강재 단면은 격자지보재보다 훨씬 큰 지지력을 갖는다.

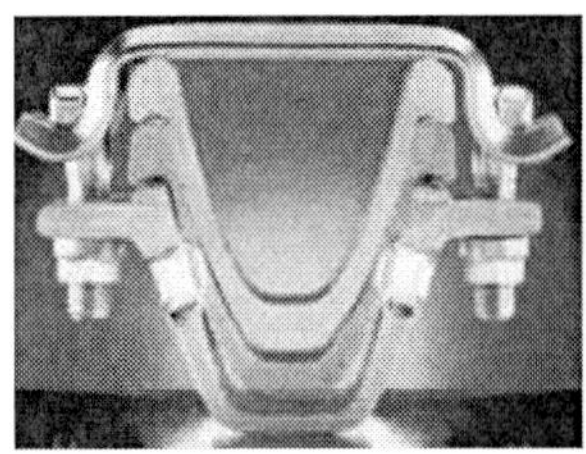
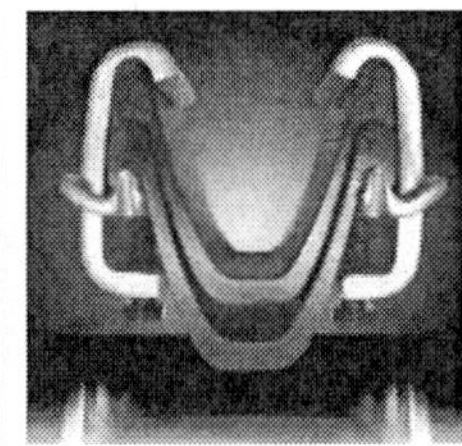

그림 5.22 U자형 강재 단면

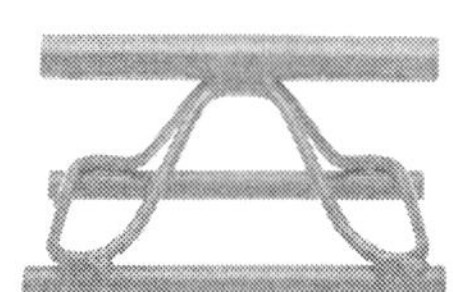
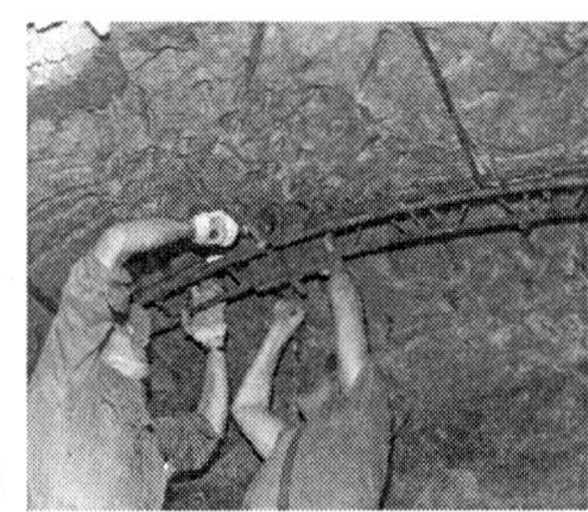

그림 5.23 격자 지보재(Pantex-3-arch), 세그먼트 연결, 록볼트 정착

그림 5.24 격자 지보재의 정착, Zurich-Thalwil tunnel[17)]

17) Tunneling Switzerland, Swiss Tunneling Society, Bertelsmann 2001.

5.7 훠폴링(Forepoling)

만일 지반강도가 너무 약해서 굴착된 공간이 잠시라도 불안정한 상황이라면, 지중에 사전에 설치된 보호덮개(canopy)의 보호아래 굴착할 수 있도록 지보재를 사전에 설치할 수가 있다.

훠폴링의 전통적인 방식은 5~7mm 두께의 강재 판을 막장 전방 4m 정도까지 지반으로 압입하든지, 1.5~6m 길이의 강재 로드(spiles라고도 불림)를 30~50cm의 간격으로 설치하는 것이다. 근래에는 훠폴링은 스파일링(spiling), 파이프 루프(pipe roof), 그라우팅과 동결공법에 의해 수행된다.

그림 5.25 훠폴링 특수 장비, Rotex

그림 5.26 도식적인 훠폴링[18)]

스파일링 : 이 방법은 스파일에 의한 보호덮개를 만들기 위한 천공으로 구성된다. 즉, 막장 안으로 강재 로드나 강관들을 삽입한다(그림 5.26). 일반적인 길이는 4m이다. 대략적으로 직경 80~200mm 그리고 길이 14m의 튜브 40~45개가 11~12m 정도 지중에 근입된다(마지막 2~3m 부분은 보호덮개의 받침대 역할). 스파일들이 종방향으로 빔 역할을 하는 것은 물론이고 굴착된 공동 상부에서

18) 출처: http://www.rotex.fi

보호아치를 형성하기 위해서, 주변의 토사는 강관들을 통해 그라우팅이 되거나 숏크리트로 봉합이 된다. 따라서 스파일들에 의한 보강과 그라우팅이 된 토사로 구성되는 보호덮개가 형성된다. 40개 튜브를 천공하는 데 약 10~12시간이 걸리고, 그라우팅에 또 10~12시간이 소요된다. 스파일로드는 천공구멍 내에 장착될 수도 있다. 남아 있는 환형의 빈공간은 모르타르로 채워지는데, 경화 속도가 굉장히 느릴 수도 있다. 대체 방안으로 '자천공' 로드가 사용된다.

파이프 루프 : 이 방식은 앞서 설명된 스파일링과 비슷한데, 유일한 차이는 큰 직경(200mm 이상)의 강재나 콘크리트 튜브가 굴착될 공간 상부의 지중으로 압입된다는 것이다. 튜브의 직경이 크면 클수록 지지력은 더 커진다. 때로는 튜브는 콘크리트로 채워지기도 한다. 강재튜브는 단지 빔과 같은 역할을 하고, 아치를 형성하지는 않는다. 파이프 루프는 상부 피복 토사층의 상당한 침하를 막아주지는 못한다.

퍼포렉스(Perforex) : 이 방법은 '주변 슬롯 사전절삭 방식', 또는 '톱질(sciage, sawing)'이라고도 불린다. 주변 슬롯은 장비에 장착된 움직이는 체인 쏘(슬롯 커터, slot cutter)로 절삭된다(그림 5.27). 개별 슬롯들은 심도 5m까지 절삭이 되며 19~35cm 사이의 폭을 갖는다. 이 슬롯들은 숏크리트로 채워지고, 이어서 굴착될 공간을 보호해 줄 둥근 아치를 형성해 준다. 슬롯 형성이 끝나는 대로 숏크리트가 충전되고, 동시에 또 다른 슬롯이 절삭된다. 이 슬롯들은 0.5~2m 정도 중첩되어 연속적인 보호덮개가 될 수 있도록 시차를 두게 된다. 이 방식은 큰 굴진장을 가능하게 한다. 형성되어진 보호덮개는 상대적으로 단단하기 때문에 항복에 인한 응력완화가 일어나지 않는다. 이 효과는 숏크리트의 불완전 경화와 결합되면 붕괴를 유발시킬 수도 있다. 또한 주변 슬롯들은 천공 및 발파 굴착방식과 결합해서 경암에도 적용될 수 있다. 여기서 슬롯들은 발파에 의한 손상으로부터 주변암반을 보호해 준다.[19]

그라우팅: 터널공사에서 그라우팅은 여러 가지 적용이 가능하기 때문에 제6장에서 따로 다뤄질 것이다.

동결작업: 6장을 참조하라.

---

19) 다른 문헌 참조: S. Morgan, Prevaulting success at Ramsgate harbor, *Tunnels & Tunneling International* July 1999, 31-34; A. Rozsypal, From the New Austrian Method to the peripheral slot pre-cutting method, *Tunel* Vol. 9, No.1 1/2000, ISSN 1211-0728, 6-15; P. Lunardi, Pretunnel advance system, *Tunnels & Tunneling International*, October 1997, pp.35~38.

그림 5.27 Perforex 훠폴링

5.8 막장 지보

불안정한 막장은 버럭더미로 지지되거나, 유리섬유 로드로 보강될 수 있다. 두 방식 다 임시방편적인 것으로 다음 단계의 굴착 전이나 굴착 중에 제거되어야 한다. 연약한 지반 및 직경이 4m 이상인 터널의 경우에는 막장은 수직이 아니라 60~70° 정도 경사지게 해야 한다.

5.9 밀봉

숏크리트와 같은 표면 지보재는 2가지 뚜렷한 방식으로 작용할 수 있다(그림 5.28). 암반의 균등한 내공변위에 대해서, 지보재는 아칭작용으로 반응한다. 즉, 라이닝 내에서 축방향의 추력이 발생한다.

국부적인 연약지점이나 절리암반의 경우 키스톤(keystone)에서 전단 및 인장응력은 라이닝 내에 시 발생하게 된다. 이러한 변형의 초기 단계에선 얇은 라이닝이 암반의 이완과 이에 따른 하중 증가에 저항하기에 충분하다. 이러한 지보작용을 밀봉(sealing)이라고 하며 숏크리트의 얇은 층에 의해서 확보될 수 있다. 최근에는 3~6mm 두께의 스프레이식 폴리머 라이너들로 밀봉하는 기술이 개발되었다. 이것들은 깨끗이 청소된 암반에 적용하면 좋은 접착력을 가지게 되며, 인장과 전단에 있어 양호한 성능을 발휘하게 된다. 하지만 여전히 크리프는 해결해야 할 문제라는 점이 언급되어야 한다. 숏크리트와 대조적으로 합성 라이너의 유연한 성질은 넓은 변위 범위에 걸쳐 기능을 지속할 수 있도록 해준다.[20]

---

20) D. D. Tannant, Development of thin spray-on liners for underground rock support–an alternative to shotcrete? In: Spritzbeton Technologie, 2002. published by W. Kusterle, University of Innsbruck, Institut für Betoubau, Baustoffe und Bauphysik, pp.141~153.

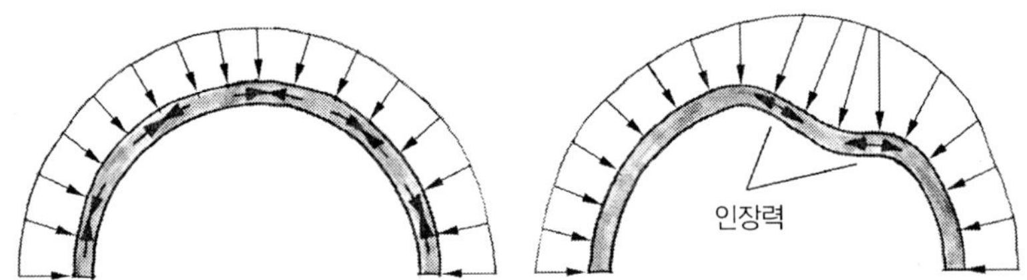

그림 5.28 라이닝 내의 축방향 추력 분포. 좌: 등분포 반경방향 압력이 작용, 우: 불균등한 압력작용에 의한 휨이 발생

5.10 지보를 위한 추천사항

원래 지보대책은 일종의 시행착오 과정을 수반하는 경험적인 방법으로 결정되었다. 이것은 종종 '관찰적 방법'이라고 잘못 인식되어 왔다. 후에 경험적 규칙들은 암반분류법에 근거를 두게 되었다. 그에 반해 합리적 분석은 지반과 몇몇 지보요소들 간의 상호작용에 근거하는 지보설계를 추구한다.

계산에 근거한 합리적인 접근방식의 적용이 증가되고 있다. 그러나 여전히 인식에 있어 중요한 격차가 존재한다. 예를 들면, 굳어지지 않은 숏크리트의 역학적 거동은 잘 알려져 있지 않고(22.3절 참조), 지반에 의해 라이닝에 가해지는 하중 역시 정확하게 결정될 수 없다. 따라서 계산은 종종 편향될 수 있고, 암반등급에 근거한 제안사항들이 이 격차를 어떻게든 보완하기 위해 환영받게 된다.

분명히 필요로 하는 지보재는 지반의 특성뿐만 아니라 공동의 크기와 심도 및 허용되는 변형에도 영향을 받는다. 둘 또는 그 이상의 지보재 종류를 결합할 경우(예를 들면, 숏크리트와 록볼트)에는, 지보재들이 서로 다른 적합성을 가질 수 있다는 사실에 주의해야 한다. 즉, 지보재들의 저항력이 다른 변형에서 발휘될 수 있다.

RMR에 따른 지보 추천사항들

Bieniawski는 표 5.2와 같은 지보대책을 추천한다. 지보대책은 RMR[21](3.6.1항 참조)에 근거를 두고 있으며, 10m 직경의 터널에 대한 사항들이다.

21) Bieniawsk, Z. T., Rock Mechanics Design in Mining and Tunnelling. Balkema, 1984.

표 5.2 RMR에 따른 지보대책(Bieniawski에 따름)

RMR	굴진	20mm 직경의 전장 접합 앵커	숏크리트	강지보(Ribs)
81-100	전단면, 굴진장 3m	-	-	-
61-80	전단면, 굴진장 1~1.5m, 막장으로부터 20m 완전한 지보	천단부에 국부적으로 볼트, 길이 3m, 간격 2.5m, 경우에 따라 철망 사용	천단부 필요한 곳에 5cm	-
41-60	정설도갱과 벤치 : 정설도갱 시 1.5~3m 굴진장, 매 발파 후에 지보재 타설, 막장으로부터 10m 완전한 지보	천단부와 측벽에 체계적 볼트, 길이 4m, 간격 1.5~2m, 천단부에 철망 사용	천단부에 5~10cm, 측벽에 3cm	-
21-40	정설도갱과 벤치 : 정설도갱 시 1~1.5m 굴진장, 굴착과 동시에 지보 설치-굴진면으로부터 10m	천단부와 측벽에 체계적 볼트, 길이 4~5m, 간격 1~1.5m, 철망 사용	천단부에 10~15cm, 측벽에 10cm	필요 시, 경량 강지보, 간격 1.5m
≤20	다수의 도갱 : 정설도갱 시 0.5~1.5m 굴진장, 굴착과 동시에 지보 설치	천단부와 측벽에 체계적 볼트, 길이 5~6m, 천단부와 측벽에서 간격 1~1.5m, 철망 사용, 인버트 볼트	천단부에 15~20cm, 측벽에 15cm, 막장에 5cm	중간-중량 강지보, 간격 0.75m, 필요 시, 강재 래깅(lagging) 및 훠폴링, 인버트 폐합

Q 값에 따른 지보 추천사항들

암질과 공동의 크기(공동 너비 s나 높이로 표현)에 따라 제안된 지보재가 $Q-s$ 도표에 도시되어 있다(그림 5.29).

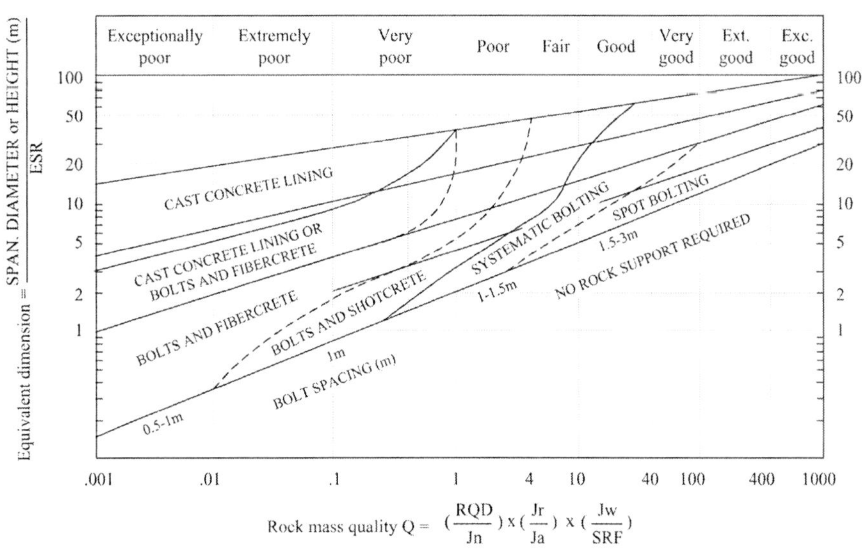

그림 5.29 추천된 지보의 형태.[22] ESR은 굴착지보비. 이 값은 0.5에서 5 사이의 값을 가지며, 여러 종류의 굴착에 대한 값은 인용된 논문의 표에 있음

5.11 임시 및 영구 라이닝

충분히 강한 암석(예를 들어, 스칸디나비아에서 종종 만나게 되는)에서는 영구 라이닝을 하지 않는다.[23] 그러나 대개 재래식 방법으로 굴착되는 터널들에서는 숏크리트의 임시 라이닝(외부 라이닝)에 추가하여 캐스트 콘크리트의 영구 라이닝(내부 라이닝)을 한다. 이것은 숏크리트 라이닝에 재하되는 하중이 초기에는 아치작용에 의해 줄어들지만, 그 후 천천히 증가한다는 지배적인 개념 때문이다. 게다가 숏크리트는 시간이 갈수록 부식되기 때문에 캐스트 콘크리트의 내부라이닝이 필요하게 된다고 믿어진다. 이런 개념들은 결코 확인된 적이 없다. 물론 내부라이닝이 안전성을 증가시켜준다는 것은 의심할 여지가 없다. 또한 내부 라이닝이 주는 다른 장점들이 있다: 방수막(필요시)이 외부와 내부 라이닝 사이에 장착될 수 있다. 게다가 캐스트 콘크리트 라이닝의 경우처럼 매끄러운 터널 벽면은 공기역학(환기) 및 조명의 관점에서 볼 때 유리하다.

세그먼트 라이닝(쉴드공법에서 사용되는 것처럼)의 경우에는, 일반적으로 캐스트 콘크리트의 내부 라이닝은 없다. 이러한 라이닝들은 수압 6bar 정도까지는 수밀성이 유지된다.

5.12 영구 라이닝

영구 라이닝의 일반적인 두께는 최소 25cm이다. 보강 및 수밀(watertight) 라이닝들의 경우 최소 35cm의 두께가 추천이 된다.[24] 8~12m의 길이를 가지는 블록들은 신축이음으로 분리된다. 대개 콘크리트 C20/25을 사용한다. 더 큰 강도를 갖는 콘크리트는 경화되는 동안 더 높은 온도가 발생하여 균열이 생성되고 더 취성거동을 하게 된다.

콘크리트는 이동식 거푸집 속으로 부어 넣어지고(그림 5.30, 5.31), 터널 인버터에서는 진동기로 그리고 천장부에서는 외부 진동기(3~4m^2 넓이당 1대 적용)로 다져진다.

천장부의 내부 공간을 콘크리트로 완벽하게 충전하는 것은 어렵다. 펌핑 압력은 제한되어야 하는데, 그렇지 않은 경우에는 이동식 거푸집이 붕괴될 수도 있기 때문이다. 충분히 충전이 안 된 부위는 콘크리트 타설작업을 한 후 56일에 2bar 이하의 압력으로 재그라우팅 작업이 수행되어야 한다. '자기 다짐 콘크리트'[25]를 사용하는 것이 거푸집 내의 불완전한 충전 문제를 극복하는 데 아마도 도움이 될 수 있다.

---

22) Barton, N., Grimstad, E.: The Q-system following 20 years of application, *Felsbau* 12, No. 6 (1994), pp.428~436.

23) 예를 들면, 노르웨이에 있는 폭 91m, 높이 24m, 5,800명의 수용능력을 갖춘 요빅 올림픽 공동 홀 (the Gjøvik Olympic Cavern Hall)

24) 광산 터널의 콘크리트 라이닝, Recommendations by DAUB, Dec. 2000, *Tunnel*, 3/2001, pp.27~43.

25) 이것이 고유동성 콘크리트이다(펴짐 > 70cm).

8시간 내에 콘크리트는 거푸집이 제거될 수 있을 정도로 충분한 강도가 획득되어야 한다. 그러나 경화가 불충분하게 이루어진 상태에서 거푸집을 조기에 제거했다가 라이닝이 붕괴된 사례들이 보고된 바 있다.

그림 5.30 이동식 거푸집 작업(Engelberg 터널)[26]

그림 5.31 이동식 거푸집 작업(Nebenwegtunnel, Vaihingen/Enz)[27]

26) *Tunnel*, 3/2001, p.30.

27) *Tunnel*, 3/2001, p.31.

5.12.1 영구 라이닝의 보강

내부 라이닝에 작용하는 하중들이 얼마인지 정확히 알려져 있지 않기 때문에, 어느 정도로 보강해야 하는지는 아직 해결되지 않은 문제이다.[28] 예를 들어, 프랑스나 오스트리아에서는 보통 내부 라이닝은 보강하지 않는다. 반면에, 독일 철도는 신 Hannover-Wüzburg선 공사로부터 얻은 경험을 바탕으로 내부 라이닝을 보강하기로 결정했다. 또한 결함이 있는 라이닝의 보수작업으로 인해 발생하는 교통장애도 역시 유념해야 한다.

주변 지반으로부터 가해지는 하중들을 제외하고라도, 영구 라이닝은 다음과 같은 일련의 다른 하중에 노출된다.

- 자중
- 수축
- 온도변화
- 공기역학적 압력(1.4.2항 참고). 시속 200km/h 이상으로 달리는 기차는 천장부에 상당한 상당한 종방향의 균열을 발생시킬 수 있다. 그 균열의 폭은 무보강 라이닝에선 1mm 미만이고 보강 라이닝에서 0.3mm 미만인 것으로 보고되었다.

보강 철근망(cage)은 현장에서 제작된다. 이 작업은 특히 작업자 머리 위에서 작업이 이루어지게 되는 천장부에서는 문제를 일으킬 수 있다. Engelberg 터널의 경우 철근망을 거푸집 패널 위에서 제작하고 최종 설치위치로 들어올릴 수 있게끔 거푸집 작업이 진행되었다.

전기로 구동되는 기차의 터널에서는 보강재가 시간의존성 전류(creep currents) 때문에 부식될 수 있으므로 반드시 땅에 접지해야 한다.

국제터널협회(ITA ; International Tunneling Association)의 터널설계를 위한 지침서[29]로부터의 다음 예시사항들은 꼭 고려되어야 한다.

숏크리트 라이닝의 최소 두께:

15cm 교차부과 수직구의 경우

20cm 굴착단면 50m^2 이하인 경우

---

28) 현존하는 터널공사에 대한 위대한 그림 중의 하나, Leopold Muller-Salzburg 다음과 같이 썼다. "터널 설계에서 우리의 무능력은 지나친 과잉 설계와 상당한 추가 비용에도 불구하고 어떠한 추가적인 안전도 없는 '두려운 보강(fear-reinforcement)'으로 이어진다."

29) 터널설계의 일반적 접근에 관한 실무 위원회(Working group on General Approaches to the Design of Tunnels). *Tunneling and Underground Space Technology*, Vol. 3, No. 3, 1988, pp.237~249.

25cm 더 큰 굴착단면의 경우

캐스트 콘크리트 라이닝의 최소 두께:
20cm 무보강 라이닝의 경우
25cm 보강 라이닝의 경우
30cm 방수 라이닝의 경우

보강피복 최소 두께
3cm 막으로 보호되어 있지 않은 외부표면(외륜)에서
5~6cm 지하수에 근접해 있는 외부표면에서
4~5cm 내부표면(내륜)에서

5.12.2 라이닝의 품질평가

앞서 언급했듯이 라이닝의 목적 중에 하나는 방수막을 보호하기 위함이다. 그러나 라이닝이 어떤 부위에서 충분치 못한 두께를 갖는다면, 방수막은 노출된 보강재에 의해 손상을 입게 될 수 있다. 그래서 라이닝은 모든 부위에서 충분한 두께를 확보하도록 하는 것이 중요하다.

이것은 작은 강재 볼의 충격으로 발생되는 음파의 이동시간을 분석함으로써 점검이 이루어질 수 있다.[31] 이 파는 라이닝의 경계면에서 반사되는데, 파의 전파속도를 안다면, 라이닝의 두께는 파의

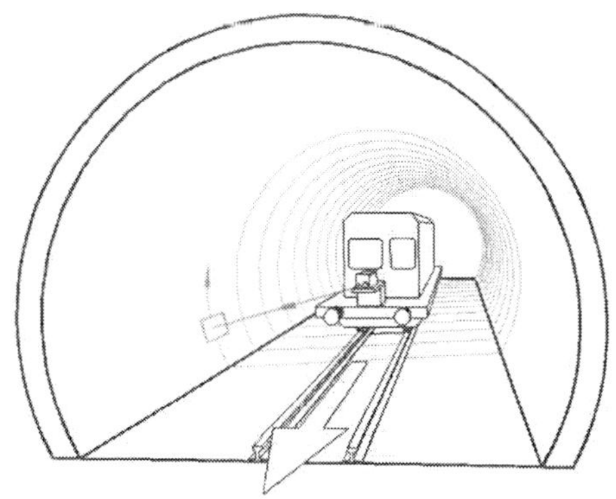

그림 5.32 터널 스캐너(scanner)[30]

30) *Tunnel*, 8/2001, p.42.
31) W.D. Friebel, J. Krieger, Quality Assurance and Assessing the State of Road Tunnels Using Non-Destructive Test Methods. *Tunnel* 8/2001, p. 38-46. W. Brameshuber, Qualitätskontrolle von Tunnelinnenschalen mit zerstörungsfreien Prufmethoden. STUVA Tagung 1997, (Vol. 37) Berlin, pp.126~129.

이동시간으로부터 유추될 수 있다. 이 측정은 대략 40cm 간격으로 수행된다. 내륜상에서 탐지된 공동들은 그라우팅이 될 수 있다. 뿐만 아니라 라이닝 상태에 대한 외관검사는 일정한 주기(예를 들면, 매 6년마다)로 수행되어야 한다. 이 외관검사는 가시광선 및 적외선 범위에서 터널 벽면에 대한 연속적인 영상을 기록할 수 있는 '터널 스캐너'(그림 5.32)의 사용에 의해 용이하게 수행될 수 있다. 박리나 0.3mm 이상의 균열들은 쉽게 인식이 될 수 있다.

5.13 단일-쉘(monocoque) 라이닝

앞선 언급처럼, 숏크리트 라이닝은 임시적인 대책으로 간주된다. 장기적으로 주변 지반에 의해 작용되는 하중은 내부 라이닝에 의해서 지지될 것이라고 예상된다. 그러나 숏크리트 라이닝의 완전한 기능 저하는 결코 입증된 바가 없다. 근래에 숏크리트 라이닝을 영구적으로 역할을 수행할 수 있도록 또는 최소한 영구적인 라이닝과 통합될 수 있도록 설계하고 시공하려는 경향이 있다. 그렇게 함으로서 총 라이닝의 두께는 줄어들게 되고, 그리고 이것을 단일-쉘 또는 모노코크 라이닝이라고 부른다.[32] 모노코크 라이닝의 주요 문제점은 압력을 받는 지하수에 대한 밀폐이다. 숏크리트 라이닝은 일반적으로 균열이 생기고 물이 침투된다.

새로운 공법의 개발은 내부 및 외부의 라이닝이 합성 라이닝을 구성할 수 있도록 강섬유 보강 콘크리트를 사용해서 내부 라이닝을 시공하는 것이다. 이 공법은 Bielefeld의 지하철 공사[33]에 처음으로 적용되었다. 15cm 두께의 숏크리트 라이닝 위에 10cm 두께의 강섬유보강 콘크리트가 습식방법으로 타설되었다. 결과적으로 마무리된 콘크리트는 C20/25에 해당되었으며, $1m^3$당 70kg의 강섬유가 함유되었다. 이것의 투수계수는 마이크로실리카(microsilica)를 사용함으로써 10~100배 정도 감소되었다.

보강되지 않은 숏크리트의 모노코크 라이닝은 지하수위 상부에서만 그리고 만약 많은 균열(예를 들어, 비대칭 하중이나 나쁜 지질조건으로 발생)이 예상되지 않을 경우에만 사용하도록 권장된다. 이런 경우에 숏크리트 라이닝의 두께는 최소 30cm는 되어야 하고, 신축이음도 사용되어서는 안 된다.

숏크리트 및 캐스트 콘크리트 라이닝이 함께 작용하는 혼합 모노코크 라이닝은 1.5bar까지의 수압에 대해서만 적용이 고려되어야 한다. 이러한 구성에 있어서 캐스트 내부 라이닝의 두께는 최소 25cm는 되어야 한다. 보강재는 균일하게 분포되어야 하며, 보강재의 콘크리트 피복두께는 외륜에서 5cm, 내륜에서 4cm가 되어야 한다. 캐스트 콘크리트 라이닝은 매 8~10m마다 신축이음(개스킷으로 밀봉)을 설치해야 한다.

---

32) J. Schreyer: Constructional and economic solutions for monocoque tunnel lining, *Tunnel* 2/96, pp.14~28.

33) M. Ziegler: ü-Bahn Tunnel in Verbundbauweise mit Innenschale aus Stahlfaserspritzbeton, Berichte des 7. Internationalen Kongresses über Felsmechanik, Aachen 1991, pp.1399~1403.

06 그라우팅 공법 및 동결공법

Tunnelling and Tunnel Mechanics

그라우팅은 경화액 혹은 모르타르를 지반 내로 주입하여 지반의 강성, 강도 및/또는 불투수도를 향상시키는 공법이다. 지반 내에서 다양한 패턴으로 주입재가 전파된다.

저압 그라우팅[침투 그라우팅, Low pressure grouting(Permeation grouting)] : 흙 입자의 구조를 변화시키지 않고 흙의 공극 내로 주입재가 퍼져나간다. 지반이 균질하고 등방성이고 주입점을 하나의 점으로 고려될 수 있다면 그라우팅 영역은 구형이 된다. 만약 초기에 공극을 채우고 있던 공극 유체가 주입재보다 더 높은 점성을 가지고 있다면, 소위 핑거링(fingering) 현상이 관측된다(예를 들어, 원유를 함유한 다공성 암석 안에 물을 주입하는 경우와 같이). 이 경우 그라우팅이 된 영역의 경계는 프랙탈 형상[1])을 나타낸다.

보상 그라우팅(Compensation grouting) : 만약 사용된 주입압이 너무 높다면, 주입재는 지반 내의 공극으로 전파되지 않는다. 그 대신 지반 내 균열이 발생하고, 주입재는 생성된 균열을 통해 퍼져나가게 된다(혹은 연약 토사지반의 경우는 주입재가 토사를 앞으로 밀어낸다). 이러한 그라우팅 방법은 터널굴착으로 발생한 지반침하를 되돌리기(보상하기) 위해 적용된다.

제트 그라우팅(Jet grouting) : 주입재 제트가 노즐에서부터 주변 지반으로 뿜어져 나간다. 300~600bar의 초기 압력으로 토사를 완전히 분쇄하고 주입재와 혼합 교반한다.

6.1 저압 그라우팅

대부분의 경우 주입재는 망쉐트 튜브(tube à manchette) (또는 슬리브(sleeve) 파이프, 그림 6.1

1) J. Feder: 'Fractals', Plenum Press, New York and London, 1989.

참조) 내를 이동 가능한 이중 패커에 의해서 지반 내로 주입된다. 망쉐트 튜브가 시추공 내에 고정되고, 튜브와 시추공벽 사이의 환형 틈새는 경화성 벤토나이트-시멘트 슬러리로 충전된다. 세립질 모래의 경우 망쉐트 튜브는 진동으로 지반에 의해 삽입이 가능하며, 시추공의 경우에는 필요 없다.

이중 팩커를 망쉐트 깊이까지 내리고 주입재가 펌프에 의해 주입된다. 이것이 환형의 시멘트 고화체에 균열을 만들고, 주입재가 이 균열을 통해서 지반으로 주입된다. 이때의 그라우팅 압력이 기록된다. 그래프는 초기 최고점을 보여주는데, 이것은 환형 시멘트에 균열이 발생한 것을 나타낸다. 이어서 주입압은 주입재를 지반 내의 공극 또는 절리 안으로 밀어넣기 위해 필요한 압력까지 감소된다. 이 주입 압력은 너무 높지 않아야 한다. 그렇지 않으면 지반 내에 균열이 발생하게 된다. 그러면 많은 양의 주입재가 들어갈 수 있고 또한 제어가 되지 않는 방식으로 전파될 수 있다. 이를 방지하기 위해서는 주입재의 압력과 주입량은 지속적으로 기록되고 제어되어야 한다. 주입압은 $\alpha\gamma h$를 초과해서는 안 되며, 여기서 γh는 상재압력이고, α는 경험적 인자로 보통 $\alpha \approx 1$을 사용한다. 매우 높거나 혹은 매우 낮은 강도를 갖는 지반의 경우 α는 0.3에서 3까지의 범위에서 변한다. 또한, 펌프에서 측정된 압력이 망쉐트에서 측정되는 압력과 동일하지 않다는 점을 고려해야 한다(파이프 내에서의 압력 손실은 100m당 2에서 6bar에 이른다).

만약 망쉐트의 반경이 r_0인 구형의 근원으로서 이상화될 수 있다면, 주입재 유입량 Q를 지반 내의 공극 안으로 밀어넣는 데 필요한 소요압력 p_0는 (등방성 투수계수인 경우) 다음 식으로 구할 수 있다.

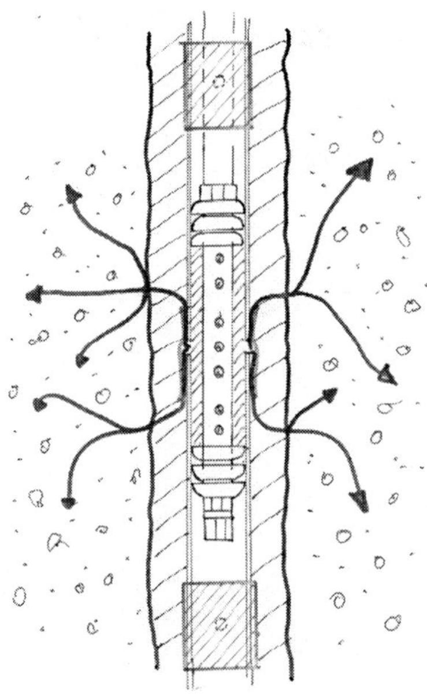

그림 6.1 망쉐트 튜브와 이중 팩커. 압력이 걸린 주입재는 망쉐트를 열고, 환형 시멘트 링 부분에 균열을 발생시켜 토사 안으로 들어감

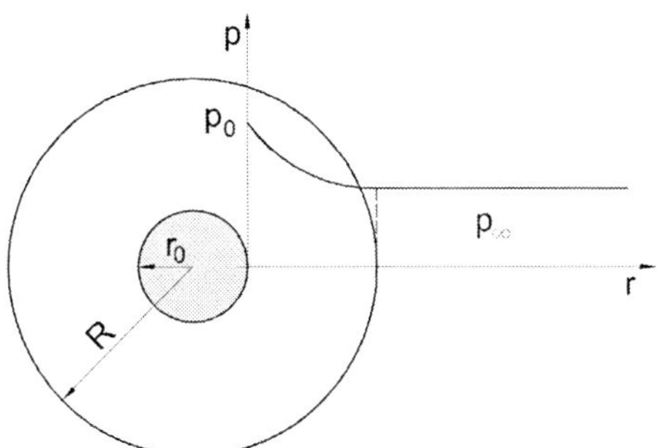

그림 6.2 균질하고 등방성의 토사에서의 구형 주입재 주변의 압력분포

$$p_0 - p_\infty = -\int_{ro}^{R} dp = \frac{\gamma_g}{k_g} \cdot \frac{Q}{4\pi} \int_{ro}^{R} \frac{dr}{r^2} = \frac{\gamma_g}{k_g} \cdot \frac{Q}{4\pi}\left(\frac{1}{r_o} - \frac{1}{R}\right) \approx \frac{Q\gamma_g}{4\pi k_g r_0} \tag{6.1}$$

거리가 r인 지점에서 주입재의 반경방향 속도 v는 $Q=4\pi r^2 v$로부터 구해진다. 주입량 Q는 그라우팅이 필요한 지반의 부피 V, 주입재의 고결시간 $t_G(Q> V/t_G)$, 그리고 $v=k_g i=-k_g/\gamma_g \cdot dp/dr$로부터 구해진다. γ_g는 주입재의 비중량, k_g는 주입재에 관한 지반의 투수계수이다. 주입재와 물의 점성을 각각 μ_g와 μ_w라 하면 k_g는 다음과 같이 구해질 수 있다.

$$k_g = \frac{\mu_w \gamma_g}{\mu_g \gamma_w} k \tag{6.2}$$

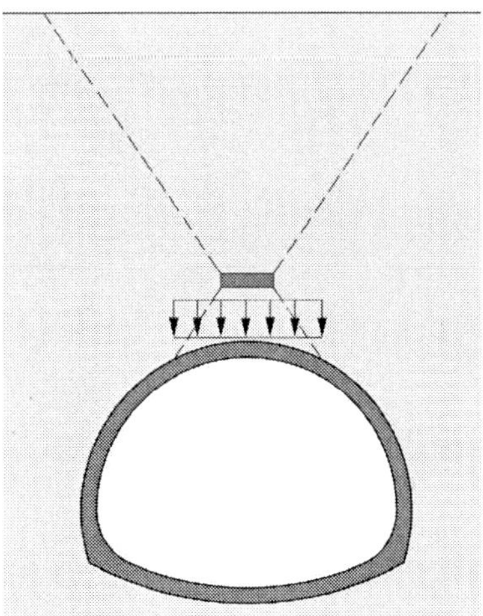

그림 6.3 보상 그라우팅에 의한 터널 라이닝에 대한 하중재하. 점선 원뿔 내의 단순화된 응력전파 모델을 가성함으로써, 라이닝에 작용되는 하중이 상부 원뿔의 중량에 해당될 수 있다는 것을 얻을 수 있음

여기서 k는 지하수와 관련된 투수계수이다. 주입재의 점성 μ_g는 시간에 따라 증가하는데, 이러한 단순화된 분석에서는 이 점이 고려되지 않았다는 점을 주목해야 한다. p_∞는 주변 지하수의 압력이다. 만약 지하수가 표층속도(superficial velocity) v_∞로 흐른다면, 그때 $Q < 4\pi r_0^2 v_\infty$인 경우에는 주입재는 지하수와 함께 흘러가게 된다. 만약 지반이 균질하지 않다면, 주입재는 조립의 투수성 층을 따라서 빠져나갈 수 있다.

6.2 토사 균열, 보상 그라우팅

위에서 언급한 바와 같이, 증가된 그라우팅 압력이 지반에 균열을 발생시킨다. 만약 지반이 등방성의 강도를 가지고 있다면, 균열은 최소 주응력에 수직한 방향으로 형성된다. 초기 그라우팅 단계(조절 단계)에서는, 이러한 균열들이 열리고 주입재로 충전이 된다. 그렇게 함으로써 최소 주응력이 증가되고 그리고 등방응력상태가 된다. 다음 단계의 그라우팅 단계에서는 균열들은 임의의 방향으로 형성되고 그리고 주입재로 충전이 이루어진다. 결과적으로 지반은 '팽창'이 되고 지표가 융기될 수도 있다. 따라서 이미 발생한 침하를 되돌릴 수 있다(이름이 보상그라우팅인 이유가 여기에 있다).[2] 건물들의 융기는 온라인으로 기록되어야 한다. 이것은 통상 수위로 성취될 수 있다. 각각의 측정기의 고도는 정밀한 압력 변환기를 통해 측정된다. 이때 물은 반드시 공기 빼기가 이루어져야 하고, 온도에 대한 보정도 이루어져야 한다. 주입재의 세팅도 고려되어야 한다. 만약 주입재가 너무 오래 동안 액체 상태로 남아 있으면, 펌핑이 중단되자마자 흘러나오게 된다. 보상 그라우팅은 또한 그라우트 재킹(grout jacketing)이라고 불린다.[3] 터널 굴착에 의해 발생한 침하를 되돌리기 위해 보상 그라우팅을 적용하는 경우는 매우 신중해야 한다. 왜냐하면 적용된 압력이 터널 라이닝에 과도한 하중으로 작용할 수 있기 때문이다(그림 6.3 참조). Heathrow 공항의 터널 붕괴사고에서 그라우트 재킹에 의한 힘이 터널 라이닝의 과도한 변형을 일으켰다.

6.3 제트 그라우팅

시멘트 현탁액에 높은 압력(300~600bar)을 작용시켜 바닥끝에 있는 파이프의 수평노즐(그림 6.4)을 통해 지반 내로 분사되고 주변 토사를 침식시킨다. 파이프가 인발되면서 동시에 회전될 때, 토사

2) E.W. Raabe and K. Esters: Injektionstechniken zur Stillsetzung und zum Rückstellen von Bauwerkssetzungen. In: Baugrundtagung 1986, pp.337~366.

3) 일부 저자들은 이러한 두 종류의 그라우팅을 구분한다. 그러나 이러한 차이는 이해하기 곤란하다.

와 시멘트로 구성된 원통체가 형성된다(그림 6.5). 이 원통의 직경은 많은 요인들에 영향을 받는다. 예를 들면 회전 속도가 있다. 최근에는 5m 직경의 원통체가 수행되고 있다. 시멘트 현탁액의 일부는 파이프를 따라 지표로 흘러나온다. 소위 이중방식(duplex method)은 현탁액 제트가 에어제트에 의해 둘러싸이게 되어 더 높은 집중화가 이루어진다. 삼중방식(triplex method)은 워터제트로 지반을 먼저 절단하고, 뒤이어 시멘트 현탁액이 절단된 공동 내로 주입된다. 훠폴링과 같은 수평 기둥을 만들기 위해, 심플렉스(simplex) 방법이 사용된다. 시멘트 현탁액의 반죽질기가 중요하다. 만약 액체와 같이 유동성이 높으면, 쉽게 빠져나가 침하를 유발할 수 있다. 만약 너무 질면, 지표의 융기가 일어날 수 있다. 그라우팅 파이프 위치의 정확성에도 한계가 있다는 점도 염두에 두어야 한다. 따라서 기둥의 길이는 약 20m를 초과해서는 안 된다.

그림 6.4 그라우트 제트

그림 6.5 층상의 토사 내에 만들어진 노출된 제트-그라우트 기둥

6.4 주입재

토사 내로 저압의 그라우팅을 고려할 때는 주변 토사의 입도분포에 따라서 주입재가 선정되어야 한다(그림 6.6).[4] 균열 간극이 주입재의 최대 입경의 3배 이상이어야 암석균열이 그라우팅이 될 수 있다. 묽은 주입재는 Newtonian 유체로 간주될 수 있으며 점성계수 μ에 의해 특징지어질 수 있다. 반면에 진한 주입재는 Bingham 유체로 간주될 수 있다. 즉, 전단응력이 항복 한계치 τ_f(비배수 점착력의 일종인)를 초과하지 않으면 진한 주입재는 흐르지 않는다. 특정 그라우팅압에서 점성계수 μ는 그리우팅의 주입량 Q에 영향을 준다(식 6.1과 6.2 참조). 반면에 τ_f는 주입 영역 l에 영향을 미친다. 이것은 길이 l, 직경 d인 원통형(비틀림은 무시)의 이상화된 공극을 생각하면 쉽게 이해될 수 있다. 주입압 p는 공극 내에 존재하는 주입재에 $p\pi d^2/4$ 크기의 힘을 작용시킨다. 이 힘은 흐름 저항력 $\pi dl\tau_f$보다 커야 한다. 따라서 $l = pd/(4\tau_f)$와 같이 된다.

다음과 같은 그라우트의 종류가 사용될 수 있다.

시멘트 그라우트 : 혼합물 m^3당 시멘트 함량은 100~500kg까지 다양하다. 운송 중에 침전을 방지하기 위해서 벤토나이트가 첨가된다(10~60kg/m^3). 벤토나이트는 그라우팅이 된 토사의 투수성뿐만 아니라 강도(50% 이상까지)도 떨어뜨린다. 세립질 토사 내로의 그라우트 주입가능성(groutability)을 확보하기 위해서는 1~20μm의 직경을 갖는 초세립 시멘트가 사용된다. 초세립 시멘트는 일반 시멘트에 비해서 대략 3~10배가량 비싸지만, 30%까지의 세립 모래를 포함한 중립질 모래에 주입이 가능하다. 초세립 시멘트는 더 많은 물을 필요로 하고, 더 철저한 교반(이것은 열을 더 증가시킬 수 있다)이 이루어져야 한다. 하지만 보통 시멘트에 비해 더 신속한 수화반응과 높은 강도를 얻을 수 있다. 초세립 시멘트에는 벤토나이트를 사용하지 않는다. 첨가제를 사용하면 경화시간을 단축할 수 있다. 흐르는 지하수(예를 들어, 카르스트 공동들 내) 내로 주입을 할 경우, 10%까지의 규산나트륨을 첨가될 수 있다. 만약 주입재가 염소, 유황과 갈탄과 접촉하는 경우에는 주의를 기울여야 한다. 이런 경우에는 적절한 시멘트가 사용되어야 한다. 주입재의 물성들은 경화뿐만 아니라 시간에 따라서도 변한다. 실트 입자의 대류 현상이나 물의 압착탈수('여과')에 의해서 주입재의 함수비(결과적으로 점성)가 변할 수 있는 점이 고려되어야 한다. 후자의 효과는 소위 시멘트 주입재의 압력 안정성과 관계된다.[5] 주입재의 물이 압착탈수되면, 주입재의 유동성이 떨어

4) C. Kutzner, Injektionen im Baugrund, Ferdinand Enke Verlag, Stuttgart 1991.
5) K.F. Garshol, Pre-Excavation Grouting in Rock Tunnelling, MBT International Underground Construction Group, Division of MBT (Switzerland) Ltd., 2003.

지고 최대 입경의 3배 이상의 공동에 플러그(필터 케이크)가 형성될 수 있다. 따라서 주입재의 압력안정성은 침투에 있어 대단히 중요하다.

그라우팅 후에는 그라우팅이 된 지역에서의 발파 혹은 천공 전까지 몇 시간 정도의 충분한 시간 동안 경화될 때까지 기다려야 한다.

터널에서의 선진 그라우팅의 경우에는 소요되는 시멘트 주입재의 양이 터널 길이 1m당 15kg~500kg까지 다양하다.

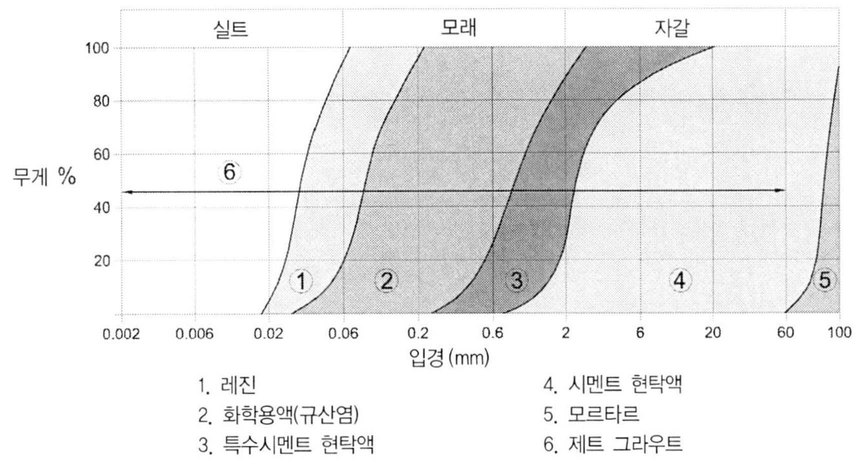

그림 6.6 몇몇 주입재의 적용가능 범위(Kutzner에 따름)

화학 주입재 :

규산염(silicate) : 기본 재료는 규산나트륨('waterglas')이다. Joosten의 방법은 세립 토사의 그라우팅을 위해 널리 사용되어 왔다: 농축 규산나트륨이 먼저 주입된다. 이어서 다음 단계에서 염화칼슘이 지반 내로 주입되고 그리고 이것은 즉각적인 고결이 이루어진다. 또한 단일 성분의 주입재들도 있는데, 여기에서 규산나트륨이 이미 반응성 물질(에스테르)과 혼합되어 있어 고결이 점진적으로 이루어진다. 이러한 현상은 시간에 따라 점성이 증가하는 것처럼 보일 수 있다(그림 6.7). 고결(겔화)에 걸리는 시간은 온도에 따라 30~60분 정도의 시간이 소요된다. 물론 그라우팅은 이런 시간 범위 내에 완료되어야 한다. 고결된 겔의 역학적 물성은 개별적 요구사항에 따라 조정이 될 수 있다. 만약 밀봉만이 요구되는 경우는 그러한 겔이 연질일 수 있다. 겔에서 유체(수산화나트륨)가 방출되어 나와 결과적으로 부피가 감소한다(시네레시스, syneresis). 이 유체는 초기에 지하수에 녹아 있는 철이온의 침전을 유도한다. 결과적으로 지하수는 갈색을 띄며, 이러한 사실이 사람들을 불안하게 한다. 화학 주입재로 고화된 지반은 크리프 거동을 보이며 강도는 변형속도에 영향을 받는다. 규산염은 영구적인 수질관리를 위해서 사용되면 안 된다.

폴리우레탄(polyurethanes) : 폴리우레탄은 물과 반응해 이산화탄소를 발생시키고 따라서 발포고무(foam)를 형성시킨다. 1ℓ의 폴리우레탄은 매우 빠르게 (보통 30초에서 3분 내에) 고화되어 12ℓ의 발포고무를 만든다. 50bar까지 상승하는 압력은 발포고무가 작은 균열들 안으로 침투하게 된다. 그 발포고무는 고화된 후에도 연성을 유지한다.

아크릴(acrylic) 주입재 : 아크릴 모노머(monomer)는 중합반응이 시작되기 전까지의 점성이 낮은 액체이다. 이러한 중합반응은 최대 1시간까지의 겔화 시간으로 다소 급격하게 발생한다. 아크릴아미드(acrylamide)를 기본으로 하는 아크릴 주입재는 독성이 있기 때문에 사용하면 안 된다.

에폭시 수지(epoxy resin) : 다루기가 어려워 터널공사에서는 중요성이 떨어진다.

역청(아스팔트) 또는 폴리아미드(polyamides) : 열가소성(thermoplastic) 물질은 약 200℃에서 녹는데, 흐름이 빠른 지하수로 채워진 공동 내로 주입될 수 있다. 이것들은 지하수 유출속도의 단지 1%의 속도로 주입되더라도 지하수 흐름을 차단하는 데 효과적일 수 있다.

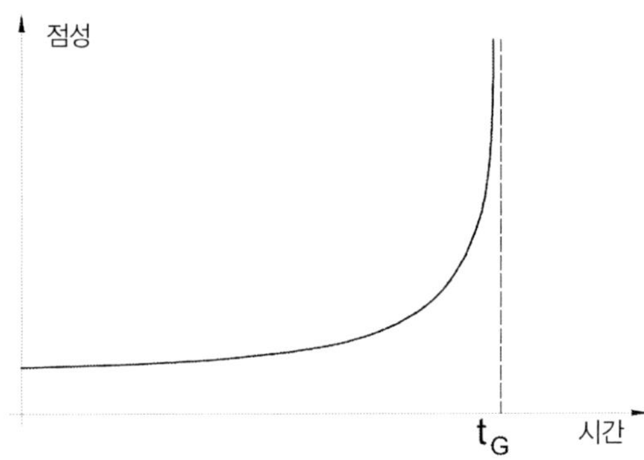

그림 6.7 시간에 따른 규산염용액의 점성 증가

6.5 암석 그라우팅

암석은 토사에 비해 매우 더 작은 체적의 공극을 갖고 있다. 즉, $1m^3$의 토사는 300L체적의 공극을 갖는 반면, $1m^3$의 암석은 0.1~0.4L 체적의 공극을 갖는다. 따라서 암석의 모든 공극(절리)을 균일하게 그라우팅하기는 어렵다. 주입재는 더 작은 절리는 제외하고 큰 절리를 통해 쉽게 빠져나갈 수 있다. 이러한 현상을 다음과 같은 방법으로 회피할 수 있다.

- 더 걸쭉한 주입재를 사용[6]
- 주입재의 양 V를 제한
- 주입재 압력 p를 제한[7]

Lombardi[8]는 상대적으로 걸쭉한 주입재와 콘크리트 유동화제의 첨가를 권장했다. 더욱이, 그는 저압에서 많은 양의 주입재가 주입될 수 있는 경우에는 주입량 V를 제한할 것과 암반에 주입하기가 어려울 경우에는 주입압 p를 제한할 것을 제안했다. 만약 높은 주입압이 적용되는 경우에는 암반은 주입압에 의해 균열이 발생될 수 있다. 하지만, 만약 절리의 간극이 작고 토피가 5~10m 이상이면 주입압에 의한 균열이 발생될 가능성은 낮다. 왜냐하면, 이러한 경우에는 주입압이 급격히 감쇠되기 때문이다. 따라서 이런 경우에는 주입압이 4MPa까지 상승될 수 있다. $p < p_{max}$이고 $V < V_{max}$인 경우, Lombardi는 소위 GIN(grout intensity number, 주입재강도지수), 즉 곱 pV를 일정하게 유지할 것을 권장한다(그림 6.8). 일반적인 GIN 값은 500~2,500 bar · L/min의 값을 갖는다.

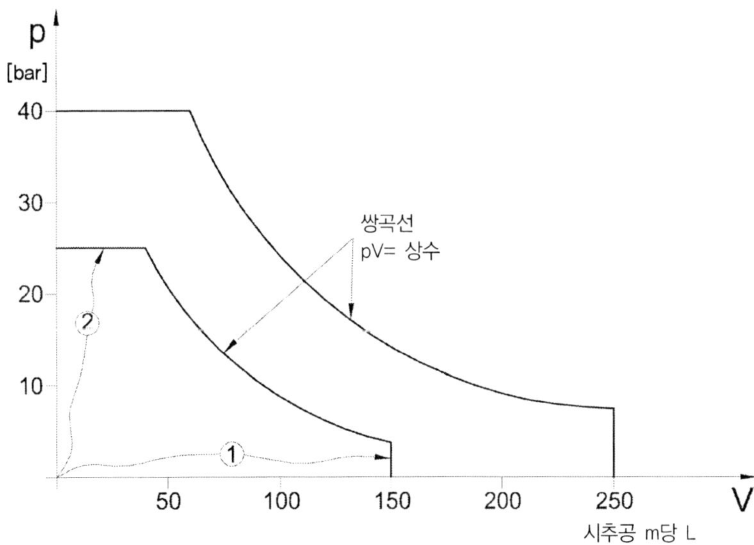

그림 6.8 Lombardi의 GIN 개념. 그라우팅 경로 1은 큰 절리간극 그리고 경로 2는 작은 절리간극에 해당함

---

6) 높은 w/c 비율(예, w/c=3.0)로 그라우팅을 시작하는 것이 일반적이다. 그리고 압력한계에 도달되었을 때는 언제라도 이 비율을 감소시킨다.

7) 이러한 과정을 또한 'grout to refusal'이라 불리운다.

8) G. Lombardi and D. Deere, Grouting design and control using the GIN principle. *Intern. Water Power & Dam Construction*, June 1993, 6.H1. ISRM Commission on Rock Grouting. *Int. J. Rock Mech. Min. Sci. & Geomech. Abstracts* Vol. 33, No. 8, 1996, pp.803~847.

6.6 선진 그라우팅

선진 그라우팅(Advance grouting)은 지하수로부터 터널을 봉쇄하고 그래서 굴진에서의 지하수 유입을 방지하기 위해 사용된다. 일반적으로 지하수의 유입은 허용치로 제한되어야 한다. 말하자면 1~5L/min/터널 길이 100m. 엇갈림으로 배열된 약 20m 길이의 시추공이 막장으로부터 천공되고 50~60bar의 압력으로 초미립 시멘트 또는 화학 충진재가 주입된다. 만약 이러한 작업이 매 10m마다 앞서서 반복되면, 양호하게 중첩된 우산 모양의 그라우팅이 얻어진다. 매 시추공은 특정 주입압(예를 들어 60bar) 혹은 특정 체적의 주입재(예를 들어 500L)가 달성될 때까지 주입된다. 이러한 대책의 성공은 보장될 수 없다는 점이 추가되어야 한다. 지하수 유입을 억제하기 위해 그라우팅이 적용될 때면 언제나 불완전한 차수는 지하수 유속을 증가시키고 결과적으로 침식을 발생시킬 수 있다는 점을 유의하여야 한다.

6.7 토사 동결(soil freezing)

지하수는 충분한 양의 열이 뺐기면 동결된다. 동결된 지반은 지보가 설치될 때까지 일시적으로 공동을 안정화시킬 수 있는 강도를 갖는다. 다음 사항들에 유의해야 한다.

- 지하수의 유속은 약 2m/s를 넘지 않아야 하며, 그렇지 않다면 열이 영구적으로 공급되어 동결되지 않는다.
- 지하수에 용해되어 있는 광물들은 지하수의 빙점을 저하시킬 수 있다.
- 몇몇 세립토의 경우 동결 시 융기를 겪을 수 있다(6.7.1항 참조).
- 최소한 0.5~0.7의 포화도가 요구된다. 이것은 예를 들어 살수기로 물을 뿌려줌으로써 달성될 수 있다.

일반적인 냉각액은 −35℃까지 용액상태로 유지되는 소금물과 −196℃의 액화질소이다. 냉각액은 토사 내에 설치된 파이프를 순환한다. 이러한 파이프들의 정확한 배치는 성공에 결정적인 역할을 한다. 동결토는 크리핑(creeping) 물질이다. 따라서 강성과 강도는(마찰각과 점착력에 의해 주어지는) 변형 속도와 독립적으로 표현될 수 없다. 개략적 예상을 위해 표 6.1과 6.2에 Jessberger에 의한 일부 근사치들이 제시되어 있다. 큰 크리프 변형을 방지하기 위해서는(이런 이유로 있을 수 있는 동결관의 깨짐) 적용응력들이 동결지반의 강도보다 충분히 작아져야 한다.

그림 6.9 토사 동결: 메인 콜렉터, Mitte Düsseldorf, Germany

표 6.1 동결 토사의 단기 물성치(1주일까지의 기간 동안)

토사	q_u (MN/m^2)	ϕ	c (MN/m^2)	탄성계수(MN/m^2)
비점성토 중간 밀도	4.3	20~25°	1.5	500
점성토 견고함	2.2	15~20°	0.8	300

표 6.2 동결 토사의 장기 물성치(1년까지의 기간 동안, q_u는 일축강도)

토사	q_u (MN/m^2)	ϕ	c (MN/m^2)	탄성계수(MN/m^2)
비점성토 중간 밀도	3.6	20°-25°	1.2	250
점성토 견고함	1.6	15°-20°	0.6	120

6.7.1 동결 융기

광물의 표면에 작용하는 인력(attraction force)은 빙점을 낮추는 작용을 한다. 따라서 세립토사 내의 공극수의 동결은 덜 균질하다. 주변의 공극들로부터 물을 끌어 모아서 성장하는 얼음 집합체(렌즈)가 형성될 수 있다. 이러한 얼음 렌즈는 지표의 융기를 발생시킬 수도 있다. 융해가 되자마자 곧 얼음 렌즈가 붕괴되고 구멍들이 형성될 수도 있다. 동결과정에서 얼음 렌즈의 형성에 대한 토사의 민감성에 관한 몇몇 기준이 있다(그림 6.10 참조)[9].

9) 다른 참조: A. Kézdi: Handbuch der Bodenmechanik, Band 2, 238ff, VEB Verlag für Bauwesen, Berlin, 1970.

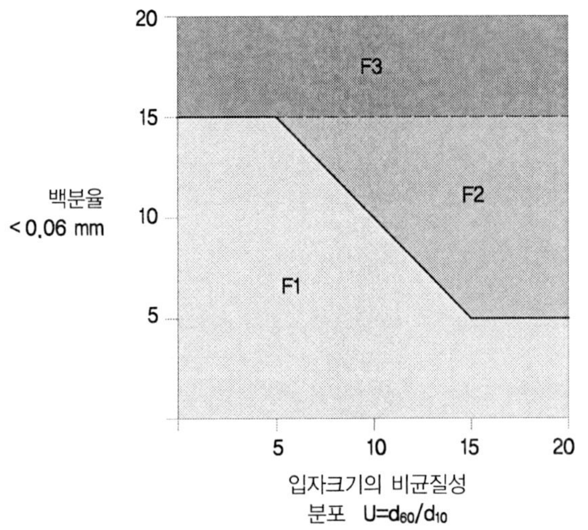

그림 6.10 독일 도로 기준 ZTVE-StB94에 따른 동결에 대한 민감도.
F1: 민감하지 않음, F2: 낮은-보통 민감도, F3: 매우 민감

6.8 동결의 전파

다음은 지반 동결공법을 적용하여 터널 및 수직구 건설에서 제기되는 문제이다: 동결관 주변 흙의 동결영역이 얼마나 빨리 확장되는가? 이 질문에 답하기 위해서는 일반적으로 사용하지 않는 복잡한 수치해석 코드에 의존해야 한다. 그러므로 간단한 분석적인 근사치는 다음과 같다.

$$t_s \approx \frac{1}{3} \cdot \frac{A}{Br_0} \cdot \left(\frac{a}{2}\right)^3 \tag{6.3}$$

여기서 t_s는 폐쇄시간, 즉 거리가 a 인 두 개의 인접한 원통형 동결 전선이 확장되어 만나는 데 걸리는 시간이다. 식 (6.3)의 유도와 A와 B의 정의는 부록 C에 수록되어 있다.

07 NATM

Tunnelling and Tunnel Mechanics

NATM(New Austrian Tunnelling Method)은 1957년에서 1965년[1] 사이에 알려지기 시작하였으며 기존 오스트리아 터널공법(old Austrian Tunnelling Method)과 구별하기 위해 이렇게 명명하게 되었다. NATM은 오스트리아 터널 전문가들(von Rabcewicz, Pacher, Mü ller-Salzburg)에 의해 개발되었다. 이것의 주요 발상은 재래적인 방법으로 터널을 굴착하고, 지보재(특히 숏크리트)를 적게 타설하고, 관찰이나 계측의 원리에 따르는 것이다. NATM은 지반의 연화현상이나 강도의 손실을 피하기 위해 지반의 변형이 최소로 유지되는 것을 요구한다. 그러나 동시에 지반강도를 활용하기 위해 충분한 지반변형이 허용되어야 한다. 결과적으로 암반에 완전히 밀착되지 않은 두껍고 딱딱한 라이닝은 더 이상 사용되지 않는다. Mü ller-Salzburg[2]에 의하면, NATM의 주요한 원리들은 추정되었는데(주로 Ržiha, Heim, Andreae에 의해), 숏크리트와 암반 모니터링 기술이 개발되고서야 적용될 수 있었다. 많은 NATM의 권장사항들은 이미 사용되고 있었기 때문에 다른 터널공법과 NATM을 구별하는 것은 쉽지 않다. 이런 점이 긴 논쟁을 이끌어 왔으며 여전히 진행 중이다. 이 논쟁은 내용보다는 오히려 NATM이라는 이름과 관련된다. 왜냐하면 정확한 정의가 없어서 어떤 경우에 NATM이라는 이름이 사용되어야 하는지가 불분명하기 때문이다.

NATM을 정의하기 위한 시도가 RSRE AUEA(Research Society for Road Engineering of the Austrian Union of Engineers and Architects)[3]에 이루어졌다. 그리고 그들은 5개 이하의 기본원칙과 설명들, 3개의 일반원칙 그리고 8개의 전문원칙으로 구성된 복잡하고 별로 분명하지 않은 정의를 발표했다.[4] 이 정의에 의하면 NATM은 주변지반에 베아링 링(bearing ring)을 활성화한다고 한다.

---

1) L. Müller-Salzburg und E. Fecker: Grundgedanken und Grundsätze der 'Neuen Österreichischen Tunnelbauweise', in Felsmechanik Kolloquium Karlsruhe 1978, Trans Tech Publications, Clausthal 1978, pp.247~262.

2) L. Müller-Salzburg, Der Felsbau, dritter Band: Tunnelbau, Enke-Verlag, 1978, p.562.

3) Schriftenreihe der Forschungsgesellschaft für das Straenwesen im Österreichischen Ingenieur- und Architektenverein, Heft 74, 1980.

4) The perception of this definition as 'impenetrable shroud of complexity' (A. Muir-Wood, Tunnelling: Management by design. Spon, London 2000) appears thus understandable.

하지만 이 주장은 NATM으로 굴진하든 아니든 상관없이 암반 내의 어떤 공동도 암반 자체에 의해서 —적어도 부분적으로는—지지되고 있기 때문에 광범위하게 비판받아 왔다.[5)]

NATM을 둘러싼 또 다른 논쟁은 숏크리트를 처음으로 도입했다라는 오스트리아의 명칭인데[6)] 이에 대해 의문이 제기되어 왔다. 하지만 Von Rabsewicz 자신은 1951년에서 1955년 사이에 건설된 스위스 Lodgno-Losogno 터널 공사 중 최초로 숏크리트가 사용되었다고 확인하였다. 오스트리아인들은 재빨리 따라했다. 1953년부터 계속해서 숏크리트와 록볼트는 Prutz-Imst 수력발전 플랜트의 Wenns 수로 터널에 체계적으로 적용되었다.[7)] 오스트리아 엔지니어의 용감하고 진취적인 시도로 NATM의 전파와 확립에 기여한 것은 부인할 수 없다. 가장 널리 통용되는 관점은 NATM은 숏크리트 지보재를 적용한 재래식 굴착공법을 나타내는 것으로 되었다.[8)]

'NATM'의 명칭과 관련된 혼란은 HSE Review[9)]에서도 명백했고, 이것은 1994년에 London 점토층에서 NATM 굴착 시 발생한 2번의 붕락사고 후 부각되었다. 'NATM'과 관련하여 2개의 표기가 사용되고 있다: 오스트리아 건설 기술인 협회(Austrian Union of Engineers and Architects)에 따른 공법을 지칭하는 'N.A.T.M'과, 가능한 빨리 지보재(숏크리트 앵커, 네일, 볼트 등)를 보강하며 굴진하는 터널을 지칭하는 'NATM'이다.

NATM의 권고사항들은 원래 경험적 지침서로서 시작되었는데, 오늘날에는 이론적 분석이라는 관점에서 해석될 수 있다. 하지만 이론적 기초는 항상 누락되어 있었다.[10)] 그러나 이러한 철저한 검토가 없을지라도, NATM은 괄목할 만한 성공을 거두었다(Tauern 터널, Arlberg 터널, Inntal 터널, Frankfurt 지하철, Schweikheim 터널, Tarbela 공동).

연약한 지반의 도심구간에서 NATM을 적용할 경우, 규칙 중 하나는 완화되어야 한다: 암반강도를 발현하기 위한 변형은 제한되어야 한다. 왜냐하면 그렇지 않은 경우 지표침하가 과도하게 발생할 수 있기 때문이다. 그럼에도 불구하고 NATM은 1969년과 1971년 사이에 Frankfurt 점토층에 시공된 지하철 공사에 성공적으로 적용되었고, 쉴드 굴착공법보다 경제적이라는 것을 증명하였다.

NATM의 성공적인 적용이 Nürnberg, Bochum, Bonn, Stuttgart, Vienna에서 뒤따랐다. 1992년 이래 NATM은 프랑크푸르트 점토와 흡사했던 런던 점토 지반에도 적용되었다. 1994년 10월에 발생

---

5) K. Kovári: Gibt es eine NÖT?, XLII. Geomechanik Kolloquium 1993, Salzburg.

6) 노르웨이 에서는 NATM 은 'Norwegian Method of Tunnelling'로 알려져 있다.

7) 숏크리트는 미국광산에서 약 1925년부터 사용되어 왔다.

8) 참조 *Tunnels & Tunnelling*, September 1995, p.5, for the history of NATM.
다른 참조 J. Spang: Die Geschichte des Spritzbetons und seiner Anwendung beim untertägigen Hohlraumbau. Taschenbuch für den Tunnelbau 1996, p.321, Verlag Gluckauf.

9) Health and Safety Executive: Safety of New Austrian Tunnelling Method (NATM) tunnels. A review of sprayed concrete lined tunnels with particular reference to London clay. HMSO, 1996.

10) '우리는 과학적 기초가 필요하다. 그렇지 않으면 사라져야만 한다.', F. Laabmayr in a3BAU 12/1994, p.88.

한 2번의 붕락사고로 NATM에 대한 상세한 조사를 수행하게 하였다(HSE review와 ICE design practice guide[11] 참조). Heathrow 화물운송 터널 및 Römerberg 터널[12]의 성공적인 완공을 통해 NATM은 추가적으로 입증되었다. 결점 또한 있었지만(München-Orleansplatz, München-Trudering, Heathrow, Hannover에서 Würzburg까지의 새로운 선로), 방법 자체의 문제라기보다는 다소 부적절한 적용이나 다른 이유에 기인했다. NATM 굴진 시 발생한 39개의 붕괴 또는 지표함몰붕락 사고의 목록이 HSE review에 실려 있다.

만약 우리가 NATM을 좀 더 넓은 시각에서 본다면, 즉 오스트리아 터널학교 입장에서 보면, 오스트리아 터널 전문가는 세계적으로 존경받는 전문지식에 감사할 수 있다. 그들의 철학은 알프스의 변화무쌍한 지질조건에 의해 다듬어지게 되었고, 기존의 현장조사에 의존하기보다 현장에서 정확한 지보 대책을 찾기 위한 유연성에 더 의존하였다.

결론으로, NATM의 최고의 정의는 아마도 H. Lauffer가 기술한 다음의 것이다:[13]

NATM은 지반 변형은 가능하면 최소로 유지하면서 지반을 개량하기 위한 수단은 물론 굴착 및 지보 작업은 변형의 관찰에 의존하고, 만나게 되는 지반조건에 맞게 계속적으로 조정하는 터널공법이다.

결과적으로 NATM은 시공이 원래 설계된 대로 진행되어야 한다는 설계 및 시공 원리와 대조를 이룬다.

7.1 HSE 개요

HSE Review는 주로 도심지역의 연약한 지반에서의 NATM 적용에 대해 다루고 있다. 그 결론은 몇몇 원칙들이 고려되는 한, NATM은 정말로 안전한 건설공법이라 것이다. NATM 시공현장에서 증가하고 있는 사고 수는 몇 가지 이유에 기인한다고 할 수 있다: 열악한 지반에서의 적용, 부적절한 적용, NATM의 결함, 불충분한 통제, 공법에 대한 과신, 그리고 사고에 대한 보다 공개적인 보고 등이다. 그렇지만 이것으로 NATM이 다른 공범에 비교해 덜 안전하다고 추론할 수는 없다. 터널 시공현장들은 각각 고유한 특성을 갖고 있기 때문에 서로 비교하기가 매우 힘들다. 제한된 기존조사를 통해

11) ICE design and practice guide. Sprayed concrete linings (NATM) for tunnels in soft ground. Thomas Telford, London, 1996.

12) 참조 *Tunnels & Tunnelling*, July 1995, 17-18, and H Lutz: Driving the Römerberg tunnel given slight Overburden, *Tunnel* 4, 1995, pp.18~21.

13) 개인적인 대화

NATM과 비 NATM 공사현장에서 발생한 사고빈도는 비슷한 것으로 드러났다.

다른 내용 중 다음과 같은 결론이 도출되었다.

위험의 감소 : 도심지역에서의 지표함몰붕괴는 심각한 결과를 초래할 수 있다. 위험을 최소화하기 위해서는 필요하다면 민감한 지반을 피할 수 있도록 터널의 선형을 변경해야 한다. 다른 대책들은 버스 정거장, 교통신호등을 재배치하고 위험지역의 접근을 제한하는 것이다.[14)]

유자격자 : NATM은 매우 복잡한 과정인 숏크리트의 현장 타설을 필요로 한다. 안전을 보장하기 위해서는 훈련된 사람만 투입되어야 하며, 공사 중 훈련 프로그램 운영은 허용되어서는 안 된다.

관리 : 불량한 현장관리는 사고의 주요 원인이 된다. 양호한 관리는 다음과 같은 것에 기여한다.

- 예상치 못한 사건에 대처
- 계측방법의 적절한 적용
- 사람에 의한 실수의 제거

위험에 노출된 사람에게 통보하는 것은 중요하다. 팀의 화합성과 협동심이 확보되어야 한다.

붕괴 : NATM 굴진에서 대부분의 붕락은 무지보 막장에서 발생한다. 따라서 충분한 자립시간이 필요하다. 따라서 계측은 붕락이 사전경고가 되지 않는다면 쓸모없다.[15)] NATM의 특징은 갑작스레 불안정해지는 막장에 지보를 시공할 수 없다는 점이다. 천부 터널에서 만약 낮은 강도의 포화 투수층을 만나게 된다면, 지표함몰 붕락의 가능성은 매우 높다. 지하수가 없다면 밀려들어오는 토사체는 흙더미를 형성하여 추가적인 흙유입을 막아준다. 대부분의 경우 충분한 사전징후가 있어서 작업원들은 대피할 수 있다. 작업원의 가장 큰 위험은 무지보 막장에서의 낙석 혹은 낙반이 발생하는 것이다. 이러한 사고에 대한 보고는 드물지만, 평균적으로 15번의 붕락 중 한 번은 인명피해가 있다는 보고가 있다.

지질 : 불량한 지질조건은 종종 붕락의 원인으로 지목된다. 특히 렌즈상이나 포화된 비점착성 물질로 채워진 오래된 우물과 같은 예상하지 못한 침식구조가 문제가 될 수 있다.

---

14) 다른 참조: W. Schiele: Findings from the Underground Shield Drive for the Munich Underground Lot 1 West 5, *Tunnel* 6/1996, pp.23~30.

15) 이런 맥락에서 일본지진학자 K. Mogi의 법칙이 언급되었다. 이것에 따르면 균열과정은 물질의 이질성의 정도에 따라 달라진다: 물질이 더 이질성을 가지면 붕괴 전에 더 많은 경고를 갖게 된다(인용 D. Sornette: Critical Phenomena in Natural Sciences, Springer, 2000).

계측방법 : 이 방법은 다음 내용을 요구한다.

1. 굴착에 의한 암반거동에 대한 허용한계의 결정
2. 충분한 확률로 이러한 한계가 초과되지 않을 것이라는 입증
3. 이러한 한계가 유지되고 있는지에 대해 충분한 경고를 줄 수 있는 계측 프로그램의 수립
4. 이러한 한계가 초과되었을 경우에 대한 대책 마련

오늘날까지 항목 1과 항목 2는 NATM의 문헌에서 납득할 만한 방법으로 고려된 바가 없다. 즉, 어느 정도의 변형이 허용될지는 담당 엔지니어의 경험과 직관에 의해 결정되어야 할 몫이다.[16] 현재의 계측 프로그램은 보통 이해하기 매우 어려운 굉장히 많은 양의 자료를 제공한다. 따라서 그 자료들의 적절한 처리과정과 도식적 표현방법이 매우 바람직하다.

보호대책 : 굴착 공동의 안정성을 증가시키기 위해서 다음의 대책들이 적용될 수 있다.

- 압성토
- 측벽갱도
- 코끼리 발(elephant foot)
- 천단부 앵커 설치
- 훠폴링
- 수발공 및 수압 저감
- 가설 링 폐합
- 더 두꺼운 숏크리트 라이닝
- 더 큰 천단부 곡률
- 추가적인 강지보
- 압축공기 지보
- 굴진 단계 감소
- 분할굴착 단면의 축소
- 타설 콘크리트라이닝의 조기 시공

16) K. Kovári and P. Lunardi point to this shortage of NATM (On the observational method in tunnelling. Proceedings of GeoEng 2000, Melbourne, Australia, 2000, Vol. 1, 692-707). However, their explanatory statement "*NATM can be disregarded as an observational method*" because "*Pacher's concept violates the fundamental principles of the conservation of energy*" is not tractable.

08 지하수의 관리

Tunnelling and Tunnel Mechanics

이 장에서는 암반에서의 지하수의 흐름에 대해 집중한다. 토질역학에 대한 교재에서 흙의 투수로서 다소 잘 알려져 있다.

8.1 암반에서의 유체 흐름

8.1.1 암석의 공극률

절리가 없는 암석은 정확히 토사와 같은 방식으로 다공질이다. 그러나 암석은 보통 훨씬 적은 공극률(전체 부피에 대한 공극의 부피 비)을 갖고 있다. 화성암과 변성암의 경우 공극률은 거의 2%를 넘지 않는다. 사암은 사질토의 공극률보다 훨씬 낮고 1~5% 범위의 값을 갖는다. 점판암은 공극률이 5~20%, 연약한 석회암은 20~50%의 공극률을 갖는다. 절리가 없는 암석의 공극률은 1차 공극률이라고 한다. 절리 암반의 경우는 개방절리의 체적을 나타내는 2차 공극률이 고려되어야 한다.

암석의 공극 속에는 다양한 유체를 포함한다. 기체(공기, 메탄 등과 같은)와 액체(물, 기름). 공극수는 또한 지하수라고 불린다. 일부의 공극수는 주변 광물들과 전기화학적으로 경계를 짓는다. 나머지 공극수는 유동적이다. 공극 내 유체는 원유 혹은 음용수 등과 같이 경제적으로 중요한 상품일 수 있다. 예를 들어 Karwendel 산(북부 Tyrol)은 중앙유럽에서 음용수를 위한 가장 중요한 수원 중이 하나이다.

공극수는 주변 암석의 광물을 용해시킬 수 있다. 만약 공극수가 흐르지 않는다면, 그때는 포화농도에 도달하면 용해과정은 즉시 멈출 것이다. 그러나 신선한 물이 지속적으로 공급되면 용해과정은 멈추지 않는다. 따라서 공동(소위 카르스트)이 발달될 수 있고, 공동이 건물의 안정성[1])을 위태롭게 하며, 터널 굴착에서 용출수를 발생시킬 수 있다(그림 8.1).

가장 높은 용해도를 보이는 것은 암염(Nacl) 석고($CaSO_4 \cdot 2H_20$)와 경석고($CaSO_4$)와 같은 증발암[2]에 의해 나타난다. 다음으로 칼슘과 마그네슘의 혼합물의 탄산염인 석회암($CaCO_3$)과 백운암이다. 석영조차도 물에 용해된다: 규암 내 공극에서 용해에 의해 10만 년에 약 0.4mm씩 성장할 수 있다.

공극수는 물리-화학적으로 암석에 영향을 줄 수 있으며, 일부 광물의 팽창을 유발한다. 표면장력의 변화에 따라 균열의 발전을 촉진시킬 수 있다. 특히 점판암과 셰일은 물과 만나면 분해된다. 이것은 물의 침투에 의해 갇혀 있던 공기압의 증가 때문이거나 또는 점토광물의 삼투 팽창에 기인한다.[3]

그림 8.1 Rollenberg 터널 굴착 시 발견된 석회동굴[4]

8.1.2 공극 수압

지하수의 압력 p는 또한 압력수두(p/γ_w)로도 표현된다. 이런 압력은 스탠드 파이프 또한 피에조미터(간극수압계)라고 불리는 것들에 의해 측정된다. 간극수압계는 시추공들에 설치되며, 압력이 측정되어야 하는 깊이에서 시추공은 투수성이 좋은 상태가 되어야 한다(실트나 다공성 암석, 모래로

1) 1969년 미국 플로리다 다리의 3교각이 카르스트 공동 속으로 사라졌다. 그래서 다리는 붕괴되고 한 명의 사상자가 있었다. 1970년에 12,000m^{3}의 공동이 Palermo 공항의 활주로 아래 2m 심도에서 발견되었다(R. E. Goodman, Engineering Geology, John Wiley & Sons, 1993).

2) 이런 암석들은 증발에 의해 형성된다.

3) R.W. Seedsman, Characterizing Clay Shales. In: Comprehensive Rock Engineering, Volume 3, Pergamon, 1993, pp.131~165.

4) IBW-Engineering structures, No. 3, 12/86, edited by G. Prommersberger.

둘러쌈). 이 측정 위치인 환형의 공간 상하는 점토나 시멘트로 밀봉을 한다. 측정 위치에서 물은 높이 p/Υ_w 만큼 올라가는데, 관에서의 물의 높이가 수위 프로브(probe)에 의해 측정이 될 수 있다. 스탠드 파이프 내의 물의 부피가 상당하기 때문에 불투수성 지반의 경우 수위 측정에 더 많은 시간이 소요된다. 수압 p는 전기식 압력 변환기 혹은 공기압식 센서에 의해 보다 빠르게 측정이 가능하다.[5]

포화된 공극의 경우 또 다른 문제는 어떻게 공급수압 p가 암석강도를 약화시킬 것인가 하는 것이다. 토질역학에서는 소위 유효응력 σ'(또는 σ'_{ij})은 전체 응력 σ (또는 σ_{ij})와 수압 p로부터 다음과 같이 정의될 수 있다.

$$\sigma' := \sigma - p;\ \sigma'_{ij} := \sigma_{ij} - p\delta_{ij} \tag{8.1}$$

유효응력의 원리는 흙의 변형과 강도가 전적으로 유효응력에 따르듯이, 또한 암석에도 적용된다.[6] 이것은 자켓이 되지 않는(unjacketed) 암석시료로써 실시된 삼축 시험으로 수행될 수 있다. 변형률 ε_1에 대해 그려진 $(\sigma_1 - \sigma_2)$의 곡선은 다양한 봉압의 변화에도 동일한 것을 볼 수 있다. 이러한 거동에 대한 조건은 공극들은 서로 연결되어 있고 변형속도는 충분히 작아서 암석시료가 배수될 수 있다는 것이다.

지하수위의 위치는 특히 절리암반에서는 넓은 한도에서 다양할 수 있다는 점을 명심해야 한다. 따라서 이와 관련된 내용의 진술은 조심해서 다루어져야 한다.

8.1.3 암석의 투수계수

총 수두경사($h = p/\gamma_w + z$)가 없어지지 않을 때, 즉 수두 경사가 $h \neq 0$ 인 경우, 지하수의 흐름이 발생한다. x축 한 방향만 고려할 경우 유속 v(즉, 총단면적의 단위면적당 유속)는 $v = -Ki$ (여기서 $i := \frac{\partial h}{\partial x}$, Darcy's 법칙)에 해당한다.

K는 소위 수리전도도이며 때로는 투수계수라 불린다. 하지만 K는 유체의 점성도 μ와 밀도 ρ뿐만 아니라 중력가속도 g에 의해 결정되기 때문에 물체에 무관한 계수를 도입하는 것이 바람직하다.

---

5) J. A. Franklin, M.B. Dusseault, *Rock Engineering*, Mc Graw-Hill, 1990.

6) S. K. Garg, A. Nur: Effective Stress Laws for Fluid-Saturated Porous Rock. *Journal of Geophysical Research*, Volume 78, No. 26, 1973, pp.5911~5921.

$$k := K\frac{\mu}{\rho g}$$

그리고 이것을 투수계수라 한다. k는 오직 공극시스템의 기하학적 모양(크기, 비틀림)에 의해 좌우된다. k의 단위는 m^2이며[7], 곱 Kd는 전달계수(transmissivity)라 불리우고, 여기서 d는 함수대(=투수층)의 두께를 나타낸다. 암석의 1차 공극률과 관련하여 암석의 수리전도도는 매우 작다.

암종	K(m/s)
점판암	10^{-12}~10^{-9}
석회암	$<10^{-7}$
굳은 석탄	10^{-6}~10^{-4}
화성암 및 변성암	10^{-12}~10^{-11}

절리 내에서의 층류(laminar flow)는 Couette 유동으로 간주될 수 있다. 만약 절리 시스템의 간격이 s이고 또한 간극의 폭이 b인 평행한 절리로 구성되어 있다면 절리와 평행한 흐름은 다음의 투수계수에 의해 지배를 받는다.

$$k = b^3/(12s)$$

예를 들어 s = 1m, b = 0.1mm인 경우 $K \approx 10^{-6}$m/s이고, s = 1m, b = 1mm인 경우 $K \approx 10^{-3}$m/s이다. 3승 법칙($K \propto b^3$)은 절리틈새 $10\mu m$ 아래에 적용한다. 만약 암반이 절리들로 교차되는 경우는 덩어리진 것으로 간주하고 다음의 텐서 관계식을 사용한다.

$$v_i = -K_{ij}\frac{\partial h}{\partial x_j}$$

여기서,

$$K_{ij} = \frac{\rho g}{\mu}\frac{b^3}{12s}(\delta_{ij} - n_i n_j)$$

δ_{ij}는 Kronecker 심볼이고, n_i는 절리들에 수직인 단위 벡터이다.

---

7) 석유공학에서는 "darcy"($\approx 10^{-8}cm^2$) 단위를 사용한다.

실험실에서의 암석시료에 대한 수리전도도는 상수($K \geq 10^{-6}$m/s)와 수압높이의 저하에 대한 시험과 함께 흙과 같은 방법으로 구해진다. 압력 펄스는 불투수성($K \leq 10^{-10}$m/s) 시료의 한 측면에 적용이 될 수 있는 반면에 시료의 다른 측면에서는 압력감소가 측정된다. 유체 대신 기체를 사용할 수 있으며, 좀 더 빨리 k를 얻을 수 있다. 현장에서는 다양한 방법으로 수리전도계수를 결정할 수 있다.

스탠드파이프(standpipe) 시험 : 길이 L 이상의 유체 접촉을 갖는 직경 ϕ인 스탠드파이프에서 수위를 측정한다. 주입펌프를 작동시키고 수위를 높인 후 주입펌프의 작동을 멈추고 수위가 원래 위치로 어떻게 하강하는지 관측한다. 만약 h_1과 h_2가 시간간격 t의 시점과 종점의 수위이면, 그때 수리전도계수 K는 다음과 같이 얻을 수 있다.

$$K \approx M\frac{d^2}{lt}\ln\left(\frac{h_1}{h_2}\right)$$

여기서 계수 M은 다른 양들 중에서 ℓ/d(d는 시추공의 직경)에 의해 결정되며 거의 1과 같다.

패커 시험법[8] : 시추공(직경 ϕ)에서 길이 ℓ의(약 3~6m 길이) 시험구간은 2개의 팽창성 패커로 구속이 된다. 시험구간의 수두를 h_1의 값으로 일정하게 유지하기 위하여 유속 Q로 시추공 내에 양수가 이루어져야 한다. 시추공으로부터 수평거리 r만큼 떨어진 다른 시추공 내에서의 수두 h_2가 측정된다. 이때 수리전도계수는 다음과 같은 결과를 나타낸다.

$$K = \frac{Q}{2\pi l(h_1 - h_2)}\ln\left(\frac{2r}{d}\right) \tag{8.2}$$

통상적으로 패커시험은 한 개의 보어홀에서 수행한다. 물은 압력 p로 양수된다. 각각의 p값[9]에 대해 지속적인 배출량 Q에 도달해야 한다(이것은 항상 달성될 수 없다). 따라서 $p-Q$ 다이어그램이 얻어지며, 이것은 다양한 형태로 나타나기 때문에 적절한 해석이 필요하다.[10]

소위 루전시험에서는 1MPa(= 10bar)의 압력으로 두 패커 사이에 양수된다. Q(시험구간 m당 그리고 분당 물의 양(리터)이 루전 값이다. 1루전은 수리전도도 약 10^{-7} m/s에 해당한다. 루전시험은 본

8) ISRM, Commission on Rock Grouting, Final report 1995.
9) p는 펌프에서의 압력이 아니고 암석으로 주입되는 입구에서는 과압이 적용된다.
10) F.K. Ewert, 70 Jahre Erfahrungen mit WD-Versuchen - wozu sind sie nützlich? *Geotechnik* 27 (2004), Nr. 1, pp.13~23.

래 그라우팅성능에 대한 기준으로 생겨났다($Q > 1$루전에 대해서 주어진 것으로 간주됨). 1MPa보다 큰 압력이 중요하다. 왜냐하면 절리를 확장시킬 수 있기 때문이다.

엄밀히 말해 스탠드 파이프와 패커시험은 수두경사를 모르기 때문에 K의 결정을 허용하지 않는다[식 (8.2)를 제외하고]. 이것들의 주요 목적은 '불투수성' 암석을 나타내는 것이다($Q < 1$ 루전에 대해). 또한 그라우팅의 효율성을 평가하기 위해 사용될 수 있다(그라우팅의 전후를 비교하여).

8.2 시공단계에서의 지하수 유입

함수대가 터널작업으로 관통이 되었을 때 물의 유입이 발생한다. 현장에서 물의 용출을 예측하는 것은 매우 어렵기 때문에 적절한 자원(펌프 등)이 가용될 수 있어야만 한다. 만약 터널이 수갱으로부터 시작하거나 혹은 아래로 경사진다면 물의 용출은 특히 중요할 수 있다. 물의 유입속도가 매우 높을 수 있지만(1,000L/s 이상인 경우도 보고되고 있다) 일반적으로 암석에 저장된 물이 고갈됨에 따라 빠르게 유입속도가 느려진다.

그렇지 않으면 가능한 대책중의 하나가 최대 10%의 규산 나트륨 혹은 폴리우레탄 폼과 함께 시멘트 모르타르를 사용하여 물의 통로가 되는 절리를 그라우팅하는 것이다. 성공적인 그라우팅을 위해서는 압력저하(배수공이나 격막 벽으로 달성될 수 있다)에 의한 물의 유입을 감소시킬 필요가 있다.

캘리포니아의 Tecolate 수로 터널 굴착 시 580L/s의 용출수가 막장에서 유입되었다. 물의 온도는 40도였다. 180L/s의 물을 공급하는 수원은 그라우팅으로 막을 수 없었고, 굴진은 16개월 동안 중단되었다. 또한 Füssen에서의 도로 터널도 1996년과 1997년 지하수의 용출로 상당기간 공기가 지연되었다. 8.6km 연장의 스웨덴 철도의 Hallandsäs 터널 공사 중 15m^3/min의 용출수가 발생했다.[11] 시

그림 8.2 용출수. 좌: Füssen[12], 우: Simplon 터널[13]

11) *Tunnels and Tunnelling*, November 1997.

멘트에 의한 그라우트는 효과가 없었으며, 그래서 아크릴아마드에 기초하는 화학제품으로 그라우팅을 시공하였다. 보통은 이 독성의 물질이 접착되므로 때문에 무해하다. 하지만 이 경우 지하수 유속이 매우 높았고 접착이 완전하지 않았다. 그 결과 환경이 오염되었다. 10km^{2}의 범위에 모든 농작물이 망가졌으며, 24개의 음용수 우물이 폐기되었다.

분명히 지하수 혹은 다른 물들은 터널에서 배출되어야 한다. 물에 민감한 암석의 경우(점토 광물을 함유한 암석)는 물과의 접촉을 최소화해야 한다.

터널 안으로 유입되는 수량은 터널 바닥에 댐을 설치하거나 오버플로 V-노치(overflow V-notch)로 측정될 수 있다. 터널 유입량의 허용 한계치는 굴착방법에 따라 달라진다(예를 들면, TBM은 2~2.5m^3/m, 천공발파법은 0.5m^3/m이다).

8.3 배수 또는 방수?

지하수위 아래에 위치한 터널은 방수 혹은 배수공법이 적용될 수 있다. 방수 터널은 지하수에 영향을 주지 않지만 터널의 라이닝은 전체수압을 지지해야 한다. 이러한 방식은 기술적으로 지하수위 아래 60m 심도까지 가능하다. 만약 터널이 배수된다면, 정수압이 저하될 수 있다. 그러나 또한 배수터널이라도 유입수가 종방향의 배수파이프에 의해 유도되어 배수되지만 터널 내로의 유입을 차단하는 방식으로 방수가 될 수 있다는 기억을 하라. 배수는 주변에 상당히 영향을 줄 수 있다. 중간적인 해결책이 소위 부분 압력의 저하이다: 수압은 특수 밸브 시스템에 의해서 제어된다. 이러한 방식은 지하수의 교란을 줄여준다. 이러한 '방수' 조건은 라이닝에 균열이 발생하거나 터널 주변 배수 시스템에서 밸브를 개방함으로써 '배수' 방식으로 쉽게 변환이 될 수 있다(그림 8.7). 그러나 공극수압의 재분배와 공극수의 방출에는 시간이 소요될 것이며, 이것은 낮은 투수율을 갖는 토사/암반의 경우에 많을 수 있다.

8.4 배수

배수는 지하수의 유입을 유도하고, 라이닝에 작동하는 정수압을 낮춰주는 방식으로 수두의 분포에 영향을 준다. 그런 다음에 유입된 지하수를 모아서 적절하게 배출한다. 이러한 방식은 영구적인 방법으로 작동해야 되며, 유지관리도 항상 가능해야 한다. 예를 들어 사면안정을 위해 전적으로 배

12) ÖSTU Stettin Hoch-und Tiefbau GmbH.

13) Historische Alpendurchstiche in der Schweiz, Gesellschaft für Ingenieurbaukunst, Band 2, 1996.

수만을 위한 터널도 있다. 지하수의 배수 경로는 다음과 같다.

1. 지하수는 균열과 특별히 천공된 공을 통하여 숏크리트를 통과한다(배수 시스템에 대한 지하수의 유동성을 높이기 위해 지반으로 반경방향으로 천공될 수도 있다).
2. 숏크리트와 라이닝 사이의 공간에 설치되는 인터페이스 배수 시스템은 부직포(배수용량이 낮은 경우), 합성의 토목섬유 혹은 요철 멤브레인(배수용량이 높은 경우)으로 구성된다. 많은 종류의 토목섬유(geospacer라 불림)가 있으며 지하수의 배수를 위한 안정적인 인터페이스를 제공할 수 있도록 설계되어 있다. 국부적인 수원으로부터 내뿜는 더 많은 물의 배출은 별도로 잡아내고 배수 파이프로 연결한다(그림 8.3).

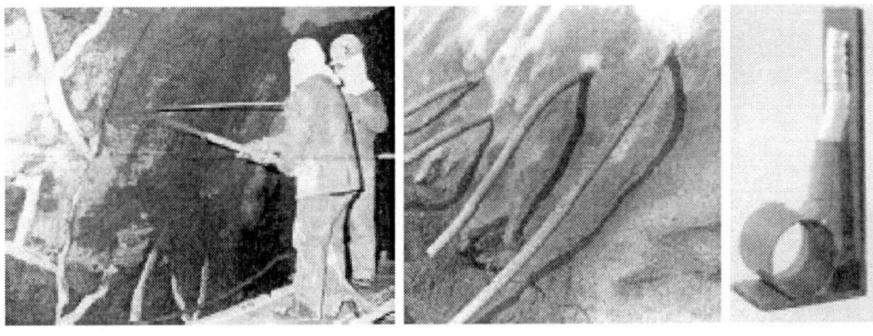

그림 8.3 숏크리트 내의 배수파이프, 주배수관으로의 연결

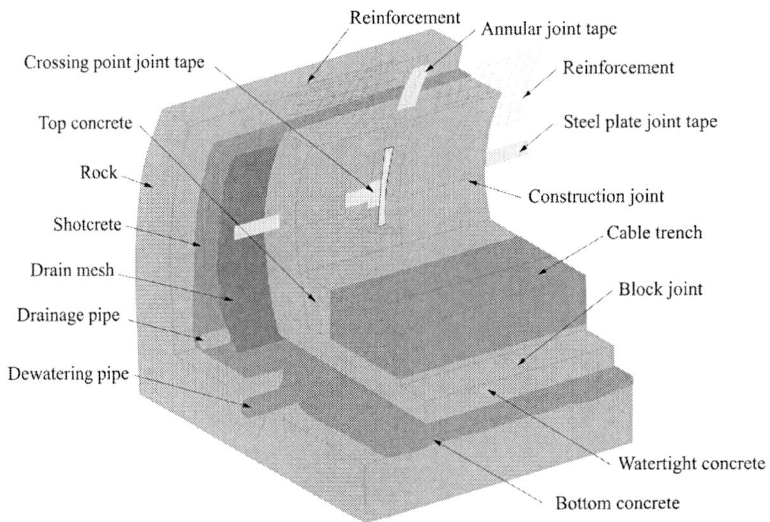

그림 8.4 철도 터널의 배수[14)]

14) G. Prommersberger, H. Schmidt, Planning and execution of the tunnels Markstein, Nebenweg and Pulverdinger. In: Engineering Structures, DB New Railway Line Mannheim-Stuttgart, No. 5, 9/89, pp.46~80.

이러한 지역 배수 시스템은 터널의 천단부와 측벽부로 유입되는 지하수를 모아서 종방향 배수 파이프로 보낸다. 그리고 이것은 터널의 측벽부와 인버터가 만나는 위치에 설치된다(그림 8.4). 인터페이스 배수와 배수 파이프는 입자성 필터(건조팩) 내에 매립되어 있으며, 파이프들은 상단부에 구멍이 뚫려 있다(그림 8.5).

3. 횡방향 배수홈(slot)(그림 8.11)은 측구 파이프로부터의 오는 지하수를 노면 아래에 설치되어 있는 주수집조로 유도한다.
4. 터널 인버트로 유입된 지하수는 비슷한 방식으로 집수된다. 즉, 자갈층과 종방향으로 설치된 다공 파이프는 인버트의 최하부에 설치된다.

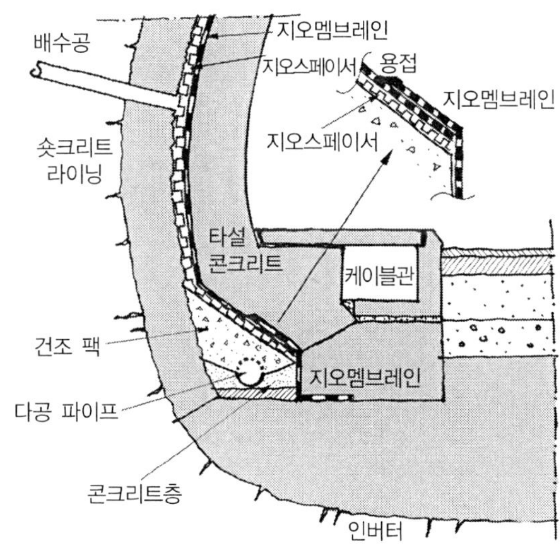

그림 8.5 측구 파이프로 집수되는 배수의 예

노면 위의 오염된 물과 다른 용액들은 종방향 파이프로 배수된다. 이러한 파이프들로의 연결은 배수로 혹은 슬롯을 통해서 이루어진다. 이러한 배수 시스템의 목적은 사고시 누출된 인화성 액체를 포집하기 위함이다. 오염 된 물은 나중에 다른 곳에서 처리 할 수 있도록 일시적으로 터널 외부의 저수지에 연결된다.

노면 하부에 매설되어 있는 종방향 파이프는 검사와 청소를 위해 맨홀을 통해 접근이 가능하다. 터널측면을 따라 설치된 종방향 파이프는 니치(nitch)를 통해서 접근이 가능하다. 청소는 500L/min 용량의 압력수(노즐압이 150bar)로 청소한다. 이러한 청소의 세부사항은 유지관리 매뉴얼에 포함되어야 한다.

다음의 값들은 터널 배수의 설계 사례로서 참조할 수 있다.[15)]

- 숏크리트와 콘크리트 사이의 부직포의 배수 성능은 7~14ℓ/(m · h)(p = 200kPa 압력, 동수경사 i = 1)
- 합성 토목섬유, 배수 성능 14ℓ/(m · h) 이상(p = 200kPa 압력, 동수경사 i = 1)
- 요철 멤브레인(air-gap mombrane), 6~20mm 요철높이, 멤브레인 두께 1.2mm 이상, 압축강도 $200kN/m^2$ 이상($\epsilon < 20\%$ 에 대해)
- 배수 파이프, 외경 200mm 이상
- 다공 파이프, 직경 10~15mm
- 종방향 배수홈 5~10mm

다음 항목은 배수와 관련된 관심사항이다.

맞힘 : 배수구는 침전물(예를 들어 탄산염의 침전) 또는/및 오물에 의해서 막힘이 발생할 수 있다. 지하수에 녹아 있는 칼슘(석회)은 압력, 온도, 산도(pH), 산소의 혼입 그리고 시멘트와의 반응에 의해서 침전될 수 있다. 정기적인 청소 이외의 대책은 배수계통에 사이펀(siphon)을 설치(공기와의 접촉을 차단하기 위해서)하거나 경도 안정제를 사용하는 것이다. 아스파라긴 산은 탄산염의 침전을 줄일 수 있다. 액체상태로 배수 파이프에 투여될 수도 있으며(만약 배수량 1~2L/s 이상이면) 또는 고체 조각으로 배수 시스템에 투여할 수도 있다. 이러한 첨가제는 침전을 감소시켜 주고 침전물을 더 부드럽게 해준다. 배수 파이프의 유지관리(청소)는 비용이 많이 들며, 터널의 운영에 제약을 준다. 관련된 검사를 위해 비디오 스캐닝이 선호된다. 막힌 배수 파이프의 청소는 앞에서 설명한 바와 같이 워터젯에 의해서 이루어진다. 또 다른 방법으로는 체인, 도리깨 로프(rope flail) 또는 충격식 천공 커터가 사용될 수 있다.[16] 따라서 독일철도(DB)는 터널들의 배수구 청소를 위해 매년 1m당 60유로까지의 비용을 지출하고 있다. 따라서 이제는 독일 철도 터널은 일반적으로 방수공법이 적용된다.

임시배수 : 국부적인 용출수 발생은 숏크리트와 방수 지오멤브레인의 시공을 방해한다. 따라서 물을 집수하고 다른 곳으로 돌리기 위해 임시배수를 적용해야 한다. 이를 위해 유연한 반원통형 관 또는 스트립을 적용할 수 있다(그림 8.6).[17]

다공성 콘크리트 : 이것의 공극률은 15% 이상으로 결과적으로 높은 투수계수와 낮은 강도를 갖는

15) Austrian standard 'Richtlinie Ausbildung vonTunnelentwässerungen', 19.12. 2002.

16) G. Girmscheid et al, Versinterung von Tunneldrainagen-Empfehlungen für die Instandhaltung von Tunneln. *Bauingenieur*, 78, Dez. 2003, pp.562~570.

17) AFTES Guidelines on waterproong and drainage of underground structures, May 2000 (http://www.aftes.asso.fr).

다. 이렇게 높은 공극률을 얻기 위해서는 단계별 입도분포를 가진 골재를 사용해야 한다(규질 골재를 권장). 시멘트 함량이 350kg/m^3 이상이어야 하며, 화학적 조성은 막힘현상을 증대시켜서는 안 된다.

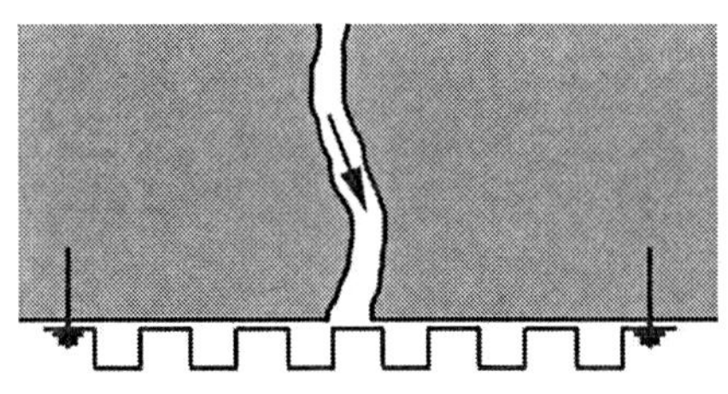

그림 8.6 스트립 패널을 적용한 임시배수

8.5 원형 배수 터널로의 지하수 유입

원형 단면을 갖는 배수 터널을 고려해 보자. 주변 지반은 등방성의 투수계수 K를 갖고 있다. 만약 터널 내로의 지하수 유입이 큰 규모의 저수조에 의해 이루어진다면, 배수는 지하수위에 영향을 미치지 못하며 정상류의 지하수가 이루어진다(그림 8.7).

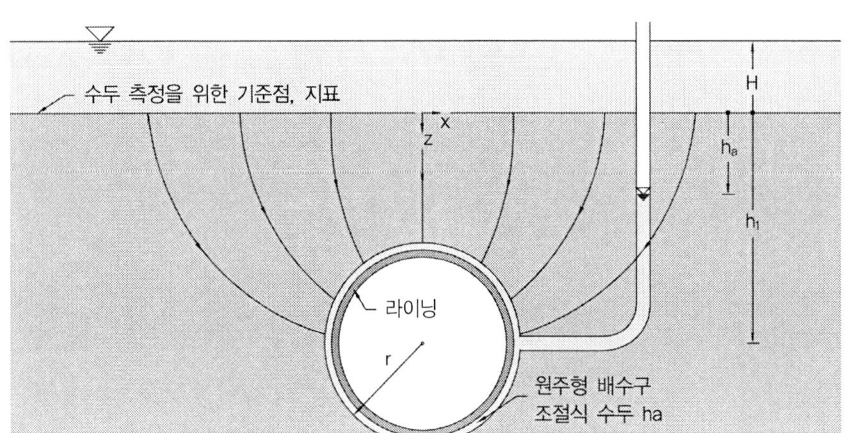

그림 8.7 배수 터널(반경 r) 안으로의 지하수 유입

2차원 문제에 대한 계산적인 예측을 구하기 위해서 x와 z의 함수로서 총 수두 h를 알아야 한다. 함수 $h(x,z)$는 (i) 지표 $z=0$에서 그리고 (ii) 터널 주변을 따라 상수값을 가져야 한다.[18] 첫 번째

18) 우리는 터널 주변 배수는 폐쇄된 수리 시스템으로 가정한다. 그리고 이것의 총 수두는 상수값 ha를 유지한다. 그러나 만약

요구사항만을 충족하는 함수에 근거하는 광범위한 해들이 있는 반면에 두 번째 요구사항은 오직 대략적으로 충족된다.[19] 따라서 근사의 정도도 터널 심도의 증가와 함께 증가한다. 즉, $h_1 \gg r$에 대해서, 이 함수 $h(x,z)$는 다음과 같다.

$$h(x,z) = c\log\frac{x^2 + (z+h_1)^2}{x^2 + (z-h_1)^2} + H$$

여기서 c는 상수이다.

터널둘레 $x^2 + (z-h_1)^2 = r^2$에서 $h(x,z) = c\log(1 + 4(zh_1)/r^2) + H$가 된다.

$h_1 - r \le z \le h_1 + r$ 대신에 또한 $z = h_1 - r + 2\xi r(\ 0 \le \xi \le 1)$로 표기할 수 있다. 그러므로 터널 둘레에 대해서 다음 식을 얻을 수 있다.

$$h(x,z) = c\log\left(1 + 4\frac{h_1^2}{r^2} + (2\xi - 1)\frac{h_1}{r}\right) + H$$

그리고 심부 터널($h_1 \gg r$)은 근사적으로 다음과 같이 얻을 수 있다.

$$h \approx c\log\left(4\frac{h_1^2}{r_0^2}\right) + H = \text{상수}$$

터널 주변의 $\rho > r$인 상당히 인접한 곳에서는 다음과 같이 표현할 수 있다(ρ는 원주 좌표계).

$$h(\rho) \approx c\log\left(4\frac{h_1^2}{\rho^2}\right) + H \tag{8.3}$$

그리고 Darcy 법칙에 의해 원주 방향 유속 $v = -K\nabla h$은 다음과 같이 나타낸다.

$$v_r = -2Kc/r$$

에 원주상의 터널 배수가 대기압이 지배적이면 그때는 이 원주는 일정한 총 수두로 등위 곡선이 아니다.

19) P. Ya. Polubarinova-Kochina: Theory of Ground Water Movement. Princeton University Press 1962, p.374.

따라서 터널 1m 길이당 흐르는 물의 체적 q는 다음과 같다.

$$q = -2\pi r v_r = -4\pi K c$$

따라서 $c = -q/(4\pi K)$이다. 터널 둘레의 총 수두 h_a를 고려하면 식 (8.3)으로부터 다음과 같이 된다.

$$h_a = -\frac{q}{4\pi K}\log\left(4\frac{h_1^2}{r^2}\right) + H$$

또는

$$q = \frac{2\pi K}{\log(2h_1/r)}(H - h_a) \tag{8.4}$$

엄밀 해[식 (8.5)]가 존재함에도 불구하고 식 (8.4)에 의해 주어지는 근사해가 터널공학에서 널리 퍼져 있다. 경암의 불규칙하고 이방성의 투수계수를 고려하려면 구해진 값은 Heuer의 경험계수 1/8에 의해 감소되어야 한다.[20] 유입량 q는 투수계수 K에 선형적으로 비례한다. 투수계수에 대한 현장 측정(예를 들어, 패커 수압시험으로 구한)을 사용하여 q를 평가할 때는 측정된 K 값의 지수적 분산을 고려해야만 한다.

Raymer에 따르면, 로그-정규분포가 통계에 적용된다. 투수계수 분포의 맨 마지막에 있는 K 값이 터널 안으로 유입되는 수량에 결정적으로 작용한다. 엄밀 해(부록 D)는 심부 터널에 국한되지 않으며 다음과 같다.

$$q = \frac{\pi K(H - h_a)}{\log\left(\dfrac{r}{h - \sqrt{h_1^2 - r^2}}\right)} \tag{8.5}$$

심도에 따라서 투수계수가 감소하는 경우에 해당하는 해도 있다.[21] 그러나 결과식은 아주 복잡하다. 투수계수의 항상 존재하는 불균질성과 측정치의 높은 분산도의 관점에서, 이러한 해의 적용은 타당해 보이지 않는다.

20) 인용: J.H. Raymer, Predicting groundwater inflow into hard-rock tunnels: Estimating the high-end of the permeability distribution. Proceedings of the Rapid Excavation and Tunnelling Conference, Society for Mining, Metallurgy and Exploration, Inc., 2001.

21) L. Zhang, J. A. Franklin, Prediction of Water Flow into Rock Tunnels: an Analytical Solution Assuming a Hydraulic Conductivity Gradient. *Int. J. Rock Mech. Min. Sci. & Geomech. Abstr.*, 30, No 1, 1993, pp.37~46.

8.5.1 침투력

비배수 터널의 라이닝은 최대 정수압에 노출되어 있는 반면에 배수 터널의 라이닝에 대한 수압은 일정한 에너지수두 h_a로부터 얻게 된다. 라이닝에 작용하는 지압은 수중(부력)단위중량 γ'를 사용하여 얻어진다. 그러나 배수 터널의 경우는 침투력이 고려되어야 한다. 이것은 지반에 작용하며(체적력(volume force)으로서), 따라서 라이닝에 작용하는 토압을 상승시킨다.

침투력의 효과를 증명하기 위해서 16장에 제시된 터널 천단부에 작용하는 압력에 대한 근사해가 참고되어야 한다. 식 (16.11)에 따르면, 비배수 터널 천단부(그림 8.8)에 지반에 의해 작용하는 압력은 다음과 같다.

$$p_c = h\frac{\gamma' - \dfrac{c}{r}\cdot\dfrac{\cos\varphi}{1-\sin\varphi}}{1+\dfrac{h}{r}\cdot\dfrac{\sin\varphi}{1-\sin\varphi}} + \gamma_w(H+h) \tag{8.6}$$

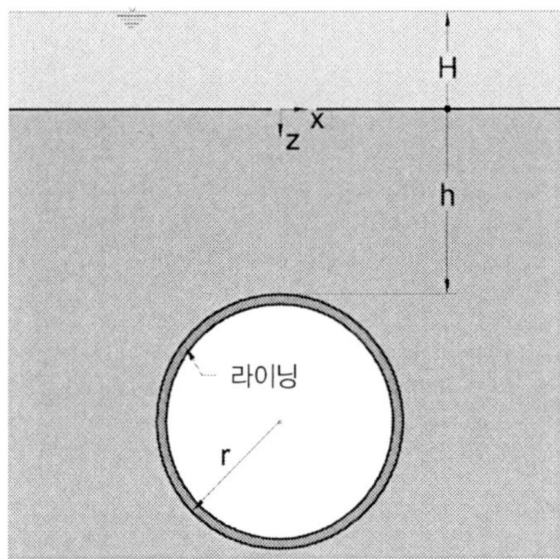

그림 8.8 지하수위 아래에 위치한 터널

식 (8.6)의 두 번째 항은 터널 천단부에 작용하는 수압을 나타낸다. 배수 터널의 경우, 이 항은 삭제되고 지반의 단위중량 γ'는 침투력 $i\gamma_w$에 의해 증가되어야만 한다. 천단부 부근의 수압 분포가 선형이라고 가정하면 수두경사는 다음과 같다.

$$i = \frac{H+h}{h}$$

따라서, 배수 터널의 천단부에 작용하는 지압은 다음과 같다.

$$p_c = h\frac{\gamma' - \frac{c}{r}\frac{\cos\varphi}{1-\sin\varphi}}{1+\frac{h}{r}\frac{\sin\varphi}{1-\sin\varphi}} + \gamma_w \frac{H+h}{1+\frac{h}{r}\frac{\sin\varphi}{1-\sin\varphi}}$$

8.6 배수의 영향

배수는 지하수의 초기 분포를 변화시키며 따라서 심각한 환경영향을 일으킬 수 있다. 수원의 고갈과 침하가 일어날 수 있다. 예를 들어 스위스에서 철도 터널의 배수로 인해 Zeuzier 아치댐에서 12cm의 침하가 발생하였다. 댐의 파괴를 방지하기 위하여 수원지의 수위를 상당히 낮추어야 했다. 따라서, 터널의 배수는 환경보호기관에 의해 금지될 수 있다. 심지어는 공사 중 배수도 금지될 수 있으며, 이 경우에는 터널로 유입된 지하수는 지반으로 다시 유입시켜야 했다. 만약 그 사이에 지하수가 오염되었다면, 전 처리가 필요할 수도 있다.

(배수)터널의 굴진 및 운영이 주변지역의 수원에 영향을 줄 수 있기 때문에, 증거자료의 영구보존이 필요하다. 이것은 시간이 많이 소모되므로 터널 굴진에 앞서 수행되어야 한다.[22] 이를 위해서 수원의 수량을 반복적으로 관측되어야 하며, 수원의 전기 전도도, 화학적 및 세균학적 구성이 기록되어야 한다. 이러한 결과들은 터널로 유입된 지하수의 해당 값들과 비교한다. Tauernkraftwerke (Tauern 수력발전소)는 40년간 724개의 수원을 관측하였으며, 오직 이들 중 6%만이 터널공사에 의해 영향을 받았다.

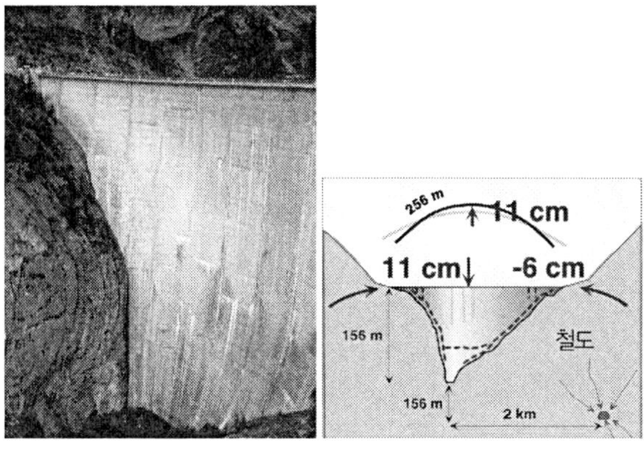

그림 8.9 Zeuzier 아치댐(스위스)

22) P. Steyrer, P. Ganahl, R. Gerstner, Stollenvortrieb und Quellbeeinflussung, *Felsbau* 12(1994), Nr. 6, pp.474~480.

8.7 방수

지하수위 상부에 위치한 터널은 아래쪽으로 스며드는 물로부터 보호되어야 한다. 이것은 소위 우산형 방수(Umbrella waterproofing)에 의해 가능하다(그림 8.12). 지하수위 하부에 위치한 터널은 지하수가 압력을 받기 때문에 터널 전체 둘레에 대한 방수가 적용되어야 한다.

3bar까지의 수압에 대해서는 수밀 콘크리트가 사용될 수 있다.[23] 3bar 이상 약 15bar까지의 수압에 대해서는 방수막이 추가적으로 적용되어야 한다(그림 8.13).[24] 방수막은 외부 라이닝(숏크리트)과 내부(콘크리트 라이닝) 사이에 고정된다.

투수성 암반에서 15bar 이상의 수압에 대해서는 사전 그라우팅을 통해 터널 주변에 차수 링을 형성하여야 한다(6.6절 참조). 사전 그라우팅이 불충분한 것으로 나타나면, 사후 그라우팅이 적용될

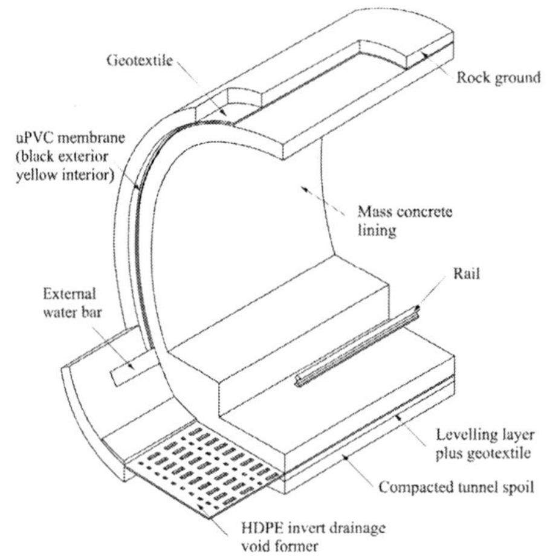

그림 8.10 철도 터널의 방수 시스템

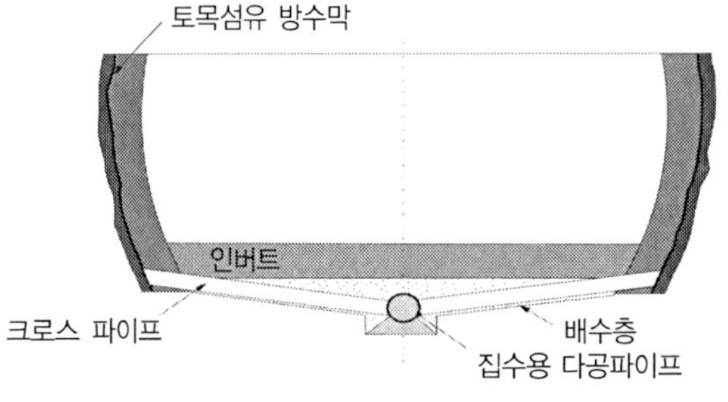

그림 8.11 터널 바닥부(인버트) 배수 시스템

23) RVS 9.32, Blatt 4, Abs. 3.6.3.2

24) Empfehlungen Doppeldichtung Tunnel - EDT, Deutsche Gesellschaft für Geotechnik, Ernst & Sohn, 1997.

수 있다. 어쨌든 사후 그라우팅에 비해 사전 그라우팅이 훨씬 더 경제적이고 효과적이므로 사전 그라우팅이 먼저 시도되어야 한다.

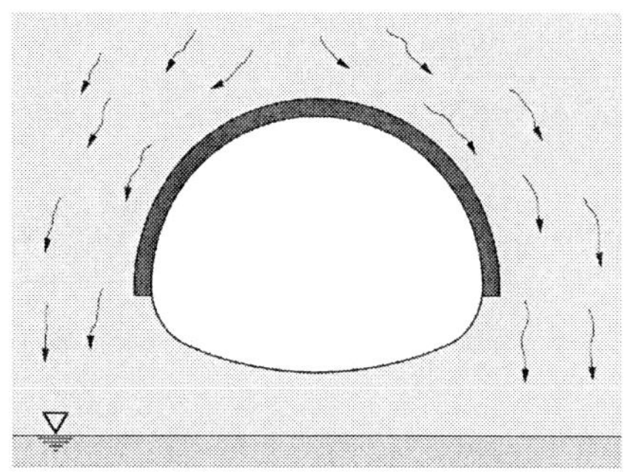

그림 8.12 우산형 방수(Umbrella waterproofing)

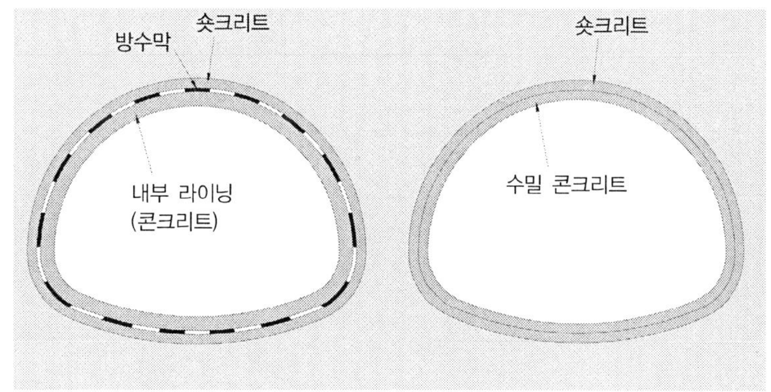

그림 8.13 터널 방수공법의 원리

골재의 입도분포 및 물의 양과 관련된 여러 조건들이 준수되어 적절하게 제작된 타설 콘크리트는 방수성능이 높다. 이 경우 공극은 서로 연결되지 않고 그리고 콘크리트는 불투수성으로 간주될 수 있다(30cm 이상의 두께에 대해). 이것의 불투수성은 균열들에 의해 감소될 수 있으며, 이 균열들은 매우 높은 인장응력, 온도경사, 크리프 및 수축에 의해 발생될 수 있다.[25)]

수밀콘크리트는 다음에 주의해야 한다.

수화열 : 이는 콘크리트 양생기간 중 발생한다. 이어서 일어나는 냉각은 불균형의 응력상태를 야기 시키고 이에 따라서 균열이 유도될 수 있다. 이에 대한 대책은 거푸집 탈형의 지연, 단열 거푸

25) RVS 9.32.

집, 골재 및 혼합수의 냉각 그리고 콘크리트 양생 중 긴 습윤 상태 유지(10~14일)가 있다.

수축 : 콘크리트 용수의 일부만이 화학적으로 결합(시멘트 량의 약 25% 해당)하고, 나머지 용수는 공극에 남아 있게 된다. 따라서 작은 물의 혼합량이 낮은 공극률을 유지하는 데 도움이 된다. 수축은 자유수의 증발 때문이다. 얇은 부분이 수축이 더 되기 쉽다. 콘크리트의 길이 감소는 15~20℃의 온도 감소에 의해 일어나는 수축에 해당한다.

시멘트 : 수밀 콘크리트에는 포틀랜드 시멘트의 사용이 선호되고 있는 반면에 고로 시멘트는 수화열 발생은 적지만 양생기간이 더 길다.

종방향 보강철근은 균열의 간격 및 폭을 감소시킬 수 있지만, 균열을 피할 수는 없다. 유일한 대책은 콘크리트 타설의 짧은 길이를 유지하는 것이다. 한편으로 너무 많은 시공조인트는 피해야 한다. 이에 대한 타협안으로 12~20m 길이의 콘크리트 타설이 일반적으로 적용된다. 수축억제효과에 의한 균열 발생을 피하기 위해서는 숏크리트는 호일 등의 간격재로 타설 콘크리트로부터 분리해야 한다.

수밀 콘크리트의 장점(합성 방수막과 비교하여)은 누수의 발생이 있을 경우에 쉽게 위치를 알 수 있는 반면에 방수막의 경우에 누수는 넓게 퍼진다.

터널의 방수는 때로는 지나치게 강조되고 그리고 관련 대책도 과도하다는 것을 알아야 한다. 몇 방울의 낙수는 대부분 허용이 된다.[26] 확실하게 피해야 하는 것은(특히 도로 터널의 경우) 물웅덩이, 용출수에 의한 가시거리 감소, 빙판과 고드름들이다.[27] 결국 모든 방수 라이닝도 약간의 누수가 발생할 것이라는 점을 고려해야 하며, 따라서 더 중요한 것은 관련된 피해(예를 들면, 누수의 배수 및 그라우팅을 위한 통풍구)의 감소와 쉬운 수리방법에 대한 준비이다.[28]

8.8 터널공사에서의 토목섬유

토목섬유는 터널 내 배수(배수간격재, 배수용 토목합성재료) 및 방수(지오 멤브레인)를 위해 적용된다. 폴리에스테르는 콘트리트와 같은 알카리성 환경에서 가수 분해작용으로 파손될 수 있기 때문에 사용되어서는 안 된다. PVC는 화재 시 염화수소산을 발생시킨다. 그러나 이것은 콘크리트 라이닝으로 피복되는 경우는 적용될 수 있다. 방수막(지오멤브레인)은 숏크리트 라이닝의 거친 면에 바

26) 100m 터널의 분당 2~40L의 누수속도는 허용이 될 수 있지만 터널 사용량에 따라 다르다.

27) 추운기후와 환기 터널에서는 100m 터널의 분당 1리터 이하의 작은 양의 떨어짐에도 동결에 의한 문제를 만들 수 있다.

28) D. Kirschke: Neue Tendenzen bei der Dränage und Abdichtung bergmännisch aufgefahrener Tunnel. *Bautechnik* 74(1997), Heft 1, pp.11~20.

09 압기공법

Tunnelling and Tunnel Mechanics

로 설치되지 않는다. 방수막이 찢어지거나 구멍이 나는 것을 방지하기 위하여 600~1,200g/m^3 정도의 토목섬유나 토목합성재의 보호층이 함께 설치된다. 띠형태 방수막들은 서로 용접이 되거나 합성 디스크로 설치되다. 이것은 200~300℃의 가열 공기를 이용하여 이루어지며, 따라서 이것에 의해 기본 보호용 토목섬유가 악화되어서는 안 된다.

굴착공간으로 유입되는 지하수를 차단하기 위해 압축공기를 사용하겠다는 생각은 Thomas Cochrane경이 1830년 특허를 획득한 시점으로 거슬러 올라간다.1)

압기공법에 의한 터널굴착은 다음과 같은 위해요소가 있다.

1. 작업원의 건강 문제
2. 산소농도 증가로 인한 화재 위험(보다 쉽게 발화되며, 보다 격렬하게 타고 그리고 진화는 더욱 어렵다)
3. 분발(blow out)

압기공법은 주로 이완된 모래질 또는 실트질 지반에서 쉴드 혹은 재래식 공법에 의한 굴진에 적용되고 또한 개착식 지반굴착에도 적용된다.2)

쉴드 굴진 : 막장은 종종 가압된 슬러리 혹은 버력토로 지지된다. 그러나 유지보수를 위해서는 작업원이 굴착 챔버에 들어가야 한다. 이때는 슬러리가 제거되고 압축공기에 의한 지보가 이루어진다. 압기 지보는 적절하게 폐쇄된 터널 내 일부에서는 영구적일 수 있다. 당연히 잠금장치가 구비

1) R. Glossop, The invention and early use of compressed air to exclude water from shafts and tunnels during construction. *Geotechnique* 26, No. 2, 1976, pp.253~280.

2) Changes in the air. *Tunnels & Tunnelling International*, January 2002, pp.26~29.

되어야 한다. 같은 방법으로 파이프 재킹에도 적용된다.

재래식 굴진 : 터널은 격벽에 의해 밀봉이 되고 그리고 공기에 의해 가압이 될 수 있다. 에어 로크(air lock)는 격벽을 통해 접근이 허용된다. 터널 막장에서 지하수의 정수압이 심도에 따라 선형적으로 증가하는 반면에 공기압은 대략적으로 일정하다. 따라서 공기압은 어느 레벨에서 수압과 균형을 이룰 수 있지만, 그 위에서는 공기압이 수압을 초과한다. 보호되지 않은 막장, 균열 그리고 숏크리트의 약한 틈새를 통해서 공기가 새어 나간다. 물론 후자의 손실은 압력 터널의 연장에 비례하여 증가한다.

공기의 손실량을 예측하는 것은 매우 어렵지만, 대략 20과 700m^3/min 사이의 양이 보고되었다. 표 9.1은 몇 가지 특정 사례를 보여준다. 압축기에 대한 해당 비용은 대략 월 10,000~200,000€ 사이를 나타낸다.[3] 공기와 관련하여 부분적으로 포화된 흙의 투수계수는 시간이 지남에 따라 증가한다는 것을 고려해야 한다. 만약 공기손실이 제어될 수 있다면, 압축공기는 모든 종류의 지반조건에 효과적이다(균열 지반도 포함하여). 뮌헨(Munich)의 U-2 지하철의 경우 지반의 투수계수가 극히 높아서 극단적인 공기손실을 방지하기 위해 피복층에 그라우팅을 실시하였다.

개착식 터널 : 지하수위 안에서의 개착식 터널 공사에 공기압의 적용은 그림 9.2와 같다. 커버를 두 개의 격막 벽체에 부착하고, 이어서 토사를 굴착하여 제거하는 반면에 공기압으로 지하수위를 낮게 유지한다. 필요한 양의 공기공급을 위한 적절한 압축기의 선정은 경험적으로 산정된다. 공기손실은 막장, 터널 벽면과 에어 로크에서 일어난다.

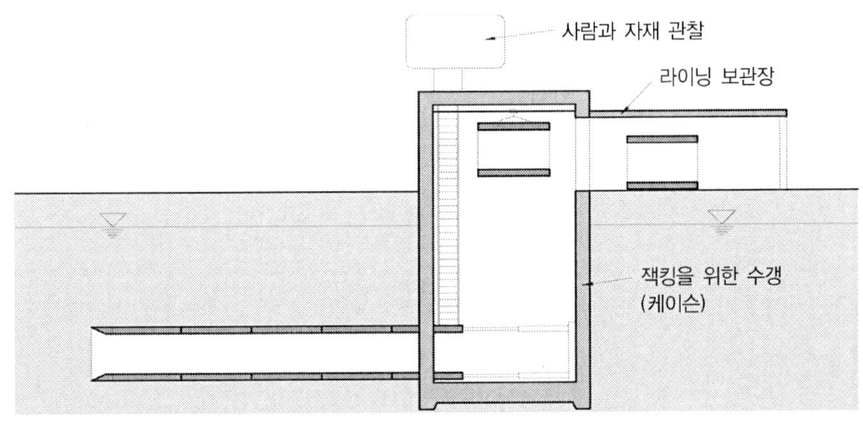

그림 9.1 공압에 의한 파이프 잭킹과 시점부 수갱

3) S. Semprich, Tunnelbau unter Druckluft - ein immer wiederkehrendes Bauverfahren zur Verdrängung des Grundwassers, TA Esslingen, Kolloquium 'Bauen in Boden und Fels', Januar 2002.

표 9.1 NATM 공법과 함께 압기공법의 적용 예[4)]

도시	압기하에 굴진된 터널연장(m)	공기압(bar)	공기손실(m^3/min)
Munich	6,961	0.3~1.1	25~580
Essen	1,330	0.4~1.2	52~250
Taipei	400	0.8~1.4	50~180
Siegburg	240	0.6~1.2	50~450

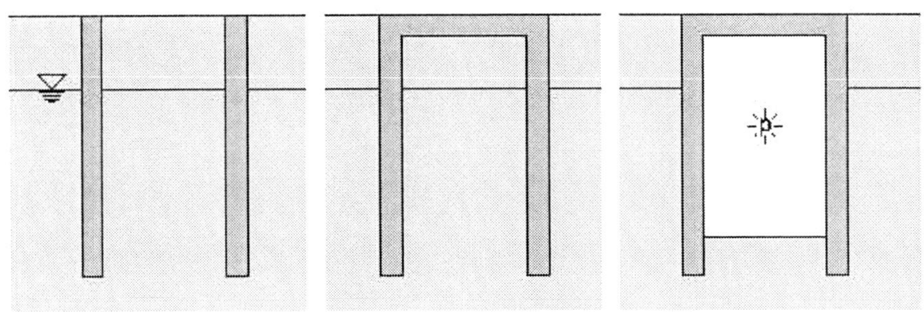

그림 9.2 개착식 공법에서의 압기공법 적용

9.1 건강문제

공기압의 증가는 혈액 내 공기의 용해가 더 많이 일어난다는 것을 의미한다. 잉여 산소는 세포에 공급되는 반면에 질소는 용해상태로 남아 있으며 감압 시 이탈된다. 만약 감압이 너무 빠르게 진행되면 그때 혈액 내에서 기포를 형성할 수 있고, 관절과 조직은 잠수병을 야기한다. 이것은 관절에 통증을 동반하고 색전증을 일으킬 수 있다. 따라서 감압은 서서히 이루어져야 한다. 감압 시 필요한 시간은 압력과 체재 시간에 따라 증가한다.

독일 기준표(다이빙표)[5)]에 감압에 필요한 시간이 나타나 있다. 사람은 최대 3.6기압까지 허용되며 나이는 21세에서 50세까지로 제한된다. 불편함은 감압 후 12시간 후까지도 나타날 수 있다. 합리적인 유일한 해결책은 가압 챔버에 다시 들어가는 것이다. 대기압이 1기압 이상인 건설현장에서는 아픈 사람들을 위해 특별한 재압축실이 제공되어야 한다. 가압공기 내에서 작업하는 작업원들은 갑작스런 질병의 경우에 불필요한 의료 치료를 방지하는 데 도움이 되는 적절한 조치사항이 적힌 레드

4) S. Semprich and Y. Scheid, Unsaturated flow in a laboratory test for tunnelling under compressed air. 15th Int. Conf. Soil Mech. and Geot. Eng., Istanbul, Balkema, Vol. 2, 2001, pp.1413~1417.

5) Druckluftverordnung of 4th October 1972 (BGBl. I p. 1909) last change of 19th June 1997(BGBl. I p.1384).
다른 참조: Work in Compressed Air Regulations 1996 and accompanying guidance document L96 (UK), BS 6164: 2001 'Code of practice for safety in tunnelling in the construction industry', and the draft CEN standard prEN12110 'Airlocks-safety requirements'.

카드를 항상 소지하고 다녀야 한다. 표 9.2에 따르면, case Ⅰ과 case Ⅱ의 경우에 작업원들은 로크로부터 철수해야 하는 반면에, case Ⅲ의 경우에는 재압축이 필요하다. 감압시간은 순수 산소(마스크 사용)를 사용할 경우 약 40%까지 감소할 수 있다. 그러나 1bar 이상의 압력에서는 순수 산소는 독성이 있음을 참고하라. 다른 질병으로는 관절염 등이 있다. 또 다른 질병인 뼈의 괴사는 관절들의 확실한 증거로 판명되었다. 이것은 수년간 압축공기 상태에서 작업을 하면 나타날 수 있다.

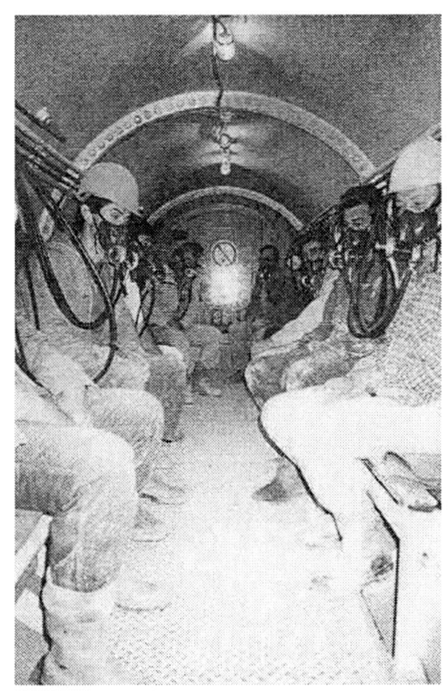

그림 9.3 압력강하실에 있는 터널 작업원

네덜란드에서는 이수식 쉴드에서 유지보수 작업을 수행하기 위해 4.5bar(어떤 경우는 7bar)까지의 공기압에 노출되는 것이 허용되었다. 3.6bar 이상의 압력에서는 질소중독이 관찰되었다: 잠수부는 작업이 느려지고, 더 많은 실수를 하였다. 특별한 가스 혼합물이 헬멧을 통해 흡입되어야 했다.

공기압력 질병은 다음과 같이 구분된다.

표 9.2 압기에 의한 증상

	증상	- 에서 나타남
I	귀의 고막에 고통	압력 증가
II	심해 황홀증(질소 중독)	일정한 압력
III	부비강과 관절에 통증	압력 감소

9.2 숏크리트에 미치는 영향

압축공기의 습도증가는 숏크리트의 세팅을 가속화한다. 만약 주변지반이 투수성이면, 숏크리트를 통해 공기가 유출되고 건조와 수축을 일으켜 결과적으로 강도 저하를 야기한다. 대책은 숏크리트를 물로 축여 주고, 투수계수를 저하시키기 위한 첨가제의 사용 그리고 숏크리트 면의 조기 실링이 있다. 만약, 주변지반이 비교적 불투수성이라면, 압축공기는 숏크리트에 유리하다.

9.3 분발(Blow-out)

만약 압축공기가 토사지반 내에 파이프 형태의 통로를 형성한다면, 압축공기는 순식간에 빠져나갈 수 있고, 이것이 터널 내 갑작스런 압력강하를 일으킨다. 압력저하는 빵하는 소리를 동반하고, 안개를 형성한다. 그리고 터널의 붕괴로 이어질 수 있다. 대부분의 경우 증가된 공기 누출량을 통해 알 수 있다. 이런 분발을 피하기 위해서는 터널 천단부에서 초기 응력이 공기압에 비해 10% 이상 초과해야 한다. 이를 위해 때로는 지표에 성토를 하기도 한다. 이것의 폭은 터널 직경의 6배가 되어야 한다.

10 하 · 해저 터널

Tunnelling and Tunnel Mechanics

다음은 수로를 가로지를 수 있는 가능한 방법들이다.[1)]

페리(Ferries) : 이 방법은 다리나 터널과 비교하면 느리고 교통 용량이 작다(예를 들어 channel 터널은 파리에서 런던까지 6시간 걸리던 시간을 2시간 40분으로 단축하였다). 또한 이들은 다른 배에게도 위험하고, 나쁜 날씨에 영향을 받는다.[2)]

고정식 혹은 이동식 교량(Stationary or Mobile bridge) : 다음과 같은 형식들이 고려될 수 있다.

- 선박의 통과를 위해서 중앙부에 움직일 수 있는 상판을 적용한 부유식 철주
- 이동식 교량

부교의 개폐는 시간이 많이 소요되고, 교통의 흐름을 방해한다.

높은 교량 : 이 교량들은 선박을 통행시키기 위해서는 교각이 충분히 높아야 한다.

10m : 내해 선박 운행

25m : 해안 선박 운행

70m : 외해 선박 운행

도로는 4% 그리고 철도 1.25%의 종단경사를 갖는 긴 램프가 필요하다. 높은 교량은 경관에 영향을 미치고, 나쁜 날씨(예 태풍, 허리케인)에 손상될 수 있다.

하 · 해저 터널 : 이 터널은 교량에 비해 50%까지 공사비가 증가할 수 있지만, 위에서 언급한 단점

1) M. Kretschmer und F. Fliegner: Unterwassertunnel, Ernst und Sohn, 1987

2) 1954년 일본에서 폭풍이 5척의 나룻배를 침몰시켰다. 그래서 Honshu 섬과 Hokkaido 섬을 연결하는 54km 길이의 Seikan 터널이 건설되었다(1971년부터 1988년까지).

들을 피하는 데 도움이 될 수 있다. 다음과 같은 다른 형식들이 적용될 수 있다.

- 앵커고정식 부양 터널(anchored floating tunnel)
- 교각 위에 세운 수중 교량
- 수위 하부의 개착식 공법은 강널말뚝 혹은 현장타설 말뚝벽체 안에서 시공되거나 혹은 견인 및 침매방식 혹은 케이슨 공법 등에 의해 시공된다.

굴착 터널은 30에서 100m 사이의 피복층이 필요하기 때문에 개착식 공법으로 건설된 터널에 비해 더 깊어야 한다. 따라서 길이가 더 긴 경사 진입로가 필요하다. 항해를 위해서는 해수면 위로 50%(내해 항해)에서 10%(외해 항해)의 수심의 여유가 필요하다(해수면 깊이에서).

10.1 침매 터널

미리 가공된 길이가 40에서 160m 사이의 블록(그림 10.1과 10.2)을 견인하고 최종 위치에 침강시킨다. 블록을 부유시키기 위해서, 블록의 전면부에 임시로 벽체로 마감한다. 블록은 난파선에 의한 10~80kN/m^{2}의 하중을 견딜 뿐만 아니라 1.5×3m 표면에 걸쳐 분포하는 1,300KN의 앵커의 영향을 견딜 수 있도록 설계되어 있다. 선박통행에 의한 7.5bar의 압력 강하도 고려되어야 한다. 콘크리트로 만들어진 터널본체들은 강판, 역청, 합성 방수막에 의해 방수가 이루어진다. 방수 콘크리트의 적용도 증가추세이다. 만약 철이 사용된다면 부식이 반드시 고려되어야 한다. 만약 물이 용해된 탄산염을 함유하고 있다면 부식을 방지하는 막이 형성된다. 그렇지 않으면 부식에 의해 1년에 0.01~0.02mm의 철의 손실을 고려해야 한다. 소위 음극부식 방지는 보호되어야 할 철과 아연, 마그네슘 혹은 알루미늄으로 만들어진 양극 사이에 적용하는 갈바니 전압(galvanic votage)을 기본으로 한다.

침매될 터널본체의 안정성은 선박제조의 규칙에 따라서 확인되어야 한다. 밸러스트(ballast) 탱크 내에서 터널본체 및 물교환의 공명현상을 피해야 한다.

해저면 조사는 시추조사에 의한 시추공의 시료 및 사운딩을 기본으로 한다. 만약 수심이 15m를 초과하지 않는 경우는 배에서 수행될 수 있다. 25m 이상의 수심에서는 레그 잭업(leg jack-up) 시추기에서 수행할 수 있다. 또한 시료채취와 사운딩을 수행할 수 있는 원격조정 차량은 바닥에서 적용 가능하다.

바닥의 수심은 항해에 필요한 요구사항을 만족해야 한다. 즉, 최소 15m 이상의 여유심도를 확보해야 한다. 8m 높이의 터널과 해당 피복을 고려한다면 약 30m가 준설이 되어야 한다. 초음파 사운딩을 통해 준설될 채널의 표면을 통제한다. 터널본체가 준설 바닥면에 닿기 전에 틈새의 물이 빠져나가게 된다. 가속화된 물의 흐름이 물결자국을 남기게 된다. 따라서 사질 지반은 자갈피복층으로 보호되어야 한다.

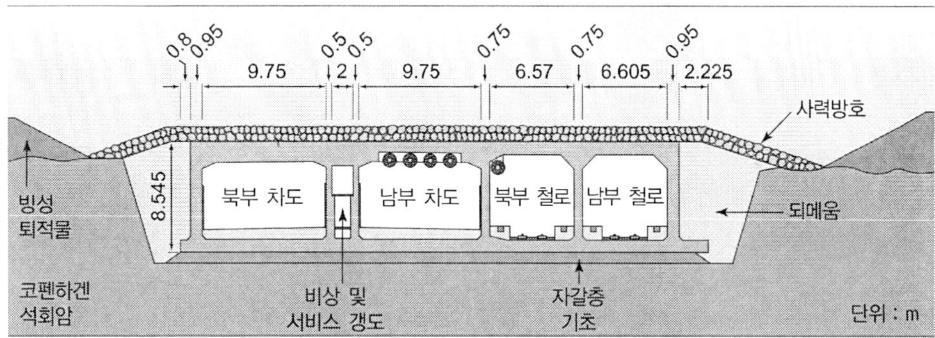

그림 10.1 Øresund 터널의 단면3)

그림 10.2 Øresund 터널에 사용될 터널 블록의 제작4)

부력으로 인해 바닥면의 접촉압력은 낮다(통상 5에서 10kN/m^2). 부력과 관련하여 안전율 1.1이 확보되어야 한다. 다음과 같은 종류의 바닥면이 적용될 수 있다.

자갈층위 바닥면 : 자갈층은 불도저로 면 고르기가 되어야 한다.

하부충전 기초 : 터널본체는 임시기초 위에 자리를 잡는다. 이어서 남은 공간을 고압분사재(모래와 물의 혼합물)로 채운다. 채워진 모래바닥층의 바닥면은 다소 느슨하여 침하되거나 액상화되기 쉽다. 해결책은 고압분사재에 시멘트를 첨가하는 것이다.

말뚝기초는 연약한 지반인 경우에 적용될 수 있다.

---

3) Busby, J., Marshall, C., Design and construction of the Øresund tunnel, Proceedings of the ICE, Civil Engineering 138, November 2000, pp.157~166.

4) www.thornvig.dk

10.2 케이슨

침매 터널은 케이슨을 배열시킴으로써 건설될 수 있다. 케이슨은 하부의 흙을 제거함으로써 연속된 펀칭을 유발하여 아래쪽으로 파고드는 박스 구조물이다. 토사의 제거는 개방형 케이슨 혹은 공압으로 채워진 폐쇄된 작업실5)(소위 공기 케이슨, 그림 10.3)에서 수행될 수 있다.

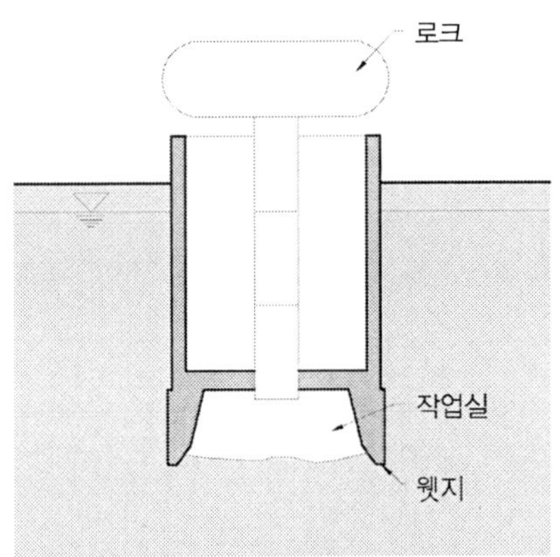

그림 10.3 공기 케이슨, 로크(오른쪽)

그림 10.4 압기식 케이슨의 작업실(Amsterdam 지하철)

공기 케이슨의 작업실은 최종 심도에 도달한 후에는 콘크리트로 채워진다. 공기 케이슨은 다음과 같은 장점을 갖고 있다.

- 작업 중 작업면의 토사상태를 관측할 수 있고, 장애물이 쉽게 제거될 수 있다.
- 지하수가 교란되지 않는다.
- 진동을 발생시키지 않는다.

5) H. Lingenfelser: Senkkästen, Grundbau-Taschenbuch, 4. Auage, Teil 3, Ernst und Sohn, Berlin 1992.

그림 10.5 Amsterdam 지하철을 위한 케이슨: 콘크리트용 몰드

- 작업실 위의 공간에 토사 혹은 물로 하중을 가하여 항상 하강이 가능하게 한다.
- 케이슨은 다른 곳에서 제작될 수 있고 최종 위치로 견인된다.

3~10cm 폭의 틈새는 절단 모서리(cutting edge)의 3m 상단에서 제공된다(그림 10.6). 생긴 틈새는 벽체의 마찰을 줄이기 위해 벤토나이트 슬러리로 충전된다(그림 10.6). 거친 외벽은 벽면 마찰의 증가를 야기시킨다. 절단 모서리의 내벽은 너무 편평하지도(흙에 접근할 수 있다) 가파르지도(토사 안으로 너무 깊이 침투하는 것을 방지하기 위하여) 않아야 한다. 절단 모서리의 선단은 스틸 슈(steel shoe)로 보강되어야 하고 적절하게 콘크리트 안에 뿌리박아야 한다. 작업실 안의 여유공간은 여유 2.0~2.5m가 되어야 한다. 작업실의 천정두께는 밸러스트와 압기에 의한 하중을 지탱하기 위해서 적어도 60cm는 되어야 한다. 적당하게 형성된 모래더미는 내벽에 대한 거푸집역할을 할 수 있다(그림 10.5). 작업실 내에서의 굴착은 워터젯의 도움으로 수행될 수 있다. 버력은 펌프에 의해 밖으로 배출될 수 있다(그림 10.4). 하강계획에 의해 밸러스트의 하중이 케이슨을 편칭할 만큼 충분한지가 평가되어야 한다(그림 10.7). 매 중간 단계마다 추진력 $G+B$는 저항력 $P+R+V$와 균형이 이루어진다(그림 10.7). 여기서

P : 공기압력의 합력으로 $P=p_l \cdot A$이다. 여기서 p_l는 공기압력, A는 하중이 작용하는 면적이다.

R : 수평토압[6]에 $\tan\delta$를 곱한 결과에 의한 벽체 마찰력이다. δ는 벽체의 마찰각이고 $\frac{2}{3}\varphi$로 추정될 수 있다. 벤토나이트 윤활면 근처는 $\delta=5^\circ$, 또는 벽면전단응력은 5~10kN/m^{2}으로 가정될 수 있다.

---

6) 이론적으로 입송이 안 될지라도 보통 능동적인 토압으로 가정된다.

V : 모서리에 작용하는 힘의 수직성분이다.[7] V는 한계 하중 p_g로부터 구하며, 이것의 분포는 그림 10.8과 같다고 가정한다.

P_g는 다음과 같이 추정할 수 있다.

1.2~1.6MN/m^2(자갈)

0.9~1.3MN/m^2(모래)

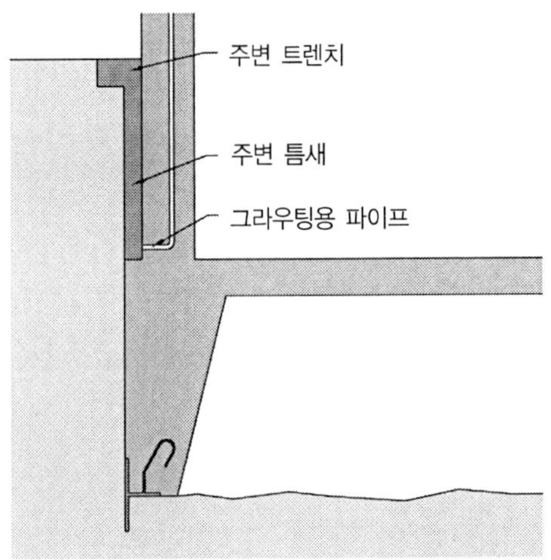

그림 10.6 벤토나이트 현탁액으로 충전된 벽체 틈새와 절단 모서리

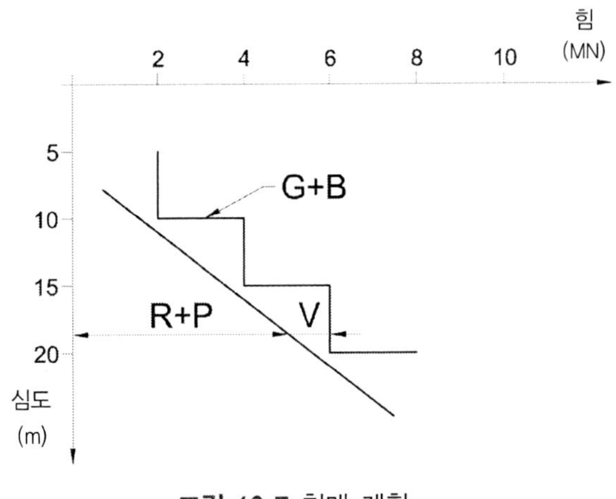

그림 10.7 침매 계획

7) P. Arz, H.G. Schmidt, J. Seitz, S. Semprich: Grundbau, Abschnitt 5: Senkkästen. In: Beton-Kalender 1994, Ernst und Sohn, Berlin.

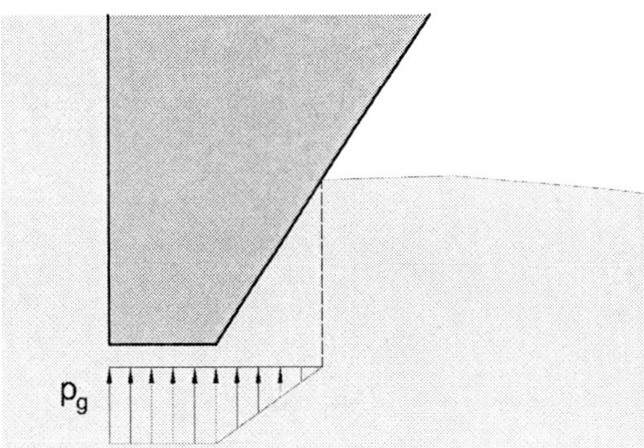

그림 10.8 절단 모서리에서의 추정되는 응력 분포

11 수갱

Tunnelling and Tunnel Mechanics

11.1 수갱 굴진

수갱은 수직 혹은 경사진 터널이다. 수갱은 하향 혹은 상향으로 굴착된다. 하향의 경우는 버력과 유입된 지하수가 위로, 즉 중력에 반하여 배출되어야 한다. 이것은 예를 들어 공기식 리프트의 도움으로 수행된다. 만약 수갱이 기존의 터널(소위 바닥 진입로)의 방향으로 굴착이 된다면 선진 시추공을 통하여 버력 및 지하수를 아래쪽으로 운반될 수 있다. 선진 시추공의 확공(리밍)은 하향식(하향 확

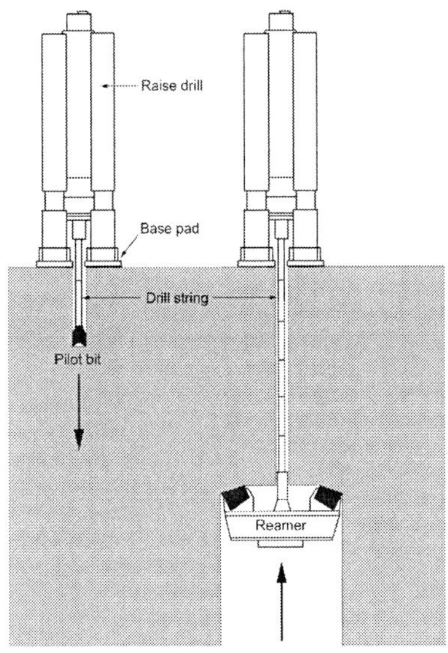

그림 11.1 레이즈 보링기에 의한 수갱 굴착. 좌: 선진 시추공 천공, 우: 상향 확공[1)]

1) Atlas Copco prospectus.

공, downreaming) 혹은 상향식(상향 확공 또는 레이즈 보링, upward reaming or raise boring; 그림 11.1)으로 수행된다. 기계에 의한 하향 확공 굴착의 경우는 다음의 두 가지 방법이 적용된다.[2] 원통형 절삭 휠을 갖춘 수직 TBM은 그리퍼로 수갱 벽면에 버티면서 하향으로 굴진한다(Wirth). 다른 방법은 TBM 자중에 의해 하향의 추력을 발생시키는 것이다(Robbins의 weight stack 하향 확공기, 그림 11.2).

대구경 상향 확공은 막장과 벽면의 불안정성, 디스크 롤 교체의 어려움, 막장에 대한 제한된 추력 그리고 용출수 유입 때문에 위험하다. 수갱 완성 후에만 대책의 적용이 가능하다는 것에 주목하라.

만약 암석이 충분한 강도를 가지고, 바닥 진입 갱도와 정밀한 시추공이 있다면, 레이즈 보링이 6m 직경 1,000m 깊이[3]까지의 수갱 굴착에서 가장 경제적인 공법이다.

수갱은 현장타설 말뚝벽체, 연속벽체 혹은 동결된 흙으로 보호된다.[4] 후자는 주로 광산과 같이 매우 깊은 수갱에 적용된다. 세계에서 가장 깊은 수갱은 남아공 금광으로 2.7km의 깊이에 이른다.

수갱의 아래 부분은 배기식 환기 시스템으로 환기가 이루어져야 한다.[5] 천공 로드는 내장 경사계가 장착되어 있다. 측정된 신호는 압력파의 형태로 세척액을 통해 전달된다. 천공방향의 전환은 커

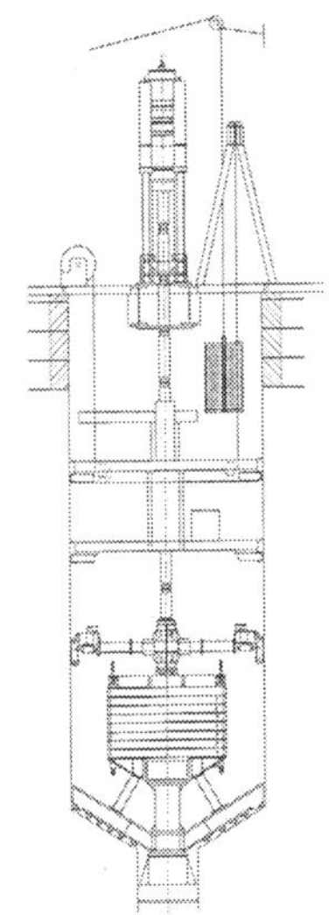

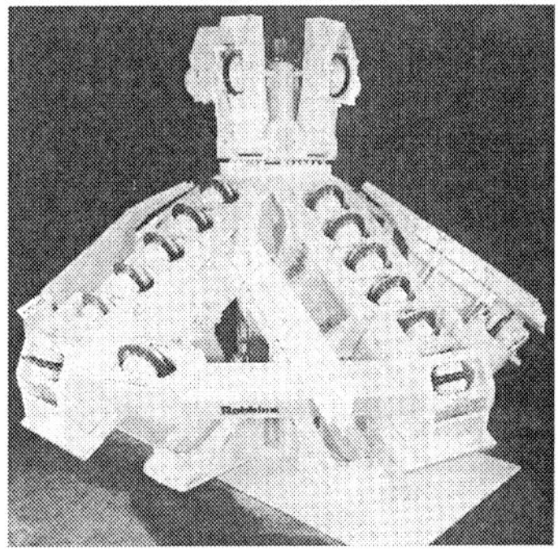

그림 11.2 좌: 83RM Raise drill을 장착한 Weight stack 하향 확공기.
우: 하향 확공기 커터 헤드

2) R.J. Robbins: Recent Experience with a Mechanically Excavated Shaft. Vorträge STUVA-Tagung 1995, Stuttgart, pp.111~118.

3) A.Wagner: Raise-boring, heute und morgen. 38. Salzburger Kolloquium für Geomechanik, 1989.

4) J. Klein (ed.), Gefrierschachtbau. Glückauf Verlag, Essen, 1985.

5) Model specication for tunnelling. The British Tunnelling Society and the Institution of Civil Engineers. Thomas Telford, London, 1997.

터헤드에 달린 원격 제어통에 의해 수행된다. Uttendorf II 발전소의 수갱을 위해 600m 깊이의 시추공이 0.17%의 정밀도로 천공되었다.

상향굴착의 수갱은 Alimak의 굴착 작업대가 적용될 수 있다(압기 구동식). 이 작업대는 볼트로 암반에 고정된 레일을 따라서 오르내린다. 철망으로 된 덮개(canopy)가 낙석으로부터 작업원을 보호

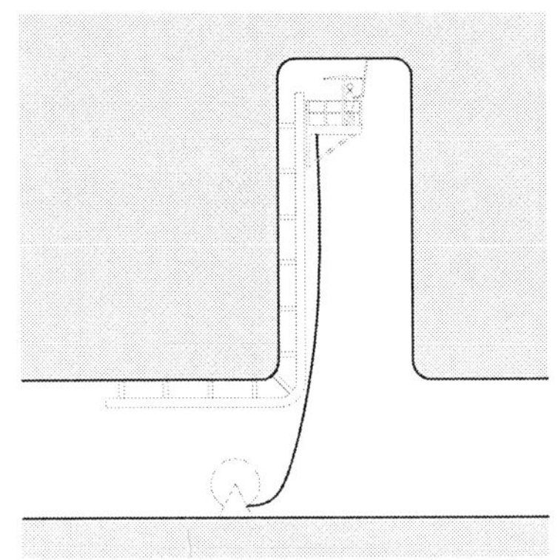

그림 11.3 Alimak사의 리프트 작업대

그림 11.4 수갱 Sedrun, 버력 hoppit와 케이블 윈치

그림 11.5 수갱 sedrun과 굴착 그리퍼(gripper), 복공 수갱의 내부[6]

6) source: http://www.tunnel.ch/ass/

해 준다.

발파공의 천공 및 장약은 이 작업대에서 이루어지며, 발파 시에는 안전한 곳으로 이동한다. 이후에 작업대는 지보를 설치하기 위해 다시 올려지게 된다.

그림 11.6 시점부 수갱, Stuttgart 공항의 도시철도 연장

11.2 수갱에 작용하는 토압

수갱은 수직 터널로 간주될 수 있다. 심도가 깊어짐에 따라 응력이 증가되는 것을 무시할 수만 있다면 터널에 적용하는 것과 동일한 해를 적용할 수 있다.[7)]

수갱에 작용하는 토압의 결정은 3차원적인 문제이며, 그 해가 존재하지만 이해하기 어렵다. 만약 암석강도가 충분히 발현된다고 가정하고, 게다가 $\sigma_r(\equiv p)$, σ_θ, σ_z가 주응력이라면 수갱 라이닝에 작용하는 토압 p에 대한 간단한 추정식을 다음과 같이 얻을 수 있다. $\sigma_r = \gamma z$에 따라,

$$p = K_a \gamma z - 2c \frac{\cos\varphi}{1+\sin\varphi}$$

광산에서는 p는 보통 $0.3\,\sigma'_{z,\infty} + u$로 설정된다. 여기에서 $\sigma'_{z,\infty} = \gamma' z$는 원거리에서의 수직방향 유효응력이고 u는 공극수압이다.

7) A. Kézdi : Erddrucktheorien(p.291), Springer Verlag, Berlin, 1962, as well as K. Széchy: Tunnelbau(p.732), Springer Verlag, Wien, 1969, and B. Walz, K. Hock: Berechnung des räumlich aktiven Erddrucks mit der modizierten Elementscheibenmethode.Bericht Nr. 6(March 1987), Bergische Universität-GHWuppertal. In some of these works a 3D gliding wedge is regarded, which is kinematically not possible.

12 시공 중 안전

Tunnelling and Tunnel Mechanics

12.1 건강 재해

터널 공사의 초기에는 사고에 의한 사상자의 수가 매우 높았다. 그러나 다음 표로부터 추론되는 바와 같이 점차적으로 사상자수도 감소될 수 있었다.

터널	길이(km)	건설기간	사상자
Gotthard 철도	15.0	1873~1882	177
Simplon I 철도	19.8	1898~1906	67
Lötschberg 철도	14.6	1907~1913	64
Gotthard 도로	16.3	1970~1980	17

터널 공사 중 교통사고는 터널 작업자가 직면하는 일반적인 위험이었고 이외에도 소음에 의한 난청 및 석영 분진에 의한 규폐증이 있다.[1] 게다가 터널의 붕락 및 장비에 의한 사고가 있고, 이외에 다음과 같은 위험원이 있다.

가스 유입 : 다음의 가스들이 지하에서 발생할 수 있다.

- 메탄 및 고급 탄화수소가스 : 메탄은 공기와 함께 가연성 혼합물을 형성할 수 있다. 대기압 상태에서 만약 메탄가스의 농도가 5%에서 14% 범위인 경우 폭발위험이 매우 높다. 이러한 범위 한계는 고급 탄화수소의 경우 더 낮아질 수 있다. 메탄가스는 공기보다 가벼워 터널의 천단부에 모이게 된다.[2][3][4] 따라서 양호한 환기와 가스 탐지기가 최상의 예방책이 될 수 있다.

1) H.D. Serwas, Gefährdungen der Gesundheit bei Tunnelvortrieben, *Bauingenieur* 75, März 2000, pp.119~122.

- 황화수소(H_2S)는 매우 독성이 높은 가스이다. 불과 수 ppm(1m^{3}에 cm^{3}의 가스) 정도의 낮은 농도에서도 감지할 수 있다. 100ppm의 농도에서 수 분 내에 중독증상이 나타날 수 있고, 1,500ppm의 농도는 치명적이다. 황화수소는 공기에 비해 약간 무거워 바닥 가까이에서 축적된다.
- 이산화탄소(CO_2)는 질식을 유발하는 효과로 위험하다. 공기 중 8~10%의 이산화탄소 농도는 두통과 호흡곤란을 유발하고, 20%의 농도는 치명적일 수 있다. CO_2는 공기보다 무겁다.
- 라돈 : 야외의 라돈은 확산 때문에 위험한 농도에 도달하지 않는다. 실내의 라돈은 환기가 되지 않는 밀폐된 공간에서는 축적이 되기 때문에 위해하다. 이것은 주변 지반이 충분한 우라늄을 함유할 때, 인접 공간에 비해 투수성이 충분하고, 높은 공극수압을 갖는 경우에 해당된다. 라돈 가스의 방사능은 폐암을 유발할 수 있다.

소음은 청각의 심각한 손상을 일으킬 수 있으며, 또한, 지속적이고 큰 소음은 심장마비의 위험이 있다.

소음의 예	
전기 기관차	95dB(A)
디젤 기관차	100dB(A)
가압된 굴착 챔버	105dB(A)
공압 해머	115~120dB(A)
고통 한계	120dB(A)
폭발	>140dB(A)

85dB(A)가 넘는 경우는 귀마개가 제공되어야 하고, 90dB(A)을 초과하게 되면 귀마개를 반드시 사용해야 한다.

귀마개		
종류	소음 저하	적용 범위
솜	20dB(A)	~105dB(A)
플러그	25dB(A)	~110dB(A)
캡슐	30dB(A)	~115dB(A)

분진 : 거의 모든 암석에는 석영이 포함되어 있고, 석영 분진은 천공작업, 발파작업, 적재 및 버력

2) R. Wyss, Danger Caused by Gas Intrusions on Tunnelling Sites, *Tunnel*, 4/2002, pp.85~90.

3) 한국의 대구지하철 공사중 가스파이프가 폭발하여 100명의 사상자를 냄

4) 직경 7m의 San Francisco 수로 터널이 TBM으로 Los Angeles 지역에서 굴착되었다. 1971년 가스폭발로 17명의 생명을 앗아갔다. 지하는 가스와 기름을 함유하고 있었다.

처리 작업 시에 발생한다. 석영분진은 폐의 깊숙한 폐포로 침투하여 만성적인 염증을 일으킨다 (규폐증). 그리고 이것은 심장의 우심실의 기능 이상과 과부하를 일으킨다.
다음의 대책들이 분진 발생량을 감소시킬 수 있다.

- 분진 흡입 장치를 장착한 천공장비
- 살수(물방울은 많은 양의 분진과 결합)
- 정밀 발파는 분진을 발생시키는 단면 고르기 작업을 없애줌
- 트럭에 적재 시 적재량을 적게 하고 물을 뿌림
- 노면의 유지 관리 및 접착제 사용
- 최소량의 폭약 사용

만약 MAC 한계가 초과된다면 유로표준(Euronorm) EN 149에 따라 필터링 접안부(filtering facepiece) P2를 착용해야 한다.

석면 : 흡입된 석면은 폐에 머물면서 염증을 유발할 수 있고, 나아가서 종양이 발생할 수 있다.[5] 석면입자는 길이 5μm 이상이고 직경은 3μm 이하이다. 광물질 크로시돌라이트(crocidolite, blue asbestos)와 아모사이트(amosite, brown asbestos)는 특히 위험하다. 양기석(actinolite), 앤도필라이트(antophyllite), 온석면(chyrisotile), 그리고 트레모라이트(tremolite) 역시 건강에 잠재적인 위협을 준다. 관련 질병은 석면침착증과 흉부 및 복부의 암이다.
예방책은 다음과 같다.

- 보호 작업복과 FFP3 등급의 마스크
- 작업 후 몸 노출 부분의 세척
- 물안개 설치 및 물로 굴착된 물질에 대한 살수
- 석면 섬유를 감싸서 배출
- 작업에 사용된 장비와 차량의 세척
- 환기시스템을 제거

발파후 가스 : 폭굉은 화약을 무독성의 수증기(H_2O), 이산화탄소(CO_2), 질소가스(N_2)와 독성을 가진 일산화탄소(CO), 일산화질소(NO), 그리고 이산화질소(NO_2) 등을 함유하는 혼합물로 변화시킨다. 또한, 무독성 가스 역시 산소농도가 너무 낮으면 질식을 유발할 수 있다는 점도 명심해야 한다.

5) M. Aeschbach, Asbestos in the Lötschberg Base Tunnel Drive. *Tunnel*, 73/2004, pp.34~43.

발파 후 가스에 CO 및 NO_x 함량		
화약류	CO(l/kg)	NO_x(l/kg)
Ammon-Gelite2	24.0	3.5
Nobelite 310	7.5	1.1
Nobelite 216	4.1	0.1
Emulgite	1.1~4.6	0.1-0.2

CO는 혈액 내에서 산소의 운반을 방해하고, 그리고 무력감, 두통, 이명증, 구토, 판단장애, 의식불명 그리고 호흡곤란을 초래한다. MAC 값은 30ppm($30cm^3/m^3$)이다.

질소계 가스[6](특히 NO_2, 이것은 산소와 NO의 결합으로 생성)는 손상이 뒤늦게 나타나는 악성의 독성을 가지고 있다. NO_2는 흡입과정에서 습기와 함께 질산을 형성한다(HNO_3와 HNO_2). 따라서 이것은 기관지를 부식시키고 폐부종으로 이어질 수 있다. 신선한 공기는 불편감(기침, 목구멍 찰과상, 두통, 현기증)을 없애 주지만, 그러나 2~3시간 후에는 중독의 두 번째 단계의 증세가 나타난다. 그리고 NO_2의 농도가 150ppm 이상이면 매우 치명일 수 있다.

MAC 값은 발파 후 얼마 안 되어 초과된다. 급기식 환기는 독성 연기를 터널을 따라서 밀어낸다. 따라서 작업자들은 발파 전에 터널을 벗어나거나 혹은 적절하게 환기가 되는 대피소로 대피해야 한다.

니트로 글리세린과 니트로 글리콜은 화공품에 포함되어 있는 기름이다. 이것들은 피부접촉이나 호흡을 통해서 인체에 흡수되고 두통과 혈관 팽창 및 뇌의 산소결핍에 의한 질병을 일으킬 수 있다.

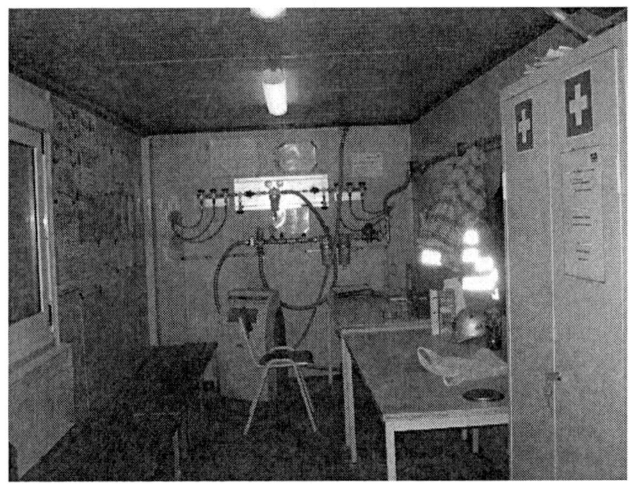

그림 12.1 Lötschberg base 터널의 안전 대피소

6) NO and NO2 are denoted as "nitrose gases"(NOx).

디젤 연소물(DCP, Diesel Combustion Products) : 이 연소 산물은 발암성 카본 블랙과 연료, 윤활류 등과 같은 탄수화물로 구성된다. 터널에서의 최대 허용농도는 0.3mg/m^3 DCP이다. 터널공사에서 디젤 모터는 입자여과기(매우 짧은 작업시간의 모터는 제외하고)가 장착되어야 하고 정기적으로 유지관리가 되어야 한다.

사고 특히 화재에 대비하여 안전 대피소가 막장 근처에 설치되어야 한다.

12.2 터널공사에서의 전기설비

지하작업을 위한 전기설비는 추가적인 준비가 필요하다.[7] 습기와 결합된 상당한 량의 미세 먼지는 크리프 전류(creep current)를 유발한다. 따라서 전기장치는 미세 먼지, 뿌려지는 물과 물의 범람에 대한 보호가 필요하다. 또한 전기장치는 낙석과 토사유입으로부터의 보호가 필요하다. 발파가스 혼합물은 암석, 가스병, 격납용기, 축전지로부터 발생될 수 있다. 이러한 것들은 적절한 측정장치로 감지되어야 한다. 만약 이것들이 나타난다면 다음과 같은 조치들이 취해져야 한다.

- 전기장치의 작동중지
- 작업원의 대피
- 환기

12.2.1 중요 설비의 고장에 따른 위험

다음의 위험은 전원 공급의 중단으로 발생할 수 있다.

- 펌프의 작동중지에 의한 범람
- 압축기 작동중지에 의한 압력 감소
- 환기의 중단

12.2.2 특별 설비

변압기 : 냉매는 가연성이거나 독성이 있어서는 안 된다. 냉매의 유출이 지하수를 오염시켜서는 안 된다(수거용 통이 제공되어야 한다).

축전지 충전소 : 충전 시에는 공기와 섞일 경우 폭발성이 있는 가스가 생성된다. 따라서 다음과 같은 조치가 취해져야 한다.

---

7) "Elektrische Einrichtungen im Tunnelbau", Tiefbauberufsgenossenschaft, Am Knie 6, D-81241 München.

- 외부로 향하는 문을 설치한 특별 격납고
- 전담 지명
- 격자로 배치된 목재 위에 축전기 배치
- 충분한 환기(박스당 $Q[1/h] = 55 \cdot I[A]$)

전위등화(Electric potential equalization) : 등화 컨덕터는 터널 작업에 반드시 필요하다.

비상정지 : 지하의 장비와 설비는 노란 바탕에 붉은색 비상 버튼이 설치되어 있어야 한다.

케이블 : 케이블은 노면의 외부에 그리고 차량 및 건설 장비의 진입로 외부에 놓여져야 한다. 케이블은 공기 및 용수 공급 파이프와 같이 함께 매다는 것을 권장한다. 와이어 혹은 로드 후크(rod hook)에 매다는 경우는 절연체를 손상시킬 수 있다. 4~5cm 너비의 평면 후크를 최대 5m 간격으로 사용해야 한다. 케이블의 노출된 부분은 튜브 혹은 라스(lath)로 보호할 수 있다. 그러나 케이블 점검을 위한 영구 액세스는 보존되어야 한다.

12.2.3 굴착장비 전원공급

현대의 굴착장비는 50~1000KVA의 전력을 소비한다. 따라서 고전압 전력 공급만이 해당된다. 해

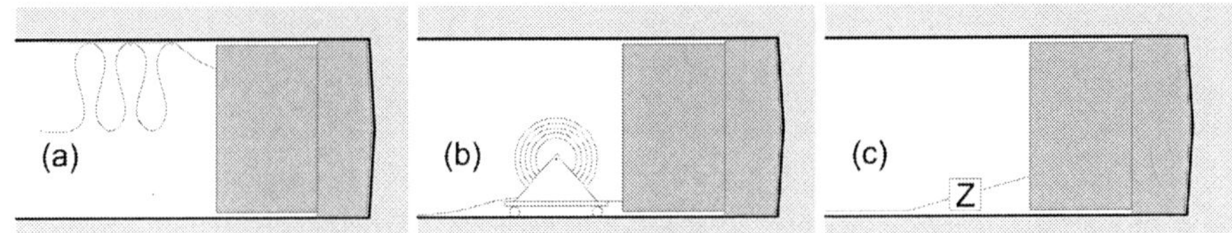

그림 12.2 TBM 전원 공급 케이블

그림 12.3 TBM 전원 공급을 위한 롤 케이블

당 변압기는 붙박이 형태이거나 휴대용이어야 한다. 케이블은 그림 12.2a와 같이 매달거나 또는 그림 12.2b와 같이 릴에 감아 이동하거나 혹은 바로 끌어당길 수 있다. 이 경우는 인장 제한기(traction limiter)가 제공되어야 한다.

12.2.4 공사 중 조명

공사 중 충분한 조명은 품질을 보증하고, 반응 시간을 향상시키고 피로와 사고를 방지한다.[8] 터널 시공 현장은 일반조명과 안전(비상)조명이 확보될 경우에 접근이 허용될 수 있다. 후자는 일반조명이 정전이 되는 경우 즉각적으로 작동이 되어야 한다. 만약 작업원들이 개인 램프를 착용한 경우에는 안전조명은 생략 가능하다. 표 12.1은 필요한 조도를 나타낸다.

표 12.1 공사중 필요한 조도

일반 조명	
운송로	10룩스
작업장	60룩스
영구 설비	120룩스
안전 조명	
대피 및 구조 통로	1룩스(적어도 1시간)
작업장	15룩스(적어도 10분)

대피통로와 분기 지점에서 대피 방향은 조명 혹은 발광 신호로 표시되어야 한다. 스포트라이트는 신 범위를 비출 수 있지만 눈을 부시게 할 수 있다. 터널작업에 의한 분진은 몇 수 이내에 조도를 70% 낮출 수 있다. 따라서 정기적인 유지관리가 필요하다.

12.3 통제

관찰법이 터널건설에서 매우 중요하다. 터널을 굴진 중 그리고 굴진 후 계측을 통해 관찰이 이루어져야 한다. 만약 계측치가 사전에 지정된 임계값을 초과한다면 사전에 정해진 조치들이 취해져야 한다. 이를 위해 통제계획(소위 '검사 및 시험계획'이라 불린다)이 중요하다. 이것은 시방서의 일부이고 그리고 다음과 같은 항목의 사양이 포함되어 있다.

8) 광산에서의 경험에 따르면 조명이 좀 덜 된 광산보다 조명이 잘 된 광산에서 사고율이 더 높았다는 것이 언급되어야 한다.

- 책임(누가?)
- 통제 대상(무엇을 그리고 어디서?)
- 통제 시간(언제?)
- 통제 절차(어떻게? 예를 들어, 계측기, 점검목록)
- 한계치, 허용오차, 평가에 대한 규칙
- 문서 규정
- 제한값에서 편차가 있는 경우의 절차

통제는 또한 품질보증의 문제이다. 그리고 품질보증은 검사 및 시험작업이 필요하다.

검사는 무작위 검사로 이루어질 수 있다. 검사의 비율은 활동의 중요도에 따라 다르다. 일부 검사의 경우 시공자에 의해 수행될 수 있다(소위 자기 인증). 담당 직원에 대한 적절한 훈련이 필요하다. 모든 사람이 요구사항에 대한 이해가 있어야 한다.

'필수 굴착 및 지보 양식'(RESS, Rrequired Excavation and Support Sheet)이 품질 관리를 위해서 중요하다. 이것은 시공상세를 요약한 한 장짜리 시방서이다. 매 작업일마다 RESS를 작성하기 위한 공식회의가 개최되어야 한다. RESS는 사양을 포함하는 양식이고 그리고 다음과 같이 보일 수 있다(하나 예).

굴진장 :	1.7m
여굴 :	좌측벽 6cm, 우측벽 6cm, 천단 8cm
스파일 :	없음
코끼리 발 :	좌우측 50cm
막장 스케일링 :	필요한 부분
강지보 :	격자 지보 $W_x > 65\text{cm}^3$
숏크리트 두께 :	35cm
품질 :	J3
와이어 메쉬 :	2개 층(안쪽 및 바깥쪽) AQ 50
상부 인버트 :	두께 10cm, 와이어메쉬 $1 \times AQ$ 외부
상부 인버트 굴진장 :	최대 4.0m
	SN볼트 250kN
록볼트 :	6m(급결 모르타르)
	간격 횡=1.2m, 종=1.0m
굴진장 제한 :	24시간 내 최대 7m

12.4 위험관리

터널 건설 작업은 위험하다. 다수의 위험을 안고 있으며 피할 수 없다. 그러나 불확실한 요소들은 이해될 필요가 있으며 그리고 제어될 필요가 있다. 산업은 단순히 행운에만 의존할 수 없다. 이전에 사고가 발생하지 않았다는 것이 위험이 없다는 것을 의미하지는 않는다. 위험의 제어와 관리는 위험을 최소화하기 위한 모든 준비를 포함한다.[9] 즉, 잠재적인 위험을 판단하는 대책, 불확실성을 감소시키는 대책, 위험을 감소시키고 잔존 위험을 평가하는 대책이다. 기본적인 아이디어는(그림 12.4) 향후 손상을 경고하는 모든 신호를 가능한 빨리 기록하고 적절한 대응을 제공하는 것이다. 하지만 경고(예 취성파괴)가 없는 경우에는 주의하라. 손상을 방지하는 것은 불가능하다.

위험은 정밀하고 포괄적인 현장조사 그리고 위험에 대한 대비와 존재에 관해 명확히 정리한 서류에 의해 감소될 수 있다.[10] 만연된 위험은 기존의 파이프, 케이블 그리고 어떤 장소에서는 묻혀 있는 불발탄에 기인한다.

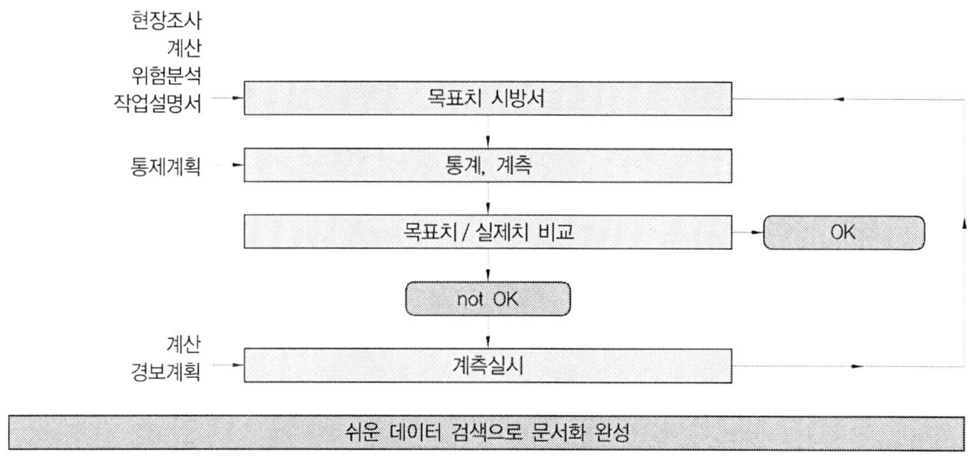

그림 12.4 위험관리 순서

12.5 비상 계획 및 구조 개념

비상시 계획[11]은 비상시의 대응을 조속히 하기 위한 모든 조치들로 이루어진다. 즉, 다음과 같다.

9) 위험은 가능하고 불리하거나 혹은 위험한 상황이다. 관련된 위험은 위험의 크기에 위험의 가능성과의 곱이다. 즉, 수리비용으로 표현된다.

10) CIRIA report 79

11) 참조:RVS 9.32

- 공사책임자, 소방서, 경찰서, 구조대에 대한 비상전화
- 비상시 매우 중요한 위치정보(접근로, 관리사무소, 응급조치 시설, 비상용품, 열쇠)
- 부상당한 사람을 구조하고 인양할 수 있는 가능성
- 대피방법(언제?, 누구를?, 어디로?, 어떻게?)

지하작업에 따른 구조개념을 위한 항목과 이벤트의 목록은 스위스 사고보험연구소(Swiss Accident Insurance Institute)[12]에 의해 발표되었다.

12.6 안전의 정량화

토목기술자는 오랫동안 소위 안전율 개념을 사용하고 있다. 이러한 요소는 공사의 안전 또는 그 일부를 정량화하는 것으로 간주된다. 그러나 안전율은 실제로 객관적인 물리량은 아니다. 안전율은 유일한 객관적인 안전의 척도로 $1-P_f$로 정의되는 신뢰도이다. 여기서 P_f는 파괴(붕락)될 확률이다. 그러나 많은 기대에도 불구하고 지반공학에서는 P_f는 정량화될 수 없다.[13]

P_f의 산정은 모든 중요한 변수를 포함하고 파괴 시 0의 값을 얻게 되는 대수방정식인 한계방정식을 알고 있는 것을 전제로 한다. 그러나 이 식은 거의 알려져 있지 않다. 가정된 응력과 변위장에 근거한 파괴에 대한 매우 개략적인 접근 방법만 있다. 또한 토사 및 암반의 매질 거동의 경로 의존성은 파괴는 거의 대수 방정식으로 표현될 수 없다는 것을 의미한다. 이러한 심각한 불리한 조건 외에도 P_f의 산정은 또한 기본 변수의 통계지식(즉, 확률밀도와 결합밀도함수)을 전제로 한다. 그리고 이 변수들은 무작위 변수로 고려되어야만 한다.

통계학은 앞에서 언급한 함수를 결정하거나 혹은 예측하기 위한 다양한 선택방법을 제공한다. 그러나 이러한 방법은 무리하게 적용되어서는 안 된다. 지반 물성들은(마찰각과 같은) 매우 불균질한 임의의 분야를 구성한다. 그 순간 시료채취는 매우 어렵고 다루어야 할 물성들을 변화시킨다. 실내실험 역시 오류를 범할 수 있다는 점과 우리의 역학적 모델이 개략적인 근사치라는 점을 고려하면 P_f가 거의 도출되기 어렵다는 것을 쉽게 알 수 있다. 그림 12.5는 특정 토사의 마찰각에 대한 실험적 결과와 일부 관련된 확률밀도분포를 나타낸다. 그리고 이것들은 알려진 통계학적 시험을 통과했다. 그럼에도 불구하고, 결과적인 파괴 확률은 범위가 10^{-11}과 10^{-3} 사이이며 큰 분산을 나타낸다.[14]

---

12) Tunnel 2/2002, pp.49~57.

13) W. Fellin et al (eds.), Analyzing Uncertainty in Civil Engineering, Springer 2005.

14) Oberguggenberger, M. and Fellin, W. (2002): From probability to fuzzy sets: The struggle for meaning in geotechnical risk assessment. Proceedings of Probabilistics in GeoTechnics: Technical and Economic Risk Estimation September 15-19, 2002, Graz, Austria, Verlag Glückauf Essen.

이와 관련해서 소위 크리깅이 종종 지구통계로 오해되고 있지만, 실제로 크리깅은 공간적인 내삽을 위한 하나의 방법이다.

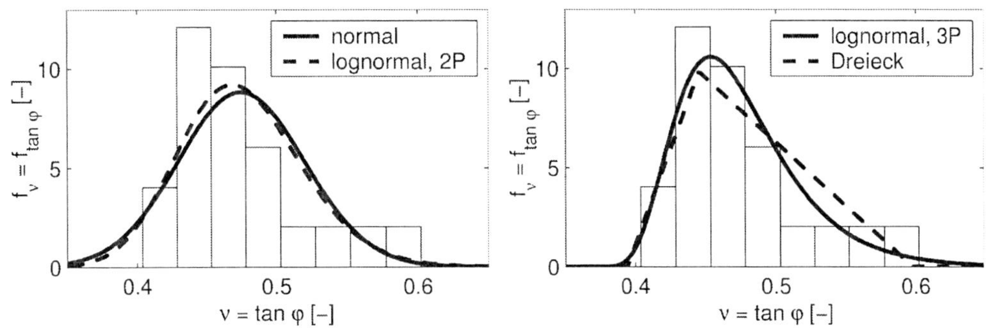

그림 12.5 측정치 ϕ에 대한 동일 막대 그래프에 적용된 여러 종류의 확률밀도함수

12.7 붕괴

작은 규모의 붕락은 과굴로 보일 수 있지만 규모가 큰 붕락(공동붕락이나 지표함몰 붕괴)은 때때로 많은 비용과 공사 중단 그리고 심지어 사망을 초래하는 재난이다. 이것은 불충분한 계획 혹은 시공에 의해 일어날 수 있지만 또한 많은 경우 예측치 못한 지반조건에 의해서 발생한다.

만약 약 120km의 터널이 있고, 토피평균이 약 30m인 독일 철도의 새로운 Hannover-Würzburg 선을 예로 들면, 많은 붕락이 특히 크리스마스나 부활절과 같은 장기간의 굴진공사 중단 후에 발생되었음을 알 수 있다.[15] 평균적으로 매 10km 터널길이마다 붕락이 발생된다. 다행히 심각한 부상자는 발생하지 않았고, 이에 따른 비용도 공사비의 1% 정도였다. 또 다른 예로, Witzelshöhe 터널 굴착 중 토피가 14m되는 지점에서 지표함몰 붕락이 발생하였다. 그로 인해 직경이 15m인 분화구가 생겼다. 다행히 야간 교대 근무조가 휴식을 취하고 있어 희생자는 없었다.

때로는 붕괴는 숏크리트의 균열 및 박리의 발생으로 예고되기도 한다. 따라서 장비와 작업자가 대피할 시간이 주어진다. 계측은 임박한 붕락에 대한 경고가 예상된다. 그리고 이것은 항상은 아니지만 때로 변위의 증가로서 자체적으로 알 수 있다. 이 경우에 록볼트와 같은 추가적인 지보의 타설을 먼저 시도한다. 만약 추가 지보가 효과가 없다면 붕락이 발생한다. 또한 붕락은 인버트의 굴착 또는 단면처리과정이 원인이 된다.

15) 그러므로 RVS 9.32, Blatt 6은 주말 동안 그리고 다른 휴가 동안 숏크리트, 강재 메쉬 그리고 배수와 함께 막장을 봉할 것을 요구하고 있다.

그러나 또 다른 붕괴 원인은 감지되지 않은 연약대와 조우한 것이다. 예를 들어, 수갱(오래된 우물과 같은 자연 혹은 인공적인 구조물)은 이완되고, 물로 포화된 점착력이 없는 물질로 채워져 있었다(그림 12.7).

예로 1906년에서 1913년 동안의 Lötschberg 철도 터널의 공사 중에 파일럿 터널이 예상치 못하게 포화된 자갈로 충전된 매우 깊은 계곡과 조우하였다. 파일럿 터널의 거의 1km가 토사로 범람하였으며 1개 교대조 전원 30명의 인부가 희생당하고 영원히 묻혔다.[16)]

그림 12.6 München-Trudering(20.09.1994)에서의 터널 붕괴. 3명 사망과 36명 부상

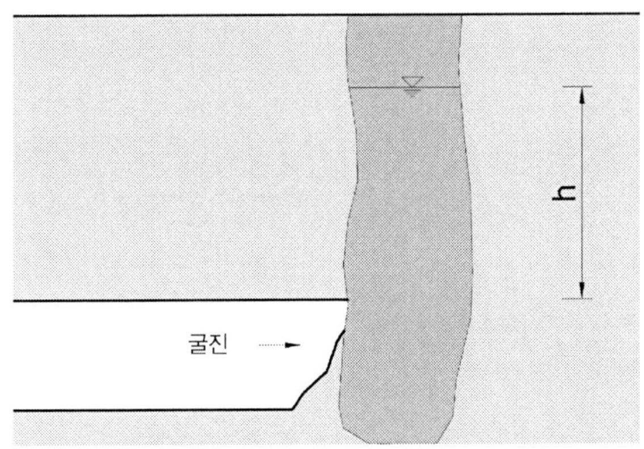

그림 12.7 점착력이 없는 재료와 물로 충전된 수갱과의 교차

침투력은 비점착성 매질을 높은 속도로 굴착된 공간 안으로 밀어 넣는 작용을 한다. 마찰에 의한 에너지 손실을 무시하면 이 속도는 Torricelli의 법칙 $v \approx \sqrt{2gh}$ 에 따라 추정될 수 있다. 이러한 치

16) P.K. Kaiser, M.S. Diederichs, C.D. Martin, J. Sharp, and W. Steiner, Underground works in hard rock tunnelling and mining, GeoEng 2000, Melbourne 2000, Technomic Lancaster-Basel, Vol. 1, pp.841~926.

명적인 사고는 매우 빨리 일어나서 대책을 취할 시간이 없다. 더욱이, 이러한 형태의 재난은 예고 없이 발생한다. 예방대책으로는 선진시추로써 수압을 저감시키는 것이다. 그렇게 함으로써 피압된 포화 모래의 높은 유동성을 고려하여야 하고 작업자가 지하수의 유입에 대한 제어를 상실했을 때 잠글 수 있게 시추공에 특수 밸브('preventer', 과다용수방지용 밸브)를 설치해야 한다. Gotthard 터널을 위한 시험 터널을 굴진하는 과정에서 TBM 전방으로 1,000m 수두로 피압된 포화 모래 안으로 시험시추가 수행되었다. 사고는 특수밸브가 적절히 설치 운영되지 않은 때 일어났다. 수천 입방미터의 모래가 터널 내로 밀려들어 왔으며 TBM 장비는 묻혔다(또한 4.5절 참조).

붕락발생 후에 다음의 대책들이 즉각적으로 이루어져야 한다.

- 터널 내에 남아 있는 작업자 확인
- 현장의 접근 통제
- 함몰 공동의 물 제거 및 지표로부터 용수 침투 방지
- 함몰 공동의 조사 및 계측기 (재)설치

이후에는 붕락 원인을 밝히기 위한 상세한 분석이 수행되어야 한다. 복구를 위해서는 붕락된 지반의 그라우팅이 수행될 수 있다. 함몰공동은 수갱처럼 굴착, 지보 그리고 라이닝작업이 수행될 수 있다. 그리고 굴진은 조심스럽게 계속 진행된다(예를 들어 측벽도갱과 같은 굴진방법을 통해).

12.7.1 Heathrow 붕락

Heathrow 공항에서의 NATM 터널의 붕락사고에 대한 보고서는 매우 유익한 것이며, 터널분야에 종사자 모든 사람들에게 이 보고서를 읽을 것을 강력히 추천한다. 여기서는 주요 결론만을 요약하였다. 붕락은 런던(Paddington)과 Heathrow 공항을 연결하는 Heathrow 고속철도사업을 위한 건설현장에서 발생하였다. 공사금액은 총 6천70만 파운드에 이른다.

붕락은 CTA(Central Terminal Area)에서 1994년 10월 20일에 발생하여 수일간 지속되었다. 당시 붕락 상황은 그림 12.8와 같다. 지반은 런던 점토였으며, NATM 공법으로 굴착되었다. 일반 시민과 건설작업에 종사자들은 심각한 부상의 위험에 노출되었다. 작업자들은 첫 번째 붕락발생 수분 전에 대피하였다. 천만다행으로 아무런 부상자가 없었다. 복구작업에 소요된 비용은 1억 5천만 달러에 이른다.

붕락은 '조직적인 사고'였다. 즉 다양한 원인에 의해 파괴에 이르렀다.

원인은 다음과 같다.

1. 저품질의 숏크리트 라이닝. 숏크리트는 도로를 통해서 CTA로 운반되었다. 시멘트의 수화반응을 일으키기 위해 바로 사용 직전에 물을 첨가해야 함에도 불구하고, 불가피하게 모래에 섞여 있는 물과 과도하게 젖어 있는 골재로 인해 일부 초기 설정이 운송 동안 그리고 현장에서의 대기 동안에 진행되었다. 결과적으로 상당량의 숏크리트에서 심각한 강도부족이 일어났다. 일부 숏크리트는 불충분한 시멘트 결합으로 인해 손으로 쉽게 분리될 수 있었다. 숏크리트의 타설 두께도 부족했다. 보수과정에서 드러난 숏크리트 두께는 300mm의 규정과는 대조적으로 100, 150mm였으며 심지어 50mm인 경우도 있었다.
2. 격자 지보재는 항상 정확한 단면으로 형성되지 못했고, 이로 인해 진행이 늦어졌다.
3. 여러 라이닝 세그먼트의 불충분한 연결

   부족함은 다음과 같다.

   - 와이어 메쉬의 중첩 부족
   - 완성된 패널로부터 돌출되어 나온 노출된 와이어 메쉬의 손상 혹은 제거 그리고 이것은 라이닝 보강의 연속성을 주기 위한 것임
   - 와이어 메쉬를 평행하게 중첩하지 않고 사다리 형태로 중첩하여 연결
   - 리바운드는 벤치 패널에 포함됨

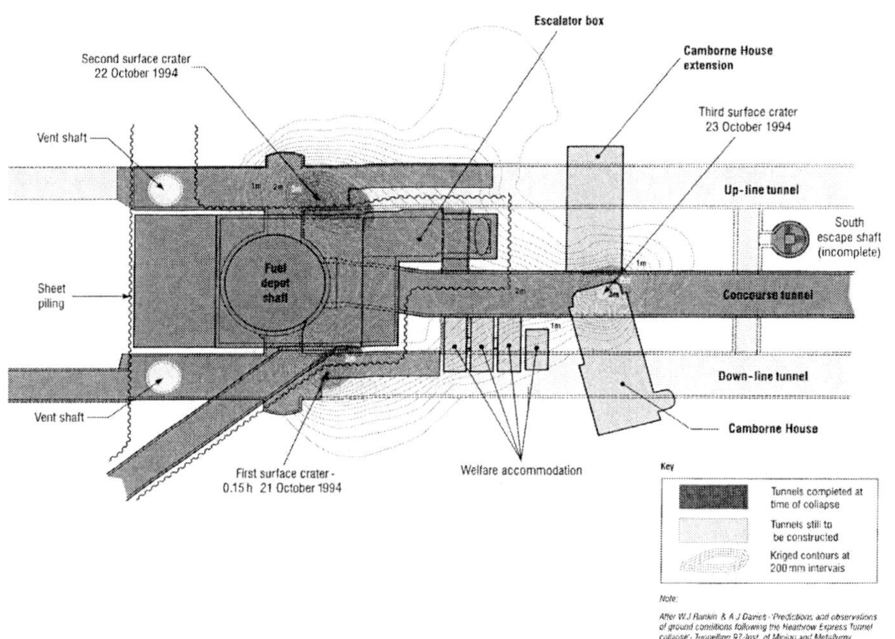

그림 12.8 건물 배열과 지하 공사. 터널붕괴에 의한 지표의 영향

4. 탄탄한 설계의 부족, 시공성(무엇인가 정확하게 시공될 수 있는 용이성)에 대한 문제가 간과되었다는 것을 의미한다.
   - 편평한 인버트 형상의 작은 변화가 라이닝의 구조적 성능에 주요한 부정적 효과를 줄 수 있다.
   - 가벽체(측벽도갱의)와 인버트 간의 연결이 부족했다. 인버트의 연결부에 대한 검사의 부족은 중대한 누락이다. 왜냐하면, 연결부가 터널라이닝의 안정성에 가장 중요하기 때문이다.
5. 인버트(임시 채우기 시행에 의해 덮여 있었음)가 적어도 70m 정도가 내재된 결함이나 또는 그라우트 잭킹(grout jacking), 또는 둘 다의 조합에 의해 손상되었다. 손상은 충분치 않은 감시관찰로 인해 뒤늦게 발견되었으며, 뒤이은 복구도 손상된 구간 전체에 대해 이루어지지 않았다.
6. 중앙 가벽체의 형성(종단면)도 부족했다.
7. 3개의 평행한 터널이 동시에 건설되었다.

언급된 기술적 결함 뒤에는 다음과 같은 원인들이 있다.

1. 불량한 기술
2. 불량한 엔지니어링 통제
3. 부족한 모니터링, 인버트에 대한 시추시료시험이 수행되지 않았다.
4. NATM의 설계 및 시공에 대한 이해부족과 이전의 경험이 충분히 고려되지 않았다.
5. 복구작업이 충분한 검사, 공학적 분석 및 설계 없이 그리고 완료된 복구작업의 기록이나 확인 없이 허용되었다.
6. 설계를 위해 사용된 수치해석 모델은 기존의 계측결과를 반영하여 보정되지 않았다.
7. 많은 양의 계측자료의 수집, 입력, 처리 및 분석을 위한 인력 및 관리시스템이 부족했다. 예를 들어, 침하분포를 나타내는 지표 등고선도가 제공되지 않았다.
8. 두 가지 관점에서 안전계획이 부족했다. 첫째는 터널붕괴방지를 위한 절차에 대한 지침과 심각한 사건으로부터의 복구절차에 대한 지침을 제공하지 않았다. 그리고 둘째는 응급상태에 대해 충분히 처리하지 못했다.
9. 작업자의 건강 상태 불량. 붕락이 10월 20일에 시작되었을 때 NATM 기술자는 병 때문에 7시에서 10시까지만 일을 했다. 사업책임자 역시 병으로 인해 부재중이었다. 공사감리자는 병가로부터 막 복귀한 상태였다.

02 터널굴착 역학

13 흙과 암석의 거동

Tunnelling and Tunnel Mechanics

13.1 흙과 암석

터널은 흙과 암석 모두에서 굴착이 이루어진다. 흙과 암석의 경계는 뚜렷하지 않고, 연암 혹은 흙으로 간주될 수 있는 많은 종류의 암석이 있다. 만약 암석이 많은 절리들에 의해 분리가 일어나지 않는다면 암석의 강도는 대개 흙의 강도와 같은 방식으로 해석이 된다. 차이점은 질적인 것보단 양적인 것이다. 반면에 각각의 암석 블럭들의 크기가 터널의 직경과 비슷하다면, 그때는 이것을 역학적으로 연속체로 고려하는 것은 부적절하며, 각각의 암석 블록들을 고려해야만 한다. 각각의 절리들의 위치를 사전에 알 수 없기 때문에, 이러한 필수조건은 종종 학문적인 사항이기 마련이다. 그러므로 대부분의 경우 절리암석은 어떤 가정된 역학적인 성질을 지니는 균질한 매체로 간주된다.

그것이 흙이든 암석이든 관계없이 지질학적 물질들을 일률적으로 다루기 위해서 '지반(ground)'이라는 용어를 사용한다. 앞으로 지반의 성질들은 탄성, 소성, 마찰, 점착력과 같은 필수적 개념들에 의해 표현된다.

13.2 물체의 거동에 대한 일반적인 관점

터널굴착에서의 문제점들은 관련된 물체들(지반, 숏크리트 등)의 역학적 거동들에 대해 충분히 이해되어야만 해결될 수 있다는 점을 알아야 한다. 이러한 이해는 적절한 구성방정식의 틀 안에서만 이루어질 수 있다. 이런 방정식들은 강도와 변형률을 연결해 주는 수학적 표현들이다.

관련된 물체들의 복잡성 때문에 구성방정식들은 굉장히 복잡해질 수 있고, 종종 혼란스럽기까지 하다. 구성방정식이 수치해석적 설계를 수행할 뿐만 아니라(22장 참조), 물체의 거동을 감지하고 표현하는 데 도움을 줄 수 있다는 것을 기억해야 한다. 예를 들어, 특정 암석의 탄성계수, E를 언급하는 것은 자동적으로의 탄성의 선형이론(Hook의 법칙)이 대상 암석에 적용된다는 것을 암시한다.

그러나 종종 기초를 이루는 구성방정식의 유효성이 간과되는데, 예를 들자면 암석층의 습곡은 암석이 뉴튼 유체라는 가정하에서 연구되어 왔던 것이 그렇다.[1] 마찬가지로 연암과 흙에서 탄성계수를 고려할 때, 역학적 거동은 선형탄성으로부터 두드러지게 벗어난다. 이런 모순들은 말할 것도 없이 피해야 한다. 비합리적인 데다가, 더욱이 관련된 물체들의 관련변수들을 사실적으로 결정할 방법도 없다.

지반이 대부분의 경우에 선형 탄성이론의 가정에 부합되지 않는다는 점을 고려할 때, 선형탄성의 이론에 근거한 많은 기존의 해들이 의문을 갖게 된다(13.3절 참조). 아무튼 등방성 선형 탄성이 고체의 물질에 적용할 수 있는 가장 간단한 구성방정식이라는 점을 고려해야 한다.

그러면 기준해로서 기여할 분석해들을 찾을 수 있게 된다. 그 식들은 평형조건이나 경계조건을 침범하지 않는다는 점에서 스스로 일관성이 있고, 많은 경우에 관련된 문제점들의 기본적 특성들을 찾는 데 도움을 준다.

흙이나 암석에 적용되는 많은 기존의 구성방정식들 중 하나를 선택함에 있어서 다음의 일반적 요구사항들을 충족하는지를 살펴볼 필요가 있다.

- 완벽해야 한다. 다시 말해, 일어날 수 있는 모든 응력과 변형률 경로에 대한 물체 반응의 예상치를 제공할 수 있어야 한다. 즉, 어떤 변형률 경로가 주어진다면 그에 상응하는 응력 경로가 예측될 수 있어야 하고, 반대의 경우도 가능해야 한다.
- 실험실이나 현장시험을 기반으로 적절한 물체 매개변수들이 결정되어야만 한다. 이 시험에 대한 과정은 구체화되어야 하고, 다루기 쉬워야 하며, 가능한 한 간단해야 한다.
- 예측되는 물체의 거동은 사실적이어야 한다. 균형방정식에 반해 구성방정식들은 항상 근사치라는 것을 주목해야 한다. 이는 실험의 예측된 결과치들이 계측치와 절대 똑같을 수는 없다는 것을 의미한다. 문제는 예측치와 계측치가 얼마나 근접하는가이다. 이는 판단에 의해 결정되어야 하고 예측치와 관측치 사이의 편차를 평가할 수 있는 객관적 수단은 존재하지 않는다는 것이 추가되어야 한다.

구성방정식에 대한 약간의 추가적인 요구사항들, 즉 객관성과 같은 것은 관련 문헌을 참조하라.[2]

---

1) H. Ramberg, Gravity, Deformation and the Earth's Crust, Academic Press 1981.
2) 참조: D. Kolymbas, Introduction to Hypoplasticity, Advances in Geotechnical Engineering and Tunnelling, Balkema, 2000.

13.3 탄성

만약 응력이 변형의 함수로서 표현될 수 있다면 그 물체는 탄성이다. 이것은 변형의 이력은 무관하고 그에 따라 인지되지 않고 남아 있다는 것을 의미한다. 만약 응력과 변형 사이의 관계가 선형이면, 이 물체는 선형탄성이다. 만일 물체의 거동이 이전의 회전과 무관하다면, 이 물체는 등방성이다.

등방성이며 선형탄성인 물체에 대한 응력-변형률 관계는 Hooke의 법칙으로 주어지는데, 여기에서 두 물체의 상수들이 필요하다. 만약 하나의 물체가 Lame의 상수 λ와 μ에 의해 주어지는 상수를 이용한다면 Hooke의 법칙은 다음과 같다.

$$\sigma_{ij} = \lambda \varepsilon_{kk} \delta_{ij} + 2\mu \varepsilon_{ij}$$

혹은

$$\varepsilon_{ij} = -\frac{\lambda \sigma_{kk}}{2\mu(3\lambda + 2\mu)} \delta_{ij} + \frac{1}{2\mu} \sigma_{ij}$$

여기서 δ_{ij}는 Kronecker의 심볼이다($i \neq j$이면 $\delta_{ij} = 0$, $i = j$ 이면 $\delta_{ij} = 1$).

지수표기법(index notation)과 합표시 규칙(summation convention)이 여기서 사용되어 왔다. 다시 쓰면 Hooke의 법칙은,

$$\begin{pmatrix} \sigma_{11} & \sigma_{12} & \sigma_{13} \\ \sigma_{21} & \sigma_{22} & \sigma_{23} \\ \sigma_{31} & \sigma_{32} & \sigma_{33} \end{pmatrix} = \lambda(\varepsilon_{11} + \varepsilon_{22} + \varepsilon_{33}) \cdot \begin{pmatrix} 1 & 0 & 0 \\ 0 & 1 & 0 \\ 0 & 0 & 1 \end{pmatrix} + 2\mu \cdot \begin{pmatrix} \varepsilon_{11} & \varepsilon_{12} & \varepsilon_{13} \\ \varepsilon_{21} & \varepsilon_{22} & \varepsilon_{23} \\ \varepsilon_{31} & \varepsilon_{32} & \varepsilon_{33} \end{pmatrix}$$

이것을 간략하게 쓰면,

$$\sigma_{ij} = \lambda \sum_{k=1}^{3} \varepsilon_{kk} \cdot \delta_{ij} + 2\mu \cdot \varepsilon_{ij}$$

합표시 규칙에 의하면, 총합의 기호인 Σ 을 빼고 자동으로 총합을 구하는데, 여기서 하나의 첨자(여기서는 k)는 두 번씩 표시된다. $\varepsilon_{kk} = (\varepsilon_{11} + \varepsilon_{22} + \varepsilon_{33})$. 상수 μ는 종종 전단계수 G로 지정된다

$(\mu = G)$. Hooke 법칙을 물질의 상수 G와 ν로 나타낼 수 있는데 여기서 ν는 poisson 비이다.

$$\sigma_{ij} = 2G(\varepsilon_{ij} + \frac{\nu}{1-2\nu}\varepsilon_{kk}\delta_{ij})$$

혹은

$$\varepsilon_{ij} = \frac{1}{2G}(\sigma_{ij} - \frac{\nu}{1+\nu}\sigma_{kk}\delta_{ij})$$

Hooke 법칙은 탄성계수 E와 poisson 비 ν 를 이용해서도 나타낼 수 있다.

$$\sigma_{ij} = \frac{E}{1+\nu}\varepsilon_{ij} + \frac{\nu E}{(1+\nu)\cdot(1-2\nu)}\varepsilon_{kk}\delta_{ij}$$

혹은

$$\varepsilon_{ij} = \frac{1}{E}\left[(1+\nu)\sigma_{ij} - \nu\sigma_{kk}\delta_{ij}\right]$$

다음의 관계식들은 상수들에 관한 것들이다.

$$\nu = \frac{\lambda}{2(\lambda+\mu)}$$

$$\lambda = \frac{\nu E}{(1+\nu)(1-2\nu)}$$

$$E = \frac{\mu(2\mu+3\lambda)}{\lambda+\mu}$$

$$\mu \equiv G = \frac{E}{2(1+\nu)}$$

또한 체적탄성계수(bulk modulus) B 혹은 K는 물질상수로 자주 사용된다.

$$B \equiv K = \frac{E}{3(1-2\nu)}$$

일부 학자들은 응력과 변형률을 6개 요소의 벡터들로 나타내는 것을 선호한다. 대칭성($\sigma_{ij} = \sigma_{ji}$, $\varepsilon_{ij} = \varepsilon_{ji}$) 때문에 요소 σ_{12}는 생략되고 σ_{21}와는 같은 값을 갖는다. 그래서 Hooke 법칙의 응력-변형률 관계는 다음과 같다.

$$\begin{pmatrix} \varepsilon_{11} \\ \varepsilon_{22} \\ \varepsilon_{33} \\ \varepsilon_{12} \\ \varepsilon_{23} \\ \varepsilon_{13} \end{pmatrix} = \frac{1}{E} \begin{pmatrix} 1 & -\nu & -\nu & 0 & 0 & 0 \\ -\nu & 1 & -\nu & 0 & 0 & 0 \\ -\nu & -\nu & 1 & 0 & 0 & 0 \\ 0 & 0 & 0 & 2(1+\nu) & 0 & 0 \\ 0 & 0 & 0 & 0 & 2(1+\nu) & 0 \\ 0 & 0 & 0 & 0 & 0 & 2(1+\nu) \end{pmatrix} \begin{pmatrix} \sigma_{11} \\ \sigma_{22} \\ \sigma_{33} \\ \sigma_{12} \\ \sigma_{23} \\ \sigma_{13} \end{pmatrix}$$

Hooke 법칙은 고체물질에 적용함에 있어 가장 간단하고 믿을 수 있는 구성방정식(즉, 응력과 변형률 사이의 관계)이다. 그러므로 암석에서의 변형을 계산하기 위해 가끔 사용된다. 하지만 이것은 매우 작은 변형에서만 적용될 수 있고, 또한 실제 물체 거동의 근사치(아마 대충의)를 제공할 뿐이라는 것을 알아야 한다. 고체물질의 $\sigma - \varepsilon$ 관계식은 적어도 초기 단계에서는 선형인 것으로 널리 알려져 있지만, 사실 항상 그렇지만은 않다. 이 경우엔 탄성계수의 결정이 분명치 않으므로, 임의적인 정의에 의지해야만 한다. 예를 들면 $\Delta\sigma_{11}$이나 $\Delta\varepsilon_{11}$ 같은 특정한 값들에 대한 할선탄성계수 $E \approx \Delta\sigma_{11}/\Delta\varepsilon_{11}$를 취한다. 어떤 암석에 대한 E는 일축압축강도 q_u와 연관이 있는데, 예를 들면 편마암은 $E(\mathrm{GPa}) \approx 20 + q_u(\mathrm{GPa})/7$가 된다. 또한 암반과 무결암 사이의 차이에 주의해야 한다. 암반의 계수는 암석의 계수와는 관계가 없거나 거의 없다.

13.4 소성

소성거동은 앞의 재하와 제하 후에도 남아 있는 변형, 즉 회복될 수 없는 변형의 특성을 갖는다(그림 13.1). 텐서에 의한 소성거동 연속체의 역학적 표현은 매우 복잡하기 때문에 여기선 1차원 응력과 변형률을 기반으로 하는 기본사항만 설명한다(예를 들면, 일축 압축시험).

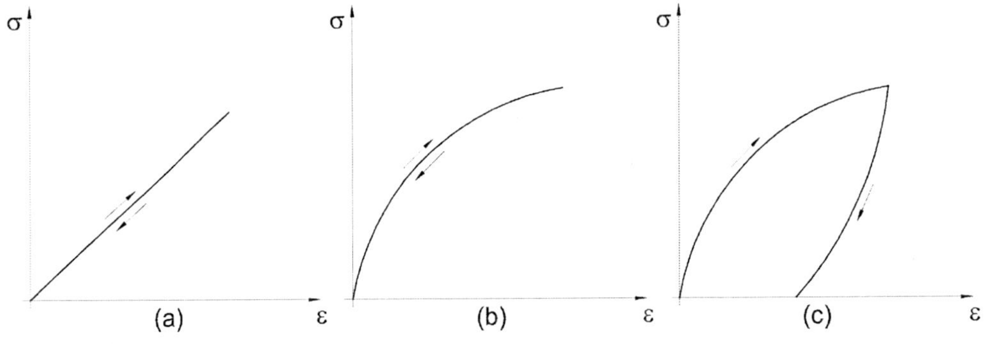

그림 13.1 선형탄성거동(a), 비선형 탄성거동(b), 소성거동(c)

다음은 소성거동의 개념을 구별해 놓은 것이다.

- 강성-이상적인 소성(그림 13.2a)
- 탄성-이상적인 소성(그림 13.2b)
- 탄성-소성경화(그림 13.2c)

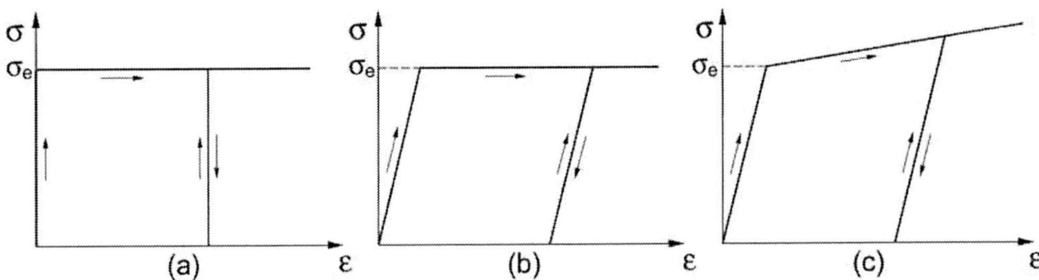

그림 13.2 소성거동의 여러 개념: (a) 강성-이상적인 소성, (b) 탄성-이상적인 소성, (c) 탄성-소성 경화

기본적 개념은 $\sigma < \sigma_e$가 적용되는 한 강성 또는 탄성 거동이 유지된다는 것이다.[3] 이상적인 소성거동(그림 13.2.(a)와 (b))는 소위 소성항복 또는 소성흐름이라고 표시되는데, 사실 변형 ε는 일정한 응력하에서 증가한다.

3) 분명히 우리가 텐서에 대한 불균등을 도입할 수 없기 때문에 기준 $\sigma < \sigma_e$는 일축응력 상태에만 적용된다. 텐서에 대한 적절한 과정은 소성이론에 의해 소개된다.

13.5 강도

13.5.1 흙의 강도

흙의 강도는 마찰과 점착력으로 특정지어진다. 여기서 경암은 별개로 분리되어 고려될 것이다. 그러나 만일 절리에 의한 분리가 명확치 않다면, 대부분의 경우에 경암의 강도 또한 마찰과 점착력으로 표시된다는 것에 주의해야만 한다. 흙에선 전단응력 τ는 (전단)강도라고 하는 τ_f를 초과하여 증가할 수 없다. τ_f는 수직응력 σ에 비례하는 부분과 수직응력에 무관한 부분으로 분리된다.

$$\tau_f = \tan\varphi \cdot \sigma + c \tag{13.1}$$

첫 부분은 마찰력에 의한 것이고 두 번째 부분은 점착력에 의한 것이다. 점착력 c는 선행재하[4] σ_ν에 의한 흙의 압축과 연계되어진다. 하중이 제거되더라도, 그 효과는 남게 되어 점착력을 나타낸다. 만일 선행재하가 제거된다면(완전히 또는 부분적으로), 현재응력 σ는 σ_ν보다 더 작다. 이런 흙을 과압밀화되었다고 한다.

$\sigma < \sigma_\nu$: 과압밀

$\sigma = \sigma_\nu$: 정규 압밀

Krey와 Tiedemann의 개념에 의하면 점착력 c는 선행재하에 비례하고, 비례상수는 $\tan\varphi$로 표현된다.

$$c = \sigma_\nu \cdot \tan\varphi_c$$

정규압밀토사에 대해서 적용하면($\sigma_\nu = \sigma$) :

$$\tau_f = (\tan\varphi + \tan\varphi_c)\sigma = \tan\varphi_s \cdot \sigma \tag{13.2}$$

4) 흙의 점착력은 다른 근원은 교결작용과 모세관 효과이다.

각 φ_s($\tan\varphi_s = \tan\varphi + \tan\varphi_s$로 정의)는 총 전단강도의 각이 된다(그림 13.3).

언급된 바와 같이, 점착력은 선행 압축에 기인하는 것이다. 지금 토사가 이완된다면, 이 토사의 점착력이 상실된다. 그러면 전단강도τ_f는 직선 AB와 일치하지 않고 직선 OB와 일치한다(그림 13.3).

전단력이 작용할 때 체적을 증가(그에 따라 이완되어짐)시키는 치밀한 흙의 성향을 체적팽창(dilatancy)이라 한다. 점착력의 손실과 관련된 전단강도의 감소는 응력-변형률 곡선에서 연화현상을 나타낸다(그림 13.4)

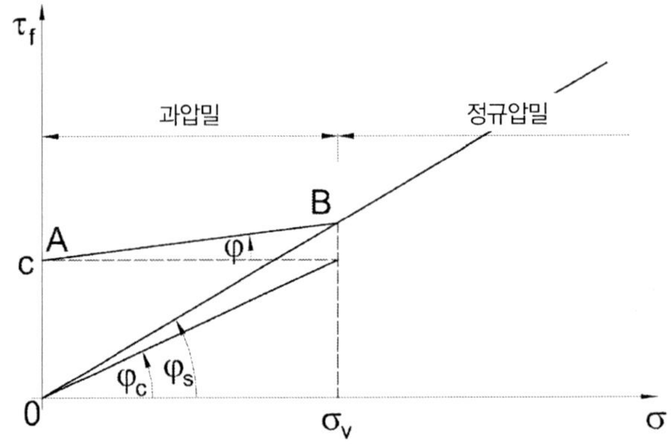

그림 13.3 Krey와 Tiedemann의 개념 : $\sigma < \sigma_\nu$(과압밀 토사)에 대해, 전단강도는 직선 AB($\tau_f = c + \sigma\tan\varphi$). $\sigma = \sigma_\nu$(정규압밀 토사)에 대해 전단강도는 직선 $\tau_f = \sigma\tan\varphi_s$

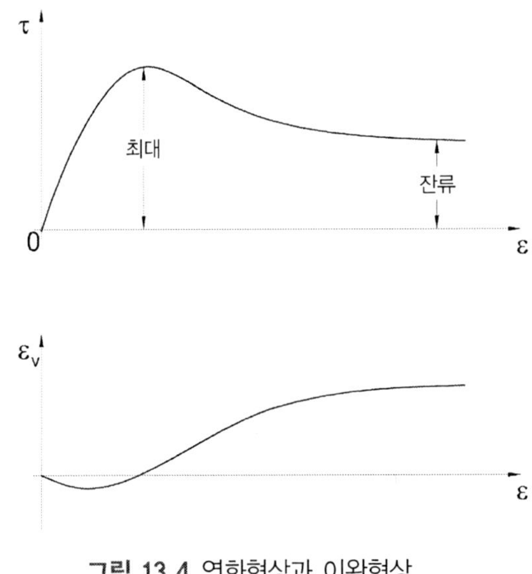

그림 13.4 연화현상과 이완현상

그렇기 때문에, 최대 전단강도 $\tau_{f,peak}$와 잔류 전단강도 $\tau_{f,residual}$를 구분해야 한다. 최댓값은 작은 변형 뒤에 도달하게 되고 그리고 계속하여 잔류값으로 감소하게 된다. 만일 큰 변형 범위를 다루게 된다면, 식 (13.2)에 의해 전단강도를 결정해야 할 것이다.

경계치정리(Bound theorems)

특정 그룹의 소성재료들에 대해서는 소성이론은 경계치정리 또는 붕괴정리와 함께 붕괴하중을 추정할 수 있게끔 해준다. 이러한 추정은 붕괴하중의 상계(upper bound)나 하계(lower bound)를 결정함으로써 가능하다. 상계는 붕괴하중보다 더 큰 하중인 반면, 하계는 붕괴하중보다 더 작다. 하계를 안다는 것은 실제 하중이 붕괴하중보다 확실히 더 작게 되도록 결정될 수 있기 때문에 안전 설계를 할 수 있다는 것이다. 한계정리는 이런 소성재료들에 적용되고, 그리고 여기에선 더 이상 설명되지 않는 정상규칙(normality rule)을 수행한다. 정상규칙을 따르는 물질들은 예를 들자면 점성토가 그렇다($c > 0$ 및 $\varphi = 0$).

하계정리에 따르면, 만일 평형과 경계조건을 만족시키고, 대상재료들의 강도한계를 벗어나지 않는 응력장이 발견될 수 있다면 붕괴는 일어나지 않는다. 이런 조건들을 제외하면 응력장은 자유롭게 선택할 수 있고 그리고 특히 실제의 응력장일 필요는 없다.

상계정리는 일어날 수 있는(반드시 일어나지 않을 수도 있지만) 붕괴 메커니즘을 고려한다. 붕괴 메커니즘과 연계되어 있는 소실력(power of dissipation)은 해당 물체에서의 응력들이 전단강도의 한계조건을 만족시킨다는 가정 하에서 계산된다. 만약 이 소실력이 붕괴 시 중력과 다른 외부 힘들보다 더 작을 경우, 그 물체는 붕괴될 것이다.

유효응력의 원리

포화된 흙에 대해서 공극수의 압력 p는 중요한 역할을 한다. 유효응력의 원리에 의하면, 흙의 변형과 강도는 유효응력 σ'에 달려 있다(이미 8.1.2에서 언급). 이는 $\sigma' = \sigma - u$ 방정식에 의한 총 응력 σ에서 비롯되는 것이며, 여기서 총 응력은 표면에 작용하는 총 하중의 결과이다. 결과적으로 지하수면 아래의 유효응력은 부력단위하중 $\gamma' = \gamma - \gamma_w$($\gamma_w$ = 물의 비중)로부터 비롯된 것이다. 그림 13.5를 참조하라.

$$d\sigma_z' = \gamma' dz$$

유효응력의 원리를 고려하면, 식 (13.1)과 (13.2)는 다음과 같이 교체되어야 한다.

$$\tau_f = \tan\varphi \cdot \sigma' + c \text{ 또는 } \tau_f = \tan\varphi_s \cdot \sigma' \tag{13.3}$$

σ'와 σ 사이에 혼란이 예상되지 않는다면 프라임 부호는 일반적으로 생략한다.

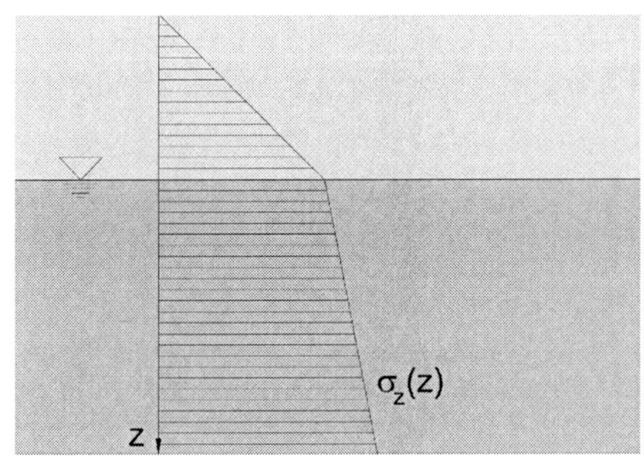

그림 13.5 지하수면 상부와 하부에서의 수직유효응력의 분포

배수와 비배수 조건

포화상태인 흙의 문제에서는 공극수가 빠져나갈 수 있는지(배수조건) 또는 없는지(비배수 조건)의 여부가 중요한 역할을 한다. 전단변형 시에 흙의 부피를 변화시키는 흙의 성향도 또 다른 중요한 역할을 하게 된다: 치밀한 흙은 팽창 거동을 한다. 즉, 만약 수직응력이 일정하게 지속되면 부피가 증가(이완현상)한다. 이완된 흙에선 반대로 수축 거동을 하는데, 이는 일정한 수직응력에서 수축된다. 만약 흙이 포화상태이고 배수가 지연되게 되면, 여기서 언급된 부피변화는 불가능하다.[5] 수축의 방지와 함께 공극압이 증가하게 되고, 그리고 팽창의 방지와 함께 공극압이 감소된다. 공극압의 변화는 유효응력에 있어서 큰 변화를 초래하는데 이것이 수축된 흙의 붕괴를 초래할 수도 있다. 변화된 공극압력의 계산이 거의 불가능하기 때문에, 식 (13.3)과 같이 유효응력에서 만들어진 강도 기준은 비배수의 경우에는 거의 적용될 수 없다. 비배수 조건에서 전단강도 τ_f은 다음과 같다.

$$\tau_f = c_u \tag{13.4}$$

5) 공극수와 개별 입자들은 비압축성으로 간주한다.

C_u는 비배수 점착력(비배수 흙의 점착력)이며 공극률 e에 의해서만 좌우한다. 만약 과다 공극수압이 소멸되는 데 걸리는 시간보다 짧은 시간 내에 빠르게 하중이 적용된다면 비배수 조건이 된다. 그 시간은 근본적으로 흙의 투수성에 의해 정해지며, 점토는 모래보다 10^6배 더 짧다. 따라서 단기안정성은 식 (13.4)에 의해서 판단해야 하고, 장기안정성은 식 (13.3)에 의해서 판단되어야 한다.

13.5.2 암석의 강도

지표에서 전파되는 여러 종류의 탄성파(예: 지진에 기인하는)에 의해 입증된 것처럼 암석은 충분히 작은 변형과 함께 탄성적으로 거동한다. 만일 변형이 증가하게 되면 (접선)강성이 감소하게 되고, 결국엔 붕괴[6]가 일어나게 된다. 이것은 물체의 강도를 나타낸다. 이 항에서는 주로 절리가 없는 무결암의 강도를 살펴본다. 이와는 반대로 절리들에 의해 분리되는 암반은 상당히 감소된 강도를 가지는데 이것은 특별한 경우에만 결정될 수 있다.

파괴까지의 암석의 변형을 고려할 때, 우리는 취성과 연성거동을 구분해야 한다. 만약에 파괴 없이 큰 변형을 겪게 되면 이 물체는 연성이라고 하며, 반면에 상대적으로 작은 변형 후에 파괴가 되는 물체는 취성이다. 암석의 연성거동은 많은 지질학적 운동과정에서 입증되고 있는데, 이들은 파괴 없이 큰 변형을 받는다(예를 들면 습곡). 취성 거동은 불연속면들의 형태로 나타난다(예를 들면 단층). 취성 파괴의 주요 특징은 사전의 징후 없이 파괴가 일어난다는 것이다. 그러므로 이것에 대한 이론적인 예측이 매우 중요하다. 이런 연성과 취성 거동을 결정하는 것이 압력, 온도 그리고 변형속도이다.

실험실에서 암석강도는 봉압 없이 또는 3축 압축실험으로 측정된다. 3축 실험에선 시료는 측압은 $\sigma_2 = \sigma_3$가 되고 축방향으로 압력을 받게 된다. 3축 실험은 1911년 Von Karman에 의해 암석 조사를 위해 소개되었고, 후에 토질역학에도 적용되었다. 암석시료에 적용되는 봉압이 1000MPa 정도까지 적용된다.[7] 이들 봉압은 셀의 유체에 의해서 시료에 작용하게 된다. 이 셀의 유체가 시료의 공극에 침투하지 않도록 시료를 구리나 고무막으로 밀폐가 되도록 해야 한다. 대안으로 등유와 같이 매우 점성이 큰 셀의 유체가 사용된다. 이 등유는 높은 압력에서 점성이 증가한다. 만약 축응력 σ_1이 측면응력 $\sigma_2 = \sigma_3$에 비해 감소된다면 시료가 축 방향으로 늘어나기 때문에 사람들은 이것을 3축 인장실험(모든 주응력들이 압축응력일지라도)이라고 한다.

암석의 일축 인장강도는 압축강도보다 대략 10~20배 정도 작다. 인장실험을 기반으로 하는 인장

---

6) 일부 저자들이 각 용어에 다른 의미를 부여하지만 일반적으로 용어 '붕괴(collapse)', '파괴(failure)' 그리고 '소성흐름(plastic flow)'은 동의어이다.

7) 고압에서의 안전성 측면의 참조: Cox, B.G,. Saville, G. (eds.): High Pressure Safety Code. High Pressure Technol. Assoc. U.K., 1975.

강도의 결정은 어렵다. 왜냐하면 응력과 변형의 균질한 분배가 거의 이뤄질 수 없기 때문이다. 종종 브라질리안 시험(Brazilian test)이 사용된다(그림 13.6). 이 경우에는 (선형탄성거동의 가정 하에) 두 힘이 작용되는 선 사이의 단면에서 대략적으로 일정한 인장이 얻어진다. 인장강도 σ_{xf}는 대략적으로 $F/(\pi rl)$의 값을 갖는다.

암석의 인장강도를 결정하기 위한 다른 시험들에는 (i) 빔에 대한 4점 좌굴시험(시료 준비가 매우 어렵다, 응력집중이 역할 담당), (ii) 회전원판실험(Mohr에 따른 구심성시험, centripetal test), (iii) 직접 인장 시험; 원통형 시료의 양 끝에 시험기를 접착하며 가장 신빙성 있는 시험이다. 그리고 (iv) LUONG-시험(그림 13.7): 두개의 동심원형 슬롯들이 위와 아래 끝단으로부터 서로 반대방향으로 형성된다. 고리 모양의 연결상태인 인장응력장은 비균질한 것으로 입증되었다. 그래서 결과는 시료의 기하학적 모양에 좌우된다. 위에서 언급된 각각의 시험 형식들마다 크게 차이가 나지만 모사가 가능한 결과를 나타낸다는 것은 주목할 만하다.[8]

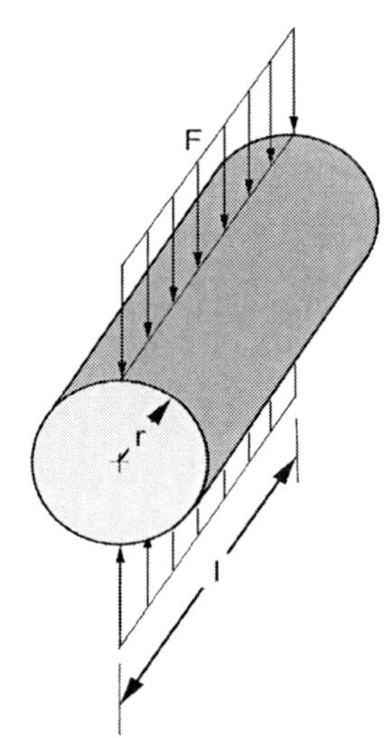

그림 13.6 Brazilian 시험(인장시험)

일축 또는 삼축 압축실험에서 시료는 양 단면이 서로 평행해야 한다(적어도 0.02mm의 편평도가 필요). 특별한 지질학적 명칭(예를 들면 화강암)을 지닌 암석의 일축 압축강도(비봉압 압축강도) q_u는 풍화작용에 때문에 수십 배의 차이를 가질 수 있다.

처음 근사치에서 암석(연암이나 흙에서와 같은 방식으로)의 전단강도를 Mohr-Coulomb의 파괴기준으로 표현할 수 있다: 만일 전단강도 τ가 τ_f에 도달한다면 파괴가 일어난다.

8) 구두발표 : R. NOVA in Aussois in 2002.

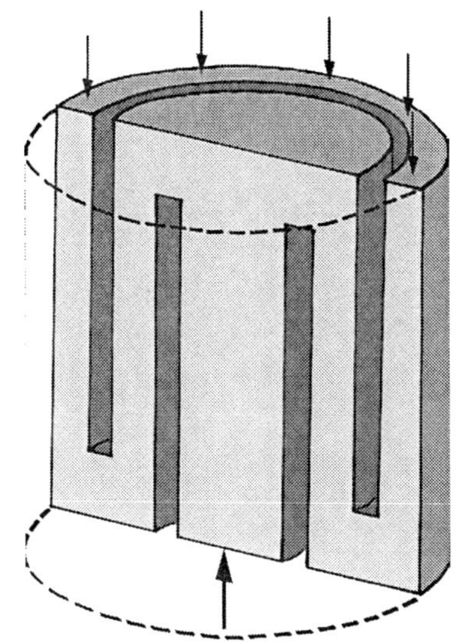

그림 13.7 암석의 인장강도를 결정하기 위한 LUONG-시험[9)]

$$\tau_f = c + \sigma \tan\varphi \tag{13.5}$$

σ는 수직응력이고 c는 점착력, φ는 마찰각인데, 암석에서 이 각도는 25°에서 55°까지 다양하다. 흙에 대해서는 식 (13.5)를 첫 근사치에서만 적용할 수 있다. 실제로 τ_f는 σ와 함께 준선형으로 증가하는데, 이것은 마찰각 φ은 응력에 의존하고, 수직 응력 σ의 증가와 함께 감소한다는 것을 의미한다.

또한 시료의 형태는 강도에 영향을 미친다. 시료가 가늘수록(즉, 높이/직경의 비가 더 커질수록) 강도는 더 작아진다. 이런 현상은 주로 시료의 양단에서의 마찰에 의해 생긴다.

13.5.3 취성과 연성 거동

취성과 연성 거동의 차이는 암석시료들로 관측될 수 있는데, 이를 위해서 시료들을 다양한 봉압 $\sigma_2 = \sigma_3$에서 시험이 된다(그림 13.8). 낮은 봉압에서는 더 작은 변형률에서 더 작은 강도에 도달하게 된다(최대 변형률). 봉압이 증가될수록 시료는 더 연성을 띤다. 또한 파괴 패턴들은 다르게 나타난다(그림 13.9)

9) LUONG, M.P., 1986. Un nouvel essai pour la mesure de la résistance à la traction. *Revue Francaise de Géotechinque*, 34, pp.69~74.

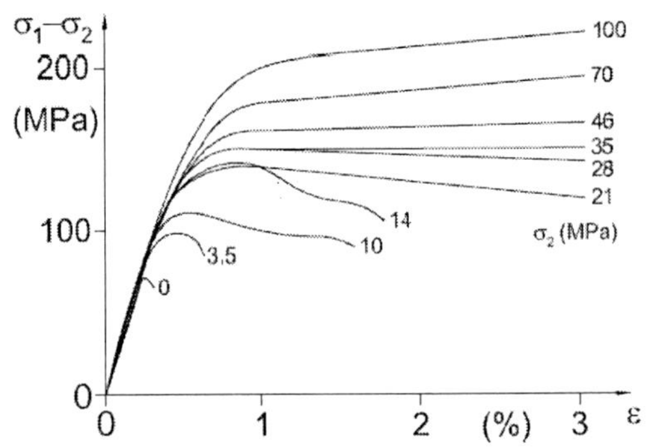

그림 13.8 여러 봉압에서 수행된 삼축 실험의 응력-변형률 곡선(대리석)[10]

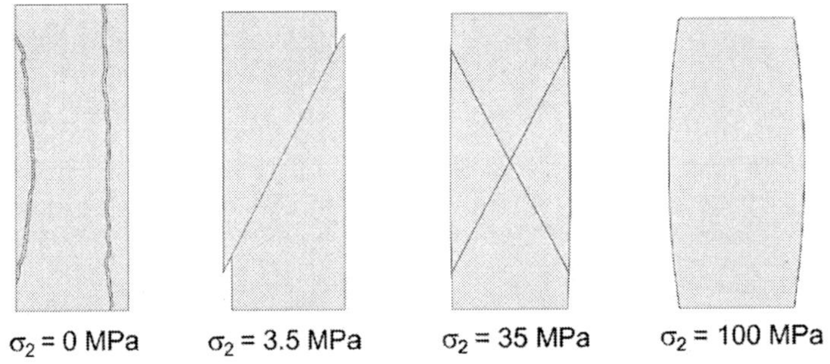

그림 13.9 여러 봉압에 따른 대리석 시료의 파괴양상[10]

가해지던 봉압이 소멸되면, 축방향 분할 인장파괴(axial splitting tension failure)(그림 13.9)가 일어나며, 이것은 육안으로 확인되는 인장이 시료상에 나타나지 않기 때문에 역설적으로 보인다. 이런 특징의 설명을 위해서는 미시적인 이질성들이 추정된다. 이질성들은 암석의 입자성 구조와 연계된다. 암석은 느슨한 입자 구성체가 아니고 각각의 광물입자들은 서로 단단하게 결합되어 있다. 프로그램 PFC(Particle Flow Code)를 사용하여 입자에 대한 수치해석을 실시하면, 화강암에서 인장균열[11]들의 중요한 역할이 파악될 수 있다(그림 13.10).

손상은 대략 최대 강도치의 30% 정도가 되는 응력에 의한 균열이 발생하면서 시작된다는 것을 보여준다. 또한 전단균열의 발생보다 50배나 더 많은 인장균열이 나타난다는 것도 알 수 있다. 특히 하나의 주응력이 다른 주응력보다 훨씬 큰 경우, 인장균열은 터널 경계에서 박리현상을 일으킬 수 있다. 취성파괴에 대한 기준은 응력보다는 변형률에 의해 표현되어야 한다는 것을 나타낸다.

---

10) M.S. Paterson: Experimental rock deformation, the brittle field. Berlin: Springer, 1978.

11) Diederichs, M.S., Instability of hard rock mass: The Role of Tensile Damage and Relaxation. PhD thesis, University of Waterloo, 1999. Quoted in: P.K. Kaiser and others, Underground works in hard rock tunneling and mining, GeoEng 2000, Melbourne.

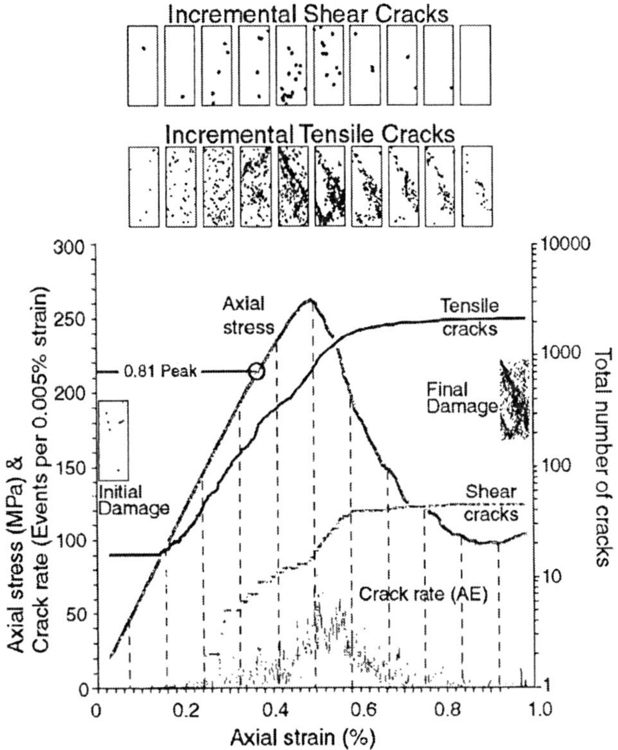

그림 13.10 프로그램 PFC에 의한 화강암시료의 압축시험에 대한 수치해석(Diederichs)

현지응력이 높은 고심도에서 채취한 암석코어가 쪼개지는 특수 현상인 코어 디스킹(Core discing)은 암반의 취성으로 설명될 수 있다. 높은 응력으로부터의 해방에 의한 시추코어의 탄성적 팽창은 코어에 의해 수용될 수 없는 높은 팽창변형률을 일으킨다(그림 13.11).

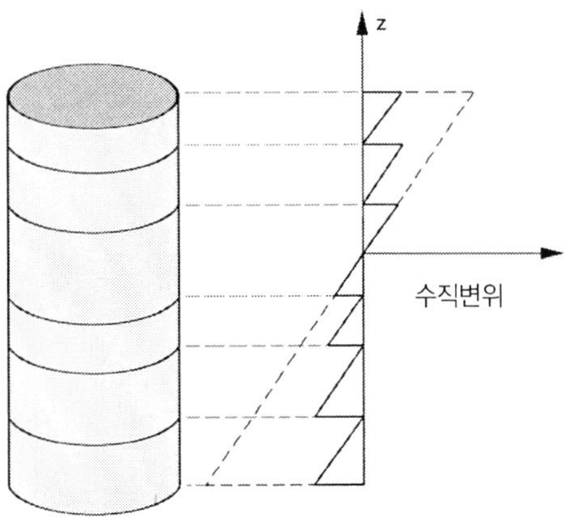

그림 13.11 코어 디스킹의 설명

13.6 최대 변형 이후

응력-변형률 도표에서 최대치를 넘어가면(그림 13.10), 응력은 변형의 증가와 함께 감소한다. 토질역학에서 이러한 거동을 연화현상이라고 한다. 이것은 시료의 부피 증가 즉 시료의 밀도 감소(이완현상)와 관계된다(그림 13.4), 최대변형 이후는 응력제어 혹은 변형률 제어라는 재하과정에 대한 특별한 요구사항이 제기된다. 응력제어는 작은 증분의 응력(혹은 힘)이 부가되어 그 결과로 변형률이 제한된다.

연화가 일어나는 경우에는 응력감소단계는 매우 빠르게 적용되어야 한다. 그렇지 않으면 붕괴에 도달하는 데 가속화가 될 것이다. 이것은 1초 내에 수천 번의 제어 싸이클을 수행하는 서보제어(servo-controlled) 시험기로 이루어질 수 있다. 변형제어 는 작은 증분의 변형률(혹은 변위)이 부가되어 그 결과로 응력(혹은 힘)변화가 제한된다. 하지만 여기서 중요한 점은 시험재하기의 신장(elogation) Δs는 완전히 암석시료에 전이가 될 수 없다는 것을 고려해야만 한다. Δs의 일부분은 그림 13.12에서와 같이 시험기의 프레임과 로드셀을 변형시키기 위해 소모된다. 프레임과 시료의 강성을 각각 c_{frame}과 c_{sample}이라고 하자.

연화가 진행되는 구간에선 c_{sample}은 0보다 작다. 식 $\Delta s = \Delta s_{frame} + \Delta s_{sample}$, 그리고 식 $c_{frame} \Delta s_{frame} = c_{sample} \Delta s_{sample}$으로부터 다음 식을 도출할 수 있다.

$$\Delta s_{sample} = \frac{c_{frame}}{c_{sample} + c_{frame}} \Delta s$$

Δs_{sample}가 양수가 되려면 프레임의 강성은 충분히 커야 한다.

$$c_{frame} > - c_{sample}$$

이것이 소위 견고한 시험기를 쓰는 경우다. 급격한 연화를 겪는 암석에 대해 시험기는 서보 제어가 적용될 수 있도록 강성이 충분하지 않아야 한다.

강도변형곡선에서의 최대치 이상에서 시료는 파쇄되거나 비균질하게 변형된다는 점에 주의해야 한다. 최대치 후의 구간에서 응력-변형률 곡선의 의미에는 의문을 가져야만 한다. 비균질하게 변형된 하나의 시료 내에서 변형률은 각 부위마다 대개 불규칙하게 서로 다르며 응력 또한 마찬가지 이다. 그러므로 시료에서 응력이나 변형률을 언급하는 것은 이치에 맞지 않는다.

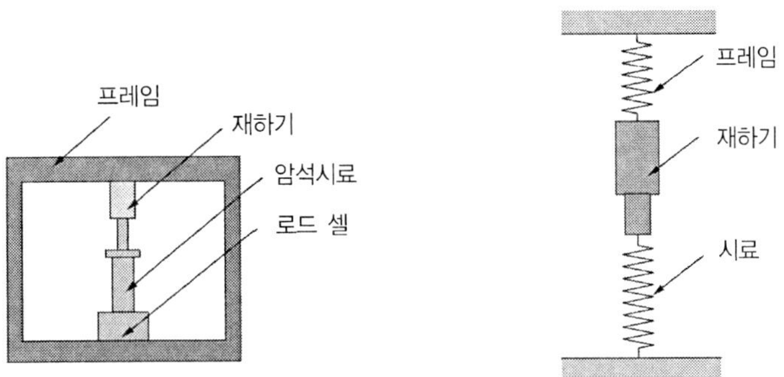

그림 13.12 시험기의 주장치 배열과 형상화(idealisation)

13.6.1 점하중 시험

충분히 큰 암석 시료들이 항상 절리암반에서 조사 시추로부터 채취될 수 없기 때문에, 점하중 시험이 도입되었다. 임의의 형태를 지닌 암석 조각은 시료의 반대되는 두 점에 적용되는 두 힘에 의해 압축을 받아 파괴된다. 여기서 파괴하중을 F 그리고 힘이 작용되는 두 점 간의 길이를 a라 하자. 강도지수를 I_s 는 다음과 같이 정의된다.

$$I_s := \frac{F}{a^2}$$

표 13.1 점하중시험의 강도지수와 일축압축강도의 경험치[12)]

일축압축강도 q_u (MPa)	점하중시험의 강도지수 I_s (MPa)	현지에서 추정	암석
> 250	> 10	반복하는 해머 타격으로 작은 파편을 만들 수 있다. 경쾌한 소리가 난다.	현무암, 휘록암, 편마암, 화강암, 규암
100~250	4~10	서너 번의 해머 타격으로 암석시료가 조각날 수 있다.	사암, 현무암, 반려암, 편마암, 화강섬록암, 석회석, 대리석, 유문암, 응회암
50~100	2~4	한 번의 해머 타격으로 시료를 채취할 수 있다.	석회석, 대리석, 사암, 점판암, 천매암
25~50	1~2	지질망치의 뾰족한 부분으로 한 번의 타격으로 5mm 정도의 홈이 만들어진다. 암석표면을 칼로 흠집을 낼 수 있다.	점판암, 석탄
5~25	-	칼로 자를 수 있다.	석고, 암염
1~5	-	해머 타격으로 암석이 부스러진다. 심하게 풍화된 암석으로 취급될 수 있다.	

12) E. Hoek, P.K. Kaiser, W.F. Bawden, Support of Underground Excavations in Hard Rock. Balkema, 1995.

그리고 이것은 암석의 신속한 분류를 위해 사용된다. I_s(표 13.1)로부터 경험에 의해 일축압축강도 q_u가 유추될 수 있다. $q_u < 25MPa$인 암석의 경우 점하중시험은 적합하지 않다.

13.6.2 Griffith 이론

파괴역학은 파괴를 물질 구조의 미시적인 관점에서 파괴를 설명하려고 애쓴다. Griffith는 1920년 취성물질의 강도는 미소균열의 존재에 의해 결정된다는 이론을 제시한다. 만약 이러한 균열들이 커지게 되면 파괴가 일어난다는 것이다. Griffith는 균열들을 타원형의 단면을 가지는 원통형 공동으로 가정했고, 탄성이론으로 공동주위의 응력분포를 계산하였다. 균열이 성장할 때 자유면의 표면 에너지는 증가하고, 또한 균열 주변의 응력장에서 포텐셜 에너지가 변하게 된다. 만일 에너지가 방출될 수 있다면 균열은 커지게 될 것이다. 이런 에너지 관련 기준으로부터 Griffith는 일축인장시험을 통해 인장강도를 결정할 수 있었다.

$$\sigma = \sqrt{\beta \frac{E\gamma}{c}} \tag{13.6}$$

여기에서 E는 탄성 계수(Young's modulus), γ는 비표면 에너지, $2c$는 균열의 길이, 그리고 β는 한 자리 수의 상수이다. Griffith 이론은 거의 실질적인 예측을 제공하지 못하여 오늘날엔 쓰이지 않지만, 좀 더 상세한 연구들을 위한 시발점의 역할을 하고 있다.

13.6.3 AE(Acoustic Emission)

암석의 변형동안 특히 파괴에 근접했을 때 음향 충격파가 생성되는데, 이것은 증폭기나 맨 귀로 들을 수 있다. 이런 현상으로부터 발생할 파괴에 대한 경고 방법을 개발하기 위해 심도 있는 시험이 이루어졌다. 단위시간당 충격파의 개수(주파수)는 응력이 증가함에 따라 같이 증가하는 것이 관측되었다. 아무튼 이런 증가는 지속적으로 일어난다. 그래서 발생될 파괴와 함께 의미 있는 기준치에 도달하게 된다. 응력이 더 이상 증가하지 않고 그대로 유지된다 할지라도 AE는 계속된다. 음향충격파의 에너지가 더 커질수록 그들의 주파수는 더 작아진다. 만일 응력이 사전재하의 값을 넘어서 증가한다면 그때는 AE가 눈에 띄게 증가되는 것을 알 수 있다(Kaiser 효과).

13.6.4 절리들의 마찰

하나의 평면 절리에 가해질 수 있는 최대 전단력 T_f는 수직응력 N에 비례하고 다음과 같다. $T_f = \mu N$. 여기서, Amoton의 법칙에 따라서, 마찰계수 μ는 N과는 독립적이고 거시적인 접촉 부위로부터 작용한다. 엄밀히 말하면, T_f는 N과 함께 준선형적으로 증가하며, 이는 식 $\tau_f = c + \mu\sigma$나 $\tau_f = c + \mu\sigma^n$의 관계에 의해서 근사적으로 구해진다(연관 있는 전단과 수직 응력을 참조하여). 이런 비선형은 여기서 더 언급되지 않는다. 암석에 있어서 마찰계수 μ는 대개 0.4와 0.7 사이의 값을 갖는다. 암석의 개별적인 광물구성물체들은 훨씬 적은 마찰계수 값을 나타낸다. 예를 들면 건조 석영이나 방해석은 0.1에서 0.2 값을 갖는다.

절리의 거칠기는 마찰계수에 영향을 준다.[13] 그러나 이것은 상대변위에 의해 생긴 마모에 의해 변한다는 것을 명심해야 한다. 이러한 결과로 생긴 분말 광물은 마찰계수를 증가시킬 수 있다. 새로이 생성된 전단 파괴면에서의 마찰계수 μ는 0.6과 1.0 사이의 값을 갖는다.

물에 의해 절리면이 젖게 되면 암석에 따라 마찰이 증가되거나 감소된다. 만일에 절리에서 물의 압력이 p이면, 마찰력을 결정하는 것은 유효수직응력이다.

두 암석 블록들 사이에 마찰이 일어나는 주목할 만한 현상은 마찰의 증가와 감소가 지속되는 스틱슬립(Stick-slip)이라 부른다(그림 13.13). 스틱슬립은 모든 암석에서 관찰되는데, 여기서 석영성분이 스틱슬립을 증가시키는 경향이 있다. 또한 수직응력의 증가에 의해서도 증가하는 경향이 있다.

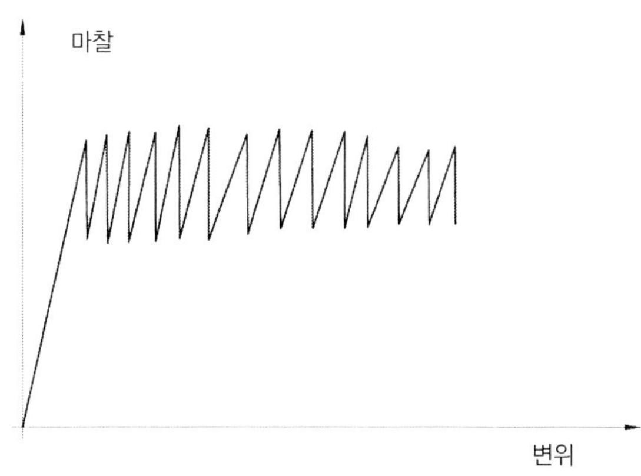

그림 13.13 스틱슬립(Stick-slip)

13) M.S. Paterson: Experimental rock deformation, the brittle field. Berlin: Springer, 1978.

13.7 이방성

성층암은 종종 횡등방성 탄성(transverse isotropic elasticity)으로 추정된다. 만일 x_3 직각 좌표가 층리면에 대해 수직적이면, 응력-변형률의 관계는 다음과 같다.

$$\begin{pmatrix}\varepsilon_{11}\\ \varepsilon_{22}\\ \varepsilon_{33}\\ \varepsilon_{12}\\ \varepsilon_{23}\\ \varepsilon_{13}\end{pmatrix} = \frac{1}{E}\begin{pmatrix} 1 & -\nu_1 & -\nu_2 & 0 & 0 & 0 \\ -\nu_1 & 1 & -\nu_2 & 0 & 0 & 0 \\ -\nu_2 & -\nu_2 & 1 & 0 & 0 & 0 \\ 0 & 0 & 0 & 2(1+\nu) & 0 & 0 \\ 0 & 0 & 0 & 0 & E_1/G_2 & 0 \\ 0 & 0 & 0 & 0 & 0 & E_1/G_2 \end{pmatrix}\begin{pmatrix}\sigma_{11}\\ \sigma_{22}\\ \sigma_{33}\\ \sigma_{12}\\ \sigma_{23}\\ \sigma_{13}\end{pmatrix}$$

여기서 5개의 물질상수, E_1, E_2, ν_1, ν_2, G_2가 필요하다.

이방성 시료의 경우, 강도는 작용응력의 방향에 좌우된다. 예를 들면, 가장 큰 주응력이 층리면에 대해 대략 30°의 각도를 이루고 있다면 전단강도는 가장 작다(그림 13.14).

측압의 증가는 이방성 효과를 증대시키거나 감소시킬 수 있다. 만일 시료가 층리면에 수직인 축을 중심으로 회전이 된다면 성층암의 이방성은 명백해지지 않는다(그림 13.16). 그러나 다른 종류의 회전들(예: 그림 13.15에서의 각도 θ에 의한 회전)은 전단강도에 영향을 준다. 이방성을 해석적으로 나타낼 수 있는 가능성은 층리면에서 감소된 전단강도의 매개변수 c_ℓ과 φ_ℓ를 고려하는 것이다.

$$\tau_{f\ell} = c_\ell + \sigma \tan\varphi_\ell \tag{13.7}$$

Mohr-Coulomb의 파괴기준에 따라서 응력의 상태 $\sigma_1, \sigma_2, \sigma_3 = \sigma_2$가 파괴를 일으킬 것인지를

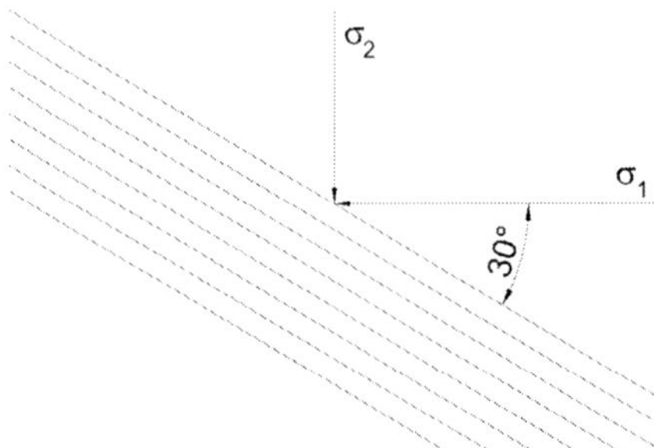

그림 13.14 편리: 성층암에서 가장 큰 주응력이 층리면에 대해 대략 30°의 각도를 이루고 있다면 전단강도는 가장 작음

결정하기 위해서, 가능성이 있는 모든 경사 $\theta(0° \le \theta \le 360)$를 시험해야 하고 이 평면에 작용하는 전단응력과 수직응력들을 계산해야 한다. $\theta \neq \vartheta$의 경우엔 파괴기준으로서 식 $\tau = c + \sigma \tan\varphi$로 정하고, $\theta = \vartheta$에 대해선 식 (13.7)로 정한다. 이 이론에 따라 ϑ에 대한 전단응력 $(\sigma_1 - \sigma_2)_f$의 의존성은 그림 13.17에 표시되어 있다.

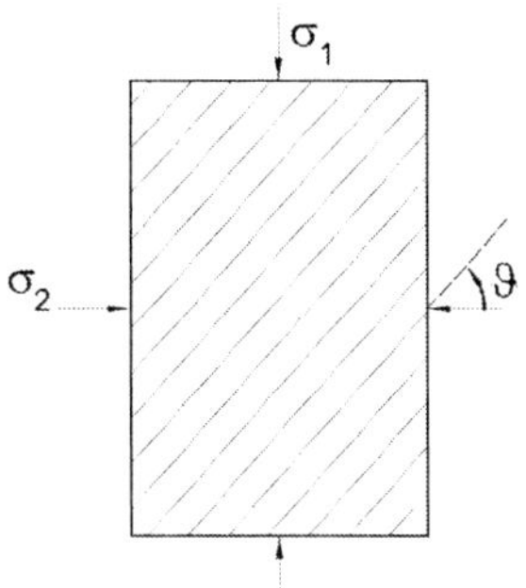

그림 13.15 층리가 발달한 암석시료의 강도는 층리방향의 θ 각에 좌우됨

그림 13.16 만일 층리방향에 수직인 축을 주위로 회전이 일어난다면 층리가 발달한 암석시료의 이방성은 찾기 어려움

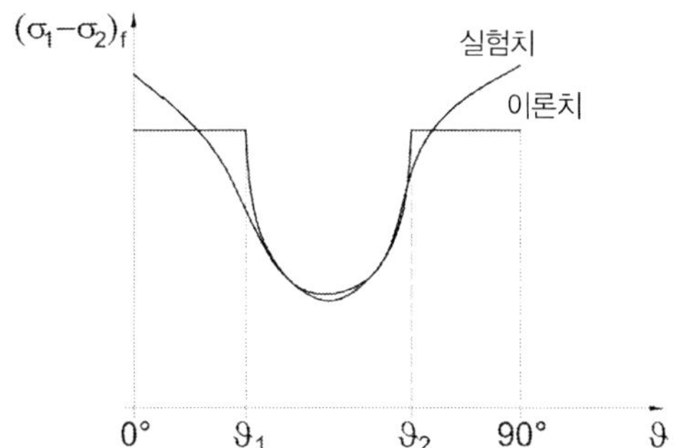

그림 13.17 층리면의 방향에 대한 전단강도의 의존성 $\theta_1 \le \theta \le \theta_2$에 대해 전당강도는 매개변수 c_l와 φ_l에 의해 결정됨

13.8 흙과 암석의 점성과 속도 의존성

유체들은 일반적으로 전단작용에 대한 저항력이 전단속도와 함께 증가를 나타내는 성질인 점성의 성질을 가지고 있다고 알려져 있다. 그렇다면 고체는 어떠한가? 고체에 대한 이상적인 개념은 '속도 비의존성(rate independence)'으로 물체의 거동이 시간 스케일의 변화에 대해 변하지 않는다는 의미이다. 예를 들면, 변형속도를 배로 증가시켜도 어떤 특별한 변형에서 생기는 응력에 대해 어떠한 영향도 주지 않을 것이다. 탄성과 탄소성 물체들은 속도에 의존하지 않기 때문에 크리프나 이완현상을 보이지 않는다. 여기서 크리프는 일정한 응력에서 변형이 증가되는 것을 의미하고, 이완현상은 일정한 변형에서 응력이 감소하는 것을 의미한다(그림 13.18). 속도 비의존성 물체의 물질상수들은 시간의 차원을 지니지 않는다.

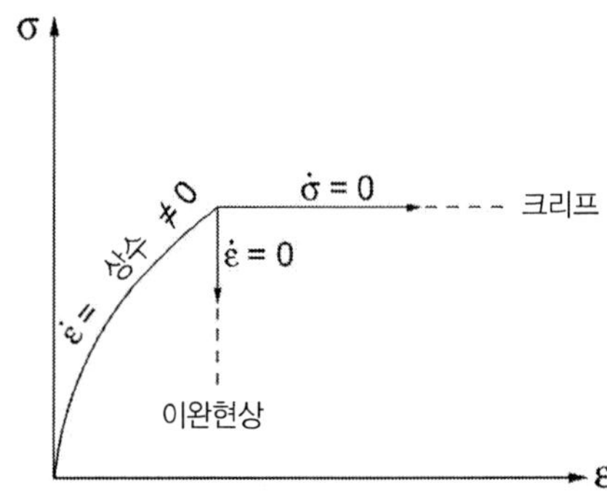

그림 13.18 크리프와 이완현상(이상화)

실제로 고체들은 속도 의존성을 보이지만, 여러 공정에서 무시될 수 있다. 하지만 속도 의존성이 결정적으로 중요하게 여겨지는, 특히 매우 빠르거나 매우 느린 공정들이 있다. 예를 들어 흙의 2차 압밀과 암석층들의 습곡작용들을 생각해 보라. 흙의 속도 의존성을 간파하는 간편한 방법은 점프시험(jump-test)이다: 변형(일반적인 삼축시험에서)은 일정한 속도로 수행된다. 특정 변형에서 변형속도는 $\dot{\varepsilon} = \dot{\varepsilon}_a$ 로부터 $\dot{\varepsilon} = \dot{\varepsilon}_b$로 변하는데 여기서 $\dot{\varepsilon}_b = 10\dot{\varepsilon}_a$ 이다. 속도 의존 물체에서 이것은 해당 응력의 변화 $\Delta\sigma$ [14][15]를 암시한다. $\Delta\sigma \propto \log(\dot{\varepsilon}_b/\dot{\varepsilon}_a)$가 된다. 따라서 그 관계식은 다음과 같이 설정된다.

---

14) Prandtl, L.; Ein Gedankenmodell zur kinetischen Theorie der festen Körper *ZAMM*, 8, Heft 2, April 1928, pp.85~106.

15) F. Tatsuoka, et al., Time dependent deformation characteristics of stiff geomaterials in engineering practice. In: Pre-failure Deformation Characteristics of Geomaterials, Jamiolkowski et al, editors, Swets & Zeitlinger, Lisse, 2001, pp.1161~1262.

$$\triangle\sigma = I_v \sigma \triangle (\log \dot{\varepsilon})$$

여기서, I_v는 점성지수로 물질상수이다. 그림 13.19는 마른 모래에 대한 변형률제어 삼축 점프시험의 실험적 결과를 나타내는 것이다.[16)]

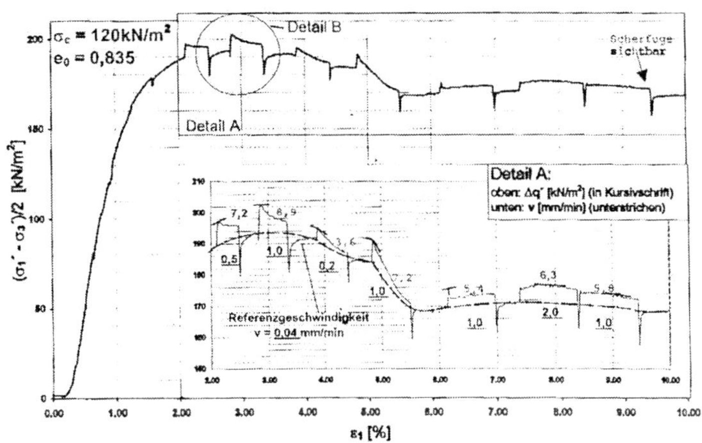

그림 13.19 세립질 모래의 속도 의존성

Dieterich와 Ruina에 의해 암석의 접촉면을 따라 생기는 속도의존 마찰에 대해 동일한 관계식이 발견되었다는 것이 흥미롭다.[17)] 크리프와 이완작용이 속도의존성의 징후들이다. 그들의 상호관계성은 점탄성(그림 14.22 참조)의 경우에 대해서는 확실하지만, 다른 관계들(예: 점소성 경우)에 대해서는 그렇게 분명하지 않다. 암석의 크리프와 이완작용에 대한 기존의 실험적 관찰들 대부분은 일차원적이다. 즉, 응력이나 변형률의 한 요소만 관찰되었다.

주요 결과들은 다음과 같다.

- 이완작용에 의한 응력감쇠는 종종 속도는 시간의 로그에 비례한다 : $\Delta\sigma \propto \log t$
- 편차변형에 대해 크리프 속도 $\dot{\varepsilon}$는 편차응력 σ, 즉 $\dot{\varepsilon} \propto \sigma^n$과 함께 증가한다. 이 방정식을 종종 Norton의 법칙이라고 한다.
- 크리프 속도는 온도와 함께 증가한다. 이것은 크리프는 열적으로 활성화된 과정이란 것을 의미한다. 이러한 과정은 종종 Arrhenius 관계식 $\dot{\varepsilon} \propto \exp(-Q/RT)$를 따르게 된다. 여기서 Q와

16) B. Eichorn, Der Einfluß der Schergeschwindigkeit beim Triaxialversuch, Diplomarbeit, Universität Innsbruck, 1999.

17) A. Ruina, Slip Instability and State Variable Friction Laws, *J. Geophys. Res.*, Vol. 88, No. B12, 10,359-10,370, Dec. 10, 1983.

R[18]은 상수이고, T는 절대온도이다.

- 크리프는 3단계로 구분될 수 있다: 1차 크리프(크리프 속도 감소), 2차 크리프(크리프 속도 일정), 그리고 3차 크리프(붕괴가 시작할 때까지 크리프 속도 증가하여 결과적으로 붕괴)

일반적인 구성방정식에 속도 의존성을 융합시키는 것은 쉽지 않다. Perzyna의 접근 방식은 다음과 같다: 소성거동을 항복함수를 이용하여 모델화시킨다. 하지만 실제 응력은 항복면(yield surface)을 넘어설 것이다. 항복면까지의 길이는 크리프 속도의 빠르기를 결정한다. 점성-저소성(viscohypoplasticity) 이론은 가능성이 높은 새로운 개념이다.[19] 흙에서의 점성 거동의 추가적인 원인은 공극유체의 점성과 압밀이론에 따른 관련 공극압의 소멸 때문이다.

재래식 터널공사에서의 매우 중요한 문제는 무지보 유지시간은 지반의 구성 성질들과 결부시킬 수 없고, 따라서 합리적인 근거로도 연관지을 수 없다. 안전을 위해 차라리 낙반가능시간 측면에서 고려되어야 한다.

13.9 크기 효과

시료의 크기가 시료의 강도와 다른 역학적 성질들에 영향을 주는 것을 스케일 효과 또는 크기 효과라 한다. 크기 효과는 응력경사의 존재와 불균질한 응력분포(예: 브라질리안 시험에서)와 함께 더 뚜렷해지고, 측압 σ_2의 증가와 함께 스케일 효과는 감소한다.

13.9.1 암석의 크기 효과

암석강도(콘크리트와 같은 재료들의 강도 또한)는 시료가 더 커질수록 강도가 낮다는 측면에서 시험되는 시료의 크기에 따라 달라진다. 이 크기 효과는 단순물질(simple material)로 모델화될 수 없다.[20] 이는 내부구조와 함께 연속체를 이루는 작은 결함들 때문이다. Griffith(1921)와 Weibull(1939)은 크기 효과는 대상 시료의 크기가 증가함에 따라 결함의 확률이 같이 증가한다는 사실로 설명하였다.

---

18) R은 가스상수, $R = 8.314472$ J/(mol·K).

19) G. Gudehus, Prognose und Kontrolle von Kriechen und Relaxation in weichen Baugrund mittels Visko-Hypoplastizität, *Bauingenieur* 79, September 2004, pp.400~409.

20) '단순물질'의 정의: 물체의 한 점에서 응력은 이점에서의 변형에만 좌우되고, 더 높은 변형경사에 좌우되지 않는다. 단순물질의 역학적 거동은 균질한 변형에 의한 시험을 통해서는 완전하게 밝혀질 수 없다.

그림 13.20 모래더미[21)]

만일 우리가 암석의 표면을 자연적 또는 인위적인 파열면인지를 깊이 생각한다면 암석의 내부구조를 알 수 있다. 이런 표면들은 표면의 일부가 표면 전체와 비슷하다는 점에서 자기유사성(self similar)을 지닌다. 만일 이런 표면이 다시 더 작은 부분로 쪼개어진다면, 각각의 부분들은 원래의 표면과 같아 보인다. 이것이 바로 암석표면들이나 입자성 흙의 사진들에서 만일 크기를 알고 있는 다른 비교 물체(예를 들면 망치나 동전)를 두지 않는다면 그 물체의 크기를 알 수 없는 이유이다. 그림 13.20은 대략 20cm 높이의 모래더미를 찍은 사진인데도 불구하고 높은 산과 같은 느낌을 준다.

자기유사성의 불규칙 면들은 종종 프락탈(fractals)을 나타내며, 프락탈 차원을 갖게 된다. 이러한 표현법은 다음과 같은 의미를 갖는다. 모서리가 δ인 정사각형으로 프락탈 곡선이나 프락탈 표면을 포함하기 위해서는 N개의 사각형이 필요하다(그림 13.21). 분명히 N 값은 δ에 따라 달라진다. $N = N(\delta)$. δ가 더 적어질수록 N은 더 커진다. 일반 곡선들(프락탈이 아닌)에 대해서 $N \propto \frac{1}{\delta}$을 적용하고, 일반 표면(프락탈이 아닌)에 대해서는 $N \propto \frac{1}{\delta^2}$을 적용한다. 일반적으로 $N \propto \frac{1}{\delta^D}$이며, 여기서 D(프락탈 차원)는 프락탈에 대한 한 부분을 나타낸다. 예를 들어, 영국 해안가의 프락탈 차원은 $D = 1.3$이다.

프락탈 곡선의 길이는 $L \approx N\delta = \mathrm{const} \cdot \delta^{1-D}$으로 구할 수 있다. 로그-로그 도표에서 δ에 대한 L(혹은 N)를 도식하면 프락탈 차원 D의 기울기를 나타내는 직선이 된다. 암석의 파열면은 $2 < D < 3$인 프락탈 차원을 갖는다. 모서리 δ인 매우 작은 정육면체 시료들과 강도 σ_δ[22)]와 관련해서 지름이 d인 시료의 압축강도 q_u를 다음과 같이 구할 수 있다.

---

21) 사진: Prof. G. Gudehus

22) σ_δ는 renormalised strength

균열에서의 압축력은 $F \propto \frac{1}{\delta^D}\sigma_d$이고, 시료의 단면은 $A \propto \delta^2$가 된다. 따라서 $q_u = \frac{F}{A} \propto \delta^{2-D}$이고, 시료의 지름이 $A \propto \delta$이면 마침내 식 $q_u \propto d^{2-D}$가 된다. 이 식은 크기 효과, 즉 q_u는 d에 따라 변한다는 사실을 설명하는 것이다.

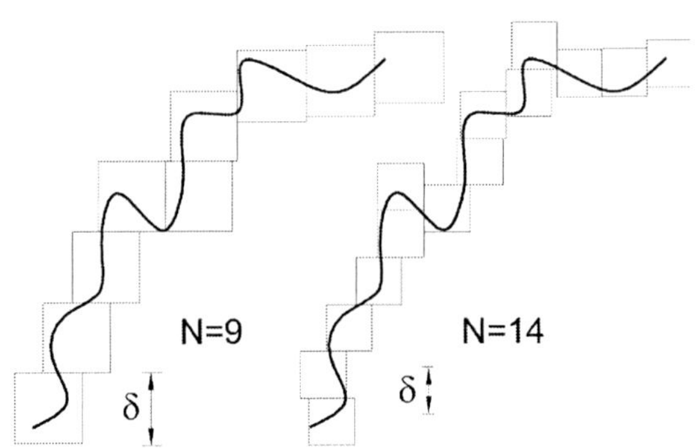

그림 13.21 하나의 곡선을 포함하기 위해 필요한 사각형의 수 N은 모서리 길이 δ에 좌우됨

D 값은 다양한 크기를 갖는 시료의 시험을 통해서도 얻을 수 있다. 프락탈 차원 D 또한 암석 균열면의 기하학적 분석을 통해서 얻을 수 있다. 이러한 목적을 수행하기 위해 단면의 거칠기가 기계식 핀이나 레이저 빔 등으로 기록된다.[23] 균열면 위에서 측정된 곡선의 프락탈 차원은 대리석의 경우 $1.11 < D < 1.76$, 그리고 사암의 경우는 $1.02 < D \ 1.41$의 값을 얻었다.

13.9.2 흙에서의 크기 효과

흙시료의 점착력은 크기에 의존한다는 것이 입증된다. 시료가 적을수록 점착력이 더 커진다. 이것은 시료 단면의 공극들이 하나의 프락탈 차원을 갖는다고 가정하면 프락탈로 표현될 수 있다.[24] 런던 점토의 점착력을 시료의 직경에 대해 도표를 그리면 프락탈 차원은 $D = 1.64$이 된다. 특정한 균열과정이 암석편의 길이(크기) r의 감소와 함께 증가하는 조각들의 수 N을 유도할 수 있다는 어떤 근거가 있다: $N \propto r^{-D}$. 만일 D가 r과 무관하다면 그땐 균열은 크기에 불변이다. 예를 들어, 빙퇴석 암석조각들은 D값이 2.88로 구해졌다.[25]

23) C. Scavia(1996), The effect of scale on rock fracture toughness: a fractal approach. *Géotechnique* 46, No. 4, pp.683~693, also: Chr.E. Krohn (1988), Sandstone Fractal and Euclidean Pore Volume Distributions. *J. of Geophys. Research*, 93, No. B4, pp.3286~3296

24) M.V.S. Bonala, L.N. Reddi (1999), Fractal representation of soil cohesion, *J. of Geotechn, and Geoenvironmental Eng.*, Oct. 1999, pp.901~904.

25) D.L. Turcotte (1986), Fractals and Fragmentation, *J. of Geophys. Res.* 91. pp.1921~1926.

13.9.3 Rodionov 이론

Rodionov[26]는 암석의 거동은 구형 형상의 이물질들에 의해 지배받는다고 가정했다(구형 형상에 대한 본질적인 내용은 더 이상 언급되지 않는다). 그는 시료 내에 존재하는 가장 큰 이질물의 크기 l_i은 시료 자체의 크기와 비례한다고 가정하였다. 또한 하중이 가해지는 동안에는 이물질들 주변에서 응력장이 형성이 되고 있다고 가정했다. 관련된 응력들의 편차 부분들은 편차 변형과 함께 증가한다($\dot{\sigma}_{ij}= h_{ij}(\sigma_{kl}, \dot{\varepsilon}_{mn})$와 같은 구성방정식에 의거). Rodionov는 선형탄성관계 $\dot{\sigma}^*_{ij} = 2G\dot{\varepsilon}^*_{mn}$(여기서 $\dot{\sigma}^*_{ij}$는 응력 σ_{ij} 편차 부분)는 이완작용과 함께 결합한다고 추정했다.

$$\dot{\sigma}^*_{mn} = 2G\dot{\varepsilon}^*_{mm} - \frac{v}{l_i}\sigma^*_{mn}$$

$\dot{\varepsilon}_{ij}$= 상수로 하고 텐서들을 스칼라들로 바꾸어 다음과 같은 식을 얻었다.

$$\sigma^* = 2G\varepsilon^* \frac{l_i}{v}\left(1 - \exp\left(-\frac{v}{l_i}t\right)\right)$$

파의 감쇄(wave attenuation)로부터 나온 자료를 근거로 하여 Rodionov는 v는 암석에 대해서는 보편적인 상수로 간주할 수 있다고 생각했다.

$$v \approx 2 \cdot 10^{-6}\text{cm/s}$$

재하의 시작으로부터 경과된 특정 시간 t^*에 대해, 길이 $l^* = vt^*$이라고 정할 수 있다. 그러면 큰 이물질들$(l_i \gg l^*)$과 작은 이물질들$(l_i \ll l^*)$을 구분할 수 있는데, 이 구분은 경과된 시간에 따라 달라진다.

큰 이물질: $\exp(-l^*/l_i) \approx 1 - l^*/l_i \rightsquigarrow \sigma^* = 2G\varepsilon^* t^*$, 즉 편차 응력은 시간 t^*와 함께 증가한다. 결국에는 균열로 유도되는 과정이다(취성 거동).

26) V.N. Rodionov, Ocherk Geomekhaniki, Nauchny Mir, Moscow, 1996.

작은 이물질 : $\exp(-l^*/l_i) \approx 0 \sim \sigma^* = 2G\varepsilon^* l_i/v$, 즉, 작은 이물질 주위의 물질들은 점성물질로서 거동한다(연성거동).

그러므로 고려대상 물체의 물질거동(특히 취성과 연성 거동간의 구분)은 매개변수 vt/l_i의 값에 따라 달라진다. l_i가 물체의 특성길이(크기) L과 상관관계가 있기 때문에 매개변수 vt/L를 물질거동을 결정하는 것으로 생각할 수 있다. 만일 하나의 원형(prototype)(예: 터널의 내공변위)을 모사하기 위한 모델실험을 고려한다면, 여기서 모델과 원형은 같은 물질로 구성되어야 한다. 그래서 Rodionov에 따라 다음과 같은 유사성 조건이 보존되어야만 한다.

$$\frac{t_{model}}{t_{prototype}} = \frac{L_{model}}{L_{prototype}}$$

예를 들어, 반지름이 각각 R_1과 R_2인 2개의 원통형 공동의 내공변위가 동일한 압착성 암석에서 관찰된다고 하면, 그땐 동일한 내공변위 $u_1/R_1 = u_2/R_2$가 t_1과 t_2의 시간경과 이후에 일어난다. 여기서 $t_1/t_2 = R_1/R_2$이다.

시간의 증가와 함께 L의 값이 구해질 때까지 l^*은 증가한다. 그리고 물체는 반드시 취성방식으로 거동하고 결국에는 파괴가 시작된다.

13.10 개별요소 모델들(discrete models)

절리암반의 불연속적인 성질은 개별요소 모델들에 의해 고려될 수 있는데, 이것은 각각의 개별적인 부분(블럭)을 분리하여 고려하고 그것들 간에 상호작용을 분석하는 것이다. 이런 상호작용을 지배하는 방정식들은 비교적 간단하지만, 3차원 해석뿐만 아니라 많은 수의 블록들 때문에 개별요소 모델들의 분석은 컴퓨터의 도움이 있어야만 가능하다는 것을 의미한다. 개별요소 모델의 강점은 동시에 약점이 된다: 이것들은 임시변통으로만 사용될 수 있으며, 현상학적이고 거시적인 양(phenomenological-macroscopic quantities)(예: 응력)에 관한 일반적인 진술을 제시하지 못한다.[27] 또한 대부분의 경우 절리들의 정확한 위치를 알지 못한다는 점도 고려해야만 한다.

가장 간단한 개별요소 모델들은 평면 또는 원주-원통형 접촉면을 갖는 강성체의 붕괴 메커니즘이

27) 동일한 절차, 즉 개별 물체 또는 입자들에 대한 고려는 운동기체이론(kinetic gas theory)을 표시한다. 시작 상황의 일시적 전개가-소위 에르고드적(ergodic) 시스템- 현상학적이고 거시적인 양, 즉 온도와 압력에 대한 진술을 유도하게 허용한다.

다.[28] 접촉면에서 전단강도가 완전하게 동원된다고 추정된다. 따라서 제한된 상태만이 분석이 가능하다. 좀 더 발전된 단계가 개별요소법(DEM)이다[29]. 개별요소법(프로그램 UDEC)은 다음의 특성들을 지닌다.

1. 개별요소법은 개별 블록들의 제한적인 변형들과 회전(격변을 포함)들을 허용한다.
2. 개별요소법은 알고리즘들로 이루어져 있는데, 이들은 개별 블록들의 접촉들을 찾아낸다. 이런 알고리즘들은 많은 계산시간이 필요한데, 이 시간은 블록의 개수 n의 제곱으로 증가하게 된다. 만일 각각 블록들의 규모들이 비슷하다면, 관련된 범위를 통합시킴으로써 계산시간(n에 비례)을 줄일 수 있다.

개별 블록들의 접촉면은 강성이거나(단단한 접촉부) 또는 변형이 가능(연한 접촉부)할 수 있다. 이것은 대략적으로 탄성 압축의 Hertz의 법칙으로 모델화될 수 있다. 마찬가지로 블록들도 강성이거나 변형이 가능하다. 후자의 경우 유한요소들로 블록들의 변형을 계산한다.

또한 강성의 접촉면을 갖는 개별요소법은 입자성 동적 조사(granular-dynamic investigations)에도 적용될 수 있다. 여기서 입자성 매체(예: 흙)들은 볼이나 타원체들의 축적물로 간주된다. 토질역학이나 화공학의 일부 문제점(예: 사일로부터 방출된)들을 수치적으로 시뮬레이션할 수 있다.

Shi와 Goodman의 키블록 이론과 같이 회전이 가능한 강성의 블록에 기반한 일부 접근방식들은 취급하기 쉽지 않다.

13.11 암반강도

암반강도의 결정은 매우 어렵거나 혹은 거의 불가능하다. 개별 블록들의 규모에 따라서 대규모 실험실 실험이나 현장실험을 적용할 수 있다(13.13절 참조). 그렇지 않으면 경험적인 값들에 의존해야만 하는데, 이 값들은 각각의 경우에 대한 역계산으로 구하거나 단순한 경험법칙으로 구할 수 있다. 두 가지 접근방식이 널리 쓰인다.

Protodyakonov의 방식: 모서리 길이가 d인 정육면체 암석시료의 일축압축강도 q_d 는 일축암반강도 q_v와의 관계는 다음과 같이 설정된다.

28) 참조: D. Kolymbas: Geotechnik-Bodenmechanik and Grundbau, Springer Velrag, 1997.

29) P.A. Cundall and R.D. Hart: Numerical Modeling of Discontinua; R.D. Hart: An Introduction to Distinct Element Modeling for Rock Engineering. Both in Comprehensive Rock Engineering, Volume 2, Pergamon Press, 1993, pages pp.231~243 and pp.245~261.

$$\frac{q_d}{q_v} = \frac{d/a + m}{d/a + 1}$$

여기서, a는 절리의 간격이고 m은 경험적인 감소요소이다.

q_d	m
>75MPa <75MPa	2~5 5~10

Hoek과 Brown의 방식: 파괴기준은 최대주응력 σ_1과 최소주응력 σ_3 간의 관계로써 형성된다. 흙에서 파괴 시 Mohr 원의 포락선은 대략적으로 직선이며, 파괴기준은 다음과 같다.

$$\frac{\sigma_1}{\sigma_c} = \frac{\sigma_3}{\sigma_c} \cdot \frac{1+\sin\varphi}{1-\sin\varphi} + 1$$

여기서 σ_c는 일축압축강도이다($c > 0$ 이다).

절리가 없는 암석에 대한 파괴의 조건(그림 13.22)은 다음의 식으로 표시될 수 있다.

$$\frac{\sigma_1}{\sigma_{ci}} = \frac{\sigma_3}{\sigma_{ci}} + \sqrt{m_i \frac{\sigma_3}{\sigma_{ci}} + 1} \tag{13.8}$$

m_i는 3축 실험으로부터 나온 결과에 대한 보정으로 구할 수 있다. 첨자 i는 무결암을 의미한다. 식 (13.8)은 곡선의 항복궤적에 해당한다(즉, Mohr 원 포락선). 마찬가지로 흙에 대해서도 항복궤적은 곡선이며, 선형의 항복궤적은 단지 단순화시킨 것이라는 점을 명심하라.

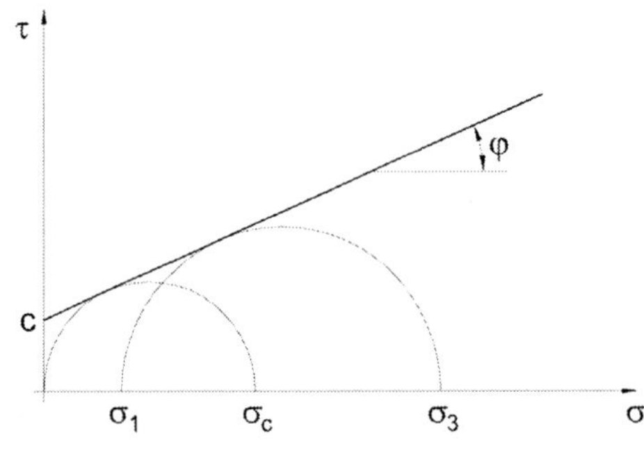

그림 13.22 점성토에 대한 파괴포락선

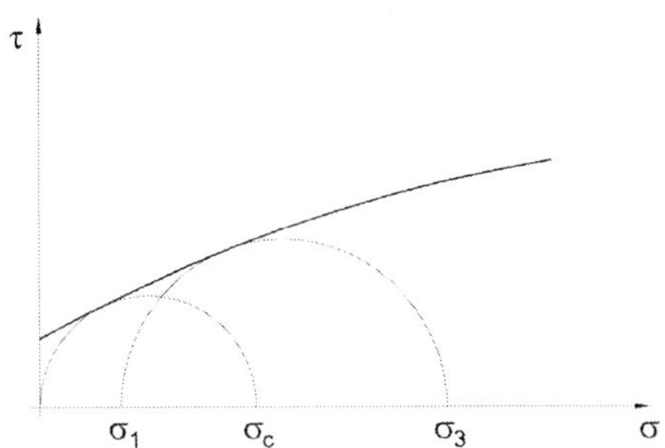

그림 13.23 절리가 없는 암석에 대한 곡선의 파괴포락선

절리 암석의 강도에 대해서 Hoek와 Brown은 다음과 같은 경험적인 관계식을 제시했다.

$$\frac{\sigma_1}{\sigma_{ci}} = \frac{\sigma_3}{\sigma_{ci}} + \sqrt{m\frac{\sigma_3}{\sigma_{ci}} + s}$$

여기서, m과 s는 경험적으로 정해진다. 초기에는 m과 s는 RMR의 함수로 표시되었고, 이것은 표에 의한 방법(표 13.2) 또는 다음과 같은 대수식으로 표시되었다.

교란 암반	교란되지 않거나 서로 맞물려 있는 암반
$m = m_i \exp\left(\frac{RMR-100}{14}\right)$ $s = \exp\left(\frac{\mathrm{R}-100}{6}\right)$	$m = m_i \exp\left(\frac{\mathrm{R}-100}{28}\right)$ $s = \exp\left(\frac{\mathrm{R}-100}{9}\right)$

나중엔 m과 s값은 GSI(Geological Strength Index)와 교란지수(Disturbance Factor) D에 의해 주어졌다.[30)]

$$\frac{\sigma_1}{\sigma_{ci}} = \frac{\sigma_3}{\sigma_{ci}} + (m\frac{\sigma_3}{\sigma_{ci}} + s)^a$$

$$m = m\ \exp(\frac{GSI-100}{28-14D})$$

$$s = \exp(\frac{GSI-100}{9-3D})$$

30) E. Hoek, A brief history of the development of the Hoek-Brown failure criterion, www.rockscience.com

$$a = \frac{1}{2} + \frac{1}{6}[\exp(-\frac{GSI}{15}) - \exp\left(-\frac{20}{3}\right)]$$

GSI와 D의 결정은 표나 도표들[32]을 토대로 이루어지는데 다소 애매하다. 좀 더 새로운 결과들에 따라서 Hoek와 Brown이 제시한 경험적인 관계식은 연성의 절리암반에 적합하다.[33] 따라서 얕은 심도의 터널에 대해서는 적합한 반면에 고심도 터널에서 나타나는 취성 암반에는 적합하지 않다.

표 13.2 Hoek와 Brown에 따른 암반강도 결정을 위한 m과 s값[31]

암종	RMR	a	m	s
석회석, 대리석, 돌로마이트	100	∞	7	1
	85	1…3m	3.5	0.1
	65	1…3m	0.7	4.10^{-3}
	44	0,3…1m	0.14	1.10^{-4}
	23	3…	0	
점판암	100	∞	10	1
	85	1…3m	5	0.1
	65	1…3m	1	4.10^{-3}
	44	0.3…1m	0.2	1.10^{-4}
	23	3…50cm	0.05	1.10^{-5}
	3	<5cm	0.01	0
사암, 규암	100	∞	15	1
	85	1…3m	7.5	0.1
	65	1…3m	1.5	4.10^{-3}
	44	0.3…1m	0.3	1.10^{-4}
	23	3…50cm	0.08	1.10^{-5}
	3	<5cm	0.015	0
세립질 화성암	100	∞	17	1
	85	1…3m	8.5	0.1
	65	1...3m	1.7	4.10^{-3}
	44	0.3…1m	0.34	1.10^{-4}
	23	3…50cm	0.09	1.10^{-5}
	3	<5cm	0.017	0
조립질 화성암	100	∞	25	1
	85	1…3m	12.5	0.1
	65	1...3m	2.5	4.10^{-3}
	44	0.3…1m	0.5	1.10^{-4}
	23	3…50cm	0.13	1.10^{-5}
	3	<5cm	0.025	0

31) E. Hoek, Strength of jointed rock masses, 23rd Rankie Lecture, Géotechniques 33, No. 3, pp.187~223.
32) E. Hoek, C. Carranza-Torres, B. Corkum, Hoek-Brown failure criterion-2002 edition, www.rockscience.com
33) P.K. Kaiser and others, Underground works in hard rock tunneling and mining, GeoEng 2000, Melbourne.

또한 RMR 값은 암반의 더 많은 추정치를 구하기 위해 사용된다. 예를 들면, 지반의 탄성계수 E는 다음과 같이 추정된다.

$$E[\mathrm{GPa}] \approx 2 \cdot RMR - 100, \quad RMR > 50$$
$$E[\mathrm{GPa}] \approx 10^{(RMR-10)/40}, \quad RMR < 50$$

이런 경험적인 예상치들[34]은 일반적으로 유효하지 않는 특정적인 경험들에 근거를 둔다는 것을 명심하라. 필요하다면 대강의 예상치들은 추가적인 시험들을 통해 논의될 수 있다. Hoek와 Brown의 기준이 인기가 있는 것은 역학적 거동과 특히 암반의 강도를 언급하는 암석역학의 주요 의문사항에 대한 그게 뭐든 답을 주는 유일한 유용한 도구이라는 사실이기 때문이다. 이 의문사항에 대해서는 여전히 답이 없다. 이런 상황에서 Hoek와 Brown의 기준에 대한 지속적인 참고는 이 기준사항이 어떤 합리적인 접근방식을 포함하지 않는다는 사실을 숨길 수 없다. 원래는 열적으로 처리된 대리석과 콘크리트 벽돌을 대상의 모델시험과 절리가 발달한 안산암[35]에 대한 삼축시험을 기반으로 한 기준은 아마도 유용하지만, 제한적이고 다루기 쉽지 않다. 그리고 이것은 과대평가되어서는 안 된다.

암반의 역학적 거동반응을 연구하기 위한 유망한 접근방식은 무결암 시료를 제어된 방식으로 파쇄하고(말하자면 삼축 시험기 안에서) 시료에 대해 제하하는 것이다. 다시 하중을 가하는 것은 어느 정도 암반의 거동을 밝혀줄 것이다.

13.12 팽창

일부 광물들은 물을 흡수할 때 자체 부피가 커지는 성질을 가지고 있다. 만일 부피증가가 억제되면, 그때는 상응하는 압력이 밀폐용기에 작용하게 된다. 이는 역학적 팽창, 삼투압 팽창, 결정 간의 팽창과 수화팽창으로 구분이 된다[36][37]. 이러한 구분은 물의 부착에 관한 메커니즘이지 팽창의 현상학에 관한 것은 아니다. 앞에서 언급된 모든 경우들은 물에 대한 광물들의 친화력으로 인한 것이다. 그러므로, 우리는 물의 접촉에 의해 부피가 증가하는 물리화학적 팽창과 제하에 의해 부피가 팽창하

34) 실제로 모든 예측치는 경험적이다. 따라서 이해할 수 있는 합리적인 규칙에 근거한 예측치(예: 실험실시험에 의한 마찰각의 추정)와 단순한 경험에 의한 예측치를 구분해야 한다.

35) E. Hoek, Strength of jointed rock masses, 23rd Rankine Lecture, *Géotechnique* 33, No. 3, pp.187~223.

36) H.H. Einstein: Tunnelling in Difficult Ground-Swelling Behaviour and Identificaiton of Swelling Rocks. *Rock Mechanics and Rock Engineering*, 1996, 29(3), pp.113~124.

37) 팽창의 부가적인 메커니즘이 석회로 안정화시킨 흙에서 발생한다. 황산이온이 물과 접촉으로 팽창될 수 있는 Etringite의 생성을 유도할 수 있을 것이다. 다음 것을 참조하라. D. Dermatas: Ettringite-induced swelling in soils: State-of-the-art. Appl. Mech. Rev. Vol. 48, No. 10, 1995, pp.659~673.

는 역학적 팽창간의 구분만을 유지하면 된다. 팽창은 실험실의 역학적 시험을 통해서 물에 접촉할 수 있는 oedometer(Huder-Amberg 시험)로 밝혀질 수 있다.

일정한 수직응력에서 시료는 시간과 함께 팽창된다. 만약 변형률이 일정하게 유지된다면(즉 억제된 변형) 응력은 시간과 함께 증가한다(그림 13.24).

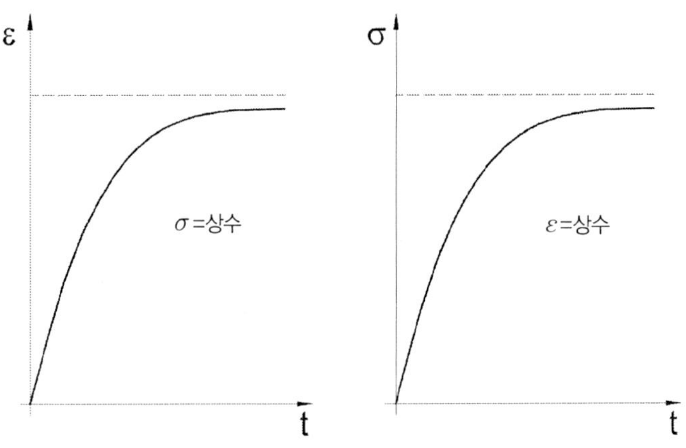

그림 13.24 억제된 팽창에 기인하는 팽창과 압력

실험실에서 팽창압이 100Mpa까지 증가된 기록이 있다. 괴상의 경석고($CaSO_4$)는 불투수성이라서 팽창하지 않는 경향이 있다. 하지만 경석고와 팽창성 점토광물들의 혼합에선 점토가 먼저 팽창하고 경석고가 물에 접근하도록 만들어 결국엔 경석고도 팽창하게 된다. 실험실 시험에서 관찰되는 바와 같이 팽창의 가속 후에 이어지는 감속은 점토의 팽창으로부터 경석고의 팽창으로 전이되는 데 기여하고 있다(그림 13.25).

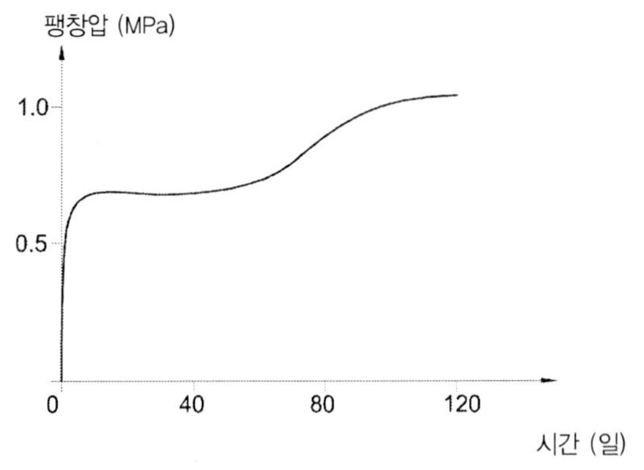

그림 13.25 점토의 팽창으로부터 경석고의 팽창으로의 전이

그러므로 팽창의 둔화는 팽창의 마무리로 잘못 해석되어서는 안 된다. 이것은 팽창의 잠재력을 엄청나게 과소평가하게 될 것이다. 어떤 경우에는 2년 동안의 시험조차도 팽창의 잠재력을 적절하게 평가하는 데 불충분할 수 있다.

굴착된 터널 내에서 팽창을 초래할 수 있는 물의 유입은 터널이 대수층을 관통하거나 강수가 갱문으로부터 유입에 따라 이루어질 수 있다. 팽창은 대략적으로 터널의 폭에 해당하는 깊이까지의 터널 인버트의 주변 암석에서만 관찰이 되기 때문에 아마도 공기습도는 그렇게 중요하지 않다. 팽창으로 인한 인버트의 융기는 수십 년간 지속될 수도 있고 그리고 수 미터에 이를 수도 있다.

스위스의 Jura에 있는 Belchen 터널의 굴착동안에 팽창으로 배수시스템이 파괴되었다. 팽창성 암석이 콘크리트 틀을 위해 남겨두었던 빈 공간을 차지해 버렸기 때문에 저녁에 설치되었던 인버트 보강재가 다음날 아침에 해체되어야 했었다. 팽창에 대한 합리적인 설명에 대한 시도가 부록 H에 명시되어 있다.

팽창성 지반에서의 터널공사에 대한 힌트들이 ISRM[38]의 관련된 권고사항에서 찾아볼 수 있다. 팽창에 의한 융기는 제한이 되든지(능동적 설계 혹은 강성 설계, Engelberg 터널 참조[39], 그림 13.26) 혹은 자유롭게 허용될 수 있는데(수동적 설계), 후자의 경우엔 추후에 규칙적인 프로파일링이 필요하다. 일반적으로 팽창압은 터널 라이닝의 하반부에 작용하고 융기에 대해서는 상부피복 암반의 저항에 의해 구속된다(그림 13.26 우).

암석이 팽창하는 경향은 광물학적인 분석에서 가장 잘 드러날 수 있다. 아무튼 몇 가지의 암시가[40] 있는데, 예를 들면 수축 균열들은 팽창 능력을 가리키는 것일 수도 있고, 점토광물을 많이 함유하는 암석도 또한 팽창할 수 있다는 것이다. 이런 암석은 손가락으로 문지르면 비누 같은 느낌이 나고 크림 같은 맛도 가지고 있다. 만약 팽창성 광물들을 포함하는 1~2cm^3 크기의 건조한 암석 조각을 한 잔의 물에 넣으면 첫 30초 내에 터져 버릴 것이다. 경석고는 염산으로 석회석과 구분할 수 있다. 팽창은 종종 압착과 혼동되는 경우가 있다.[41]

---

38) International Society for Rock Mechanics, Commission on Swelling Rock. Comments and recommendations on design and analysis procedures for structures in argillaceous swelling rock. *Int. J. Rock mechanics Min. Sci, & Geomech.* Abstr. Vol. 31, No. 5, 1994, pp.535~546.

39) *Tunnel & Tunneling International*, March 1998, pp.23~25.

40) International Society for Rock mechanics, Commission on Swelling Rock. Suggested Methods for rapid field identification of swelling and slaking rocks. *Int. J. Rock Mechanics Min. Sci. & Geomechanics Abstracts* Vol. 31, No. 5, 1994, pp.547~550.

41) M. Panet: Two Case histories of Tunnels through Squeezing Rocks. *Rock Mech. & Rock Engineering* (1996) 29 (3), pp.155~164; see also: G. Mesri et al.: Meaning measurement and field application of swelling pressure of clay shales. *Géotechniques* 44, 1, 1994, pp.129~145, esp. 그림 9

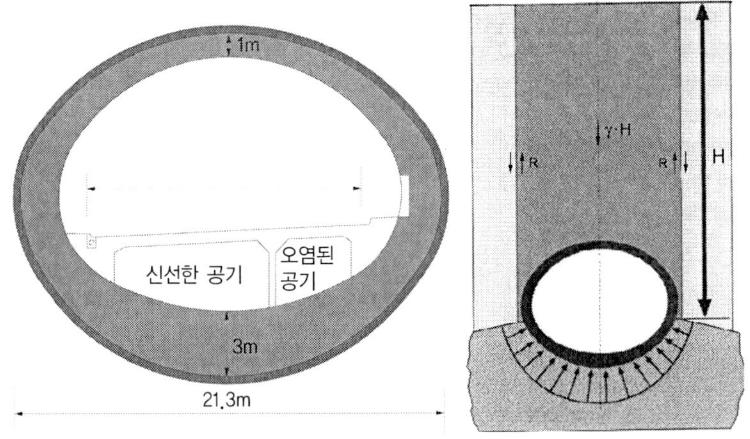

그림 13.26 Engelberg 터널: 팽창에 견딜 수 있는 강성 라이닝(좌)과 팽창에 의한 압력의 한계(우)

13.13 현장 실험

응력을 작용시키고 그 결과로 생긴 변위와 회전을 측정함으로써 현장에서의 암반의 강도와 강성을 측정하려고 노력한다. 측정치들은 탄성해들이나 경험식들에 의해 평가된다. 현장 전단시험과 삼축시험과 토질역학에서 사용하는 다양한 사운딩(예: SPT)을 제외하고 암석역학의 현장실험들은 다양한 공동들의 확장을 기반으로 실시된다. 공동의 확장이 작용압력에 대해 기록된다. 기존의 분석해들에 의한 결과들을 비교함으로써 암반 주변의 강성이 유추될 수 있다. 만일 적용된 변형이 암석의 소성흐름을 일으킬 만큼 충분히 크다면, 강도특성 또한 대략적으로 유추될 수 있다.

전단 실험: 유압 피스톤들을 이용해 수직 및 전단력은 작용시킨다. 경사 모멘트가 발생하지 않도

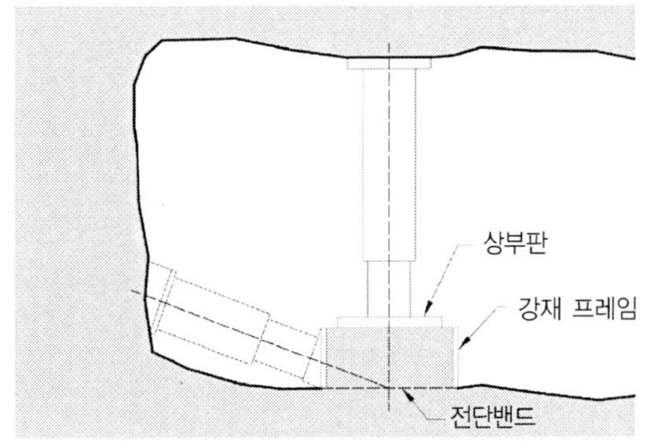

그림 13.27 현장 전단시험

록 피스톤들의 동선은 전단밴드 내에서 서로 교차시킨다(그림 13.27). 유사한 방식으로 삼축시험이 수행될 수 있다(그림 13.28).

그림 13.28 현장 삼축시험을 실시하고 있는 시험갱도[42)]

플랫 잭(Flat jacks): 이것들은 암석의 슬롯 내에 삽입되어 몰탈로 충전하고(그림 13.29) 압력을 작용시킴으로써 팽창이 이루어진다.

압력챔버(Pressure chamber): 암반의 폐쇄된 공동이 액체로 충전된다. 주변 암반들과 온도를 같게 한 후에 액체에 압력이 가해지고 적절한 변형이 측정된다.

방사형 프레스(Radial Press): 터널이나 탐사갱도의 벽과 강재 링 사이에 플랫 잭이 설치된다. 방사형 프레스의 앞뒤에서 공동의 팽창이 측정된다(그림 13.30, 13.31).[43)]

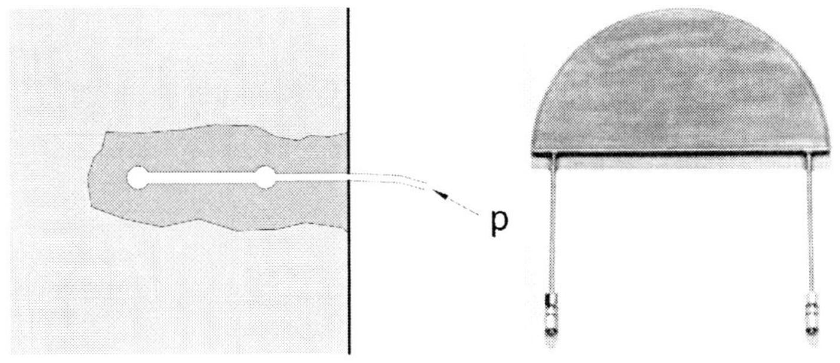

그림 13.29 플랫 잭

42) *Tunnel*, 9 (2000) 2, p.19.

43) 다양한 측정값을 다음 문헌에서 볼 수 있다. Ge. Seeber, Drucsktollen und Druckschächte, Enke in Georg Thieme Verlag, Stuttgart-New York, 1999.

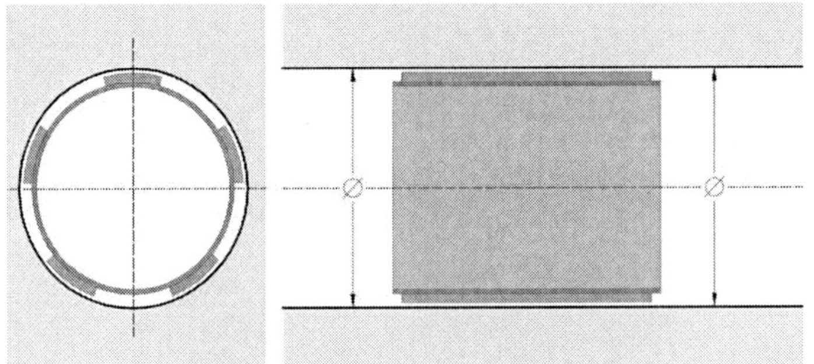

그림 13.30 방사형 프레스의 종단면 및 횡단면

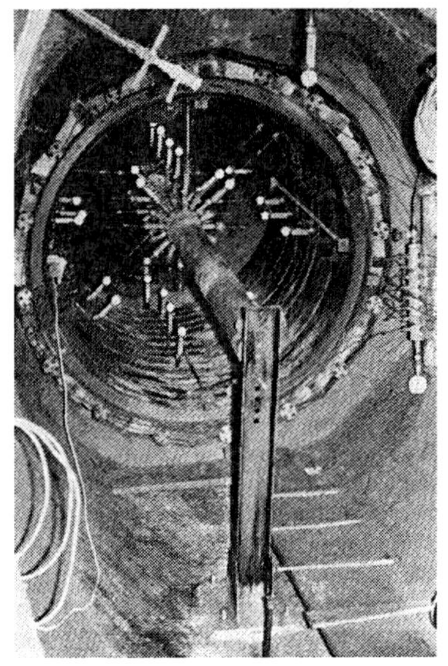

그림 13.31 TIWAG 방사형 프레스[44)]

시추공 팽창시험(Borehole expansion tests): 다소 혼란스러운 실험들의 다양성으로 인해 생긴 다양한 구현들이 있다. 기본적인 개념은 Kögler(1934)가 기반을 만들고 후에 pressiometer를 도입한 Ménard에 의해서 발달되었다. pressiometer는 고무로 만들어진 벽들을 가진 세 개의 압력챔버로 구성되어 있다. 이것은 시추공 내 지정된 위치까지 내려지고 그리고 수압에 의해 팽창이 된다. 상부와 하부 챔버의 팽창으로 인해, 중간 챔버에 인접한 암반의 변형은 평면 선대칭의 변형으로 간주될 수 있다. 여기서 체적증가에 대한 압력이 기록된다. 물론 압력의 일부는 pressiometer 자체의 강성을 견뎌내기 위해 필요하게 된다. 이 압력(p_i, 그림 13.33 참고)은 강성을 알고 있는 용기 내에

44) Beiträge zur Technikgeschichte Tirols, Sounderheft 1984, Wagnersche Universitäts- Buchhandlung, Innsbruck, 1984.

서 수행된 검정시험을 통해서 결정된다. 여기서 시추공벽이 교란되지 않는 것이 중요하다. 소위 자천공 프레셔메터로 시추공을 뚫고(굴착된 물질들은 내부 플러싱(flushing)으로 제거된다.) 또한 같은 장비로 시추공을 팽창시키는 데 사용한다. Pressiometer의 원리로 구동하는 다른 장비들은 dilatometer라고 불린다. flat dilatometer는 삽 모양이고 압축공기로 가압되는 원형막(지름 6cm)을 가지고 있다. 이것은 부드러운 흙에 적합하며, 시추공의 밑에서부터 흙 안으로 밀고 들어간다. Goodman 잭은 유압으로 서로를 밀어내는 두 개의 강재판을 가지고 있어, 이 2개 강재판으로 시추공 벽면을 가압한다. 힘과 변위가 기록된다.

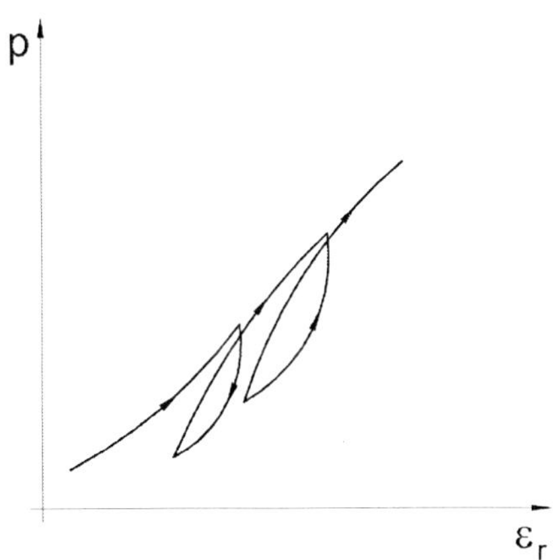

그림 13.32 공내재하시험(dilatometer 사용)에 의해 얻어진 전형적인 $p-\varepsilon_r$ 곡선

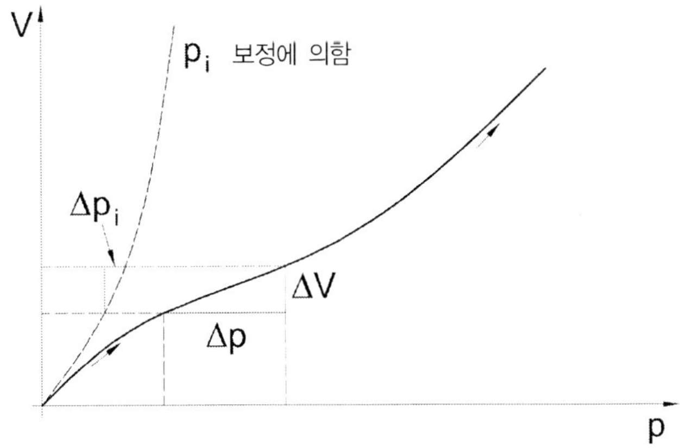

그림 13.33 재하 시 pressiometer로 구한 V와 p곡선 변형계수는 다음 식 $(\Delta p-\Delta p_i)/\Delta V$으로 구함

14 고심도 원형터널의 응력장과 변형장

Tunnelling and Tunnel Mechanics

14.1 해석해의 근거

터널주변 지반에서의 응력장과 변형장에 대한 해석적 표현은 상당히 간략화한 특정적인 경우에서만 성공적이며, 이런 경우도 다소 학문적이다. 그럼에도 불구하고 해석해들은 다음과 같은 장점들을 제공해 준다.

- 정확한 해들은 해당 문제의 기본적인 역학개념(즉 변위, 변형장과 응력장)에 대해 통찰력을 제공한다.
- 관련된 매개변수들의 중요성과 역할에 대한 통찰력을 제공한다.
- 다른 수치해들을 점검하는 데 기준점 역할을 한다.

이 절에서 고체에 대한 가장 간단한 물질법칙인 Hooke 법칙에 근거한 몇몇 해들이 소개된다. 여기에서 지하는 수평의 지표면과 지반으로 경계 지워지는 선형 탄성, 등방성의 반무한(semi-infinite) 공간으로 간주된다. 터널은 원형단면을 갖는 원통형공동으로 이상화된다. 터널 시공 전에는 초기응력상태가 지배한다. 이러한 초기응력 상태는 충분히 먼 거리(소위 원거리장)에서 수행된 터널 공사 후에도 또한 마찬가지 이다.

14.2 기본 원칙들

원통좌표계로 쓰여 있는 연속체 역학의 평형방정식은 미분방정식에서의 아칭의 메커니즘(mechanism of arching)을 나타낸다. 선대칭형의 문제들에 있어서 원통좌표계가 원형단면을 가진 터널들에서 보여주는 바와 같이 원통 좌표계(그림 14.1)의 사용이 유리하다. 선형대칭 변형에서 변위벡터는 θ방향의 요소가 없다: $u_\theta \equiv 0$.

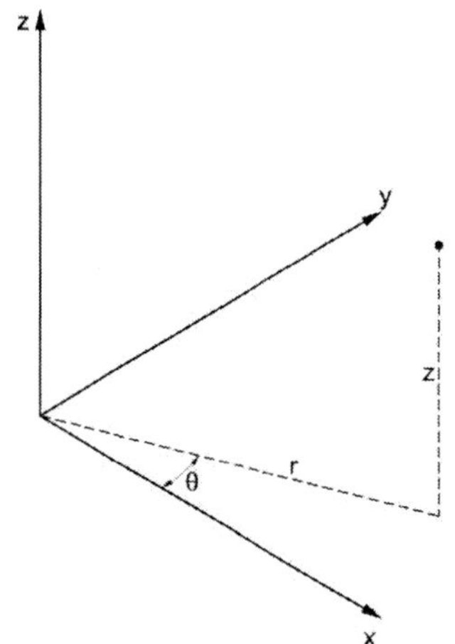

그림 14.1 원통 좌표계 r, θ, z

변형률 텐서의 사라지지 않는 요소들

$$\varepsilon_{rr} = \frac{\partial u_r}{\partial r},\ \varepsilon_{\theta\theta} = \frac{1}{r}\frac{\partial u_\theta}{\partial \theta} + \frac{u_r}{r},\ \varepsilon_{zz} = \frac{\partial u_z}{\partial z}$$

$$\varepsilon_{r\theta} = \varepsilon_{\theta r} = \frac{1}{2}\left(\frac{1}{r}\frac{\partial u_r}{\partial \theta} - \frac{u_\theta}{r} + \frac{\partial u_\theta}{\partial r}\right)$$

$$\varepsilon_{rz} = \varepsilon_{zr} = \frac{1}{2}\left(\frac{\partial u_r}{\partial z} + \frac{\partial u_z}{\partial r}\right)$$

$$\varepsilon_{\theta z} = \varepsilon_{z\theta} = \frac{1}{2}\left(\frac{1}{r}\frac{\partial u_r}{\partial \theta} + \frac{\partial u_\theta}{\partial z}\right)$$

이 경우 줄이면,

$$\varepsilon_r = \frac{\partial u_r}{\partial r},\ \varepsilon_\theta = \frac{u_r}{r},\ \varepsilon = \frac{\partial u_z}{\partial z}$$

여기서, u_r과 u_z는 각각 반경방향과 축방향의 변위들이다.

응력요소들 σ_r, σ_θ, σ_z는 주응력들이다(그림 14.3). r-방향의 평형방정식은:

$$\frac{\partial \sigma_r}{\partial r} + \frac{\sigma_r - \sigma_\theta}{r} + \varrho g \cdot e_r = 0 \tag{14.1}$$

그리고 z 방향은

$$\frac{\partial \sigma_z}{\partial z} + \varrho g \cdot e_z = 0 \tag{14.2}$$

여기서 ϱ는 밀도, ϱg는 단위중량, e_r와 e_z는 r-방향과 z-방향의 단위벡터이다. 식 (14.1)의 두 번째 항은 아칭을 나타낸다.

이것은 다음과 같이 나타낼 수 있다. 만일 r이 수직방향 z를 가리킨다면(그림 14.2), 식 (14.1)은 다음과 같다.

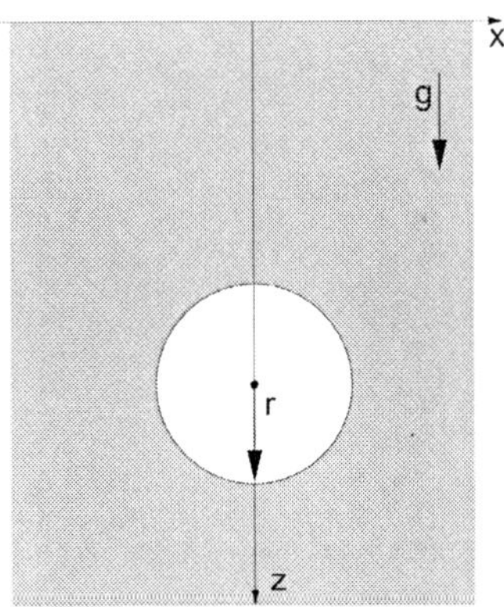

그림 14.2 식 (14.3)의 설명, 중력 g 때문에 선대칭조건은 $x = 0$에 대해서만 나타난다.

$$\frac{d\sigma_z}{d_z} = \gamma - \frac{\sigma_x - \sigma_z}{r} \tag{14.3}$$

여기서, $\frac{\sigma_x - \sigma_z}{r}$ 항은 σ_z가 깊이와 함께 선형으로 증가하지 않는다는 사실을 보장한다(즉, $\sigma_z = \gamma z$). 아칭의 경우, 즉 $(\sigma_x - \sigma_z)/r > 0$에 대해, σ_z는 z와는 반비례한다. 아칭을 나타내는 이 항은 $\sigma_r \neq \sigma_\theta$에 대해서만 존재한다. 이것은 아칭이 편차응력(즉, 전단응력)을 견딜 수 있는 재료의 능력에 기인한 것이라는 것을 의미한다. 유체에선 아칭이 불가능하다. 이것이 종종 흙/암석이 지보력의 부족을 용납하는 반면에 물(지하수)은 용납하지 않는 이유다.

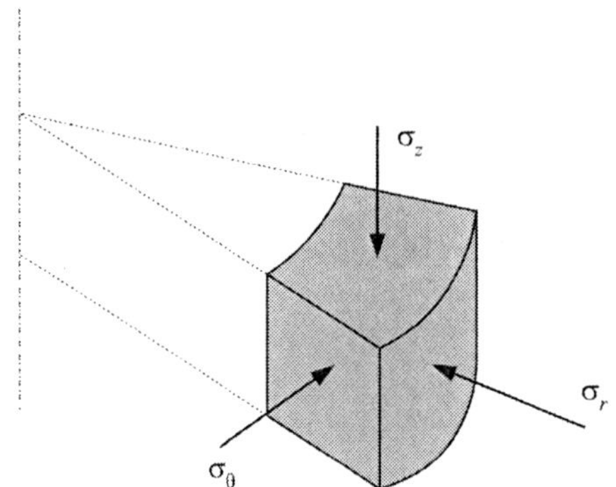

그림 14.3 원통좌표계에서의 응력 텐서의 요소들

θ방향의 평형방정식은 선대칭 응력영역에서 모든 θ방향의 도함수가 사라지기 때문에, 똑같이 만족된다.

$$\frac{1}{r} \cdot \frac{\partial \sigma_\theta}{\partial \theta} = 0 \tag{14.4}$$

아칭 항은 다음과 같이 쉽게 설명될 수 있다. 그림 14.4의 체적 요소를 고려한다.

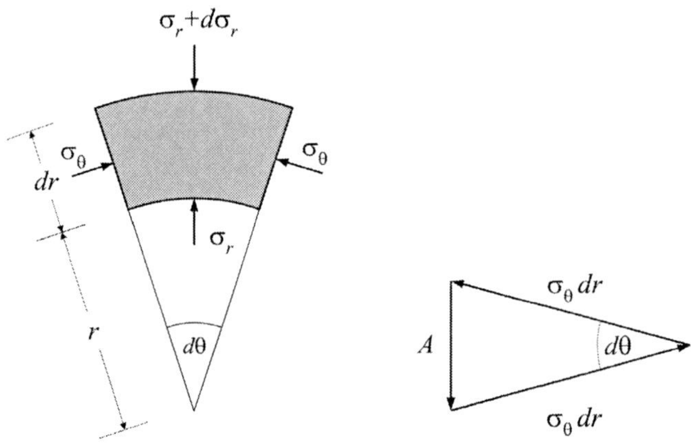

그림 14.4 r–방향의 체적요소의 평형상태

반경방향 응력들의 합성 A는

$$A = (\sigma_r + d\sigma_r) \cdot (r + dr)d\theta - \sigma_r r d\theta \approx \sigma_r dr d\theta + d\sigma_r r d\theta$$

그리고 A는 접선응력들 σ_θ의 합을 균형 잡히게 한다. 그림 14.4에 표시된 힘들의 벡터 총합은 다음과 같다.

$$\frac{A}{\sigma_\theta dr} = d\theta$$

그리고 다음과 같이 표현할 수 있다($g \cdot e_r = 0$에 대해).

$$\frac{d\sigma_r}{dr} + \frac{\sigma_r - \sigma_\theta}{r} = 0$$

아칭 항인 $\frac{\sigma_r - \sigma_\theta}{r}$와 관련하여 r에 관심을 가져야 한다. 터널의 어깨부에서 r은 가끔 어깨부의 곡률반경과 같게 설정된다. 하지만 이것이 항상 사실은 아니다. 만일 감소된 지보압 p에서 어깨부 상부의 응력 σ_z와 σ_x의 분포를 고려해보면, $K = \sigma_x/\sigma_z < 1$에 대한 수평응력 궤적은 터널 어깨부보다는 반대의 곡률을 갖는다(그림 14.5).

식 (14.1)과 (14.2) 그리고 (14.4)는 원통좌표에서의 특별한 경우의 평형방정식들이며, 일반적인 경우에는 다음과 같다.

$$\frac{\partial\sigma_{rr}}{\partial r} + \frac{1}{r} \cdot \frac{\partial\sigma_{\theta r}}{\partial\theta} + \frac{\partial\sigma_{zr}}{\partial z} + \frac{1}{r} \cdot (\sigma_{rr} - \sigma_{\theta\theta}) + \varrho b_r = \varrho a_r$$

$$\frac{\partial\sigma_{r\theta}}{\partial r} + \frac{1}{r} \cdot \frac{\partial\sigma_{\theta\theta}}{\partial\theta} + \frac{\partial\sigma_{z\theta}}{\partial z} + \frac{1}{r} \cdot (\sigma_{r\theta} + \sigma_{\theta r}) + \varrho b_\theta = \varrho a_\theta$$

$$\frac{\partial\sigma_{rz}}{\partial r} + \frac{1}{r} \cdot \frac{\partial\sigma_{\theta z}}{\partial\theta} + \frac{\partial\sigma_{zz}}{\partial z} + \frac{1}{r} \cdot \sigma_{rz} + \varrho b_z = \varrho a_z$$

$b = \{b_r,\ b_\theta,\ b_z\}$와 $a = \{a_r,\ a_\theta,\ a_z\}$는 각각 질량 힘(즉 단위질량당 힘)과 가속도이다. 평면변형(평면 변형률)의 문제에선, 응력은 일반적으로 직각좌표계로 표시된다.

$$\begin{pmatrix} \sigma_{xx} & \sigma_{xy} & 0 \\ \sigma_{xy} & \sigma_{yy} & 0 \\ 0 & 0 & \sigma_{zz} \end{pmatrix}$$

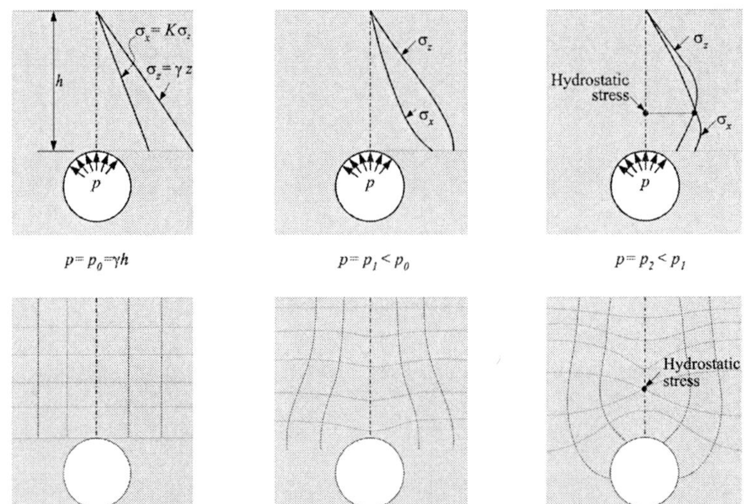

그림 14.5 여러 값을 나타내는 지보압 p에 대해 터널어깨부 상부의 응력분포와 상응하는 응력궤적. 정수압점(오른쪽)에서 응력궤적의 곡률반경은 사라짐. $r=0$

또는 원통좌표계로는

$$\begin{pmatrix} \sigma_{rr} & \sigma_{r\theta} & 0 \\ \sigma_{r\theta} & \sigma_{\theta\theta} & 0 \\ 0 & 0 & \sigma_{zz} \end{pmatrix}$$

변형 규칙들(transformation rules)은 다음과 같다.

$$\sigma_{xx} = \frac{\sigma_{rr}+\sigma_{\theta\theta}}{2} + \frac{\sigma_{rr}-\sigma_{\theta\theta}}{2}\cos 2\theta - \sigma_{r\theta}\sin 2\theta$$

$$\sigma_{yy} = \frac{\sigma_{rr}+\sigma_{\theta\theta}}{2} - \frac{\sigma_{rr}-\sigma_{\theta\theta}}{2}\cos 2\theta + \sigma_{r\theta}\sin 2\theta$$

$$\sigma_{xy} = \frac{\sigma_{rr}-\sigma_{\theta\theta}}{2}\sin 2\theta + \sigma_{r\theta}\cos 2\theta$$

그리고

$$\sigma_{rr} = \frac{\sigma_{xx}+\sigma_{yy}}{2} + \frac{\sigma_{xx}-\sigma_{yy}}{2}\cos 2\theta + \sigma_{xy}\sin 2\theta$$

$$\sigma_{\theta\theta} = \frac{\sigma_{xx}+\sigma_{yy}}{2} - \frac{\sigma_{xx}-\sigma_{yy}}{2}\cos 2\theta - \sigma_{xy}\sin 2\theta$$

$$\sigma_{r\theta} = -\frac{\sigma_{xx}-\sigma_{yy}}{2}\sin 2\theta + \sigma_{xy}\cos 2\theta$$

14.3 초기응력

종종 부딪히는 초기응력(수평지면에서)은 $\sigma_{zz}=\gamma z$, $\sigma_{xx}=\sigma_{yy}=K\sigma_{zz}$이고, 여기서 z는 아랫방향의 직각좌표이고, γ는 암석의 단위하중 그리고 K는 수평응력계수이다. 점착력이 없는 물체에서 K는 능동 및 수동 지압계수 사이의 값을 가지며($K_a \le K \le K_p$), 이것을 $K=K_0=1-\sin\varphi$로 설정할 수 있다. 터널 주위의 응력장은 터널벽면과 지표면($z=0$)에서의 경계조건뿐만 아니라 다음의 평형방정식을 충족해야만 한다.

$$\frac{\partial\sigma_{zz}}{\partial z}+\frac{\partial\sigma_{zx}}{\partial x}=\gamma,\quad \frac{\partial\sigma_{zx}}{\partial z}+\frac{\partial\sigma_{xx}}{\partial x}=0$$

터널은 무지보이고 그래서 터널벽면에서의 수직응력과 전단응력은 사라져야만 한다고 추정한다.

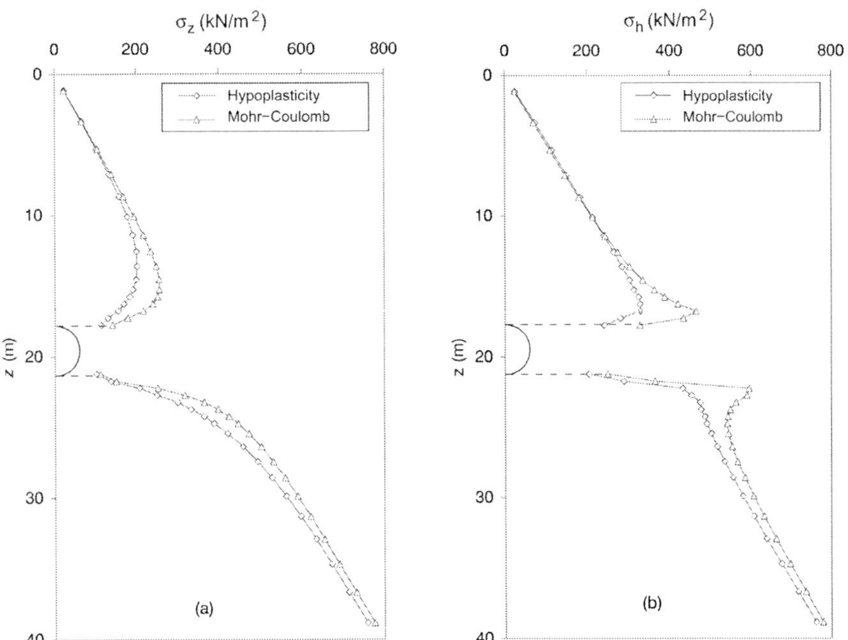

그림 14.6 수직 대칭축을 따른 수직 및 수평의 분포. 원형단면 터널(r=1.0m). 수치적으로 Mohr-Coulomb의 탄소성[1]과 저가소성(hypoplasticity)으로 구함

1) Tanseng, P., Implementations of Hypoplasticity and Simulations of Geotechnical Problems: Including Shield Tunnelling in Bangkok Clay, PhD Thesis at University of Innsbruck, 2004.

이 문제의 해석해는 상당히 복잡[2]하기 때문에 수치해들에 비해서 장점이 없다(예를 들면, 유한요소 방법에 의한 것, 그림 14.6).

만일 터널주변의 초기응력이 상수이고(그림 14.7) 선형 증가가 아니라고 가정한다면, 해석해는 간략화할 수 있다: $\sigma_{zz} \approx \gamma H,\ \sigma_{xx} \approx K\gamma H$. 이러한 근사치는 심부 터널에는 의미를 지닌다 $(H \gg r)$. 터널주위의 응력장은 극좌표로 다음과 같이 표현될 수 있다.

$$\begin{aligned}
\sigma_{rr} &= \gamma H\left[\frac{1+K}{2}\left(1-\frac{r_0^2}{r^2}\right)\right]+\gamma H\left[\frac{1-K}{2}\left(1+3\frac{r_0^4}{r^4}-4\frac{r_0^2}{r^2}\right)\cos 2\vartheta\right] \\
\sigma_{\vartheta\vartheta} &= \gamma H\left[\frac{1+K}{2}\left(1+\frac{r_0^2}{r^2}\right)\right]-\gamma H\left[\frac{1-K}{2}\left(1+3\frac{r_0^4}{r^4}\right)\cos 2\vartheta\right] \\
\sigma_{r\vartheta} &= -\gamma H\frac{1-K}{2}\left(1-3\frac{r_0^4}{r^4}+2\frac{r_0^2}{r^2}\right)\sin 2\vartheta
\end{aligned} \tag{14.5}$$

이러한 해는 경계조건들을 만족한다는 것을 쉽게 확인할 수 있다.

$r = r_0$인 경우엔 당연히 $\sigma_{rr} = \sigma_{r\vartheta} = 0$

그리고 $r \to \infty$에 대해서는

$$\begin{aligned}
\sigma_{rr} &= \gamma H\left(\frac{1+K}{2}+\frac{1-K}{2}\cos 2\vartheta\right) \\
\sigma_{\vartheta\vartheta} &= \gamma H\left(\frac{1+K}{2}-\frac{1-K}{2}\cos 2\vartheta\right) \\
\sigma_{r\vartheta} &= -\gamma H\frac{1-K}{2} sin 2\vartheta
\end{aligned} \tag{14.6}$$

그러므로 원거리장에서는 초기응력장과 같다.

$$\begin{aligned}
\sigma_{zz} &= \gamma H \\
\sigma_{xx} &= K\gamma H \\
\sigma_{xz} &= 0
\end{aligned}$$

2) R.D. Mindlin: Stress distribution and around a tunnel, *ASCE proceedings*, April 1939, pp.619~649.

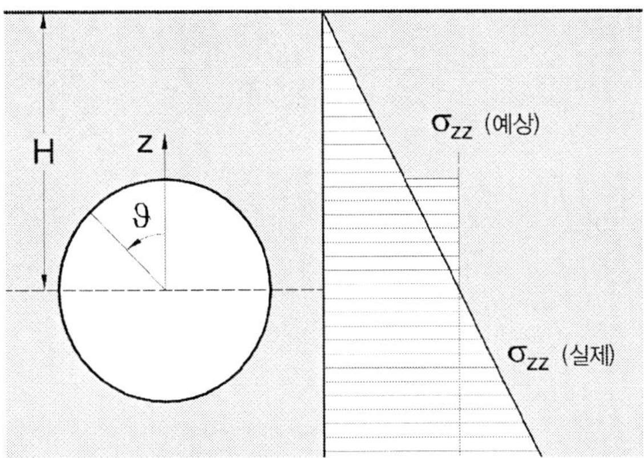

그림 14.7 터널주변에서의 수직응력분포

여기서 문제는 '일반화된 Kirsch-문제'로 알려져 있다.[3] 식 (14.5)(2)로부터 인버터와 어깨부 ($r = r_0$와 $\theta = 0$ 혹은 π)에서 접선응력은 $\sigma_{\vartheta\vartheta} = \gamma H(3K-1)$이다. 따라서 $K < \frac{1}{3}$에 대해서 인장, 즉 $\sigma_{\vartheta\vartheta} < 0$를 구한다.

14.4 유체 정역학의 초기응력

$K=1$(즉, $\sigma_{xx} = \sigma_{yy} = \gamma H$에 대해)에 대한 식 (14.5)의 특별한 경우는 $\sigma_\infty := \gamma H$와 같다.[4]

$$\begin{aligned}\sigma_r &= \sigma_\infty\left(1-\frac{r_0^2}{r^2}\right)\\ \sigma_\vartheta &= \sigma_\infty\left(1+\frac{r_0^2}{r^2}\right)\\ \sigma_{r\vartheta} &= 0\end{aligned} \tag{14.7}$$

반경 r이 유일한 독립 변수이고 θ가 나타나지 않기 때문에 이 해는 축 대칭을 보여준다. 터널의 벽이 일정한 압력 p(지보압)을 받을 경우 식 (14.7)을 일반화시킨다. Lame가 선형탄성 재료로 만들어진 두꺼운 튜브에 대해 1852년에 발견했던 해의 특별한 경우로 응력장을 얻는다.[5] r_i와 r_a는 각각 튜

3) 일반적인 경우 터널축은 초기응력의 주요한 방향과 일치하지 않는다. F.H. Cornet의 탄성해를 참조하라. Stress in Rock and Rock Masses. In: comprehensive Rock Engineering, edited by J.A. Hudson, Pergamon Press, 1993, Volume 3, p.309.

4) 주응력을 나타내는 데 있어 2개의 첨자는 한 개의 첨자로 치환될 수 있다. 즉 $\sigma_{rr} = \sigma_r$이다.

브의 내부 및 외부의 반경이고, 더욱이 p_i와 p_a는 각각 내부 및 외부의 압력이다. Lame의 해는 다음과 같다.

$$\sigma_r = \frac{p_a r_a^2 - p_i r_i^2}{r_a^2 - r_i^2} - \frac{p_a - p_i}{r_a^2 - r_i^2}\frac{r_i^2 r_a^2}{r^2}$$

$$\sigma_\vartheta = \frac{p_a r_a^2 - p_i r_i^2}{r_a^2 - r_i^2} + \frac{p_a - p_i}{r_a^2 - r_i^2}\frac{r_i^2 r_a^2}{r^2} \tag{14.8}$$

$$\sigma_z = 2\nu\frac{p_a r_a^2 - p_i r_i^2}{r_a^2 - r_i^2}, \quad \sigma_{r\vartheta} = 0$$

$r_a \rightarrow \infty$, $p_a \rightarrow \sigma_\infty$에 대해서 추적하던 응력장이 구해진다(탄성거동의 가정에 근거).

$$\sigma_r = \sigma_\infty\left(1 - \frac{r_0^2}{r^2}\right) + p\frac{r_0^2}{r^2} = \sigma_\infty - (\sigma_\infty - p)\frac{r_0^2}{r^2}$$

$$\sigma_\vartheta = \sigma_\vartheta\left(1 + \frac{r_0^2}{r^2}\right) - p\frac{r_0^2}{r^2} = \sigma_\infty + (\sigma_\infty - p)\frac{r_0^2}{r^2} \tag{14.9}$$

$$\sigma_{r\vartheta} = 0$$

해 (14.8)은 반경반향 평형방정식으로부터 구해진 것이며, 여기서는 탄성물체에 대해 다음과 같이 표현될 수 있다.

$$\frac{d}{dr}\left[\frac{1}{r}\frac{d}{dr}(ru)\right] = 0$$

여기서, u는 반경방향 변위이다. 이 방정식을 적분하면 다음과 같다.

$$u = Ar + \frac{B}{r} \tag{14.10}$$

여기서, 적분상수 A와 B는 경계조건으로부터 결정될 수 있다.

5) L. Mavern, Introduction to the Mechanics of a Continuous Medium, Prentice-Hall, 1969, p.532.

식 (14.10)으로부터 $\varepsilon_r = du/dr = A - B/r^2$와 $\varepsilon_\vartheta = u_r/r = A + B/r^2$를 얻을 수 있다. ε_r과 ε_ϑ를 Hooke 법칙에 적용하면 다음 식을 얻을 수 있다.

$$\sigma_r = 2A\lambda + 2GA - 2GB/r^2 \tag{14.11}$$

$$\sigma_\vartheta = 2A\lambda + 2GA + 2GB/r^2 \tag{14.12}$$

경계조건으로부터 방정식 (14.8)를 구한다.

$$\text{r = a:} \qquad -p_i = 2A(\lambda + G) - 2GB/a^2 \tag{14.13}$$

$$\text{r = b:} \qquad -p_a = 2A(\lambda + G) - 2GB/b^2 \tag{14.14}$$

$b \cdot \to \infty$ 에 대해 $p_a \to -\sigma_\infty$ 라고 하면, $A = \sigma_\infty \dfrac{1}{2(\lambda + G)}$ 를 구할 수 있다.

$p_i = -p$와 $a = r_0$로써 결국에는 $B = \dfrac{\sigma_\infty - p}{2G} r_0^2$를 구할 수 있다.
그러므로

$$u = \frac{\sigma_\infty}{2(\lambda + G)} r + \frac{\sigma_\infty - p}{2G} \cdot \frac{r_0^2}{r} \tag{14.15}$$

식 (14.15)의 첫 번째 항은 p와는 무관하며, 정수압 σ_∞의 적용으로 생긴 변위를 나타낸다. 두 번째 항은 터널의 굴착에 의한 것이다(즉, σ_∞로부터 p까지 공동벽면에서의 응력감소에 의한 것).[6)]

압력 p를 적용함으로써 터널의 벽은 $u|_{r_0}$의 크기만큼 항복이 일어난다. 변위 $u|_{r_0}$는 Lamé 해의 도움으로 p의 함수로서 계산될 수 있다.[7)] $u|_{r_0}$와 p 간의 선형관계식은 다음과 같이 구해진다.

$$u|_{r_0} = r_0 \frac{\sigma_\infty}{2G}\left(1 - \frac{p}{\sigma_\infty}\right) \tag{14.16}$$

---

6) 구형 대칭의 경우에 대해 해당 방정식은 다음과 같다.
$\dfrac{d}{dr}\left[\dfrac{1}{r^2}\dfrac{d}{dr}(r^2 u)\right] = 0,\ u = Ar + \dfrac{B}{r^2},\ \sigma_r = \sigma_\infty - (\sigma_\infty - p)(\dfrac{r_0}{r})^3$ and $\sigma_\phi = \sigma_\theta = \sigma_\infty + \dfrac{1}{2}(\sigma_\infty - p)(\dfrac{r_0}{r})^3$

7) 따라서 u는 작을 것이라고 예상된 것이다. 그래서 터널의 반경 r_0는 상수로서 간주될 수 있다.

그림 14.8은 식 (14.16)의 도식화한 것이다. 만일 지보압 p가 σ_∞ 보다 작다면, 그때는 식 (14.9)로부터 반경방향 응력σ_r 을 구한다. 이 응력은 r과 r의 감소와 함께 감소하는 접선 응력 σ_ϑ와 함께 증가한다(그림 14.9 참고).

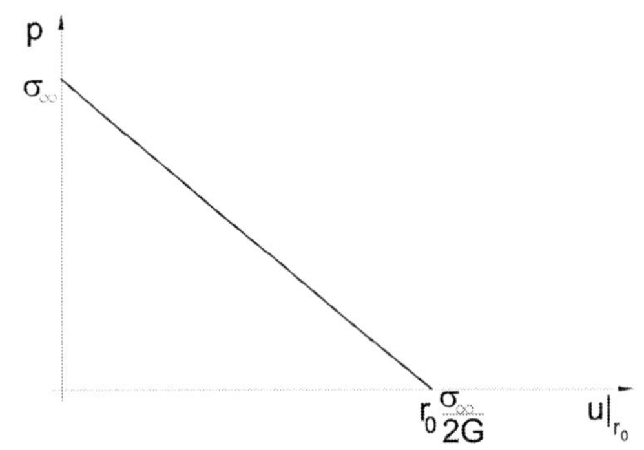

그림 14.8 선형 탄성 지반에 대한 p와 $u|_{r_0}$ 간의 관계

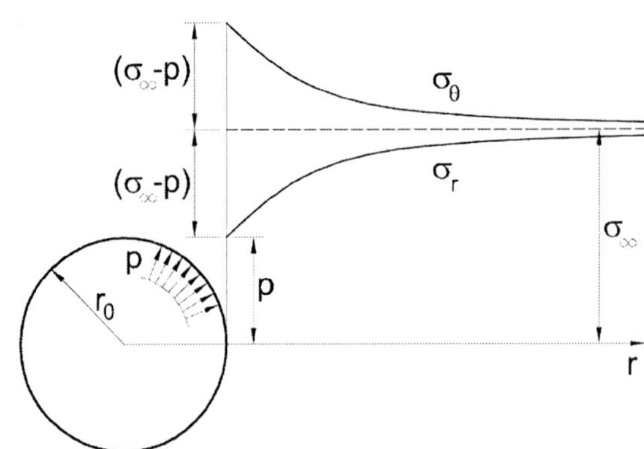

그림 14.9 선형 탄성 지반에서의 응력장

14.5 소성화

방정식 (14.9)에 의하면 주응력차 $\sigma_\vartheta - \sigma_r = 2(\sigma_\infty - p)\dfrac{r_0^2}{r^2}$는 p가 감소할 때 증가한다. 이제 우리는 암석이 탄성이 아니거나 혹은 암석이 주응력차 $\sigma_\vartheta - \sigma_r$가 소위 한계조건에 의해 주어지는 임계값을 초과하지 않는 한 탄성으로 간주될 수 있다는 것을 참작할 수 있다. 마찰성 물체에 대한 한계조건(그림 14.10 참고)은 다음과 같다.

$$\sigma_\vartheta - \sigma_r = (\sigma_\vartheta + \sigma_r)\sin\varphi \tag{14.17}$$

여기서, φ는 마찰각(또는 내부마찰각)이다. 그러므로 오직 이러한 응력상태들만이 실현가능하다. 이것을 적용하면

$$\sigma_\vartheta - \sigma_r \le (\sigma_\vartheta + \sigma_r)\sin\varphi \tag{14.18}$$

마찰과 점착력 c를 가진 물체에 대한 한계조건은 다음과 같다.

$$\sigma_\vartheta - \sigma_r = (\sigma_\vartheta + \sigma_r)\sin\varphi + 2c\cos\varphi \tag{14.19}$$

한계조건은 그림 14.10와 같이 Mohr 다이어그램에 도식화하여 표현될 수 있다.

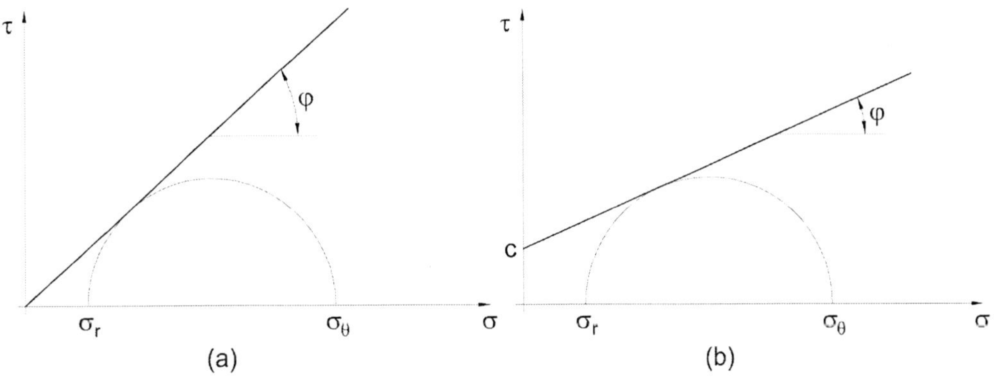

그림 14.10 Mohr 다이어그램에서의 한계조건 (a)점착력이 없는 (b)점착력이 있는 마찰성 물체

만일 p가 충분히도 작다면, 식 (14.9)에 의해 표현되는 식 (14.18)은 $r_0 < 0 < r_e$의 범위에서는 어긋나게 된다(r_e값은 여전히 정해져야 한다). 따라서 탄성해 (14.9)는 이 범위 내에선 적용될 수 없다. 오히려 다음과 같이 추론될 수 있는 다른 관계식이 적용된다. 반경 방향에서의 평형방정식을 고려하면,

$$\frac{d\sigma_r}{dr} + \frac{\sigma_r - \sigma_\vartheta}{r} = 0 \tag{14.20}$$

그리고 이를 관계식 (14.17)로부터 파생된 관계식에 적용시키면

$\sigma_\vartheta = K_p \sigma_r$ 여기서 $K_p := \dfrac{1+\sin\varphi}{1-\sin\varphi}$

토질역학에서 K_P는 수동토압계수라고 불린다. 다음을 얻을 수 있다.

$$\frac{d\sigma_r}{\sigma_r} = (K_P - 1)\frac{dr}{r}$$

또는

$\ln\sigma_r = (K_p - 1)\ln r + \ln C_1$

즉 $\sigma_r = C_1 r^{K_p - 1}$이다.

미분상수 C_1은 $r = r_0$에 대해 $\sigma_r = p$라는 요구로부터 나왔고, 그래서 최종적으로 다음을 얻을 수 있다.

$$\sigma_r = p\left(\frac{r}{r_0}\right)^{K_p - 1}$$

$$\sigma_\vartheta = K_p p\left(\frac{r}{r_0}\right)^{K_p - 1}$$

해 (14.21)이 적용되고 있는 범위 $r_0 < 0 < r_e$는 소성화된 영역(the plastified zone)이라 불린다. 대신 식 (14.17) (한계조건)이 적용되는 요건은 소성흐름을 위한 조건이라고 알려져 있다. '소성'이란 단어는 조건 (14.17)과 (14.19)를 충족시키는 응력상태와 함께 변형이 응력변화 없이 일어나는 것을 강조하는 것이다(소성변형 또는 흐름이라고 부른다).

만일 범위 $r_0 < 0 < r_e$가 소성화되면, 탄성해 (14.9)는 약간 변형되어야 한다. σ_e는 $r = r_e$에 대한 σ_r 값이다. $r_e \leq r < \infty$에 대해 식 (14.9)의 자리에 적용하면

$$\sigma_r = \sigma_\infty - (\sigma_\infty - \sigma_e)\frac{r_e^2}{r^2}$$

$$\sigma_\vartheta = \sigma_\infty + (\sigma_\infty - \sigma_e)\frac{r_e^2}{r^2}$$

$$\sigma_{r\vartheta} = 0$$

$r = r_e$ 에 대해 응력들은 다음과 같다: $\sigma_r = \sigma_e, \sigma_\vartheta = 2\sigma_\infty - \sigma_e$.

이 응력들은 한계조건, 즉 $\sigma_\vartheta = K_p\sigma_r$ 또는 $K_p\sigma_r = 2\sigma_\infty - \sigma_e$ 를 만족해야만 한다. 그러면 다음과 같다.

$$\sigma_e = \frac{2}{K_p + 1}\sigma_\infty \tag{14.21}$$

경계 $r = r_e$ 에서 탄성 및 소성범위의 반경방향 응력들은 반드시 일치해야 한다.

$$p\left(\frac{r_e}{r_0}\right)^{K_p - 1} = \sigma_e \tag{14.22}$$

결국 식 (14.21)과 (14.22)으로부터 소성범위의 반경 r_e 은 다음과 같다.

$$r_e = r_0\left(\frac{2}{K_p + 1}\frac{\sigma_\infty}{p}\right)^{\frac{1}{Kp-1}} \tag{14.23}$$

만일 $r_e = r_0$ 의 경우에 대해 식 (14.23)을 검토한다면, 소성화가 시작되는 지보압 p^*를 얻을 수 있다.

$$r_0 = r_0\left(\frac{2}{K_p + 1}\frac{\sigma_\infty}{p}\right)^{\frac{1}{Kp-1}}$$

$$\rightsquigarrow p = p^* = \frac{2}{K_p + 1}\sigma_\infty = (1 - \sin\varphi)\sigma_\infty$$

소성화 경우에서의 σ_r 과 σ_θ 의 분포는 그림 14.11와 같다.

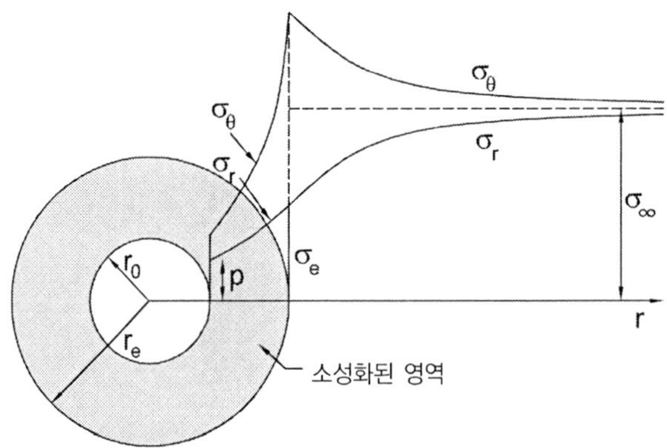

그림 14.11 소성 및 탄성 영역 내에서의 σ_r과 σ_θ의 분포

14.5.1 점착력 고찰

만일 암석이 마찰과 점착력을 보인다면, 식 (14.19)로부터 다음을 구할 수 있다.

$$\sigma_\vartheta = K_p \cdot \sigma_r + 2c\frac{\cos\varphi}{1-\sin\varphi} = K_p \cdot \sigma_r + C$$

식 (14.20)에 적용시키면 다음과 같다.

$$\frac{d\sigma_r}{dr} + \frac{\sigma_r(1-K_p) - C}{r} = 0$$

여기에 $s := \sigma_r(1-K_p) - C$을 대입하면 다음 식을 구할 수 있다.

$$\frac{ds}{dr} + (1-K_p)\frac{s}{r} = 0$$

변수들을 분리하면 다음과 같다.

$$\ln s + \ln r^{1-K_p} = \mathrm{const}_1$$

또는

$$s = \mathrm{const}_2\, r^{K_p - 1}$$

경계조건 $\sigma_r(r=r_0)=p$을 도입하면 다음을 얻을 수 있다.

$$s=s_0\left(\frac{r}{r_0}\right)^{K_p-1}$$

또는

$$\sigma_r(1-K_p)-C=[p(1-K_P)-C]\left(\frac{r}{r_0}\right)^{K_p-1}$$

$$\leadsto \sigma_r=(p+c\cot\varphi)\left(\frac{r}{r_0}\right)^{K_p-1}-c\cot\varphi \tag{14.24}$$

$$\sigma_\vartheta=K_p(p+c\cot\varphi)\left(\frac{r}{r_0}\right)^{K_p-1}-c\cot\varphi$$

$r=r_e$에 대해 탄성응력들 $\sigma_r=\sigma_e$과 $\sigma_\vartheta=2\sigma_\infty-\sigma_e$은 반드시 한계조건을 만족한다. 그러면 다음과 같이 된다.

$$\sigma_e=\sigma_\infty(1-\sin\varphi)-c\cos\varphi \tag{14.25}$$

경계조건 $r=r_e$에서 탄성 및 소성여역의 반경방향 응력들은 반드시 일치해야 한다.

$$(p+c\cot\varphi)\left(\frac{r_e}{r_0}\right)^{K_p-1}-c\cot\varphi=\sigma_\infty(1-\sin\varphi)-c\cos\varphi$$

그러므로 소성영역의 반경 r_e는 다음처럼 구해진다.

$$r_e=r_0\left(\frac{\sigma_\infty(1-\sin\varphi)-c(\cos\varphi-\cot\varphi)}{p+c\cot\varphi}\right)^{\frac{1}{K_p-1}} \tag{14.26}$$

다시 $\sigma_\vartheta(r)$은 $r=r_e$에서 연속적이며, 결과적으로 $\sigma_r(r)$은 $r=r_e$에서 완만해진다.

14.6 지반 반응선(Ground reaction line)

선형관계식 (14.16)은 만일 지보압이 σ_∞ 에서 p로 감소되면 터널벽이 어떻게 안으로 이동하는지를 보여준다. 이 관계식은 선형탄성지반에 적용된다. 만일 지반이 $r_0 \le r < r_e$의 범위에서 소성화가 된다면 p와 $u|_{r_0}$간의 관계식이 어떻게 표현되는지 보고자 한다. 이 범위에서 응력의 변화없이 소성흐름이 일어난다. 즉, 변형이 증가한다(그림 13.2.b 참고).

소성흐름을 구체적으로 명시하려면, 한 개의 추가적인 구성 관계식이 필요하며 이를 흐름규칙이라고 부른다. 이것은 변형률 ε_r과 ε_ϑ간의 관계식이다(ε_z는 우리가 고려하고 있는 평면변형에 대한 정의에 따라 사라진다). 부피 변형률 $\varepsilon_v := \varepsilon_r + \varepsilon_\vartheta$을 가지고 흐름규칙은 간단하고 이상화된 형태로 다음과 같이 나타낸다.

$$\varepsilon_v = b\varepsilon_r$$

b는 물체의 체적팽창(dilatancy)을 설명하는 물질상수이다.[8] 하지만 이와는 다른 체적팽창에 대한 여러 가지의 정의가 존재한다는 것을 명심하자.

$b=0$ 인 경우 등체적 흐름(체적이 보존, $\varepsilon_v = 0$)이 일어난다. 이 변형률은 반경방향 변위 u로 다음과 같이 표현할 수 있다.

$$\varepsilon_r = \frac{du}{dr}, \ \varepsilon_\vartheta = \frac{u}{r}$$

그리고 다음을 얻을 수 있다.

$$\frac{du}{dr} + \frac{u}{r} = b\frac{du}{dr}$$

이것으로부터 u는 다음과 같다.

$$u = \frac{C}{r^{\frac{1}{1-b}}}$$

8) 각 $\psi := \arctan b$는 체적팽창각(angle of dilatancy)이라고 부를 수 있다.

탄성해(식 14.16)에 따라서 $r = r_e$ 에서 변위 $u = u_e$ 로부터 미분상수 C는 다음과 같다.

$$u_e = r_e \frac{\sigma_\infty}{2G}\left(1 - \frac{\sigma_e}{\sigma_\infty}\right) = \frac{C}{r_e^{\frac{1}{1-b}}} \tag{14.27}$$

마지막 두 방정식으로부터 다음을 구할 수 있다.

$$u = r_e \frac{\sigma_\infty}{2G}\left(1 - \frac{\sigma_e}{\sigma_\infty}\right)\left(\frac{r_e}{r}\right)^{\frac{1}{1-b}} \tag{14.28}$$

만일 여기서 σ_e과 r_e를 구하기 위해 관계식 (14.21)과 (14.23)을 적용한다면, 마지막으로 $r = r_0$과 C = 0 그리고 $p < p^*$ 에 대한 다음 관계식을 얻을 수 있다.

$$u|_{r_0} = r_0 \sin\varphi \frac{\sigma_\infty}{2G}\left(\frac{2}{K_P + 1}\frac{\sigma_\infty}{p}\right)^{\frac{2-b}{(K_P - 1)(1-b)}} \tag{14.29}$$

이 관계식은 $p < p^*$ 에 적용할 수 있는 반면에 $p \geq p^*$ 에 대해서는 탄성 관계식 (14.16)을 적용한다(그림 13.2. b). 그림 14.12는 p와 $u|_{r_0}$간의 관계를 나타내는 것이고, 그리고 이것은 지반의 특성이라고 부른다[또한 Fenner-Pacher곡선 또한 지반반응곡선, 또는 지반선(ground line)이라고도 불린다.].

$\varphi > 0, c > 0$의 경우엔, 만일 식 (14.28)이 식 (14.25) 및 (14.26)과 함께 사용된다면, 공동벽의 변위 $u|_{r_0}$와 p 사이의 관계식을 구할 수 있다.

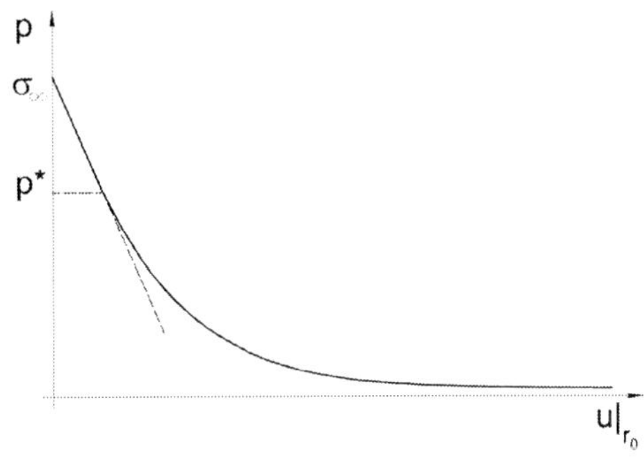

그림 14.12 소성회기 있는 지반반응선(비점성지반)

$$u|_{r_0} = r_0 \left[\frac{\sigma_\infty (1-\sin\varphi) - c(\cos\varphi - \cot\varphi)}{p + c\cot\varphi} \right]^{\frac{2-b}{(K_p-1)(1-b)}} \times \frac{\sigma_\infty}{2G}(\sin\varphi + \frac{c}{\sigma_\infty}\cos\varphi) \tag{14.30}$$

식 (14.29)와는 반대로 식 (14.30)은 $p=0$에 대해 유한변위 $u|_{r_0}$를 만든다(그림 14.13). 즉, 점성 물질에서는 공동이 지보 없이 버틸 수 있는 반면에 지보대책이 없으면 비점성 물질에서는 공동이 폐쇄된다. 터널벽면변위 $u|_{r_0}$는 터널굴착에서는 내공변위로 불린다.

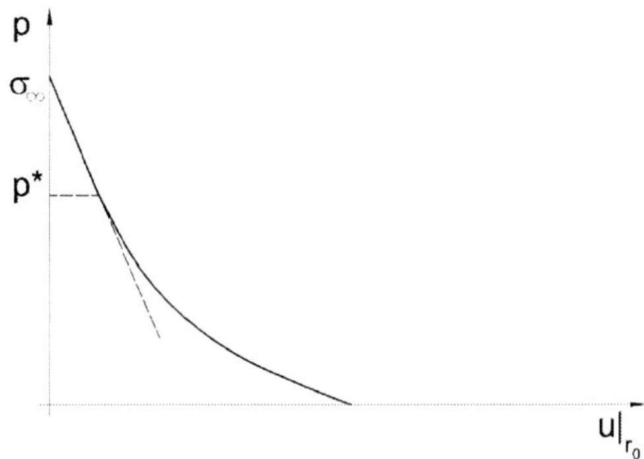

그림 14.13 소성화가 있는 지반반응선(점성지반)

이항에서 유추된 방정식들은 $\varphi=0$과 $c>0$의 경우에 대해서는 쉽게 검토될 수 없다. 이런 경우엔 식 (14.19)와 (14.20)로부터 구할 수 있다.

소성범위 $r_0 < r \le r_e$에서 :

$$\sigma_r = 2c\ln\frac{r}{r_0} + p$$

$$\sigma_\vartheta = \sigma_r + 2c$$

또한

$$r_e = r_0 \exp\frac{\sigma_\infty - c - p}{2c}$$

$$\sigma_e = \sigma_\infty - c$$

$p < p^* = \sigma_\infty$에 대해 식 (14.28)으로 다음 식을 구할 수 있다.

$$u|_{r_0} = r_0 \frac{c}{2G}\left[\exp\left(\frac{\sigma_\infty - c - p}{2c}\right)\right]^{\frac{2-b}{1-b}} \tag{14.31}$$

지반반응선, 즉 $u|_{r_0}$에 대한 p의 의존도는 암반에 의해 라이닝에 작용하는 압력은 고정된 양이 아니라 암반의 변형과 또한 라이닝의 강성도에 따라 달라진다는 것을 명백하게 보여준다. 이것은 하중에 대한 완전히 다른 인식이고 그리고 교량에 작용하는 하중을 주어진 양으로 간주하는 데 익숙해 있는 많은 토목기술자들에게 어려움을 야기시킨다.

14.7 공내재하시험기(Pressuremeter), 이론적 배경

공동의 확장 문제에 관한 이론적인 해들이 많이 있다. 이 절에서는 위에서 유도되었던 방정식들이 유체정역학적으로 응력을 받고 있는 탄소성 매체 내에서 원통형 공동의 확장에 대한 문제에 어떻게 적용될 수 있는지를 보여준다.

만일 p가 σ_∞ 값 이상으로 증가하면, 14.6절에 나오는 방정식들로부터 공내재하시험기의 문제에 대한 해를 구한다. 탄성해 (14.16)이 여전히 적용된다. 그리고 그것에 의해 $u|_{r_0}$은 $p > \sigma_\infty$ 때문에 음수가 된다. 소성해(식 14.21, $\varphi > 0$, $c = 0$)로써 식 (14.29) 대신에 다음의 식을 얻기 위해서 K_p를 $K_a = (1-\sin\varphi)/(1+\sin\varphi)$로 바꿔줄 필요가 있다.

$$u|_{r_0} = -r_0 \sin\varphi \frac{\sigma_\infty}{2G}\left(\frac{2}{K_a+1}\frac{\sigma_\infty}{p}\right)^{\frac{2-b}{(K_a-1)(1-b)}} \tag{14.32}$$

암석은 $p > p^* = (1+\sin\varphi)\sigma_\infty$에 대해서 소성화가 된다. $p > p^*$에 대해서는 식 (14.32)가 적용된다. 관계식 (14.32)가 그림 14.14에 표시되어 있다.

$\dfrac{2}{K_a+1}\dfrac{\sigma_\infty}{p}$의 로그에 대한 $u|_{r_0}$을 도식으로 표시하면 직선이 된다. 만일 b에 대한 하나의 값을 추정한다면, 그때는 이 직선의 기울기로부터 마찰각 φ을 구할 수 있다.[9] 그러므로 공내재하시험의 평가는 가정치에 좌우된다. 종종 $b = 0$라고 추정하고, 비배수 공동의 확장 문제를 이와 같이 간주한다. 또한 만일 응력-변형률 곡선이 이상적인 소성흐름에 도달하기 전에 멱함수에 의해 주어진다면 하나의 해가 있게 된다.[10]

---

9) J.M.O. Hughes, C.P. Wroth, D. Windle: Pressuremeter test in sands, *Géotechnique* 27, 1977, pp.455~477.

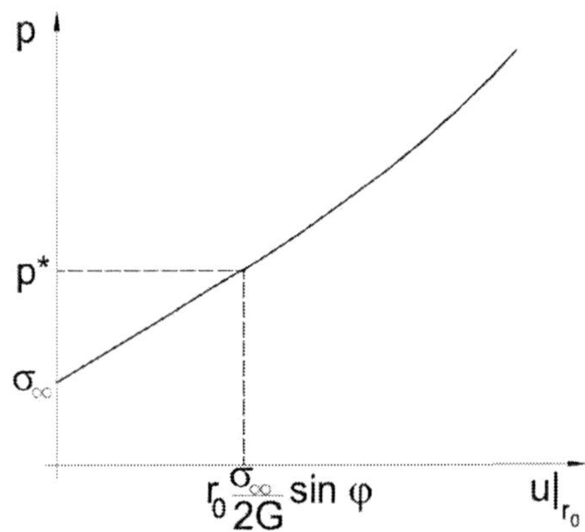

그림 14.14 공내 재하시험 문제($c = 0$): 공동벽면압력 p는 공동벽면 변위의 함수

14.8 지보 반응선

지금 어떻게 지보의 저항 p가 변위 u가 증가함에 따라 어떻게 변하는지 볼 것이다. 평형상태를 고려함으로써(그림 14.15), 지보에서의 압축응력이 $\sigma_a = pr_o/d$로서 쉽게 구해진다(그림 14.15). 이 응력은 지보가 $\varepsilon = \sigma_a/E$만큼의 압축을 받게 만든다(E는 지보의 탄성계수).

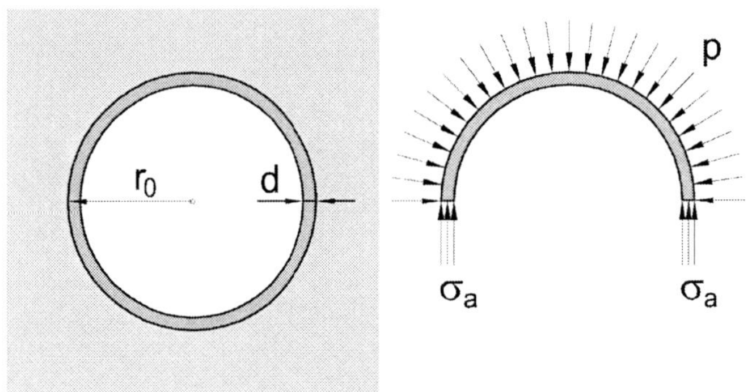

그림 14.15 지보 내부와 지보상에 작용하는 힘

지보의 원주가 $\varepsilon 2\pi r_0$만큼 줄어든다. 즉 반지름은 $u = \epsilon r_0$만큼 줄어든다. 여기서 u와 p 간의 선형관계식은 다음과 같다(지보특성, 지보반응선, 또는 지보선):

10) R. W. Whittle, Using non-linear elasticity to obtain the engineering properties of clay-a new solution for the self boring pressuremeter. *Ground Engineering*, May 1999, pp.30~34.

$$p = \frac{Ed}{r_0^2}u \text{ 또는 } u = \frac{r_0^2}{Ed}p$$

단순화시키기 위해 이 선형관계식은 지보의 붕괴 때까지 적용시킨다. 그리고 여기서 $p = p_\ell$이다(그림 14.16).

지보와 지반의 반응선들은 지반과 지보 간의 상호작용을 분석하는 데 기여한다. 이러한 목적을 위해 반응선들이 $p-u$ 도표상에 함께 그려진다. 지보의 특성은 다음과 같이 표현된다.

$$u(p) = u_0 + \frac{r_0^2}{Ed}p$$

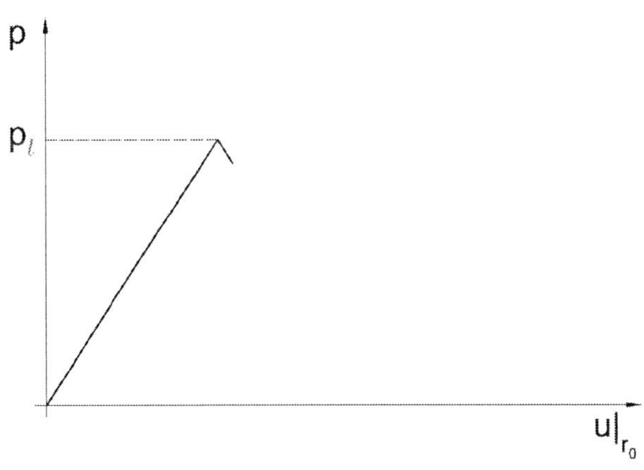

그림 14.16 지보반응선

여기서, u_0은 굴착 직후에 지보의 설치가 이뤄질 수 없다는 것을 염두에 둔 것이다. 터널 공사는 제한된 속도로 진행되어 지보가 설치되기 전에 그림 14.17처럼 굴착면 주변에서는 일시적으로 무지보 상태로 남게 된다. 그래서 지보시공 시 공동벽은 이미 공동 안쪽으로 u_0만큼 이동된 상태이다. u_0의 영향은 그림 14.18에 나타나 있다. 만일 u_0가 작다면(경우 1), 지보는 지압을 견뎌내지 못하고 붕괴되고 만다. 만일 u_0가 크다면(경우 2), 지보가 작용하여 지압은 변형과 함께 감소된다. NATM의 용어에 따르면 다음과 같다.

… 터널 주변의 변형저항력이 생겨나고 지반 내의 지보능력이 생성될 수 있을 정도의 지반 변형들이 허용되어야만 한다. 그리고 이것이 공동을 보호해 준다.

그림 14.19는 지보 강성(또는 탄성계수 E)의 영향을 나타내는 것이다. 강성의 지보(경우 1)는 지압을 견뎌내지 못해 붕괴되고 말지만, 반면에 신축성이 있는 지보(경우 2)는 충분한 지보수행능력을 갖추게 된다.

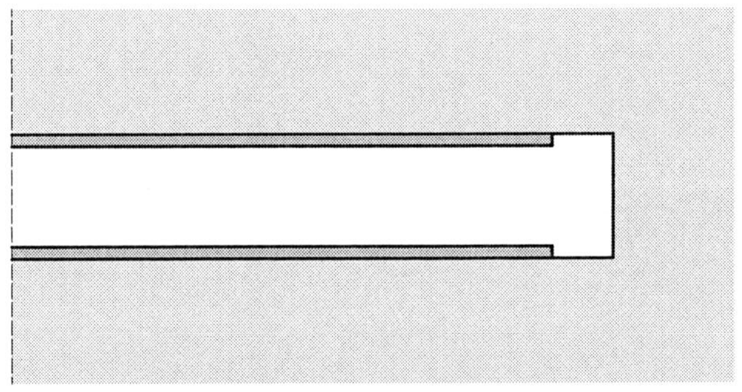

그림 14.17 굴착막장에서의 무지보 상태

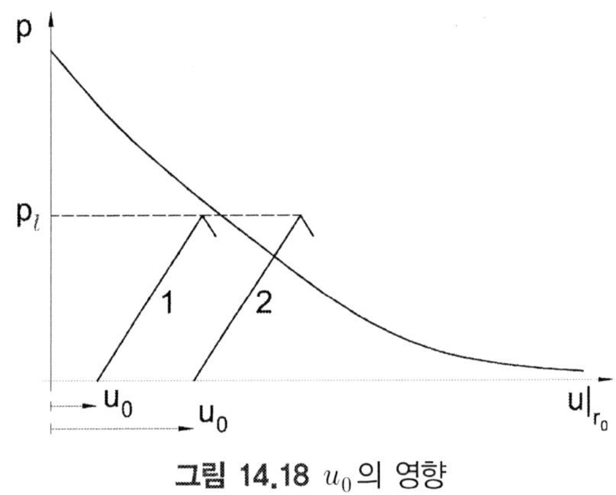

그림 14.18 u_0의 영향

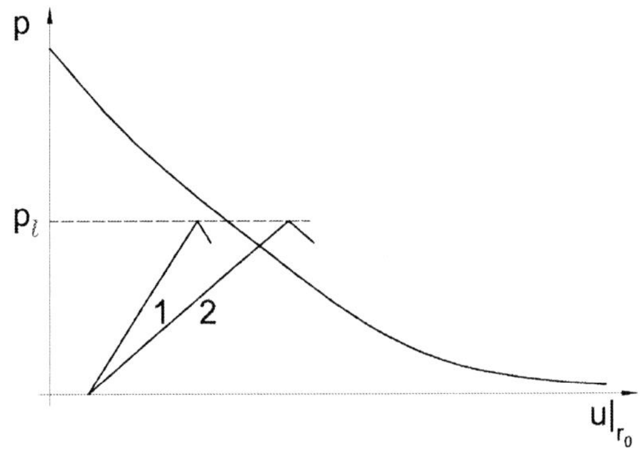

그림 14.19 지보강성의 영향

14.9 터널과 수갱에 대한 강성블록의 변형 메커니즘

특별히 단순화하면 변형 메커니즘은 서로에 대해 상대적 미끄럼이 있는 강성블록으로 구성된다. 첫 번째 강성블록의 메커니즘은 토질역학에서 Coulomb에 의해 1776년에 소개되었다. 그때 그는 슬라이딩 쐐기를 근거로 능동토압(active earth pressure)에 대해서 분석했었다. 터널과 관련하여, 그림 14.20에 제시된 파괴메커니즘은 유용한 것으로 입증된다. 원래 이것은 Lavrikov와 Revuzhenko에 의해 도입되었다.[11] 그래서 이것은 L-R 메커니즘이라고 불린다. 이것의 도형은 r_0, r_1 그리고 n에 의해 결정되는데 여기서 변수 n은 강성블록의 수를 의미한다. 기하학적 관계식은 다음과 같다: $\delta = 2\pi/n$, $\kappa = \pi \cdot (n-2)/(2n)$, $a_1 = 2r_1 \sin(\delta/2)$, $r_1/r_0 = \sin\kappa/\sin(\kappa-\alpha)$, $\alpha = \kappa - \arcsin(\sin\delta/(2\cos\kappa))$ L-R 메커니즘은 그림 14.21과 그림 14.22와 같이 여러 변위들의 다양성을 견딜 수 있다.

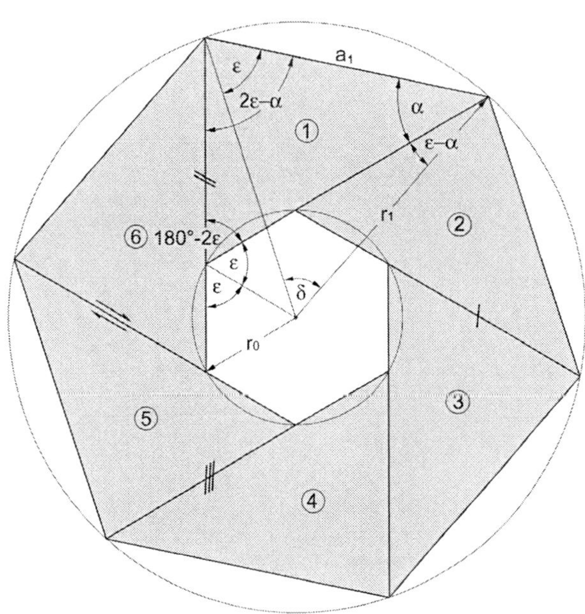

그림 14.20 $n=6$의 블록으로 구성되는 L-R 메커니즘

속도도(hodograph)는 각각 블록들의 변위들을 나타낸다. 여기서 참조지반을 0으로 정한다면, 우리는 u_{ij}를 기호를 사용하고, 여기서 i는 관찰자 그리고 j는 관찰대상으로 정한다. 그렇게 되면 u_{43}

11) S.V. Lavrikov, A.F. Revuzhenko, O deformirovanii blochnoy sredy vokrug vyrabotki, *Fizikotekhnicheskie Problemy Razrabotki Poleznykh Iskopaemykh*, Novosibirsk, 1990, pp. 7~15.

은 블록 3의 변위를 나타내고 블록4에 위치한 관찰자에 의해 관찰되는 것이다 $u_{03} \equiv u_3$은 고정된 지반에 대한 기준점으로 블록 3의 절대적 변위이다. 물론 $u_{ij} = -u_{ij}$이다. 상대적 운동은 다음의 벡터 방정식을 의미한다.

$$u_{0i} = u_{ki} + u_{ji}$$

여기서 k와 j는 2개의 근접한 블록들의 숫자이다.

그림 14.21는 상대적 지향 변위들을 나타낸다. 점착력 C_{ij}는 블록 j에 대한 블록 i에 의해 생기는 힘이다. 물론 이 힘은 변위 u_{ij}에 반대로 작용하는 방식으로 지향한다. L-R 메커니즘은 폐쇄형태의 해를 제공하지 않지만, 적절한 기하학적 구조들과 전단강도의 매개변수들을 도입한 특별한 분석에는 유용하다. 개별 블록들의 평형에 대한 고려는 붕괴시의 하중을 산출할 수 있다.

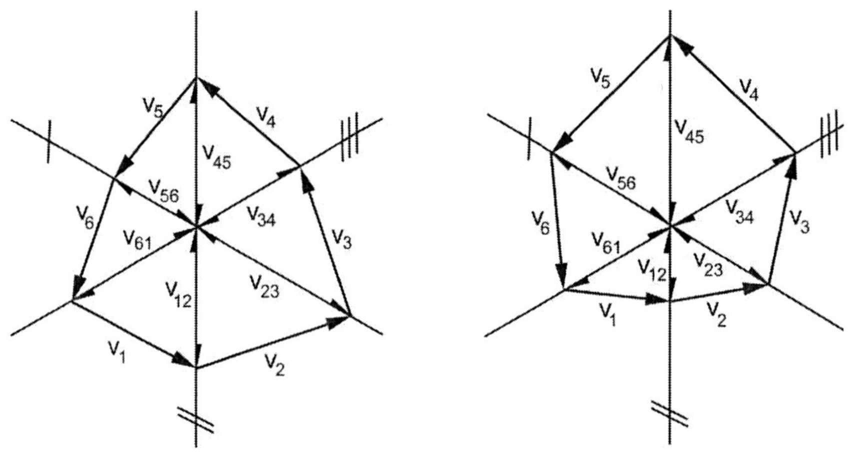

그림 14.21 가능성이 있는 L–R 메커니즘 속도도

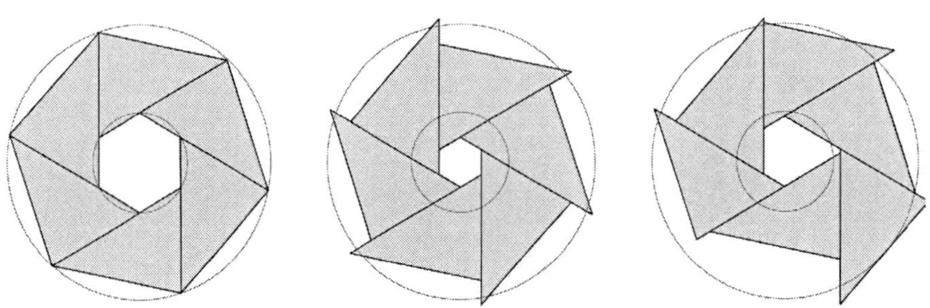

그림 14.22 블록들의 가능한 변화

14.10 압착(squeezing)

압착성 암석에서 공동벽의 변위 $u|_{r_0}$와 지보압 p는 시간과 함께 증가한다. 지보압 p(예: p = 0)가 일정하면, $u|_{r_0}$는 시간이 갈수록 증가한다. 수 미터 정도까지의 내공변위가 관측될 수 있고 이것이 굴착을 상당히 더 힘들게 할 수 있다. 만일 예를 들어 쉴드에 의해 내공변위가 방지된다면 그때 쉴드가 더 이상 전진할 수 없을 정도로 p가 증가할 수 있다.

14.10.1 시간의존 현상에 따른 압착

연속체 역학에서 일정한 응력에서 변형률 ε이 증가하는 크리프와, 일정한 변형률에서 응력이 감소하는 이완현상에 대해 언급했다. 시간 의존성 문제들을 고려하는 것은 어렵다. 소위 점탄성 방정식(그림 14.23)이 종종 암석에 대한 비현실적인 경우가 있다.

다양하게 제안되고 있는 일차원 크리프 법칙들(즉, 함수 $\varepsilon = \varepsilon(t)$)도 마찬가지로 만족스럽지 못하다. 이것들은 거의 텐서형식으로 표현될 수 없고, 또한 삼차원 변형에 대해서도 실험적으로 거의 정당화될 수 없다. 게다가 함수 $\varepsilon = \varepsilon(t)$는 시간 제로($t = 0$)의 임의적인 정의에 좌우되고 따라서 객관적이지 않다는 것을 고려해야 한다. 엄격히 말하자면 시간 의존성과 속도 의존성을 구분해야만 한다.

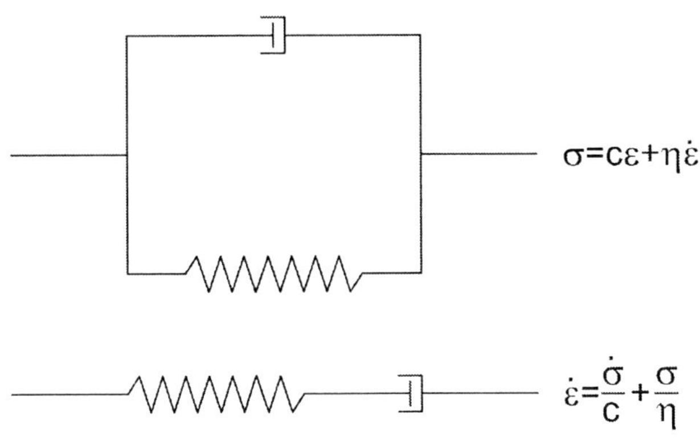

그림 14.23 점탄성 거동에 대한 1차원 모델
상: KELVIN-고체, 하: MAXWELL-유체. C와 η은 물질상수

첫 번째 것은 화학적 변화나 즉 노화가 일어날 때 보이게 된다. 하지만 압착성 암석에서의 과정은 다소 두 번째 범주에 속하고 그리고 일종의 암석의 점성일 수 있다.

많은 가정 및 실험 조사들에도 불구하고 암석의 속도의존성은 여전히 이해하기 힘들다. 여기서는 단순화한 모델들을 기반으로 압착성 암석에서의 과정을 설명하려고 한다. 압착과 관련된 관찰들은 시간에 따른 응력편차[12]의 감소로 설명될 수 있다. 이때, 지반은 단기 점착력을 보인다고 가정한다. 즉, 이것은 굴착과정에서 점착력 c_0가 생성된다. 여기서 $(\sigma_1 - \sigma_2)/2$의 최댓값을 점착력으로 정의한다. 시간에 따른 점착력의 감소에 대해 다음의 가정을 충족시킨다.

$$\dot{c} = -\alpha c, \quad \alpha > 0 \tag{14.33}$$

또는

$$c = c_0 e^{-\alpha t}$$

α의 값은 이완시험(relaxation tests)으로부터 구할 수 있다. 가정식(14.33)은 의미가 있지만, 임의적인 것이다.[13] 단순화를 위해, $\varphi = 0$와 $\beta = 0$로 가정한다.

$$u|_{r_0} = r_0 \frac{c}{2G}(\exp\frac{\sigma_\infty - c - p}{2c})^2 = r_0 \frac{c}{2G} exp \frac{\sigma_\infty - c - p}{2c} \tag{14.34}$$

t와 관련해서 유도하고 식 (14.33)을 사용하면 다음 식이 나온다($\dot{u}|_{r_0} = -\dot{u}_0$):

$$\dot{u}|_{r_0}(1 + \frac{c}{2Ge}e^{\frac{\sigma_\infty - p}{c}}) = \frac{r_0 c}{2G}e^{\frac{\sigma_\infty - p}{c}}(-\frac{\dot{p}}{c} + \alpha\frac{\sigma_\infty - p}{c} - \alpha) \tag{14.35}$$

$\dot{u}|_{r_0} = 0$에 대해서 미분방정식을 얻을 수 있는데, 이것은 만일 내공변위가 억제된다면 시간에 따른 p의 증가를 표현하는 것이다.

$$\dot{p} + \alpha p = \alpha(-c_0 e^{-\alpha t} + \sigma_\infty)$$

12) 즉 주응력의 차

13) 주어진 측정의 결과를 가지고 이것은 아마도 $\dot{c} = -\alpha(c - c_{min})^\beta$처럼 개선될 수 있다. 적절한 자료는 아직 누락되어 있다.

그것의 해는 다음과 같다.

$$p(t) = \alpha_{\infty}(1 - e^{\alpha t}) - \alpha c_0 t e^{-\alpha t} \tag{14.36}$$

그러므로 $t \to \infty$ 에 대해 $p = \sigma_{\infty}$ 이다.

무지보 터널의 경우($p = 0$), 식 (14.35)으로부터 시간에 따른 내공변위의 증가에 대한 법칙을 구할 수 있다.[14)]

$$\dot{u}|_{r_0} = \frac{r_0 \alpha}{2Ge^{1 - \frac{\sigma_{\infty}}{c}} + c} \cdot (\sigma_{\infty} - c)$$

압착성 암석에 대해 $\sigma_{\infty} \gg c$를 고려하면, 마지막으로 다음의 식을 얻을 수 있다.

$$\dot{u}|_{r_0} \approx r_0 \alpha \frac{\sigma_{\infty}}{c} = r_0 \alpha \frac{\sigma_{\infty}}{c_0} e^{\alpha t} \tag{14.37}$$

이 방정식은 우리가 압착 거동을 높은 응력(σ_{∞} 큰)과 낮은 응력(c_0 작은, 왜곡된 공간)에서 그리고 크리프가 작용하고 있는 광물(일반적으로 점토광물, 큰 α)들에서 관찰한다는 점에 있어서 경험과 일치한다. 또한 높은 공극수압은 압착에 유리하다고 보고되고 있다.

식 (14.37)은 압착으로 인한 내공변위의 속도, 즉 $\dot{u}|_{r_0}$이 시간에 따라 증가한다는 것을 예측한다. 이것은 확실히 비현실적이며 그리고 이것은 매우 단순화된 관계식 (14.33)에 기인한 것이다. 하지만 식 (14.36)과 (14.37)을 가지고 초기 내공변위속도 $\dot{w}_0 := \dot{u}|_{r_0}(t=0)$를 초기 압력증가 속도 $\dot{p}_0 := \dot{p}(t=0)$와 연계시킬 수 있다.

$$\dot{p}_0 = \left(1 - \frac{c_0}{\sigma_{\infty}}\right)\frac{c_0 \dot{w}_0}{r_0}$$

따라서 $\dot{w}_0$ 에 대한 정보로부터 동일 암반에서 운영되고 있는 쉴드에 작용할 압력의 초기속도를 예측할 수 있다.

---

14) 여기에 제시된 방정식은, 작은 변형의 가정을 기반으로 한다는 것에 주의하라. 큰 변형을 통해 그들을 수정해야만 한다.

14.10.2 시간 의존성 무시

많은 저자들이 내공변위들이 굴착과 동시에 나타나던지 혹은 시간이 지연된 후에 나타나던지 상관없이 큰 내공변위가 나타날 때마다 압착에 대해 언급한다.

여기서 터널 반경에 대한 내공변위의 비율을 나타내는 기호 $\zeta(\zeta := u|_{r_0}/r_0)$를 도입하자. 식 (14.34)를 이용하면, ζ는 p/σ_∞ (즉, 지보압 p/현지 응력 σ_∞)와 $\dfrac{c}{\sigma_\infty}$의 비(즉 암반강도 $q_u = 2c$ / 현지응력 σ_∞)에 의존해 다음과 같이 나타낼 수 있다.

$$\zeta = \frac{c}{2G}\exp\left[\frac{\sigma_\infty}{c}(1-\frac{p}{\sigma_\infty})-1\right] \tag{14.38}$$

이 식은 $p=0$을 전제하여 그림 14.24와 같이 도식으로 표시된다. $\varphi > 0$에 대해 해당되는 표현은 식 (14.30)에 의해서 도출될 수 있다.[15)]

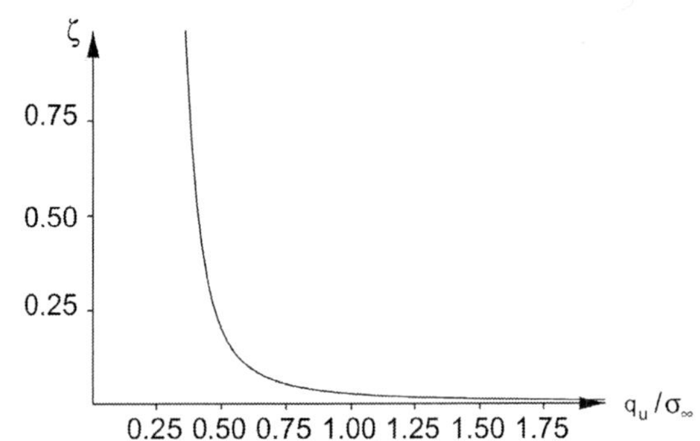

그림 14.24 $p=0$의 경우에 대한 식 (14.38)의 도식적 표현

ζ의 서로 다른 수준을 고려하여 Hoek는 표 14.1에서 주어진 다양한 터널굴착 문제들과 연결시켰다. 이런 방식으로 압착은 낮은 암석강도로 인한 큰 내공변위처럼 보이게 된다.

실제로 압착은 사라질 때까지 기다려야 한다. 콘크리트 라이닝의 경우(C20/25) 내공변위속도가 2mm/month 밑으로 그리고 철근콘크리트(≥50kg/m^3) 또는 콘크리트 C30/35의 경우엔 6~10mm/month로 떨어지자마자 영구라이닝을 설치한다.

15) Mohr-Coulomb의 파괴기준이 Hoek와 Brown의 파괴기준으로 교체된다면 수치적으로 유사한 곡선을 구할 수 있다. 참조: E. Hoek, Big Tunnels in Bad Rock, 36th Terzaghi Lecture, *Journal of Geotechn. And Geoenvir. Eng.*, Sept. 2001, pp.726~740.

표 14.1 Hoek에 따른 암석강도와 내공변위와 관련된 압착 문제

ζ	q_u/σ_∞	터널 굴착 문제
0…1%	>0.36	지보 문제가 거의 없음
1…2.5%	0.22…0.36	사소한 압착 문제
2.5…5%	0.15…0.22	심각한 압착 문제
5…10%	0.10…0.15	매우 심각한 압착 문제
>10%	<0.10	극단적인 압착 문제

14.10.3 지보와의 상호작용

이제 여기서 압착성 암석과 지보 간의 상호작용에 대해서 알아보자. 여기서 지보는 숏크리트 라이닝으로 가정한다. 경화를 무시하고, 숏크리트는 즉각적으로 최종 강성과 강도를 갖게 된다고 가정한다. 일반적으로 암석반응선(즉, 곡선 p vs. 내공변위 w)[16]과 지보의 반응선들은 같은 도표에 그려진다. 이들 간의 교차점은 내공변위와 지보에 작용하는 압력을 결정한다(그림 14.25).

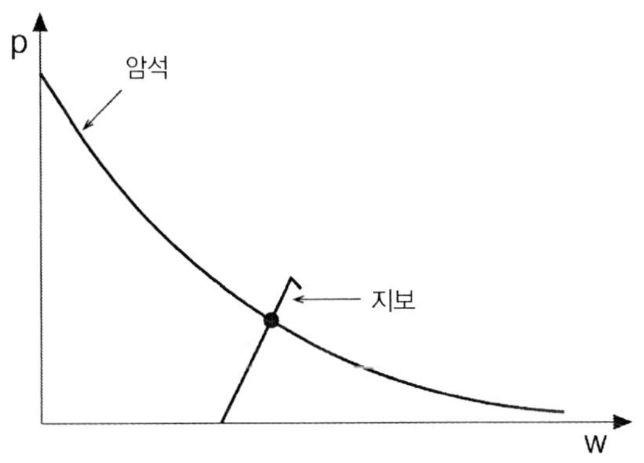

그림 14.25 반응선들의 교차점은 압력 p와 지보의 내공변위 w를 결정(비압착성의 경우)

압착성 암반의 경우, 암석의 반응선은 유일하지 않다. 무한히 많은 암석의 반응선들이 있고, 이들 각자는 특별한 c 값에 해당한다(그림 14.26). 이 경우 암석과 지보의 선들의 교착점은 지보 반응선을 따라 움직이고 그리고 다양한 암석의 반응선들과 교차하게 된다. 만일 식 (14.34)에 지보의 반응선 $p = p_s(w)$, 즉 $w > w_0$에 대해 $p = k \cdot (w - w_0)$, k = 상수를 대입하면, 위 과정에서 시간에 따른 변화를 파악할 수 있다.

16) 간결함을 위해 여기서 기호 w는 u_{r_0} 대신에 사용한다.

$$w = \frac{c}{2G} r_0 \exp\left(\frac{\sigma_\infty - c - p_s(w)}{c}\right) \tag{14.39}$$

$c = c(t)$로써 식 (14.39)는 관계식 $w(t)$를 결정한다. 관계식 $w(t)$가 어떻게 보일지라도 충분히 긴 시간경과 후에 최종의 암석 반응선, 즉 c_∞에 해당하는 선에 도달하게 될 것이다. 하지만 라이닝이 해당 하중을 지지하지 못할 경우가 생길 수도 있다. 이것은 취성 라이닝의 경우일 수 있다. 반면에 연성 라이닝의 경우 최종의 암석 반응선과의 교착점이 만들어질 때까지 항복하게 될 것이다(그림 14.27). 그림 14.28, 14.29 및 14.30은 Streugen 터널(오스트리아)과 관련된 가축성 지보들의 예를 나타내는 것이다. 가축성 (탄성-이상적인 소성) 지보는 다수의 강재 튜브를 라이닝에 배치하여 달성될 수 있으며, 이것들은 특정 하중에 도달하면 항복이 일어나도록 설계되었다(그림 14.31).

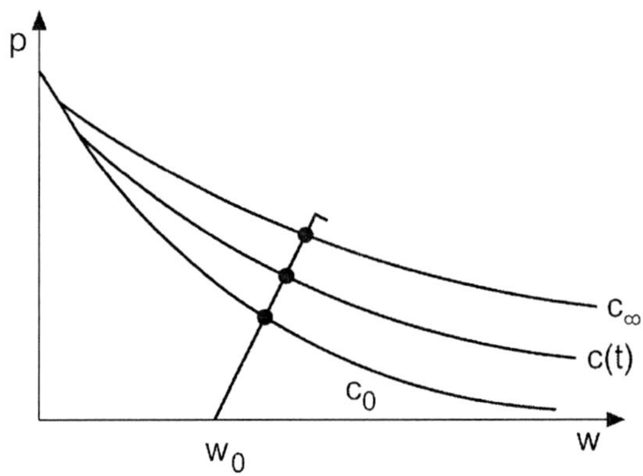

그림 14.26 압착성 암석에 대한 암석반응곡선들

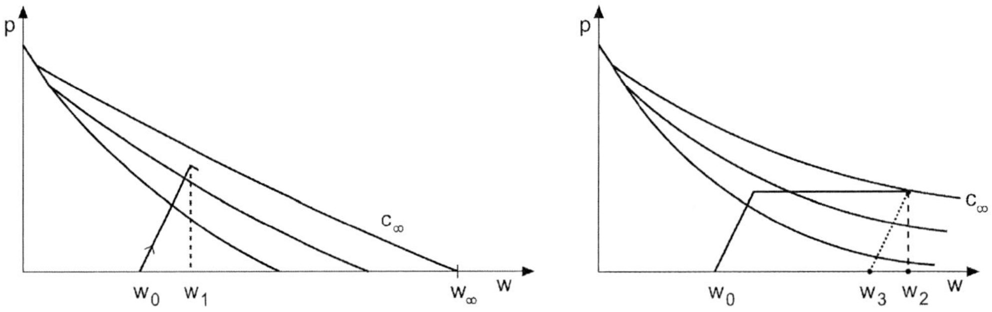

그림 14.27 $w = w_1$에서의 취성지보의 붕괴(좌) 그리고 최종값 $w = w_3$까지 내공변위가 계속된다. 연성(혹은 가축성) 지보는 최종 내공변위 $w = w_2$에 도달할 때까지 작동함

그림 14.28 상부 왼쪽부에 파이프 배열을 볼 수 있음

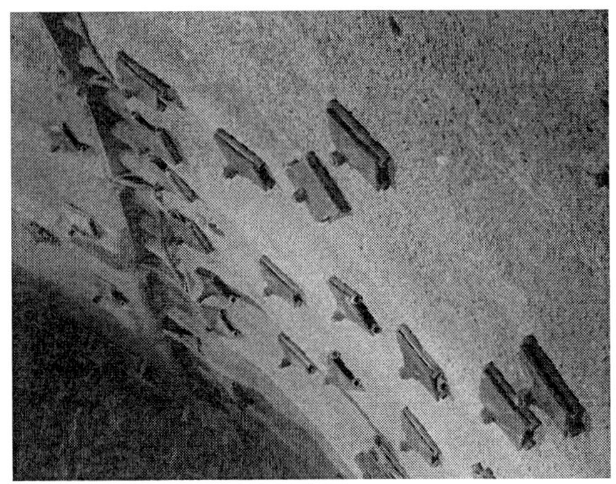

그림 14.29 앵커의 지압핀과 파이프 배열

그림 14.30 압착된 앵커 지압판

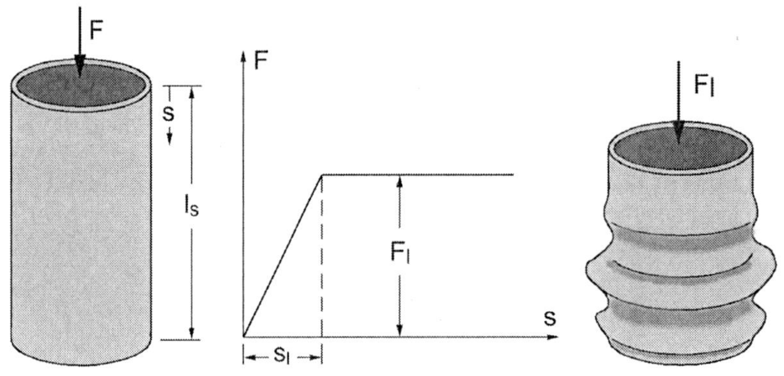

그림 14.31 내장된 튜브의 힘-변위 특성곡선

이상적인 원형 라이닝내에 설치되는 튜브의 배열 위치는 그림 14.32에서 볼 수 있다. 라이닝의 원주길이는 $L=2\pi r$이다. 내장된 튜브의 총길이는 ml_s (m = 튜브의 수)이다.

E_s : 숏크리트의 탄성계수

d: 숏크리트의 두께

n: 터널의 단위길이당 강재 튜브의 수

$N/n < F_e$에 대해 추력 N과 라이닝의 길이 수축 $\triangle L$ 간의 다음의 관계식을 얻을 수 있다 .

$$\triangle L = \left[(2\pi r - ml_s) \cdot \frac{1}{d \cdot E_s} + \frac{1}{n} \frac{s_L}{F_L} \right] N$$

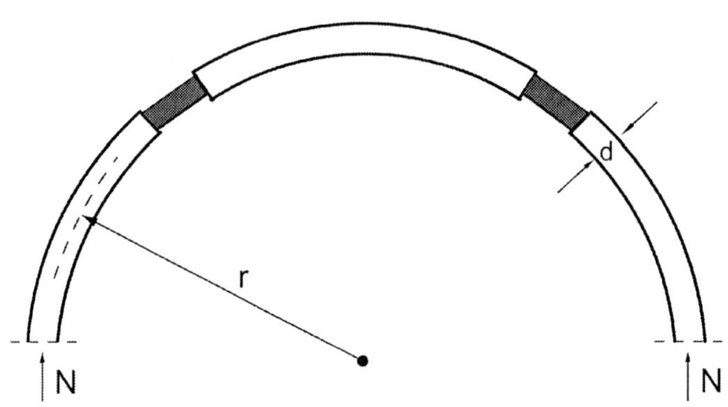

그림 14.32 숏크리트 라이닝에 내장된 강재 튜브

$w = \triangle L/(2\pi)$와 $p = N/r$로써, 지보 반응선 $p = p(w)$를 다음과 같이 구할 수 있다(그림 14.33).

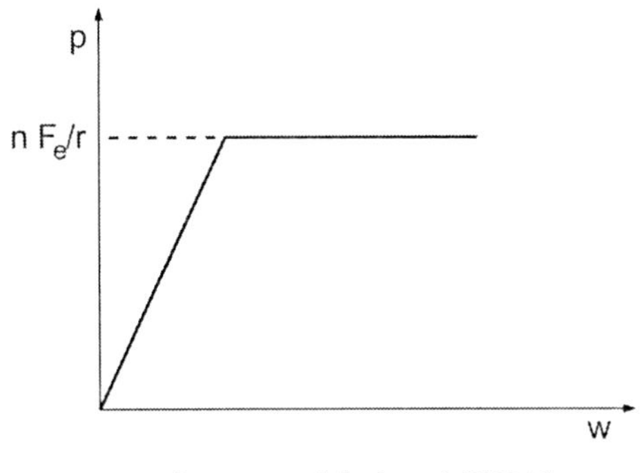

그림 14.33 가축지보의 반응선

$$p = w\frac{2\pi}{r\left[(2\pi r - ml_s/(d \cdot E_s) + s_L/(n \cdot F_L)\right]}$$

여기서 질문은 가축성 지보를 설치할지 여부가 발생되는데, 비용이 많이 든다는 것이다. 대안은 암반이 w_3만큼 내공변위가 일어났을 때 나중에 보통의 지보를 설치하는 것이다(그림 14.27의 점선 참고). 물론 w_3 값을 결정해야만 한다. 이것은 시추공시험을 통해서 달성할 수 있다. 즉, 시추공은 하나의 터널 모델이고 내공변위를 시추공 내에서 측정한다. 식 (14.39)는 케이싱이 되지 않은 시추공에 대한 w와 c 간의 관계를 제공한다. 다양한 시간대에서의 w 값의 측정으로 해당 c 값을 알 수 있다(이 방정식에서 c의 수치 제거를 통하여).

따라서 함수 $c(t)$가 결정될 수 있다(시간 t의 일부 이산값에 대한). 앞서 봤듯이 $c(t)$로써 완벽한 암석 반응선과 지보와의 상호작용이 결정될 수 있다.

14.10.4 이방성 암석에서의 압착

이미 언급했듯이, 압착성 암석들은 낮은 강도를 가지며 편암에서 지배적인 층상의 규산염을 갖는 것이 특징이다. 이런 편리(또는 엽리)의 방향은 이러한 암석에 이방성을 부과한다. 응력이완은 오로지 편리층면에 작용되는 전단응력에만 영향을 끼친다고 추정하는 것이 합리적인 것인 같다. 결과적으로 편리면에 직각으로 가로지르는 터널(그림 14.34 a)은 고심도에서도 압착에 의해 영향을 받지 않는다. 반대로 축들이 편리층들과 같은 주향을 갖는 터널들은(그림 14.34 b) 압착에 의해 크게 영향을 받을 수 있다. 두 경우에 대한 전형적인 예가 서부 오스트리아의 Landeck 터널과 Stregen 터널이다. 두 터널 모두 같은 종류의 천매암 내에 굴착되었다. 그림 14.34 a와 같이 굴진된 Landeck 터널은 1,300m 정도의 상당한 상부 피복층에도 불구하고 압착과 관련된 문제를 만나지 않았다. 반면에

Stregen 터널은 그림 14.34 b와 같이 굴착되었고 상당한 압착문제가 있었다. 이 터널의 상부피복층의 두께는 600m 정도이다.

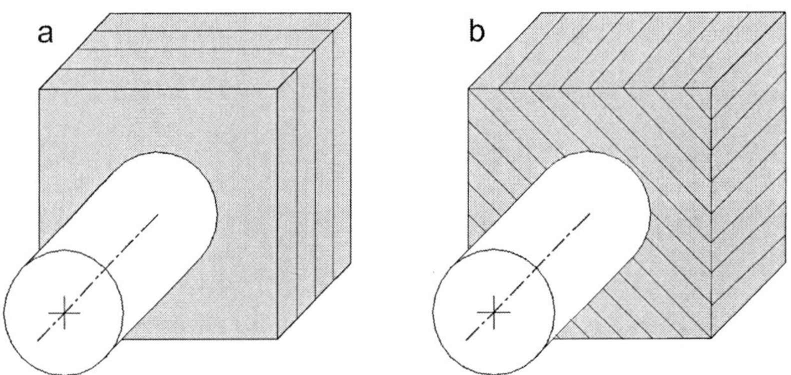

그림 14.34 터널축에 대해 서로 방향이 다른 두 개의 편리

14.11 지반의 연화

라이닝이 신축성이 있어야 한다는 요구조건은 너무 큰 변형들은 지반강도의 감소(소위 연화)를 의미한다는 사실에 의해 제한된다. 연화는 그림 13.4와 같이 이완현상(체적팽창 즉 전단에 의해 부피와 공극의 증가)과 관련이 있다. 연화(그림 13.4와 같이 최대치를 지나서는 응력이 감소)는 소성흐름의 개념을 따르지 않는다. 이것은 일정한 하중에서 변형이 증가한다는 것(그림 13.2 b 참조)을 의미하며, 그리고 내공변위 $u|_{r_0}$의 증가와 관련이 있는 지압의 증가에 대한 원인이 된다(그림 14.35).

라이닝에 작용하는 하중을 가능한 한 낮게 유지하려면, 지보 반응선은 B점(지반반응의 최소점)

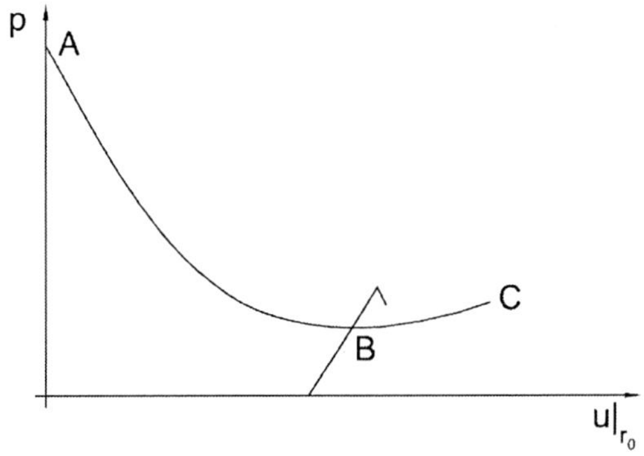

그림 14.35 연화 암석에 대한 추정지반반응선. 증가하는 호 BC는 암석강도의 감소 때문

에서 지반 반응선과 교차해야 한다. 이것은 NATM의 주요 요구사항 중의 하나이다. 이것이 원칙적으로 옳다고 할지라도 현장 측정으로나 수치해석에 의해서도 최소치가 결정될 수 없기 때문에 실제적으로 거의 적용되지 않는다.

weightless 암반과 선대칭(원형단면, 정역학적 초기응력, 즉 $K=1$)의 경우에 대해 암석의 강도가 그림 14.36처럼 최대치 후에 완전히 사라진다고 할지라도 지반 반응선의 상승 지점은 구해지지 않는다는 것을 언급하는 것은 가치 있는 일이다.[17)]

이런 급격한 연화는 $\sigma_\vartheta - \sigma_r = 0$ 또는 $\sigma_\vartheta = \sigma_r$을 의미한다. 평형 방정식 (14.20)으로부터 소성화 구역에서는 $d\sigma_r/dr = 0$, 또는 $\sigma_r = \sigma_\vartheta =$ 상수가 된다. 여기서 결과로 생긴 응력분포는 그림 14.37에 표시되어 있다. $r = r_e + 0$에 대한 탄성해 (14.21)은 강도조건 $\sigma_\vartheta - \sigma_r = 2c$를 만족해야만 하기 때문에, 다음과 같이 된다.

$$\sigma_e = p = \sigma_\infty - c$$

그러므로, 라이닝에 작용하는 하중은 $\sigma_\infty - c$보다 작을 수는 없다. 이러한 결과는 $u|_{r_0}$에 의존하지 않는다. $u|_{r_0}$이 증가함에 따라 소성화 구역의 반경 r_e는 증가한다(식 14.28)에 따라서). 아무튼 p는 $r \geq r_0$에 대해 상수로 남는다. 따라서 그림 14.38의 지반 반응선을 구할 수 있는데, 이 선은 어떤 상승부분도 나타내지 않는다.

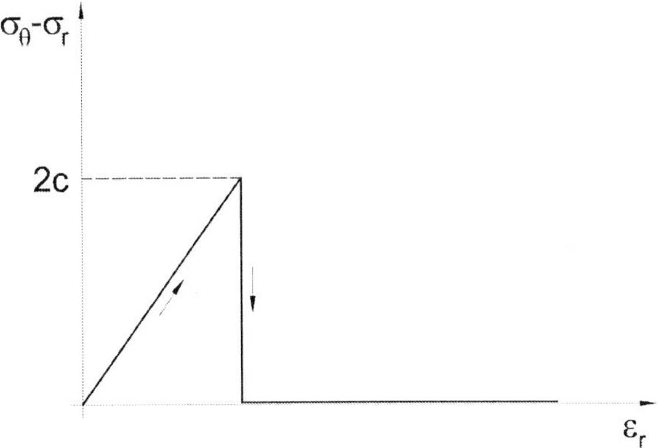

그림 14.36 점성물체에서의 강도의 총손실

17) Bliem, C. and Fellin, W. (2001): Die ansteigende Gebirgskennlinie (On the increasing ground reaction line) *Bautechnik* 78(4): pp.296~305.

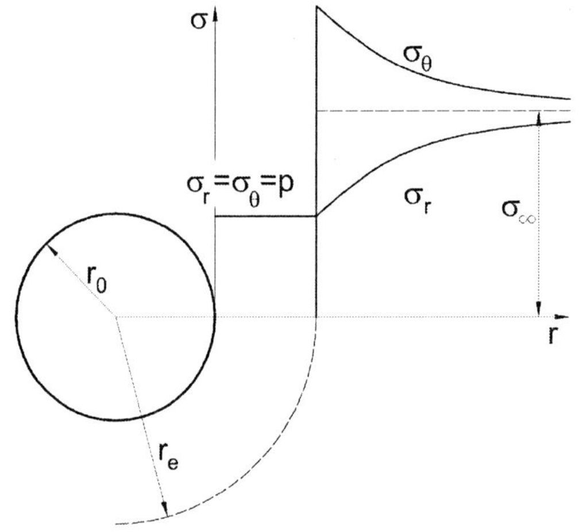

그림 14.37 연화 암석에서의 응력분포

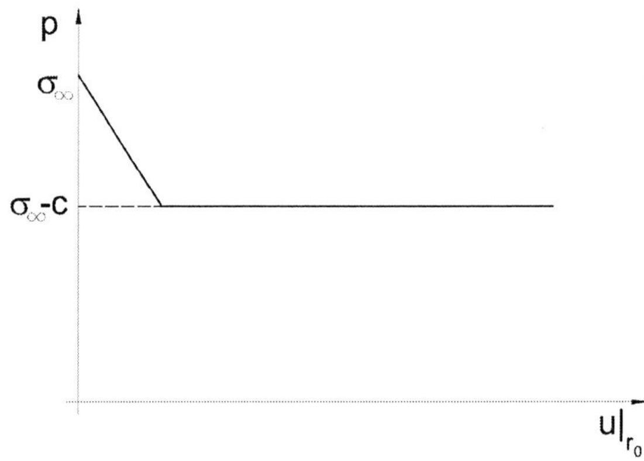

그림 14.38 강도 총 손실이 있는 weightless 암석의 지반반응선(선대칭의 경우)

15 앵커와 볼트의 지보작용

Tunnelling and Tunnel Mechanics

앵커나 록볼트는 강성과 강도를 증가시키기 위해 지반에 삽입되는 보강재(일반적으로 강재)이다. 다양한 종류의 보강작용들이 있으며, 이에 해당하는 전문용어들은 일정하지 않다.[1] 다음의 전문용어들은 토질역학에서 사용되는 것이다.

1. 만일 보강재 바(bar)의 양 끝단만 고정되어 있다면 '앵커'라고 한다. 앵커에 프리스트레스를 줄 수도 있고 또는 주지 않을 수도 있는데, 후자의 경우에는 어느 정도 인장이 된 후에 힘을 받는 것으로 추정된다(예를 들면, 터널의 내공변위에 의한).
2. 만일 보강재 바가 주변 지반과 전장에 걸쳐 접착되어 있다면 '네일', 또는 '볼트'라고 한다. 접착은 시멘트 모르타르로 이루어진다(그림 15.1).

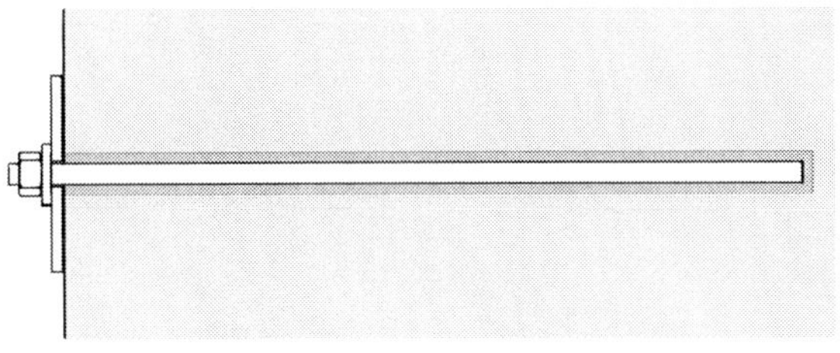

그림 15.1 네일

절리 암반에서 보강재 바들은 개별 블록들의 붕괴를 방지하기 위해 즉석에서 장착된다(그림 15.2). 일정한 배열로 앵커나 볼트를 시공하는 것을 '패턴 볼팅(pattern bolting)'이라 한다.

1) 다른 참조: C. R. Windsor, A. G. Thompson: Rock Reinforcement-Technology, Testing, Design, and Evaluation. In: comprehensive Rock Engineering, Vol. 4, Pergamon Press 1993, pp.451~484.

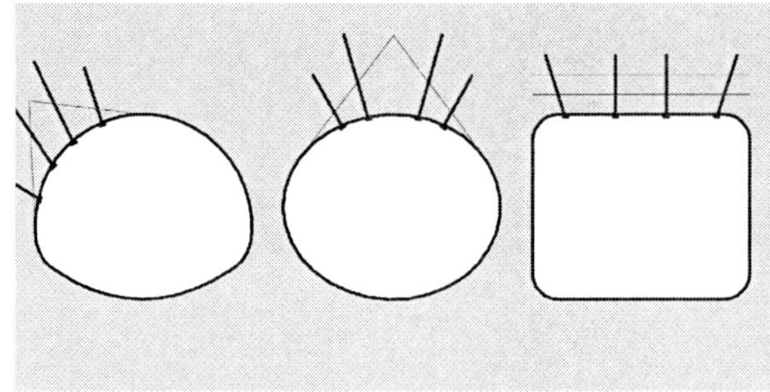

그림 15.2 블록들의 낙석을 방지하기 위한 앵커의 적용 예

15.1 패턴 볼팅의 영향

일반적으로 보강작업은 지반의 역학적 거동을 향상시킨다고 믿고 있다. 그러나 여러 번의 시도에도 불구하고, 강성 삽입물의 보강작용은 여전히 만족스럽게 이해되지 못하고, 또한 적용들도 여전히 경험적이다. 일부의 접근방법에서는 보강지반은 어떤 의미에서 2상(phase)의 연속체로 간주되는데, 이는 구성 물질 둘 다 해당 물체의 전역에서 분산되어 나타난다고 추정된다. 그래서 그들의 역학적 성질들이 적절하게 가중치가 주어진다면 물체의 어디에서나 나타난다(부록 F). 삽입물의 강성화 작용은 얇은 철재 핀을 포함하는 흙시료 위에서의 일반적인 3축 실험을 생각해 보면 입증이 될 수 있다(그림 15.3.).

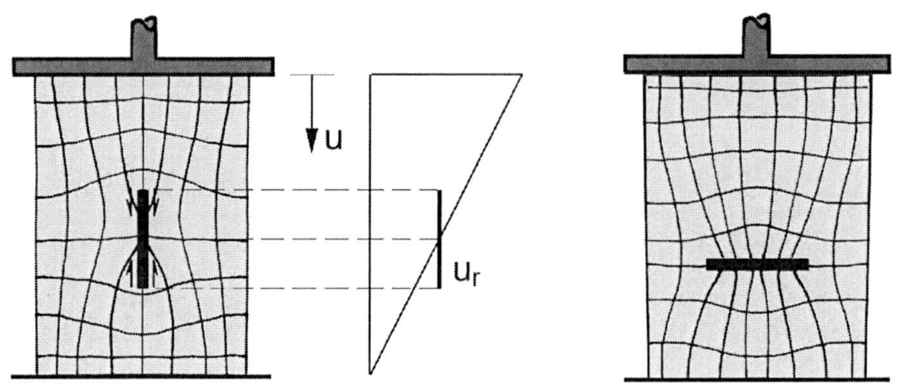

그림 15.3 삼축 시료에서의 강재 삽입물, 다른 방향의 삽입물에 대한 수직변위와 응력궤적

여기서 강성 삽입물은 신장이 불가능하다고(즉, 강체) 간주된다. 그러므로 이것의 수직변위는 그림 15.3.와 같이 일정하다. 이것은 주변 흙이 상대적인 미끄럼이 있다는 것을 의미하는데, 미끄러짐

의 방향은 하반부에서 위로, 상반부에서 아래로 향하게 된다. 더 강성화가 되면, 핀은 힘을 끌어들이고 그래서 주변 흙은 부분적으로 압축응력으로부터 완화가 된다. 결과적으로 전체적으로 볼 때 3축 시료는 현재 강성이 더 커졌다. 이 효과는 콘크리트 공학에서의 '인장증강(tension stiffening)'과 밀접한 연관이 있다.

보강된 흙의 강성을 증가시키는 또 다른 방법은 증가된 압력수준을 증가시키는 것이다. 알려져 있는 바와 같이, 입상의 재료들의 강성은 응력수준의 증가와 함께 항상 선형적으로 증가된다. 응력수준은 프리스트레스를 가한 다수의 앵커들 즉 전장이 아닌 양 끝단에서만 주변 지반에 힘을 전달하는 보강재 삽입물에 의해 증가될 수 있다. 이러한 메커니즘의 분석은 다음 항에서 설명한다.

15.1.1 프리스트레스 앵커의 지반 강성화

프리스트레스 패턴 볼팅의 강화효과는 정수학적으로 응력을 받고 있는 탄소성 지반 내의 원형단면을 갖는 터널의 경우에 대해 고려될 것이다. 정수학적 초기응력은 σ_{∞} 이다. 만일 앵커들의 간격이 충분히 작다면, 지반에 대한 그들의 작용은 균일한 반경방향 응력 σ_A로 근사치가 계산될 수 있다.

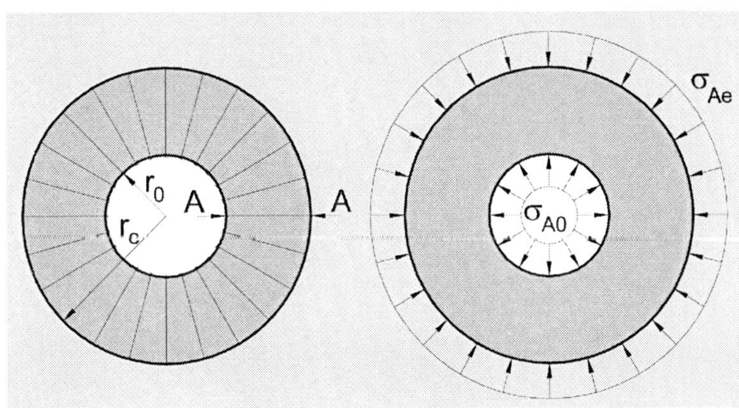

그림 15.4 이상적인 패턴 볼팅

반경방향 응력 σ_A은 적용되는 표면으로 앵커의 힘을 나눔으로써 얻어진다. n을 터널 길이 1미터 당 앵커의 숫자로 하자. 그러면 다음과 같이 얻을 수 있다.

$$\sigma_{A0} = \frac{nA}{2\pi r_0}, \quad \sigma_{Ae} = \frac{nA}{2\pi r_e}$$

또는

$$\sigma_{Ae} = \sigma_{A0} \cdot \frac{r_0}{r_e}$$

그러므로 $r_0 < r < r_e$의 범위에서 σ_A에 대한 분포를 다음과 같이 가정하는 것은 합리적이다.

$$\sigma_A = \sigma_{A0} \cdot \frac{r_0}{r} \tag{15.1}$$

$r_0 < r < r_e$ 범위에서의 전체 응력을 고려한다. 앵커의 프리스트레스는 반경방향 응력을 σ_r에서부터 $\sigma_r + \sigma_A$까지 증가시킨다(그림 15.5).

이제 $r_0 < r < r_e$ 범위에서 지반의 전단강도가 완전히 작용된다고 추정한다. 이 경우에 대한 지보압 p를 결정할 것이다. 간단하게 하기 위해 점착력이 없는 지반($c = 0$)을 고려하면, 다음 식을 구할 수 있다.

$$\sigma_\theta = K_p(\sigma_r + \sigma_A) \tag{15.2}$$

여기서, $K_p = \dfrac{1+\sin\varphi}{1-\sin\varphi}$

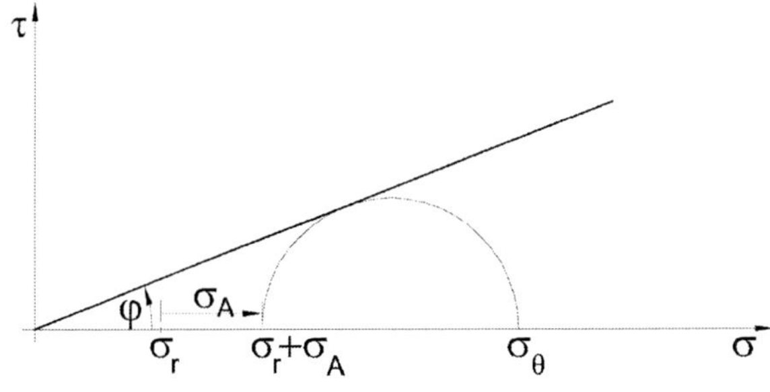

그림 15.5 프리스트레스 영역에서의 한계응력

반경 방향으로의 평형식은 다음과 같다.

$$\frac{d(\sigma_r + \sigma_A)}{dr} + \frac{\sigma_r + \sigma_A - K_p(\sigma_r + \sigma_A)}{r} = 0 \tag{15.3}$$

식 (15.3)에 식 (15.1)을 대입하면 다음과 같다.

$$\frac{d\sigma_r}{dr}+\frac{1}{r}\left[\sigma_r(1-K_p)-K_p\sigma_{A0}\frac{r_0}{r}\right]=0 \tag{15.4}$$

이 미분 방정식 (15.4)의 해는 다음과 같이 얻어진다.

$$\sigma_r = \text{const} \cdot r^{K_p-1} - \sigma_{A0}\frac{r_0}{r}$$

적분상수는 경계조건 $\sigma_r(r_0)=p$ 로부터 구할 수 있다. 여기서, p는 지반에 의해 라이닝 상에 가해지는 압력이다. 마지막으로 다음의 식을 구할 수 있다.

$$\sigma_r = (p+\sigma_{A0}) \cdot \left(\frac{r}{r_0}\right)^{K_p-1} - \sigma_{A0}\frac{r_0}{r} \tag{15.5}$$

탄성영역의 경계($r=r_e$)에서 반드시 $\sigma_r=\sigma_e$ 이어야 한다. 그리고 여기서 σ_e는 식 (14.21)로부터 구해진다.

$$(p+\sigma_{A0})\left(\frac{r_e}{r_0}\right)^{K_p-1} - \sigma_{A0} \cdot \frac{r_0}{r_e} = \frac{2}{K_p+1} \cdot \sigma_\infty \tag{15.6}$$

소성화된 영역은 앵커가 장착된 링과 일치한다는 단순화된 가정과 만나게 된다. 이는 즉 $r_e=r_0+l$을 식 (15.6)에 대입하고 p를 없앤다. 여기서, l은 이론적인 앵커 길이이다. 따라서 앵커들의 프리스트레스 힘 A , 터널 미터 당 앵커의 수 n, 이론적인 앵커길이 l, 터널 반경 r_0, 주응력 σ_∞ 그리고 마찰각 φ에 따른 지보압을 다음과 같이 구할 수 있다.

$$p=\left(\frac{2\sigma_\infty}{K_p+1}+\frac{nA}{2\pi r_0} \cdot \frac{r_0}{r_0+l}\right)\left(\frac{r_0}{r_0+l}\right)^{K_p-1} - \frac{nA}{2\pi r_0} \tag{15.7}$$

실제 앵커의 길이 L은 앵커의 힘이 경계 $r = r_e$를 따라서 분포될 수 있도록 이론상의 길이보다 길어야 한다. 실제로 앵커의 길이는 소성화된 영역의 두께보다 1.5에서 2배 정도가 된다.

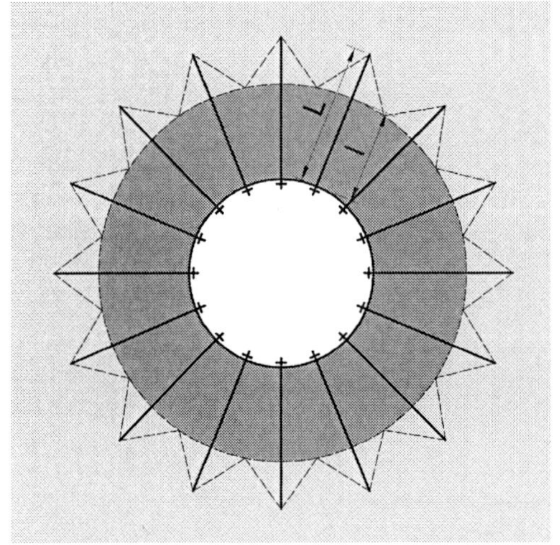

그림 15.6 이론적인(ℓ) 및 실제(L) 앵커 길이

15.1.2 점성토에서의 프리스트레스 앵커

점착력을 고려하면 식 (15.2)는 다음 식에 의해 대체된다.

$$\sigma_\theta = K_p(\sigma_r + \sigma_A) + 2c\frac{\cos\varphi}{1-\sin\varphi}$$

그러므로 반경 방향의 평형은 다음과 같다.

$$\frac{d\sigma_r}{dr} + \frac{1}{r} \cdot \left[\sigma_r(1-K_p) - 2c\frac{\cos\varphi}{1-\sin\varphi} - K_p\sigma_{A0}\frac{r_0}{r}\right] = 0$$

이 미분 방정식의 해는 다음과 같다.

$$\sigma_r = \text{const} \cdot r^{K_p - 1} - \sigma_{A0}\left(\frac{r_0}{r}\right) - c\frac{2\cos\varphi}{(K_p-1)(1-\sin\varphi)}$$

경계조건 $\sigma_r(r_0) = p$와 식 $\frac{2\cos\varphi}{(K_p - 1)(1 - \sin\varphi)} = \cot\varphi$을 가지고 다음을 구할 수 있다.

$$\sigma_r = (p + \sigma_{A0} + c \cdot \cot\varphi)(\frac{r}{r_0})^{K_p - 1} + \sigma_{A0}\frac{r_0}{r} - c \cdot \cot\varphi$$

요구조건 $\sigma_r(r_e) = \sigma_e$로부터 σ_e를 가지고, 식 (14.25)에 따라서 다음을 구할 수 있다.

$$(p + \sigma_{A0} + c \cdot \cot\varphi)\left(\frac{r_e}{r_0}\right)^{K_p - 1} - \sigma_{A0}\frac{r_0}{r_e} - c \cdot \cot\varphi = \sigma_\infty(1 - \sin\varphi) - c \cdot \cot\varphi$$

$r_e = r_0 + \ell$로써 다음과 같이 된다.

$$p = \sigma_\infty(1 - \sin\varphi)\left(\frac{r_0}{r_0 + \ell}\right)^{K_p - 1} - \frac{nA}{2\pi r_0}\left[1 - \left(\frac{r_0}{r_0 + \ell}\right)^{K_p}\right] - c\cot\varphi\left[1 - \left(\frac{r_0}{r_0 + \ell}\right)^{K_p - 1}\right]$$
$$- c\cot\varphi\left(\frac{r_0}{r_0 + \ell}\right)^{K_p - 1} \qquad (15.8)$$

만일 지압이 앵커들로만 지지된다면 (즉, $p = 0$) 그때는 다음과 같다.

$$nA \geq \frac{2\pi r_0}{1 - \left(\frac{r}{r_0 + \ell}\right)^{K_p}} \cdot$$
$$\left\{\sigma_\infty(1 - \sin\varphi\left(\frac{r_0}{r_0 + \ell}\right)^{K_p - 1} - c \cdot \cot\varphi\left[1 - \left(\frac{r_0}{r_0 + \ell}\right)^{K_p - 1}\right] - c \cdot \cos\varphi\left(\frac{r_0}{r_0 + \ell}\right)^{K_p - 1}\right\}$$

내공변위가 큰 경우에는 앵커들에 의한 지보가 숏크리트 보다 더 바람직하다. 숏크리트는 충분한 연성을 지니지 않아 균열을 일으킬 수 있다. 따라서 조정이 가능한 앵커들이 사용되어야 한다.

15.1.3 패턴 볼팅의 강성화 효과

이 항에서는 한 무리의 볼트들의 강성화 효과, 즉 프리스트레스를 받지 않고 전장에 걸쳐 주변 지반으로 전단력을 전달하는 보강재들에 대해 알아볼 것이다. 길이가 dx(그림 15.7)인 볼트재의 주변부에 작용되는 수직력 N과 전단응력 τ의 평형을 고려하면, $dN = \tau\pi d dx$를 구할 수 있다. $N = \sigma\pi d^2/4$와 $\sigma = E\varepsilon$, 그리고 $\varepsilon = du_s/dx$ 로써 다음 식을 구할 수 있다.

$$\frac{d^2u_s}{dx^2} = \frac{4r}{Ed}$$

여기서 u_s는 볼트의 변위이다. 물론 볼트와 주변 지반 간에 작용하는 전단응력 τ는 상대적 변위 $\tau = \tau(s)$, $s = u_s - u$와 함께 일어나며, 여기서 u는 지반의 변위이다.[2)]

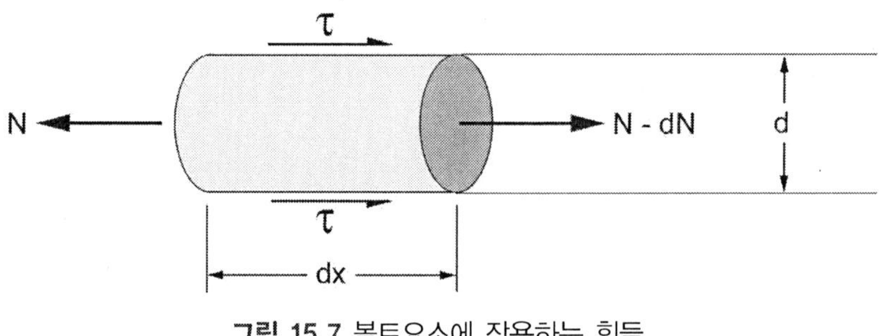

그림 15.7 볼트요소에 작용하는 힘들

물론 u가 τ에 의존한다: 단순(비혼합) 분석의 첫 단계에서 u는 τ에 의존하지 않고 탄성해(식(14.16) 참고)에 의해 주어진다고 가정한다.

$$u = \frac{\sigma_\infty - p}{2G}\frac{r_0^2}{r}$$

여기서 r은 터널 축에 대한 반경이다. 또한 이상적인 강소성체의 관계식 $\tau(s)$를 가정한다. 즉, 이것은 τ는 즉각적으로 이것의 최댓값 τ_0를 실현한다는 것이다. 따라서 길이 l인 볼트에 전단에 의해 전이되는 힘의 총합은 $l\tau_0\pi d$ 이다. 이 힘은 터널 벽에 설치된 가압판을 통해 적용된다. m^2의 터널 벽당 n개의 볼트를 가정하면, 따라서 이에 상응하는 지보압 $p_{bolt} = nl\tau_0\pi d$를 구할 수 있다. 만일 볼

2) 예를들어 콘크리트 공학에서 사용되는 관계식을 고려하라: K. Zilch and A. Rogge, Grundlagen der Bemessung von Beton-, Stahlbeton- und Spannbetonbauteilen nach DIN 1045-1. In: Betonkalender 2000, BKI, pp.171~312, Ernst & Sohn Berlin, 2000.

트의 배열이 그림 15.8과 같이 a와 b의 간격으로 이루어져 있다면, 그때는 $n = 1/(ab)$가 된다. 따라서

$$p_{bolt} = \frac{1}{ab}\tau_0 \pi dl \tag{15.9}$$

가 되고, 그림 15.9와 같이 지보선을 수정한다.

보강된 지반에 대한 다상의(multiphase) 모델에 기반을 둔 다른 접근방식은 부록 F에서 설명한다.

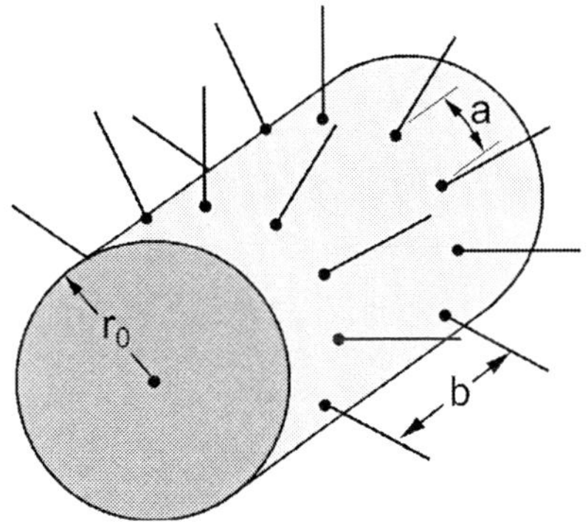

그림 15.8 한 무리의 볼트 배열

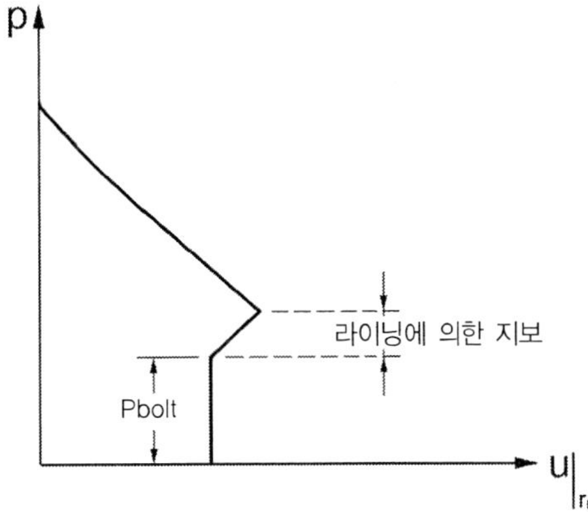

그림 15.9 이상적인 볼트에 의해 영향을 받는 지반반응선과 지보선(가정: 강성볼트, 지반으로의 이상적인 강소성의 전단응력 전이, 볼트에 의해 영향을 받지 않는 지반변위, 볼트의 설치는 즉각적이다)

16 천층 터널의 근사해

Tunnelling and Tunnel Mechanics

천층 터널에서 중력 때문에 깊이에 따라 증가하는 수직응력이 소홀히되는 것은 정당화되지 않는다. 따라서 지금까지 제시된 정역학적 초기응력에 기반을 둔 해들은 적용될 수 없다. 이 장에선 얕은 터널을 위한 몇 가지 근사해들이 제시될 것이다.

16.1 Janssen의 사일로 방정식

사일로(입상의 재료들로 찬 용기)에서 수직응력은 깊이에 따라 선형으로 증가하지 않기 때문에 아칭작용의 원형이라고 할 수 있다. Janssen의 방정식[1]이 이런 사일로들을 설계하기 위해 사용된다. 방정식을 유도하기 위해 원형 단면의 가는 사일로를 고려한다(그림 16.1).

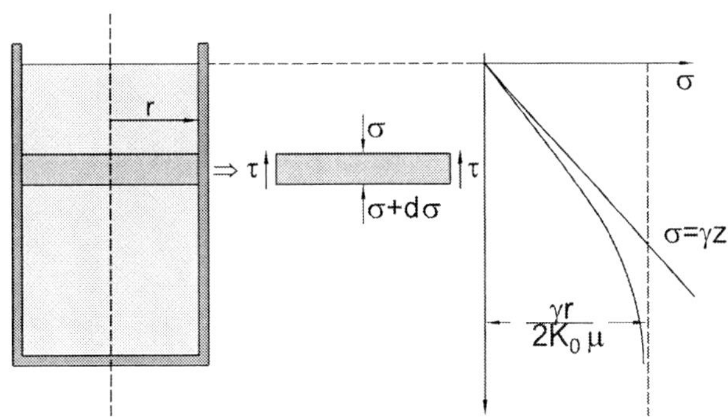

그림 16.1 Janssen의 방정식 유도

1) Jannsen, H.A. (1895), Versuche über Getreidedruck in Silozellen. *Zeitschrift des Vereins deutscher Ingenieure*, Band 39, No. 35.

r의 반경과 dz의 두께를 갖는 원판 상에 자중 $\pi r^2 \gamma dz$, $\sigma \pi r^2$ 및 $-(\sigma + d\sigma)\pi r^2$의 응력들뿐만 아니라 벽면 마찰 τ에 의한 전단력 $-\tau 2\pi r dz$가 작용한다. 전단력은 수평응력 σ_H와 $\tau = \mu\sigma_H$에 비례하고 σ_H는 수직응력 σ에 비례한다고 가정된다. 즉, $\sigma_H = K_0\sigma$가 된다. 여기서 K_0는 정지토압계수(earth-pressure-at-rest-coefficient)[2)]이고, μ는 벽면마찰계수(wall friction coefficient)이다. 평형은 이 힘들의 총합이 없어져야 한다. 이런 방식으로 다음의 미분 방정식을 구할 수 있다.

$$\frac{d\sigma}{dz} = \gamma - \frac{2K_0\mu}{r}\sigma$$

$\sigma(z=0) = 0$의 경계조건으로 다음 해를 구할 수 있다.

$$\sigma(z) = \frac{\gamma r}{2K_0\mu}(1 - e^{-2K_0\mu z/r}) \tag{16.1}$$

따라서 수직응력은 $\gamma r/(2K_0\mu)$의 값 이상으로 증가될 수 없다.

만일 사일로가 원형단면을 갖지 않을지라도 이러한 식 (16.1)의 유도가 또한 적용된다. 그때는 r은 단면의 수리반경이라고 한다.

$$\frac{A}{U} = \frac{r}{2}$$

여기서, A는 면적을 나타내고 U는 단면의 둘레를 나타낸다.

만일 부착력 c_a가 사일로 벽과 입자(흙)간에 작용한다면, 그땐 식 (16.1)은 다음과 같이 수정이 될 수 있다.

$$\sigma(z) = \frac{(\gamma - 2c_a/r)r}{2K_0\mu}(1 - e^{-2K_0\pi z/r}) \tag{16.2}$$

만일 입자들의 표면에 단위 면적당 하중 q가 적용된다면, $z = 0$에서 경계조건은 $\sigma(z=0) = q$와 같다. 이 경계조건은 다음의 식을 유도한다.

2) JAKY에 따르면 사전에 재하되지 않은 점성이 없는 재료는 $K_0 \approx 1 - \sin\varphi$이다.

$$\sigma(z) = \frac{(\gamma - 2c_a/r)r}{2K_0\mu}(1 - e^{-2K_0\pi z/r}) + qe^{-2K_0\mu z/r} \tag{16.3}$$

Janssen의 이론은 사일로에 저장되어 있는 입자들 부분적으로 사일로 벽에 마찰에 의해 '매달려 있다'고 지적한다. 이것이 결과적으로 사일로 벽들에서의 높은 수직응력을 일으킨다. 그리고 이 벽들이 찌그러질 수도 있다. 벽에서의 전단응력들의 작용은 입자와 사일로 벽간에 충분히 큰 상대적인 변위가 예상된다. 만일 입자들이 위로 움직인다면, 벽의 전단응력의 기호는 반대가 된다. 그러면 식 (16.1)은 다음 식으로 대체되어야 한다.

$$\sigma(z) = \frac{\gamma r}{2K_0\mu}(e^{2K_0\mu z/r} - 1)$$

Janssen의 방정식은 터널 상부의 아칭작용을 평가하기 위해 종종 사용된다.

1. Terzaghi는 그림 16.2와 같이 폭 b(여기서는 평면 변형을 고려하기 위하여 수리반경 $r = b$) 그리고 하변 BC에 압력 p가 작용하는 ABCD 범위를 사일로[3]로 간주하였다.[4] 따라서 그는 직사각형의 단면을 지닌 터널 천정에 작용하는 하중 p에 대해 다음과 같은 방정식을 구했다.

$$p = \frac{(\gamma - 2c/b)b}{2K\tan\varphi}(1 - e^{-2Kh\tan\varphi/b}) \tag{16.4}$$

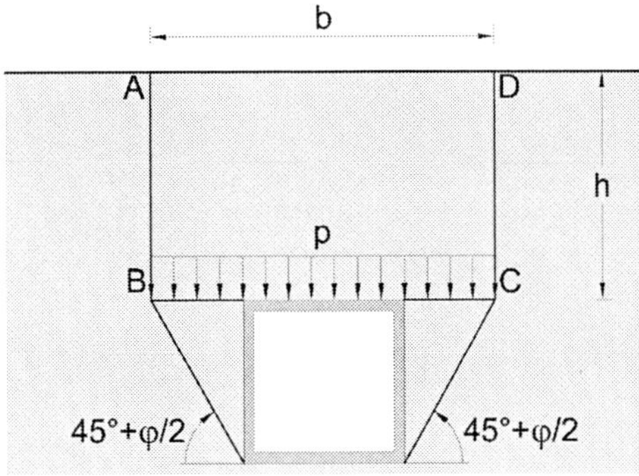

그림 16.2 Terzaghi의 방정식 유도

3) $45° + \varphi/2$의 사선에 의한 한계는 분명하지 않다.
4) K. Széchy, Tunnelbau, Springer-Verlag, Wien, 1969.

2. 터널 막장의 지보를 위해 필요한 압력을 추정하기 위해서(예를 들어 이수식 쉴드) Janssen의 방정식이 사용된다. 막장 안정성 평가는 종종 원래 Horn에 의해 제안된 붕괴 메커니즘에 따라서 수행된다(그림 16.3).[5] 붕괴 메커니즘의 3D 성질을 고려하기 위하여, 미끄럼 쐐기의 전면 ABCD는 터널 단면의 한 부분으로서 동일한 면적으로 이루어진다. 측면 BDI와 ACJ에는 점착력과 마찰이 작용한다(지압의 응력분포 $\sigma_x = K\gamma z$에 따라서). 수직력 V는 사일로 공식에 의해 계산된다. 필요한 지보력 S는 미끄럼 쐐기에 대한 평형을 고려하여 결정되는데, 여기서 경사각 ϑ는 S가 최대치에 이를 때까지 변한다. 상대변위(그림 16.3 c)에 대한 고려로부터, 또한 미끄럼 쐐기에는 수평력 H가 작용한다는 결론이 나온다. 그리고 이것은 대부분의 저자들에 의해(잘못되게!) 생략이 된다.[6] 사일로 방정식은 하향으로 미끄러지는 프리즘의 둘레에서 전단응력이 전체적으로 작용하는 것을 전제로 한다. 그리고 이것은 지표에서의 상당한 침하를 초래한다.

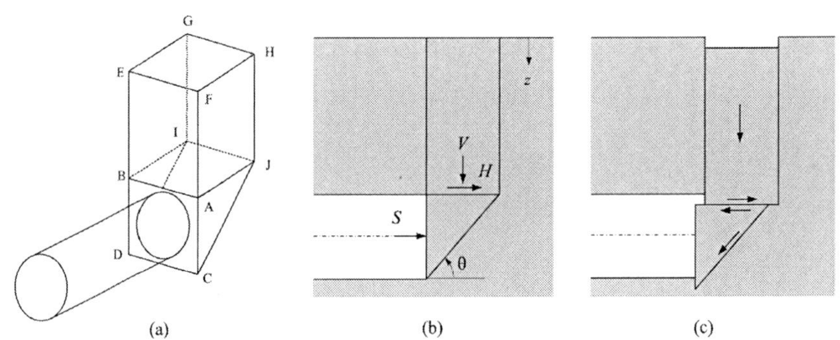

그림 16.3 막장의 안정성을 분석하기 위한 Horn의 메커니즘

3. 상부 도갱에서 터널의 상부가 먼저 굴착이 되고 숏크리트 라이닝으로 지보가 이루어진다. 이 라이닝이 일종의 아치를 구성하며, 이 아치의 기초들은 반드시 안전하게 구축되어야 한다. 즉, 이로 인해 몸체 ABCD(그림 16.4)에 의해 발생되는 수직력 F는 반드시 지반 안으로 유도되어야 한다. 지반안으로 기초들이 파고들어가는 것에 대한 안전성을 검토하기 위해서 F는 Janssen의 방정식에 의해 추정된다.[7]

---

5) J.Holzhäuser, Problematik der Standsicherheit der Ortsbrust beim TBM-Vortreib im Betriebszustand Druckluftstützung, Mitteilungen des Institutes und der Versuchasanstalt für Geotechnik der TU Darmstadt, Heft 52, 2000, pp.49~62.

6) P.A. Vermeer et al., Ortsbrustatabilitat von Tunnelbauwerken am Beispiel des Rennsteig Tunnels, 2. Kolloquium 'Bauen in Boden und Fels', TA Esslingen, Januar 2000.

7) G. Anagnostou, Standsicherheit der Ortsbrust beim Vortreib von oberflächennahen Tunneln. Städtischer Tunnelbau: Bautechnik und funktionale Ausschreibung, Intern. Symposium Zürich, März 1999, pp.85~95 ; see also P.A. Vermeer et al., Ortsbruststabilitat von Tunnelbauwerken am Beispiel des Rennsteig Tunnels, 2. Kolloquium 'Bauen in Boden und

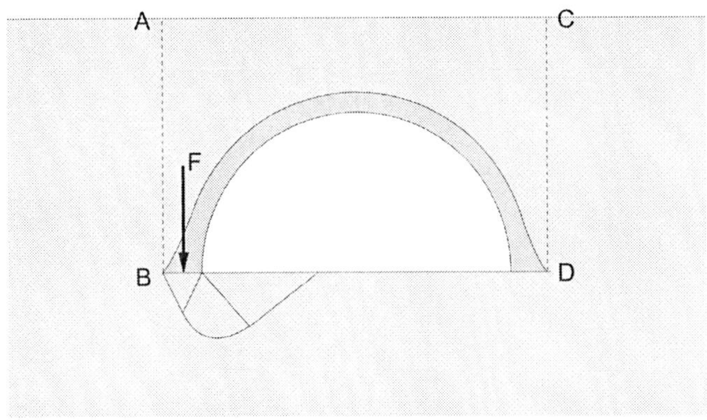

그림 16.4 천정부 지보의 기초

16.2 트랩도어(Trapdoor)

Jassen 방정식과 터널작업 간의 연결은 트랩도어 문제(그림 16.5)에 의해 성립되었다. 트랩도어는 밑으로 움직인다. 반면에 상부피복의 모래에 의해 발생되는 힘 Q는 측정되고 있으며 그리고 침하에 대해 도식이 되고 있다. 만약 우리가 아래쪽으로 이동하지 않는 흙의 일부분을 사일로 벽과 동등하다고 생각한다면 트랩도어와 방출된 사일로 사이의 유사성은 명백해진다. 그러나 토사는 변형이

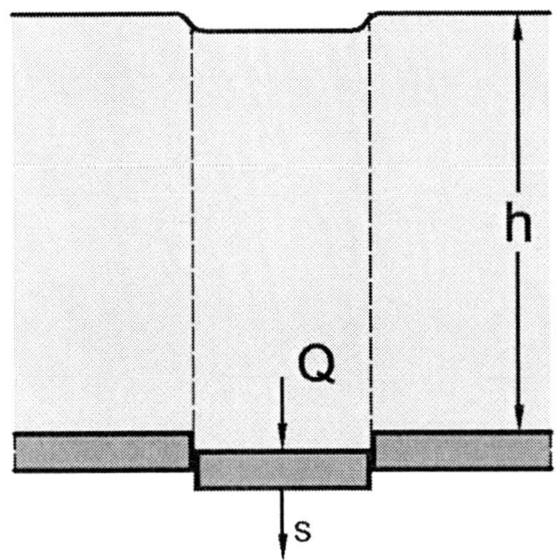

그림 16.5 트랩도어(trapdoor)의 하향변위

Fels', TA Esslingen, Jannuar 2000 ; J. Holzhuser, Problematik der Standsicherheit der Ortsbrust beim TBM-Vortrieb im Betriebszustand Druck luftstutzung, Mitteilungen des Institutes und der Versuchanstalt für Geotechnik der TU Darmstadt, Heft 52, 2000, pp.49~62; S. Jancsecz u.a., Minimierung von Senkungen beim Schildvortrieb ···, *Tunnelbau* 2001, pp.165~214, Verlag Glückauf; methods of Broms & Bennemark and Tamez, cited in: M. Tanzini, Gallerie, Dario Flaccovio Editore, 2001.

가능한 반면에 사일로 벽은 강성체로 간주된다. 따라서 두 가지 문제의 유사점은 완전한 것이 아니다. 사실 트랩도어 문제에서 사일로 벽을 따라 일어나는 응력분포는 Janssen의 방정식에 따른 것에서 벗어난다. 이것은 Terzaghi[8]가 강철 테이프 방식(그림 16.6과 16.7)으로 수행한 실험실 계측으로 구해진다.

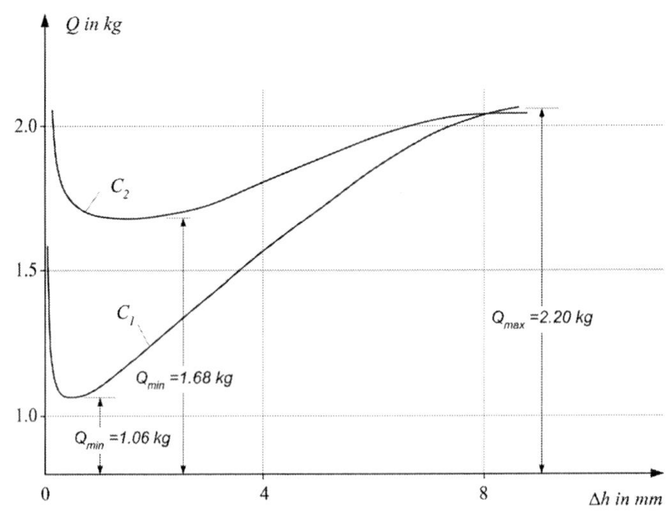

그림 16.6 시험적으로 구한 트랩도어의 수직하향운동 $\triangle h$와 총수직압 Q 사이의 관계.
C_1: 치밀한 모래, C_2: 느슨한 모래(Terzaghi에 의해 보고된 계측)

그 계측의 결과들은 코드 FLAC으로 구한 수치해석 결과들에 의해 확인된다. 그림 16.9는 심도 z에 따르는 트랩도어의 폭 b ($\bar{\sigma}_z := \frac{1}{b}\int_0^b \sigma_z dx = \frac{1}{b}Q$, 그림 16.8 참조)를 평균한 수직응력 σ_z을 보여준다. 곡선들은 $K=1$로 구해진 것이다. Janssen 해로 부터의 편차는 특히 팽창성 흙에 대해서는 분명하다.

관측된 Q-s-곡선은[9] 지반 반응선의 모델로 간주된다. 이 곡선의 상승지점은 NATM과 관련된 개념을 확인시켜주는 것이다. 표준 FEM 구성(예를 들어, Mohr-Coulomb 구성 방정식을 갖춘 FLAC)을 이용해서 상승지점을 또한 수치적으로도 구할 수 있다는 것이 흥미 있는 일이다. 그러나 이러한 결과는 메쉬(mesh)에 따라 달라진다. 상승지점은 메쉬의 크기가 감소할 때만 나타난다(그림 16.10). 이 사실은 해는 메쉬에 따라 달라지고 따라서 관련된 수치적 문제들은 부적절하다는 것을 입증한다. 소

8) K. Terzhaghi: Stress distribution in dry and in saturated sand above a yielding trapdoor. Proceed. Int. Conf. Soil Mechanics, Cambridge Mass., 1936, Vol. 1, pp.307~311.

9) 유사한 결과들이 다음 문헌에서 보고되고 있다. E. Papamichos, I. Vardoulakis and L.K. Heil Overburden Modelling Above a Compacting Reservoir Using a Trap Door Apparatus. *Phys. Chem. Earth* (A) Vol. 26, No. 1-2, 2001, pp.69~74.

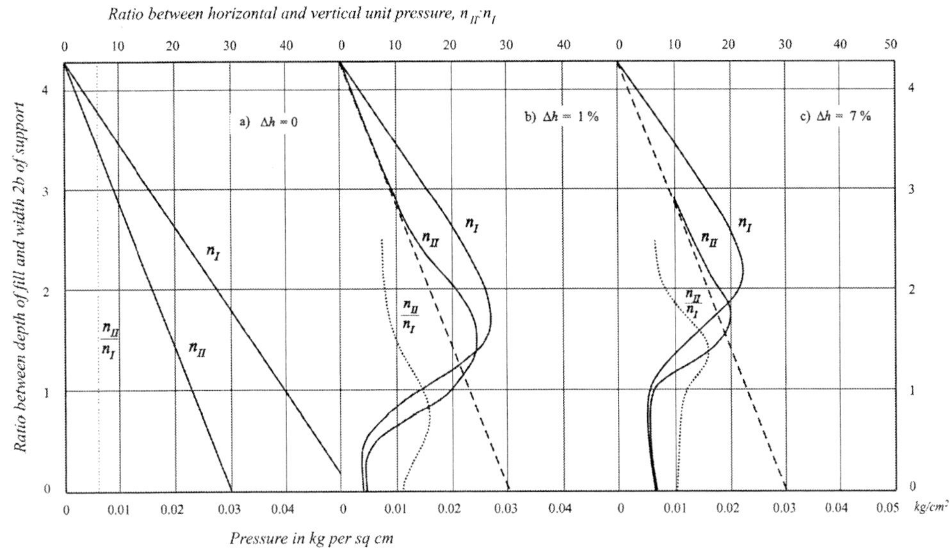

그림 16.7 트랩도어의 축을 관통하는 수직단면의 한 평면상에 대해 시험적으로 구한 수직압 n_I 및 수평압 n_{II}의 분포 (a) 트랩도어의 하향 운동 이전 상태에 대해, (b) Q_{min}에 해당하는 상태에 대해, 그리고 (c) Q_{max}에 해당하는 상태에 대해

위 정형화된 접근방식을 사용하는 개량된 수치적 접근방법들은 상승지점을 재현할 수 있다는 것이 입증된다.

연화현상(즉, 최대치 이상에서 강도의 감소)을 갖는 구성 법칙과 비 지역적 접근법을 사용하여, 그림 16.11과 같은 지반 반응선들이 구해졌다.[10)]

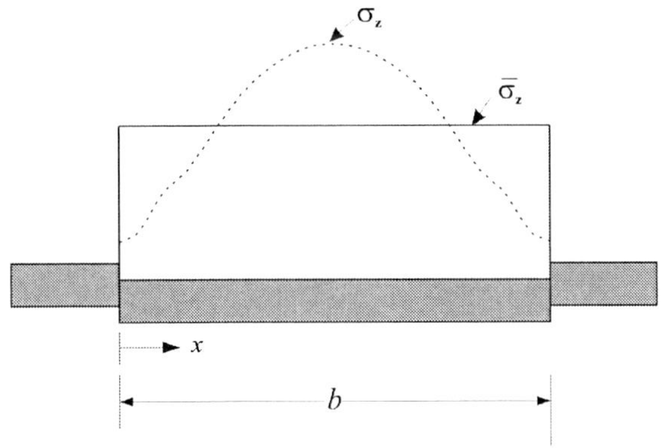

그림 16.8 트랩도어 폭 b에 대해 평균화한 수직응력 σ_z(개략도)

10) P.A. Vermeer, Th. Marcher, N. Ruse, On the Ground Response Curve, *Felsbau*, 20 (2002), No. 6, pp.19~24.

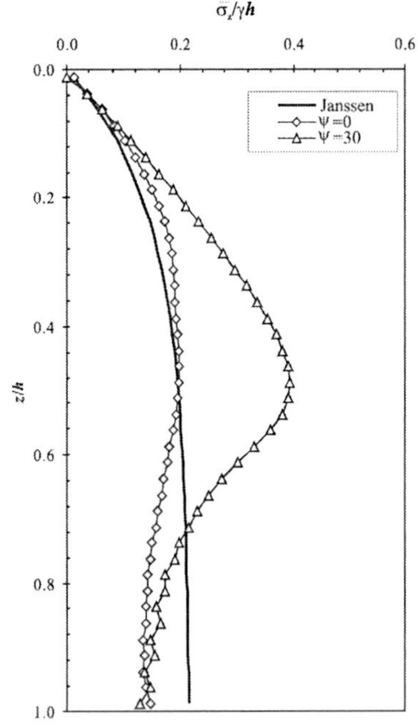

그림 16.9 $\bar{\sigma}_z$ $vs.$ z ($fh/b=4$, $\varphi=30°$, $\psi=0/30°$)

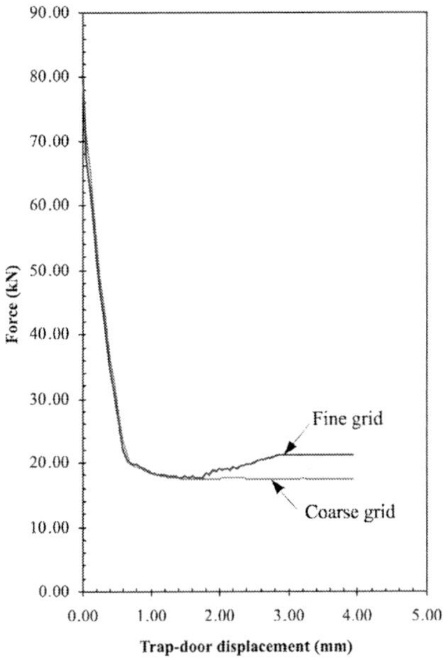

그림 16.10 상승지점은 메쉬크기의 감소와 함께 사라진다. 표시된 곡선들은 FLAC과 Mohr-Coulomb 탄소성 구성방정식에 의한 수치해석으로 구한 것이다.

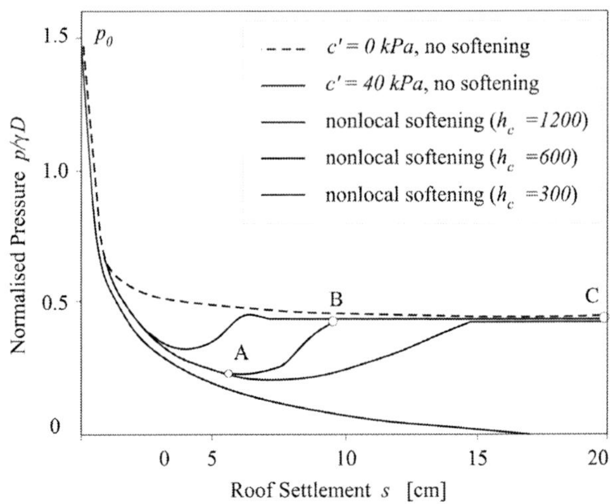

그림 16.11 연화현상이 일어난 암석에 대한 지반반응선으로 비지역적 접근방식에 의해 수치적으로 구한 것

16.3 천정부와 인버트에서의 지보압

뒤이어 제공될 근사해들은 간단한 가정에 의한 것이고 그리고 이들은 NATM의 몇 가지 원리들을 설명해 준다. 이것들은 터널의 천정부와 인버트 주변의 주응력 궤적들은 터널의 경계에 수직이나 혹은 평행하다는 가정에 기반을 둔다. 따라서 원형 단면(반경 r)을 갖는 터널에서 천정부의 σ_ϑ − 궤적은 지보압이 충분히 낮다면 곡률반경 r(그림 14.5 참조)을 갖는다. 원형이 아닌 터널(예를 들어 입모양 단면)의 경우에는 천정부의 σ_ϑ − 궤적의 반경은 천정부의 곡률반경 r_c와 일치한다.

고려했던 기하학적 모양 때문에, 천정부와 인버트에서의 평형은 원통형의 좌표 r과 ϑ을 이용해 표현할 수 있다.

$$\frac{\partial \sigma_r}{\partial r}+\frac{\sigma_r-\sigma_\theta}{r}=\varrho g\cdot e_r \tag{16.5}$$

여기서 g는 중력 가속도, ρ는 밀도 그리고 e_r은 반경방향 단위 벡터이다. 이 방정식은 B점(그림 16.13)에 대해 x-z 좌표에서 다음과 같이 표현될 수 있다.

$$\frac{d\sigma_z}{dz}+\frac{\sigma_x-\sigma_z}{r}=\gamma$$

이때 $\varrho g\cdot e_r=-\gamma,\ dr=-dz, \sigma_r=\sigma_z, \sigma_\theta=\sigma_x$이다.

그리고 C점에 대해서는 다음과 같다.

$$\frac{d\sigma_z}{dz}-\frac{\sigma_x-\sigma_z}{r}=\gamma$$

이때 $\varrho g\cdot e_r=\gamma$ 및 $dr=dz$이다.

대칭축 ABC(그림 16.13)에서의 수직응력 σ_z를 살펴보자.

터널을 굴착하기 전에 σ_z는 깊이 z에 대해 선형적으로 분포된다고 가정된다. $\sigma_z=\gamma z$. 주응력 상태는 터널공사에 의해 변하게 되며, 우리는 새로운 응력분포를 추정할 수 있다.

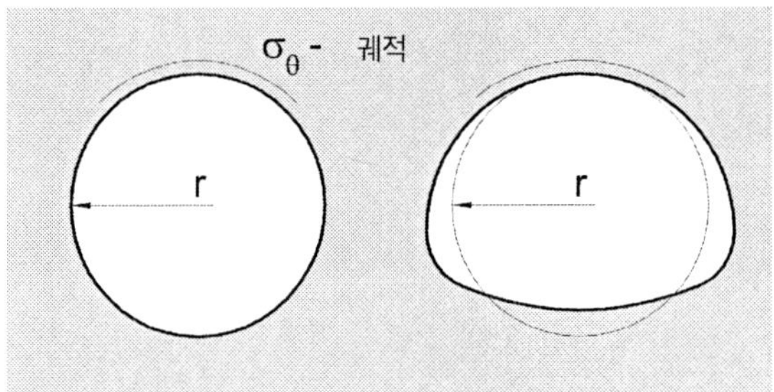

그림 16.12 천정부에서의 σ_θ 궤적

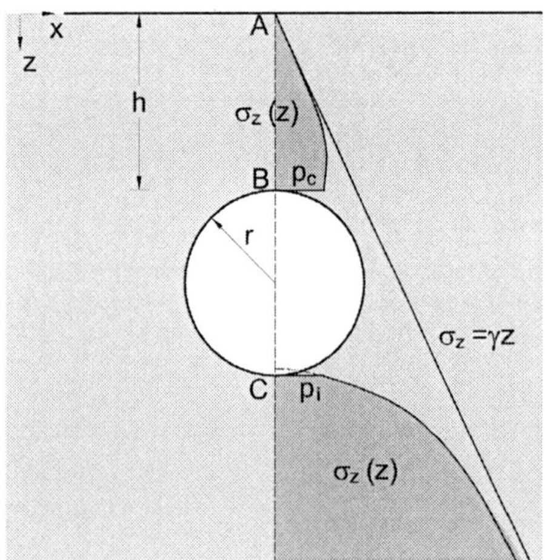

그림 16.13 수직 대칭축상의 수직응력 분포

지표(A점)과 천정부(B점) 사이에서 심도 z에 따른 σ_z의 분포는 그림 16.13과 같이 표시될 수 있다. 수직응력은 지표로 가면서 주응력에 접근하고, 천정부에선 p_c의 값을 갖는다. p_c 값은 천정부에서의 지보압, 즉 지반이 라이닝에 가하는 응력이다. 이러한 응력분포에 대해 $0 \leq z \leq h$의 범위에서는 2차 포물선으로 가정한다.

$$\sigma_z(z) = a_1 z^2 + a_2 z + a_3$$

상수 a_1, a_2, a_3은 다음의 3가지 요구조건으로부터 결정될 수 있다.

1. $\sigma_z(z=0) = 0$
2. $\dfrac{d\sigma_z}{dz}|_{z=0} = \gamma$

2번째 요구조건은 식 (16.5)와 점 A 에서 수평응력 궤적의 곡률반경은 무한하다($r = \infty$)는 합리적인 가정으로부터 온 것이다. 3번째 요구조건은 점 B(천정부)에서 지반의 강도가 완전하게 구현된다는 가정에 따른 것이다. 순수한 점성 재료($c \neq 0$, $\varphi = 0$)에 대해 이 관계식은 다음과 같다.

$$\sigma_x - \sigma_z = 2c \tag{16.6}$$

따라서 식 (16.5)로부터 다음의 3번 요구사항을 구할 수 있다.

3. $\frac{d\sigma_z}{dz}|_{z=h} = \gamma - \frac{2c}{r_c}$

여기서 r_c는 천정부의 곡률반경이고, 점 A와 점 B 간의 응력분포는 다음과 같다.

$$\sigma_z(z) = -\frac{c}{r_c h}z^2 + \gamma z \tag{16.7}$$

만일 식 (16.7)에 $z = h$를 대입하면, 천정부에서 필요 지보압 $p_c = \sigma_z(z = h)$을 다음과 같이 구할 수 있다.

$$p_c = h\left(\gamma - \frac{c}{r_c}\right) \tag{16.8}$$

식 (16.8)로부터 아래 조건에 대해

$$c \geq \gamma r_c \tag{16.9}$$

지보(최소한 천정부에서는)가 필요없다는 것을 알 수 있다. 식 (16.9)에 따라서 만일 점착력이 γr_c 값을 초과한다면 상부피복층의 높이 h는 제 역할을 하지 못한다는 것을 명심하자. 만약 그림 16.14와 같은 단순 붕괴 메커니즘을 고려한다면, 분명히 이러한 역설적인 결과는 설명이 될 수 있다. 점착력 $2c(h+r)$은 하중 $2r\gamma(h+1) - \frac{1}{2}r^2\pi\gamma$를 견뎌야 한다. 이것은 h가 아무리 크다고 할지라도 만일 $c \geq \gamma r$이면 분명히 가능하다.

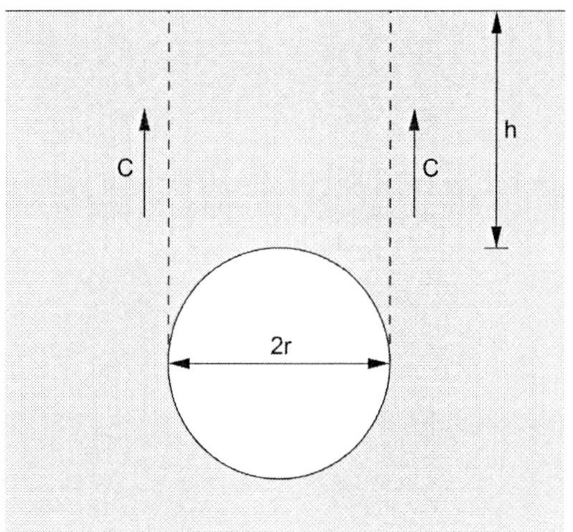

그림 16.14 천정함몰 붕괴에 대한 간단한 메커니즘

관계식 (16.8)은 지반이 점착력과 마찰($\varphi \neq 0$)을 가지는 경우에는 일반화될 수 있다. 그러면 식 (16.6)은 파괴조건에 의해 다음과 같이 대체될 수 있다.

$$\sigma_x - \sigma_z = \sigma_z \frac{2\sin\varphi}{1-\sin\varphi} + 2c\frac{\cos\varphi}{1-\sin\varphi} \qquad (16.10)$$

위 식으로부터 마침내 다음 식이 구해진다.

$$p_c = h\frac{\gamma - \dfrac{c}{r_c}\dfrac{\cos\varphi}{1-\sin\varphi}}{1+\dfrac{h}{r_c}\dfrac{\sin\varphi}{1-\sin\varphi}} \qquad (16.11)$$

만일 다음 식 (16.12)과 같다면 지보가 필요없다.

$$c \geq \gamma r_c \frac{1-\sin\varphi}{\cos\varphi} \qquad (16.12)$$

식 (16.11)과 (16.12)로부터 반경 r_c의 중요성을 짐작할 수 있다. 따라서 같은 지반 내에 작은 직경으로 굴착된 조사 갱도의 안정성으로부터 큰 터널의 안정성을 판단할 수 없다. 식 (16.11)로부터 만약 c가 이완으로 인해 감소한다면(지반반응선의 상승지점) 지보압 p_c가 증가한다는 것은 분명하다. 따라서 이완현상을 피해야 하며, 이것이 NATM의 중요한 원리이다. 만일 지표에 단위면적당 일정한 하중 q로 재하가 이루어진다면, 식 (16.11)은 다음과 같이 일반화될 수 있다.

$$p_c = \frac{q - \dfrac{h}{r_c}\dfrac{c\cos\varphi}{1-\sin\varphi} + \gamma h}{1 + \dfrac{h}{r_c}\dfrac{\sin\varphi}{1-\sin\varphi}}$$

실험실에서 실험실 모델시험에 의해 이 방정식은 필요 지보압의 안전한 평가치를 제공하는 것으로 나타났다.[11)]

이제 인버트에서의 필요한 지보압 p_i 를 결정하기 위해 유사한 방식을 사용한다. 다시 한 번 대칭축 ABC(그림 16.13)에 따라서 수직응력 σ_z의 분포를 살펴볼 것이다. σ_z는 인버트에서 p_i 값(여전히 알려지지 않은)을 가지며, 깊이 z의 증가와 함께 점근적으로 지반의 주응력 $\sigma_z = \gamma z$에 접근한다. 이러한 요구조건들에 대해 충분조건인 단순한 분석곡선은 자유 매개변수 a를 갖는 쌍곡선이다.

$$\sigma_z(z) = \gamma z + \frac{a}{z} \tag{16.13}$$

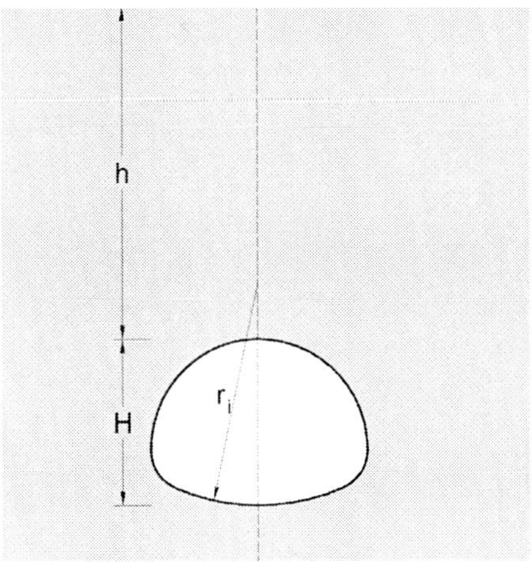

그림 16.15 입모양 단면 터널의 기호

11) P. Mélix, Modellversuche und Berechungen zur Standsicherheit oberflächennaher Tunnel. Veröffentlichungen des Instituts für Boden- und Felsmechanik der Universität Karlsruhe, Heft Nr. 103, 1986.

이제 지반의 강도가 인버트에서(그림 16.13의 점C) 완전하게 발현된다고 가정한다. 마찰이 없는 재료들은 평형방정식 (16.5)로부터 다음과 같다.

$$\frac{d\sigma_z}{dz}|_C = \gamma + \frac{2c}{r_i} \tag{16.14}$$

여기서 r_i는 인버트의 곡률반경이다. 식 (16.13)과 (16.14)로부터 a는 $-2c(H+h)^2/r_i$라고 결정될 수 있고, 그리하여 $z=h+H$ 에서 지보압은 다음과 같이 결정된다.

$$p_i = (H+h)\left(\gamma - \frac{2c}{r_i}\right)$$

H는 터널의 높이다(그림 16.15). $c < \gamma r_i/2$에 대해서 $p_i > 0$이다. 즉, 인버트의 지보는 필요하다는 것이다. 이것 또한 NATM의 중요한 원리이며, 연약한 지반에서는 신속한 '링 폐합'이 필요하다는 것이다. 점착력과 마찰이 있는 지반에선 유사한 방식으로 다음과 같이 구할 수 있다.

$$p_i = (H+h)\frac{\gamma r_i(1-\sin\varphi) - 2c\cos\varphi}{r_i(1-\sin\varphi) + 2(H+h)\sin\varphi}$$

16.4 라이닝 및 라이닝 내부에 작용하는 힘들

터널의 라이닝은 초기 곡률을 갖는 빔으로 간주할 수 있다. 여기서 연관된 모든 양적 요소들은 1m 폭의 빔과 관련이 있다.

양적 요소들은 다음과 같으며, 호의 길이 s의 함수들로 표현될 수 있다.

p : 빔에 수직인 분포력

q : 빔에 접선인 분포력

N : 수직력

Q : 수평력

M : 휨모멘트

만일 터널 단면의 형태가 극좌표 $x(\vartheta)$로 주어진다면, 위에서 언급된 양적 요소들도 또한 ϑ의 함수들로도 표현될 수 있다. 일반적으로 s에 관련된 도함수들은 프라임(')으로 표현되고, ϑ에 관련된 도함수들은 점(dot)로 표현된다: $x' := dx/ds$, $\dot{x} := dx/d\vartheta$. $ds = rd\vartheta$(r은 곡률 반경) 때문에 다음 같이 적용된다 : $\dot{x} = x' r$. 길이가 ds인 빔 요소에서 평형을 고려하면 다음의 관계식들이 추론될 수 있다.

$$
\begin{aligned}
&\dot{Q} - N = -pr \\
&\dot{N} + Q = -qr \qquad (16.15) \\
&\dot{M} = rQ
\end{aligned}
$$

이것은 미분방정식들의 커플링 시스템을 나타낸다. 만약 아직 완전히 경화되지 않은 숏크리트에서의 균열발생과 크리프 때문에 모든 휨 모멘트들이 사라지고($M \equiv 0$) 그리고 (결과적으로) 암석과 숏크리트 라이닝 사이의 전단응력이 작용하지 않는다는 것을 받아들인다면, 간단하고 특별한 경우는 다음과 같은 결과를 초래한다: $q \equiv 0$. 그러면 그것은 일정한 곡률을 갖는($r =$ 상수) 라이닝 부위들에 대해서 $p =$ 상수와 $N = -pr =$ 상수를 적용해야만 하는 식들(16.15)로부터 나온 결과이다.

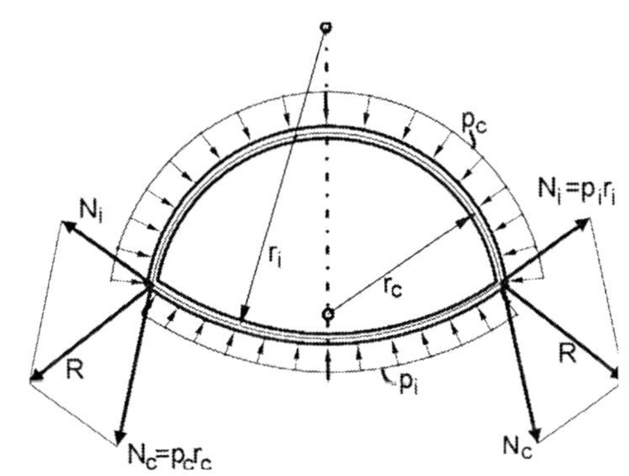

그림 16.16 라이닝의 곡률이 변하는 점들에서의 힘

오직 천정부와 인버트의 호들로 구성된 입모양의 단면(상부 도갱 참고)을 살펴보자. 지보로부터 암반에 가해지는 그림 16.16과 같은 합력 R은 적절한 시공작업에 의해 처리되어야 한다. 예를 들면 천정부 호에 대한 기초확장(코끼리 기초라 부름)이나 마이크로 파일 작업 등이 있다.

p_c와 p_i의 값들은 16.3절에서 유추될 수 있다. 숏크리트에서의 압축응력이 허용된다는 것이 증명되어야 한다. 만일 β가 압축강도이고 d가 숏크리트 라이닝의 두께라면 그때는 다음과 같다.

$$d > p_c r_c / \beta, \quad d > p_i r_i / \beta$$

16.5 상하계정리에 기반을 둔 추정치

16.5.1 지보압의 하계

하계 정리(lower-bound-theorem)에 따르면, 점성 지반($c > 0$, $\varphi = 0$)에서의 지보압 p의 안전한 추정치를 다음과 같이 구할 수 있다:[12] 원형의 단면(반경 r_0)과 라이닝을 따라 일정한 지보압 p를 갖는 터널을 고려한다. 지표는 일정한 하중 q로 재하되고 있다. 지표에 닿아 있는 원형범위(그림 16.17) 내에서의 응력장을 가정하며, 이것은 평형 방정식(절 14.2)과 한계조건 $\sigma_1 - \sigma_2 = 2c$ (σ_1, σ_2는 주응력)를 만족시킨다.

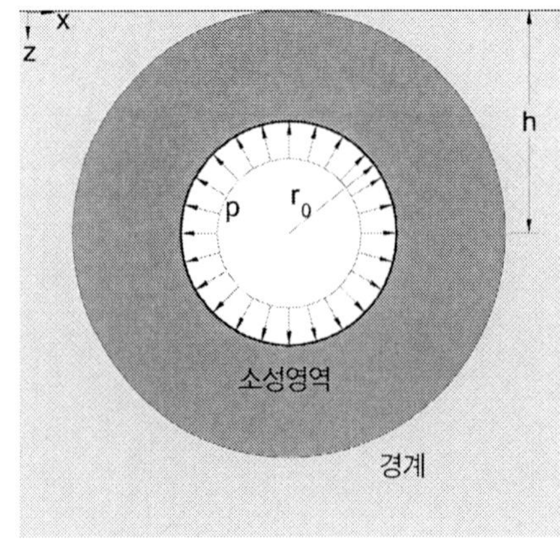

그림 16.17 허용 응력장의 가정에 의한 하계 정리를 따르는 p를 추정하기 위한 상황

소성영역 바깥의 수직응력은 $\sigma_z = q + \gamma z$ 그리고 수평응력은 $\sigma_x = K\sigma_z$가 작용한다. K는 소성영역의 경계에 작용하는 수직 및 전단응력들이 점프가 용납되지 않는 방식으로 명시된다. 그림 16.18과 같이 무차원 형태로 표시된 결과들은 수치해석으로 구해진다. 비교를 위해 식 (16.11)에 의한 지보압도 또한 표시되어 있다. 재배열과 하중 q에 대한 고려 후에 다음과 같은 식을 구한다($\varphi = 0$에 대해).

$$\frac{p-q}{c} = \left(\frac{\gamma r_0}{c} - 1\right)\frac{h}{r_0} \qquad (16.16)$$

12) E.H. davis: The stability of shallow tunnels and underground openings in cohesive material. *Géotechnique* 30, No. 4, 1980, pp.397~416.

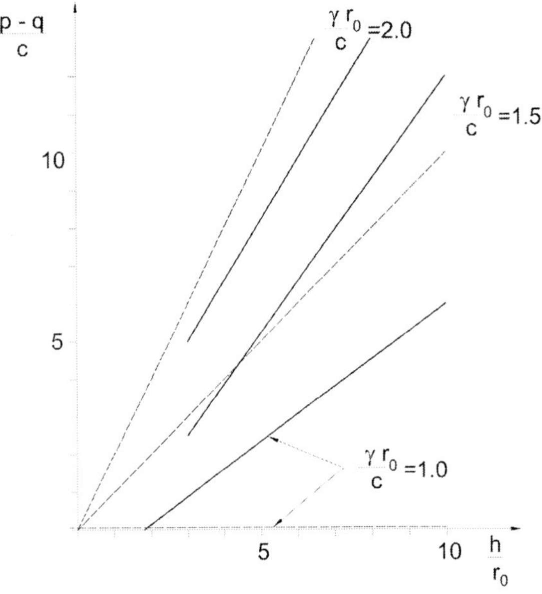

그림 16.18 Davis 외의 수치해석 결과: 필요 지보압 p의 안전한 추정치. 점선: 식 (16.11)에 따른 결과들

16.5.2 지보압의 상계

$h/r \geq 1/\sin\varphi - 1$ 에 대해 Atkinson과 Potts[13]는 지보압 p 의 상계(upper bound)(불안전한 추정치)를 다음과 같이 구했다.

$$\frac{p}{\gamma r} = \frac{1}{2\cos\varphi}\left(\frac{1}{\tan\varphi} + \varphi - \frac{\pi}{2}\right) \tag{16.17}$$

13) J.H Atkinson, D.M. Potts, Stability of a shallow circular tunnel in cohesionless soil, *Géotechnique* 27, 2 (1997), pp.203~215.

17 굴착 막장의 안정성

Tunnelling and Tunnel Mechanics

연암에서 굴착 막장은 지지되어야 한다. 필요한 지보압력을 추정하는 것은 중요하며, 이수식 및 토압식 쉴드의 경우에 특히 중요하다. 그리고 여기서 압력은 반드시 운전자에 의해서 설정되어야 한다. 그 추정을 위한 여러 방법들이 고려될 수 있다.

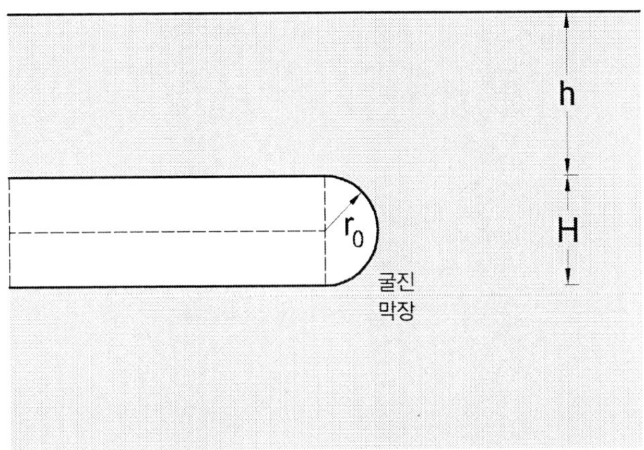

그림 17.1 반구 형태의 굴진 막장

17.1 자중 지반에 대한 근사해

지표와 구형 공동의 천정부 사이의 수직응력의 분포를 생각해 본다(그림 16.13과 17.1). 여기서 이것은 이차 포물선 분포에 가깝고 그리고 재료의 강도는 천정부에서 완전히 작용된다고 가정한다. 식 (16.11)에서와 같이 천정부에서 필요한 지보압력 p_c를 다음과 같이 구할 수 있다.

$$p_c = h\frac{\gamma - \frac{c}{r_f}\frac{\cos\varphi}{1-\sin\varphi}}{1+\frac{h}{r_f}\frac{2\sin\varphi}{1-\sin\varphi}} \tag{17.1}$$

그러므로 만약 다음과 같다면 지보가 되지 않은 굴착막장의 천정부는 안정하다.

$$c \geq \gamma r_f \frac{1-\sin\varphi}{\cos\varphi}$$

17.2 수치해석적 결과

FE-code PLAXIS로 구한 수치해석적 결과들로부터, Vermeer와 Ruse[1)]는 한계 지보압력과 $\varphi > 20°$ 인 경우에 대한 다음과 같은 근사식을 추론했다.

$$p \approx -\frac{c}{\tan\varphi} + 2\gamma r\left(\frac{1}{9\tan\varphi} - 0.05\right) \tag{17.2}$$

이 근본적인 결과들은 Mohr-Coulomb 항복면과 관련된 소성을 가정하는 탄성-이상적인 소성의 구성 법칙으로 구할 수 있다. 저자는 p는 상부피복층의 높이 h와 무관하다는 사실을 지적했다. 대신에 $\varphi = 0$의 경우, p와 h 사이의 선형 관계식을 구했다. 이러한 관계에 대해 분석적인 표현은 주어지지 않는다. $\varphi = 0$의 경우, 식 (17.1)은 다음과 같이 간단해진다.

$$p = \gamma h\left(1 - \frac{c}{\gamma r}\right)$$

그리고 $h \to \infty$ 의 경우엔 식 (17.1)은 다음과 같이 축소된다.

$$p = -\frac{c}{2\tan\varphi} + 2\gamma r\frac{1-\sin\varphi}{4\sin\varphi} \tag{17.3}$$

1) P.A. Vemeer and N. Ruse, Die Stabilität der Tunnelortsbrust im homogenen Baugrund, *Geotechnik* 24 (2001) Nr. 3, pp.186~193.

식 (17.2)와 식 (17.3) 간의 현저한 유사성에도 불구하고, 식 (17.1)은 (17.2)보다 훨씬 더 높은 p값들을 제공한다. 또한 상계정리들(17.3 절 참조)은 식 (17.2)보다 더 높은 p값들을 제공한다.

17.3 상하계정리에 따른 굴착 막장의 안정성

하계정리들은 굴착 막장에서 필요한 지보압력 p의 간단하지만 그러나 아주 보수적인 예측을 제공하는데, 왜냐하면 여기서 반구형의 형태로 가정되기 때문이다(그림 17.2). 먼저 $\gamma = 0$의 경우를 고려해 보자. 굴착 막장 주변의 구형 영역 내(반경 $r = r_0 + h$)에서 한계조건 $\sigma_\theta - \sigma_r = 2c$가 충족된다고 가정한다. 여기서 고려되고 있는 구형으로 대칭인 경우에 대해, 반경방향의 평형방정식은 다음과 같다.

$$\frac{d\sigma_r}{dr} + \frac{2}{r}(\sigma_r - \sigma_\theta) = 0$$

한계조건과 경계조건 $\sigma_r(r = r_0) = p$를 고려한 미분방정식의 적분을 사용하면 다음과 같다.

$$p = \sigma_r - 4c\ln\frac{r}{r_0}$$

구형의 소성화된 영역 밖에서 일정한 등방응력(hydrostatic stress) $\sigma_r = \sigma_\theta = q$을 가정한다. 두

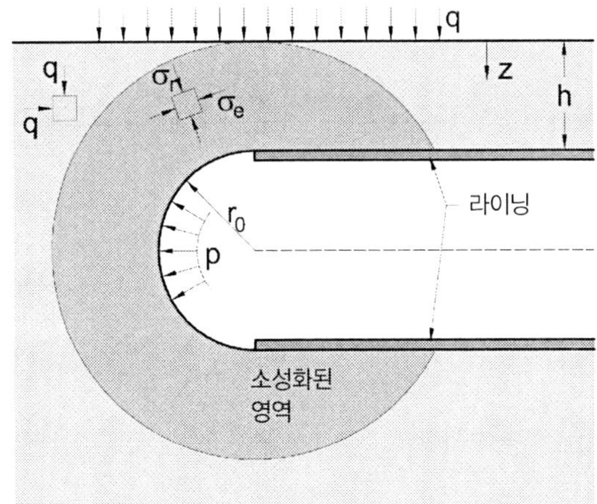

그림 17.2 굴착 막장에서 지보압에 대한 하계의 유도에 대한 배치 계획($\gamma = 0$인 경우)

영역들($r = r_0 + h$)의 경계에서의 평형은 $\sigma_r = q$를 요구한다. 따라서 필요한 지보압력 p는 다음과 같이 구할 수 있다.

$$p = q - 4c\ln\left(1 + \frac{h}{r_0}\right)$$

이제 위에서 언급된 응력장에 대한 등방응력 $\sigma_z = \sigma_x = \sigma_y = \gamma z$을 중첩함으로써 $\gamma > 0$의 경우를 고려한다.[2] 따라서 심도와 함께 선형으로 증가하는 지보압력을 다음과 같이 구할 수 있다(그림 17.3):

$$p = \gamma z + q - 4c\ln\left(1 + \frac{h}{r_0}\right)$$

평면 변형(원형단면을 갖는 '무한히' 긴 터널)에 대해 필요한 지보압력은 유사한 방식[3]으로 다음과 같이 추정될 수 있다.

$$p = \gamma z + q - 2c\ln\left(1 + \frac{h}{r_0}\right)$$

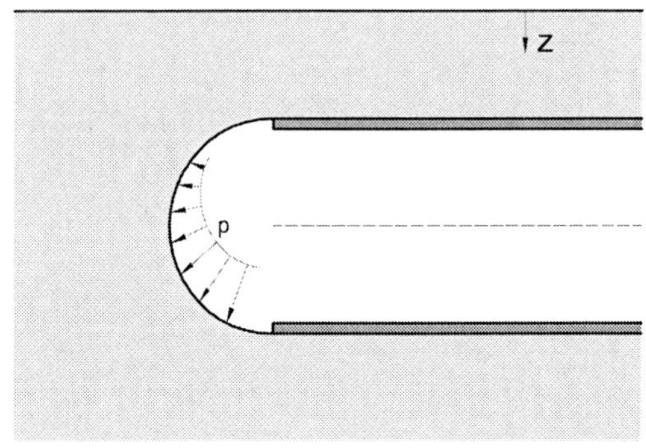

그림 17.3 심도 z와 함께 선형적으로 증가하는 지보압

또한 굴착 막장에서 필요한 지보압력 p는 상계정리에 의해서 추정될 수 있다(불안전한 측면에서). 그리고 여기서 암석으로 이뤄진 두 개의 원통형 강성 블록들이 미끄러지는 것을 본다(그림

2) 한계조건은 등방응력의 중첩에 의해 침해받지 않는다.

3) A. Caquot: Équilibre des massifs à fronttement interne. Gauthier-Villars, Paris, 1934, p.37.

17.4). 기하학적 구조의 변화(즉 그림 17.4의 각의 변화)에 의해, 상계정리로부터 구해진 지보압력이 최대화된다. Davis 외의 수치적 계산의 결과는 그림 17.5에 작도되어 있다. y축에는 안정성비 N이 작도된다.

$$N := \frac{q - p + \gamma(h + r_0)}{c}$$

점착력과 마찰을 갖는 암석에 대한 더 복잡한 붕괴 메커니즘은 Leca와 Dormieux에 의해 고려되었다.[4] 모델 시험들과의 비교에서 동적인 해(상부 경계)들이 매우 보수적인 정적인 해(하부 경계)보

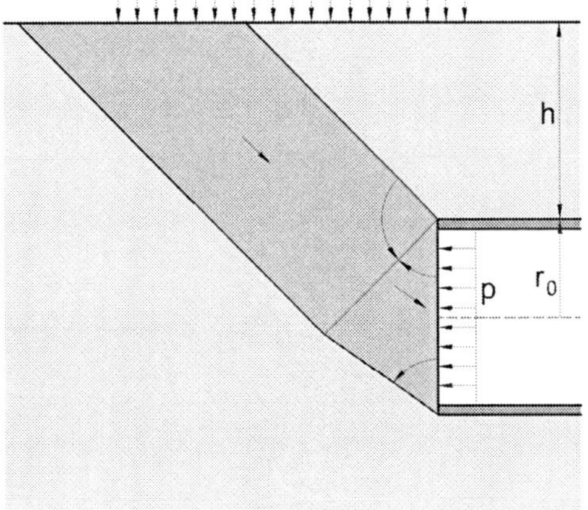

그림 17.4 굴착 막장에서의 파괴 메커니즘

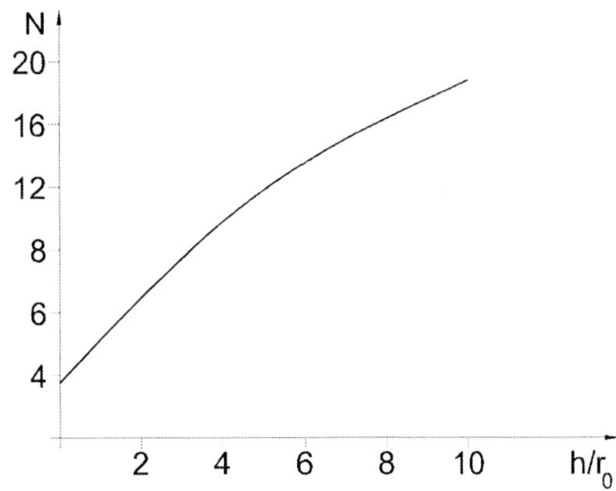

그림 17.5 굴착 막장에서 상계정리에 의한 지보압의 추정(Davis et al.에 의함)

4) E. Leca and L. Dormieux, Upper and lower bound solutions for the face stability of shallow circular tunnel in frictional material. *Géotechnique* 40, No. 4, 1990, pp.581~606.

다 더 현실적이라고 결론지을 수 있다.

굴착 막장 안정성의 평가는 종종 Horn에 의해 제안된 붕괴 메커니즘을 따라 수행된다(16.1절 참조).

17.4 굴착 막장의 무지보 유지시간

굴착 막장은 어떤 특정한 무지보 유지시간 동안에는 안정적이다. 붕괴의 지연은 부분적으로는 지반의 크리프와 부분적으로는 공극수압에 기인한다.[5][6] 후자의 효과는 다음과 같이 설명될 수 있다.

Terzaghi의 압밀이론에 의하면, 물로 포화된 점성토에 갑작스럽게 적용된 하중은 첫 번째 경우에는 공극수에만 작용한다. 그것은 공극수를 다 몰아낼 정도로 점차적으로 입자조직으로 전이된다. 정확히 같은 과정이 하중이 제거(예를 들어 터널의 굴착이나 절단 공사에 의해)될 때도 일어난다.

초기에 입자조직은 제하를 감지하지 못한다. 그리고 공극수의 압력이 감소된다. 따라서 유효응력은 증가하고, 이어서 주변으로부터 물이 공극으로 빨려 들어올 정도로 감소된다. 이러한 감소는 결과적으로 붕괴로 유도된다. 재료의 투수성에 비례하는 압밀계수 c_v는 이런 과정에 필요한 시간을 통제한다. 결과적으로 지반의 투수성이 적으면 적을수록, 붕괴의 지연은 더 커진다.

5) P.R. Vaughan and H.J. Walbancke: Pore pressure changes and the delayed failure of cutting slopes in over-consolidated clay. *Géotechnique* 23, 4, 1973, pp.531~539.

6) J.H. Atkinson and R.J. Mair: Soil mechanics aspects of soft ground tunneling. *Ground Engineering*, 1981.

18 터널에 미치는 지진의 영향

Tunnelling and Tunnel Mechanics

18.1 개요

경험에 의하면 지하 구조물, 특히 심도가 깊은 지하구조물은 지상의 구조물보다 지진에 훨씬 덜 취약 것으로 나타났다. 지상의 구조물은 지진에 의해 위험에 빠지게 된다. 이것은 지반의 운동이 구조물의 반응에 의해 유도된 변형률이 구조물에 손상을 줄 정도로 증폭될 수 있다는 사실 때문이다. 또한 지진파는 연약한 표면의 지층 내에서 증폭될 수 있다. 또한, 이완되고 포화된 흙은 흙의 강도를 상실할 수 있으며(소위 액상화), 그리고 이것은 옹벽 및 기초의 파괴 또는 산사태로 이어질 수 있다. 대조적으로, 깊은 심도의 구조물 특히 유연성이 있는 구조물은 주변 지반과 독립적으로 진동할 것으로 예상되지 않는다. 즉, 지반 운동의 증폭은 제외될 수 있다. 이것은 터널이 상대적으로 낮은 지진 피해를 갖는 것에 의해 입증이 된다.[1] 물론, 갱구는 지진에 의해 발생되는 산사태에 의해 손상될 수 있다. 지진 영향에 대한 흥미로운 사실을 보여주는 것이 1971년 San Fernando의 M 6.7 지진 동안 Los Angeles의 지하에 있는 7미터 직경의 터널 굴진에서 무슨 일이 있었는지에 대한 보고서이다.[2]

'지진이 터널 펌프에 동력을 공급하는 전력의 정전을 유발하게 하였다. 이에 따른 혼란과 불안 속에서, 광부들은 기관차로 다가가서 그리고 칠흑 같은 어둠 속에서 터널 밖으로 5 마일을 운전했다. 이것은 레일이 탈선을 일으킬 정도로 크게 비틀리지 않았다는 것을 의미한다. 그러나 지상의 남부 태평양 철도의 레일은 비틀리고 파괴되었다.'

만약 그들이 동적 여기(excitation)에 의해 액화될 수 있는 느슨하고 포화된 토사에 매설이 되어 있

1) Y.M.A. Hashash, J.J. Hook, B. Schmidt, I. I-Chiag Yao, Seismic design and analysis of underground structures. *Tunnelling and Underground Space Technology* 16 (2001), pp.247~293.

2) R.J. Proctor, The San Fernando Tunnel Explosion, California. *Engineering Geology* 67 (2002) pp.1~3.

었다면 지진은 터널 및 기타 구조물을 위태롭게 할 수 있다. 액상화는 전단강도의 급격한 손실을 일으켜 그 결과로 구조물의 큰 변위를 만들 수 있다. 대책은 압밀화 또는 그라우팅에 의한 지반개량이나 말뚝공법이 있다. 터널이 활성단층을 가로 질러야만 할 때는 문제가 된다. 이 경우 터널의 단면은 예상 변위를 수용할 수 있도록 확장시킬 수 있다. 하지만, 예상 변위가 거의 예측될 수 없으며 또한 단층이 활성 단층인지 아닌지를 쉽게 판단할 수 없다.

18.2 부과된 변형

심도 깊은 터널의 주요 하중은 터널 변형의 결과로 생긴 것이며, 이것은 주변 지반의 변형과 동일한 것으로 추정될 수 있다. 이러한 가정은 터널은 무한히 얇고 유연성이 있어서 하나의 선(line) 재료로 간주될 수 있다는 것을 의미한다. 이 선의 비틀림은 완전히 매립된 연속체의 파동의 결과이다. 설계를 위해 이러한 운동은 어떻게든 예측이 되어야만 한다. 이것은 지진 위험 분석이라고 불리는 매우 어려운 작업이다. 예측은 결정론적 또는 확률론적 분석을 기반으로 시도될 수 있다.[3] 어느 경우에나 결과들은 매우 불확실하지만 여전히 가장 달성이 가능한 가정이다.

이제 파동이 주어졌다고 가정한다. 원진동수(circular frequency) ω를 갖는 조화파를 고려한다. 비조화파(non-harmonic wave)는 조화파들로 분해될 수 있다. 단위 벡터 I를 파의 전파방향이라 하고, a를 진동의 진폭이라고 한다. 그리고 공간 좌표 x를 갖는 한 점의 변위 u는 다음의 식에 의해 주어진다. 여기서, u_p는 P파 그리고 u_s는 S파의 변위 벡터를 나타낸다.

$$\mathrm{u}_p = a_p \times \mathrm{I}\ \exp\left[i\omega\left(t - \frac{I \cdot \mathrm{x}}{c_p}\right)\right]$$

$$\mathrm{u}_s = \mathrm{a}_s \times \mathrm{I}\ \exp\left[i\omega\left(t - \frac{I \cdot \mathrm{x}}{c_s}\right)\right]$$

c_p, c_s, a_p 그리고 a_s 들은 각각 해당 전파속도와 진폭이다. t를 터널 축의 한 특정 지점 P에서의 단위 접선 벡터라고 하자. 그러면 지진에 의한 종방향 변형률 및 터널의 곡률의 변화는 다음과 같이 구할 수 있다.

$$\varepsilon_{\max} = \frac{\omega}{c} a \cos^2 \alpha$$

3) S.L. Kramer, Geotechnical Earthquake Engineering, Prentice Hall, 1996.

$$k_{\max} = (\frac{\omega}{c})^2 \, a \cos^2 \alpha$$

여기서 α는 I와 t사이의 각도이다(부록 G 참조).

따라서 두 개의 강성 터널 구성요소들 간의 연결부는 신장 $s = L\varepsilon$와 회전 $\vartheta = kL$를 겪게 된다(그림 18.1). 여기서, L은 터널 구성요소의 길이이다.

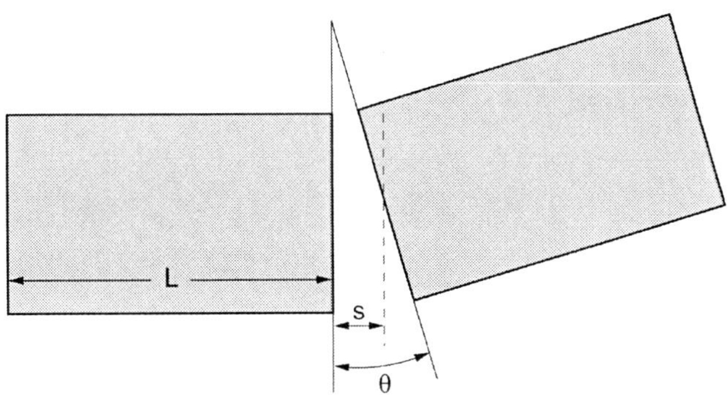

그림 18.1 두 강성 터널 구성요소들 사이의 비틀림

19 지표 침하

Tunnelling and Tunnel Mechanics

19.1 침하 추정

안정성 평가를 제외하고, 터널공사에서 지표에서의 침하를 결정하는 것은 매우 중요하다. 그러나 지반공학에선 안정성보다는 변형들의 예측은 정확성이 떨어진다. 이것은 주로 지반이 비선형의 응력-변형률 관계를 가지기 때문에 강성의 분포를 거의 알 수 없다. 여기서 터널 굴착에 의한 지표 침하에 대한 대략적인 추정을 살펴볼 것이다. 이 예측들의 정확도는 제한적이라는 것을 알아야 한다.

지표침하 분포를 결정하기 위해서 먼저 정수응력 σ_∞ 에 의해 하중이 걸리는 무게가 없는 탄성공간에서의 원통형 공동의 문제에 대한 Lamé의 해(식 14.8 참조)를 살펴보자. 그림 19.1와 같이 지표면의 수직변위 u_v 를 살펴보자.

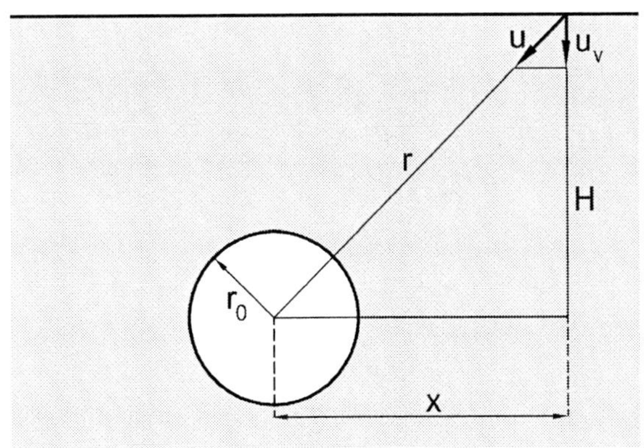

그림 19.1 지표에서의 수직변위

변위 u의 수직 요소 u_v는 다음과 같다.

$$u_v = \frac{H}{r} \cdot u \tag{19.1}$$

$r^2 = H^2 + x^2$ 로써 Lamé의 해를 구할 수 있다.

$$u_v = \frac{\sigma_\infty - p}{2G} \cdot \frac{r_0^2 H}{H^2 + x^2} \tag{19.2}$$

최대 침하 $u_{v,\max}$는 $x = 0$에서 구해지고, 침하의 분포는 다음과 같다.

$$u_v = \frac{u_{v,\max}}{1 + (x/H)^2}$$

이 분포[1]는 측정치와 비교해봤을 때 실질적이지 않다.[2] 또한 일관적이지도 않다. 반공간(halfspace)의 문제에 대해 전체 공간(full space)의 해를 사용하기 때문이다. 측정된 침하에 대한 더 실질적인 표현은 Gauss-분포에 의해 Peck을 따라 다음과 같이 구해진다.

$$u_v = u_{v,\max} \cdot e^{-x^2/2a^2}$$

매개변수 a(표준편차)는 계측에 대한 보정에 의해 결정될 수 있다. 이는 Gauss-곡선의 변곡점의 x좌표와 같다. Peck 도표(그림 19.2)[3]나 혹은 경험식에 의해 추정될 수 있다.[4]

$$2a/D = (H/D)^{0.8} \tag{19.3}$$

1) 또한 선형의 탄성 재질에 대해서 더 복잡한 계산을 따른다. 참조: A. Verruijt and J.R. Booker: Surface settlements due to deformation of a tunnel in an elastic half space. *Géotechnique* 46, No 4 (1996), pp.753~756.

2) 참조 예를 들면:. J.H Atkinson and D.M. Potts: Subsidence above shallow tunnels in soft ground. *Journal of the Geotechnical Engineering Division*, ASCE, Volume 103, No. GT4, 1977, pp.307~325.

3) Peck, R.B., Deep excavations and tunneling in soft ground. State of the Art report. In Proceedings of the 7th International Conference on Soil Mechanics and Foundation Engineering, Mexico City, State-of-the-Art Volume, 1969, pp.225~290.

4) M.J. Gunn: The prediction of surface settlement profiles due to tunneling. In 'Predictive Soil mechanics', Proceedings Wroth Memorial Symposium, Oxford, 1992.

D는 터널의 직경이고 H는 터널축의 깊이다(그림 19.3). 점성토는 $a \approx (0.4...0.6)H$ 이고, 비점성토는 $a \approx (0.25..0.45)H$이다.

a의 또 다른 추정치는 표 19.1과 같다.[5)]

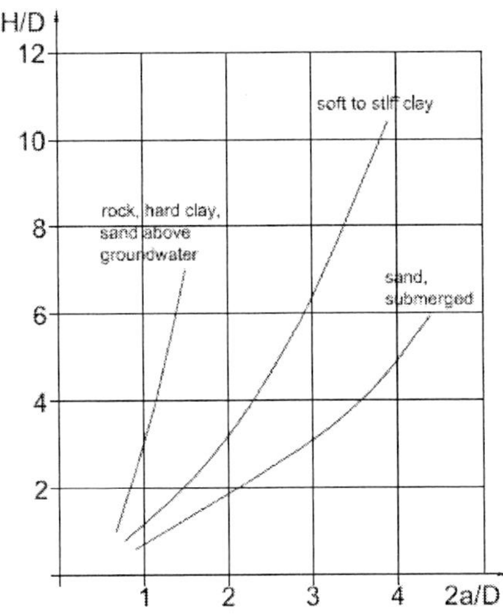

그림 19.2 Peck에 의한 A의 추정치

표 19.1 a의 추정치

흙	a/H
입자성	0.2~0.3
굳은 점토	0.4~0.5
연힌 실드질 점토	0.7

지표의 수평변위 u_h는 합 변위 벡터들이 터널 축으로 향하는 것을 관찰함으로써 알 수 있다(그림 19.1 참조). 즉,

$$u_h = \frac{x}{H} u_v$$

공사 중인 터널의 종방향에 대한 침하 분포는 그림 19.3과 같다.

5) J.B. Burland et al., Assessing the risk of building damage due to tunneling-lessons from the Jubilee Line Extension, London. In: Proceed. 2nd Int. Conf. On Soil Structure Interaction in Urban Civil Engineering, Zurich 2002, ETH Zürich, Vol. 1, pp.11~38.

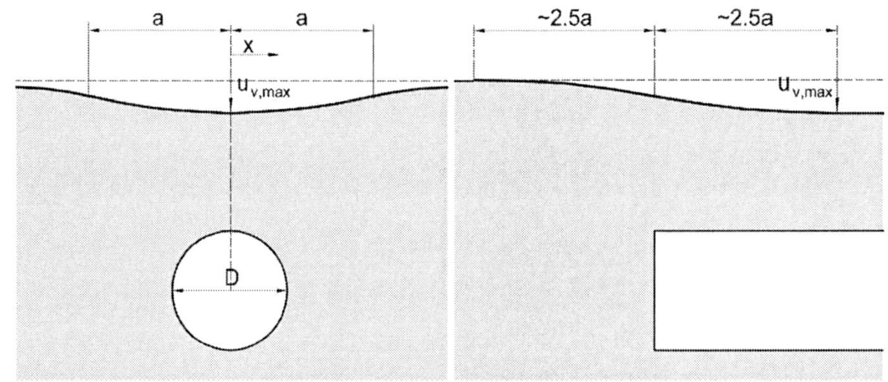

그림 19.3 터널 상부의 침하 트러프(좌); 터널 종방향에 대한 지표침하의 근사적인 분포. 표시된 곡선은 함수 $y = \text{erf}\,x = \frac{1}{\sqrt{2\pi}}\int_0^x e^{-y^2/2}dy$와 상당히 일치한다 (우).

Gauss-분포에 따른 침하 트러프(현재 터널 m당)의 체적은 다음과 같다.

$$V_u = \sqrt{2\pi}\cdot a\cdot u_{v,\,\max} \tag{19.4}$$

이 체적은 일반적으로 체적 손실(지반 손실)[6]을 나타낸다. 체적손실은 현재의 길이에서 터널 단면적에 대한 백분율로 표시된다. 만약 이 비율이 주어진 흙의 종류에 대한 경험에 의해 알 수 있다면, 그 때는 최대 침하 $u_{v,\max}$는 식 (19.3)과 (19.4)로써 추정될 수 있다. Mair와 Taylor[7]는 V_u/A에 대해 다음과 같은 추정치를 제시하였다.

굳은 점토에서 무지보 굴착 막장 ······ 1~2%
지보가 설치된 굴착 막장(슬러리나 earth mash), 모래 ······ 0.5%
지보가 설치된 굴착 막장(슬러리나 earth mash), 연한 점토 ······ 1~2%
런던 점토에서 숏크리트를 이용한 일반적인 굴착 ······ 0.5~1.5%

체적 손실은 터널공사의 기술에 좌우된다. 발전된 기술 덕분에 체적 손실은 지난 수 년 동안 반으로 줄었다.

원심분리기를 이용한 실험실 시험과 수많은 현장조사에 대한 평가들이 터널단면적 A와 관련된 체

6) 이러한 명칭은 이론적인 터널체적만큼 토사체적 V_u가 추가적으로 파졌다는 개념에 근거한다.
7) R.J. Mair and R.N. Taylor, Bored tunneling in the urban environment. 14th Int. Conf. SMFE, Hamburg 1997.

적손실 V_u와 안정성수 $N := (\sigma_v - \sigma_t)/c_u$ 사이의 경험식[8)]을 유도했다. 여기서 σ_v는 터널 축 깊이에서의 수직응력, σ_t는 굴착 막장에서의 지보압이고 그리고 c_u는 비배수 점착력이다. 만약 N_L이 붕괴 시의 N의 값이라면, 그때는 다음과 같다.

$$V_u/A \approx 0.23e^{4.4N/N_L}$$

여기에서 표현된 추정치들은 소위 미개발(green field)을 나타낸다. 만일 지표가 강성의 건물로 덮여 있다면, 침하는 더 작아진다.[9)]

최대 침하 $u_{v,\max}$ 역시 다음의 고찰에 의해 대략적으로 추정될 수 있다: ε_{r0}과 ε_{v0}을 각각 천정부의 반경방향 변형률과 부피 변형률이라고 하면, 이 값들은 실험실에서 3축 또는 2축 인장 실험에 의해 결정될 수 있다. 그러면 $\varepsilon_{\vartheta 0} = \varepsilon_{v0} - \varepsilon_{r0} = u_0/r_0$을 얻을 수 있는데 여기서 u_0는 천정부의 변위(침하)이고 그리고 r_0는 터널의 반경이다. 천정부 상부의 변위 분포에 대해 다음 식과 같이 가정한다(그림 19.4).[10)]

$$u = u_0\left(\frac{r_0}{r}\right)^d \tag{19.5}$$

$\left.\frac{du}{dr}\right|_{r_0} = \varepsilon_{r0}$로써 식 (19.5)로부터 다음을 도출해낸다.

$$\varepsilon_{r0} = -d\frac{u_0}{r_0}$$

$u_0 = \varepsilon_{\vartheta 0} r_0 = (\varepsilon_{v0} - \varepsilon_{r0})r_0$로써 다음과 같이 된다.

$$d = -\frac{\varepsilon_{r0}}{\varepsilon_{v0} - \varepsilon_{r0}}$$

---

8) S.R. Macklin, The prediction of volume loss due to tunneling in overconsoildated clay based on heading geometry and stability number. *Ground Engineering*, April 1999.

9) Recent advances into the modeling of ground movements due to tunneling', *Ground Engineering*, September 1995, pp.40~43.

10) cf. C. Sagaseta: Analysis of undrained soil deformation due to ground loss. *Géotechnique* 37, No.3 (1987), pp.301~320 ; R. Kerry Rowe and K.M. Lee: Subsidence owing to tunneling. II. Evauation of a prediction technique. *Can. Geotech. J.* Vol. 29, 1992, pp.941~954.

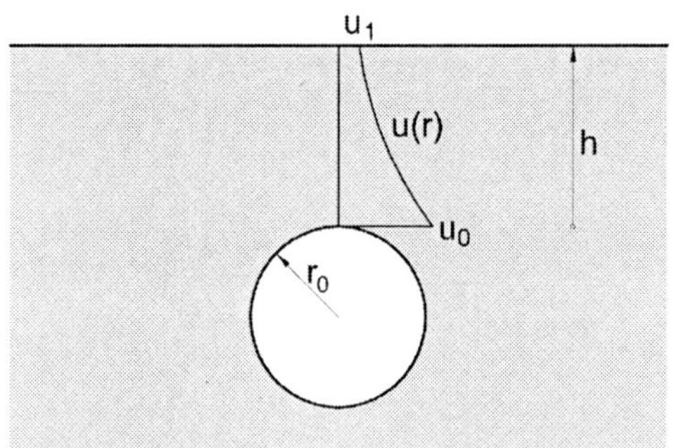

그림 19.4 천정부 상부의 수직 변위 u의 분포

표면의 침하 $(r=r_0+h)$는 다음의 식을 통해

$$\varepsilon_{r0}=\left.\frac{du}{dr}\right|_{r_0}=-u_0 d\left(\frac{r_0}{r}\right)^{d-1}\left.\frac{r_0}{r^2}\right|_{r=r_0}=-u_0\frac{d}{r_0}=-d\varepsilon_{\vartheta 0}$$

다음과 같이 된다.

$$u_1=(\varepsilon_{v0}-\varepsilon_{r0})r_0\left(\frac{r_0}{r_0+h}\right)^d$$

그러므로 h가 더 커질수록 그리고 천정부 변위u_0가 더 작아질수록, 지표침하는 더 작아진다. 만약 천정부에서의 변형률 ε_{r0}(결과적으로 ε_{v0})을 작게 유지한다면, 지표침하를 작게 유지될 수 있다. 이는 빠른 링의 폐색으로 가능하다. Müller-Salzburg는 천정부 변위 u_0를 항상 3m와 5cm 사이로 유지할 수 있었다고 보고했다.[11)]

19.2 그라우팅에 의한 침하의 복원

만약 굴착 막장이 적절하게 지보가 되고 있다면(예를 들어 압축 슬러리에 의해) 쉴드로 굴진할 때 지표침하는 주로 테일 간극(tail gap)에 의해 일어난다. 그 테일 간극의 그라우팅은 지표침하가 반전

11) L. Müller-Salzburg und E. Fecker: Grundgedanken und Grundsätze der Neuen Österreichischen Tunnelbauweise'. In: Grundlagen und Anwendungen der Felsmechanik. Felsmechanik Kolloqium Karlsruhe 1978, Trans Tech Publications, Clasthal 1978, pp.247~262.

될 것으로 예상된다. 그러나 그라우팅재가 이론적인 간극의 부피를 초과한다 할지라도 지표침하가 되돌려지지 않는 것이 관찰된다.[12] 이러한 사실은 토질역학에 의해 설명될 수 있다: 재하와 제하의 반복으로 순체적변화(net volume change)가 일어나는데 이것이 일반적으로 압밀이다(그림 19.5).

쉴드 터널공사에서 재하-제하의 반복에 의한 흙의 압밀의 영향은 그림 19.6에 표시되어 있다. 여기서 이것은 7cm 두께 테일 간극의 폐색(실선 곡선)에 의한 지표침하를 나타내고 다른 곡선(점선)은 간극을 그라우팅한 후에 결과를 나타낸다(즉, 7 cm의 침하가 역전된 것). 이 결과는 FEM 프로그램 ABAQUS와 치밀한 모래에 대해 보정이 된 초소성(hypoplastic) 구성방정식에 의한 결과이다.[13]

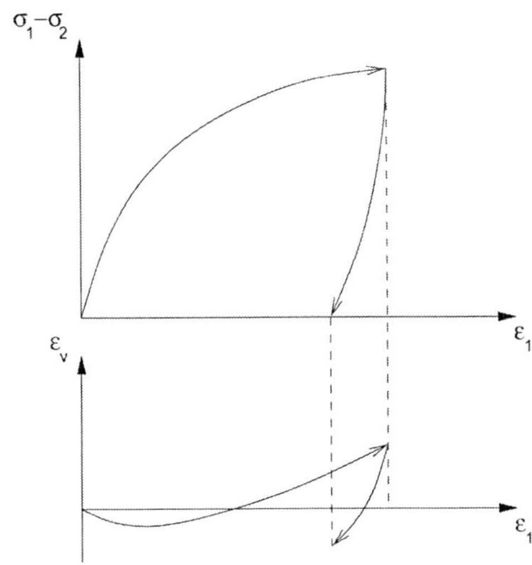

그림 19.5 재하-제하의 반복(여기서는 3축의 예)은 영구적인 압밀화를 만든다.

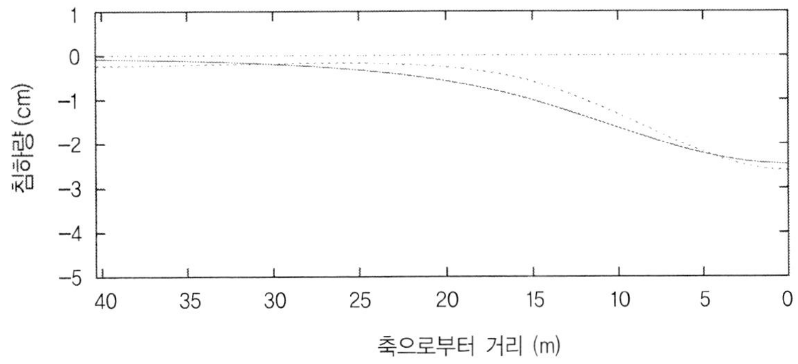

그림 19.6 간극의 폐색에 의한 지표침하(실선)와 간극의 그라우팅후(점선). 수치해석의 결과

12) S. Janscecz et al., Minimierung von Senkugen beim Schildvortrieb am Beispiel der U-Bahn Düsseldorf. Tunnelbau 2001, VGE Essen, pp.165~214.

13) M. Mähr, Settlements from tail gap grouting due to contractancy of soil, *Felsbau*, in print, 2004.

19.3 터널공사에 의한 건물 손상 위험

손상의 위험에 대한 대략적인 평가들을 위해 지표의 건물들은 완전히 유연하다고 가정한다. 즉 건물들은 강성이 없고, '미개발지'의 지표면과 같은 변형을 겪는다. 이것은 보수적인 가정이다. 왜냐하면 실제 변형은 미개발지의 변형에 비해 건물의 강성으로 인해 줄어들기 때문이다.[14)]

미개발지의 예측된 침하 평가에 있어서, 1/500의 최대 기울기와 10mm 미만 침하가 일어난 건물들은 무시할 만한 손상 위험을 지니고 있다고 평가할 수 있다. 나머지 건물들에 대해서는, 위험 평가가 반드시 수행되어져야 한다. 그리고 그것은 여전히 미개발지 변형에 기반하고 있고, 따라서 상당히 보수적이다(침하는 과대평가 되고 있기 때문이다.). 건물들의 손상은 표 19.2와 같이 인장 변형률 ε에 의해 평가된다.

건물의 변형률은 침하 트러프로부터 유추될 수 있다. Burland와 공동저자들은 건물을 Timensenko의 빔[15)]으로 간주하고, 이것의 변형률을 처짐(deflection) $\triangle$로부터 유도하였다(그림 19.7). 발생가능한 균열들(그림 19.8과 같이 전단과 휨에 의한)은 최대 인장변형률과는 수직이다.

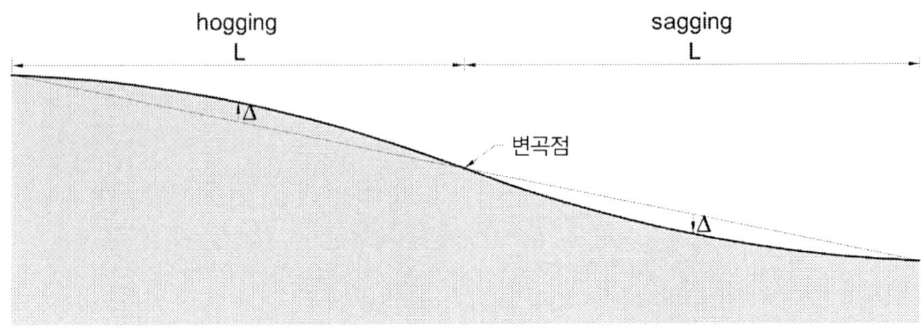

그림 19.7 호깅(hogging)과 늘어짐(sagging) 구역에서의 처짐 $\triangle$

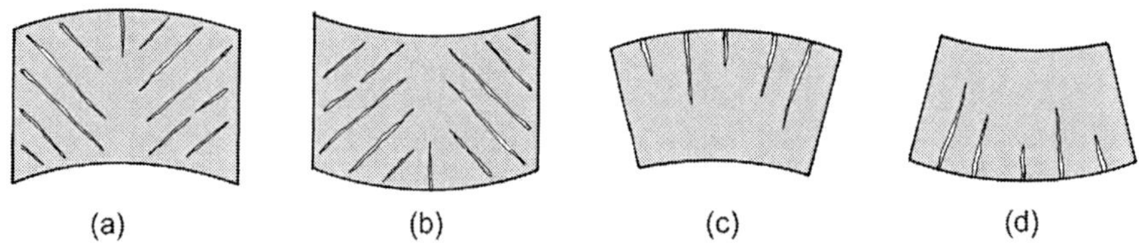

그림 19.8 전단(a, b)과 휨(c, d)에 의한 변형과 균열

14) 이 절은 주로 다음의 서적에 근거한다: "Building Response to Tunneling. case Studies from Construction of the Jubilee Line Extension, London", Vol. 1, edited by J. B. Burland et al, Telford, London, 2001.

15) '전통적인' 또는 Euler-Bernoulli 빔과 반대로, 전단력이 평형상태로부터 회복이 되지만 빔의 변형에 대한 전단력의 영향은 무시되는 곳에서 Timenshenko 빔의 단면적은 평면으로 유지되지만 변형된 종축에 수직으로 유지되지 않는다. 정상상태에서의 편차는 횡방향의 전단에 의해 발생한다.

그러나 빔과 같이 거동한다고 가정하는 건물에서의 변형률의 평가는 거의 학술적이다. 그 이유는 (i) 건물은 무한히 유연하다는 가정의 출발을 부정하고, (ii) 이 빔의 전단과 휨의 강성은 거의 평가될 수 없는데, 특히 아치형 천장과 목조 등을 지닌 오래된 벽돌건물에 대해 평가할 수 없기 때문이다. 대략적인 평가를 위해서는 변곡점 위에 위치하는 건물에서의 최대 인장변형률이 $u_{v,\max}/a$의 크기 규모를 갖는다는 가정을 전제로 표 19.2을 사용하는 것이 합리적이다.

더 정교한 평가를 위해서 인용된 저서에서 사용된 방법은 건물의 강성을 고려하려고 시도했다. 이 방법은 FEM의 계산들의 결과에 기반을 두고 있다. 시간에 의존하는 침하들이 터널 손상 후에 수 년 동안 관찰될 수 있다는 것도 추가되어야 한다. 따라서 침하 트러프는 측면으로 확장된다.

표 19.2 손상과 인장변형률과의 관계(Burland 외에 따름)

심각성	전형적인 손상에 대한 설명	인장변형률(%)
무시	약 0.1mm보다 작은 실금 균열	0~0.05
아주 경미	손상은 일반적으로 내부 벽의 마감에 제한됨. 외부 벽돌에서는 자세한 관찰에 의해 약간의 균열을 볼 수 있음. 1mm까지의 균열. 일반장식동안에 쉽게 처리됨	0.05~0.075
경미	균열은 외부에서 볼 수 있고, 비바람에 견딜 수 있도록 일부 벽돌의 줄눈을 다시 칠하는 작업이 요구됨. 5mm까지의 균열	0.075~0.15
보통	문과 창문이 끼인다. 배급관에 균열이 생길 수 있음. 비바람에 견딜 수 없게 손상됨. 균열은 5~15mm	0.15~0.30
심각	창문과 문틀이 비틀리고, 바닥의 경사가 상당히 왜곡된다. 배급관이 파손됨. 벽이 상당히 기울거나 배가 나옴. 빔의 지지력이 일부 손실됨. 균열은 15~25mm. 특히 창이나 문위 벽의 파괴와 교체작업을 포함한 광범위한 수리작업	>0.30
매우 심각	빔이 지지력을 상실함. 벽이 몹시 기울고 그리고 버팀목 공사가 필요함. 창문이 뒤틀림으로 파손됨. 불안정성의 위험. 균열은 25mm 이상. 건물 전체 또는 일부의 재건축을 포함하는 심각한 수리 작업이 요구됨	

Tunnelling and Tunnel Mechanics

20 터널굴착에서의 안정성 문제

역학적 안정성의 정확한 정의는 제쳐두고 하중이 재하 되는 과정 중에 역학적 체계가 갑자기 약해진다면 큰 변형이 일어나게 되어 안정성의 손실이 발생한다는 것을 언급할 필요가 있다. 이런 경우엔 심각한 손상을 일으킬 수 있다. 가장 널리 알려진 안정성 문제는 로드의 좌굴이다. 여기서 터널 라이닝의 좌굴 혹은 동일하게 파이프의 좌굴을 살펴보자.

20.1 암석파열

암석파열(rock burst)은 심부 터널공사나 광산에서 일어날 수 있고, 공동의 벽면에서의 박리현상으로 나타난다. 축적된 대량의 탄성 에너지가 이완이 되면서 운동에너지로 변하게 된다. 그래서 수 cm의 굵기의 암석 판들이 공동 안으로 튀어나와 매년 전 세계적으로 많은 사고를 초래한다. 암석파열의 메커니즘은 아직 완전히 파악되지 않았다. 박리가 일어난 암석의 두께 d_f는 다음의 경험적 공식에 의해 추정될 수 있다[1]:

$$\frac{d_f}{r} = 1.25\frac{\sigma_{max}}{q_u} - 0.51 \pm 0.1 \tag{20.1}$$

여기서, r은 터널의 반경, σ_{max}는 터널 벽에서의 최대원주응력, 그리고 q_u는 암석의 일축압축강도이다.

1) P.K Kaiser et al., Underground works in hard rock tunneling mining GeoEng 2000, Melbourne.

20.2 매설된 파이프의 좌굴

다루어질 좌굴은 파이프(또는 터널 라이닝) 상에 작용하는 외부 힘들에 의해 발생한다. 이 힘들은 유체에 의한 것과 지반에 의한 것으로 구분해야 한다. 후자의 경우가 파이프 변형에 영향을 주는 반면에, 유체의 하중들은 변형과 무관하며 항상 파이프 표면에 수직으로 작용한다.

20.2.1 유체의 하중에 의한 파이프의 좌굴

파이프는 초기 곡률을 가지는 빔으로 간주되며 여기서 휨의 미분반정식이 적용될 수 있다. 평면변형(즉 $u \neq 0, u_\theta \neq 0, u_x \equiv 0$인 변형)은 빔의 휨 이론에 일반적으로 적용되는 탄성계수 E는 $E^* := E/(1-v^2)$로 교체되어야 한다는 것을 의미한다. 미분방정식은 알려진 관계식 $\triangle M = EJ \cdot \triangle\kappa$으로부터 도출되는데, 여기서 $\triangle\kappa$는 빔 곡률의 변화이고, J는 그림 20.3에 표시된 영역의 관성 모멘트이다.

$r := r_0 + u, \dot{r} := dr/d\theta = r_0 dr/ds$와 $r' := dr/ds$ 를 가지고 곡률을 다음과 같이 표현할 수 있다.

$$\kappa = \frac{r^2 + 2\dot{r}^2 - r\ddot{r}}{(r^2 + \dot{r}^2)^{3/2}}$$

$r = r_0 + u$를 도입하고 u 와 u' 에 있는 이차항과 $u\ u'$ 의 곱을 무시하면 다음과 같은 식을 얻는다.

$$\kappa \approx \frac{1}{r_0} - \frac{u}{r_0^2} - u''$$

초기에 지배적인 원형에 대한 $k_0 = 1/r_0$ 로써 마침내 다음과 같은 식을 얻는다.

$$\triangle\kappa = \kappa - \kappa_0 \approx -\frac{u}{r_0^2} - u''$$

그리고 미분방정식은 다음과 같다.

$$u'' + \frac{u}{r^2} = -\frac{M}{E^* J} \tag{20.2}$$

또는

$$\ddot{u}+u=-r^2\frac{M}{E^*J} \tag{20.3}$$

이제 파이프의 좌굴된 형태가 x와 y축들에 대해서 대칭한다고 가정한다.

즉,

$$u(\vartheta)=u(-\vartheta) \tag{20.4}$$

$$u\left(\frac{\pi}{2}-\vartheta\right)=u\left(\frac{\pi}{2}+\vartheta\right) \tag{20.5}$$

그림 20.2를 참조하여 ϑ에 따르는 휨모멘트 M을 다음과 같이 표현할 수 있다.

$$M(\vartheta)=M_0-N_0[r_0+u_0-(r_0+u)\cos\vartheta]-\frac{1}{2}p[r_0+u_0-(r_0+u)\cos\vartheta]^2-\frac{1}{2}p(r_0+u)^2\sin^2\vartheta \tag{20.6}$$

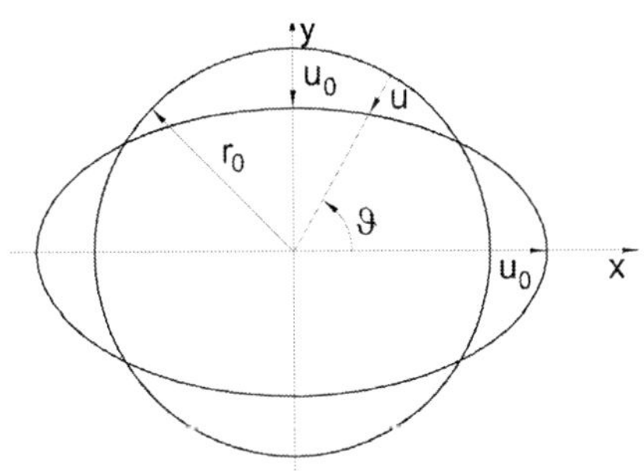

그림 20.1 좌굴된 파이프

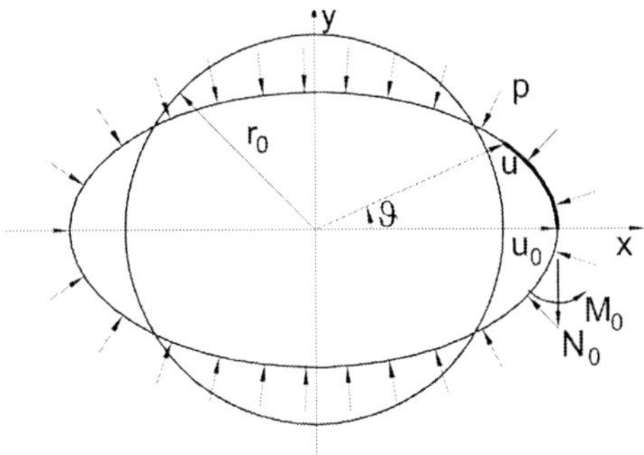

그림 20.2 ϑ의 함수로서 휨모멘트를 유도

$N_0 = p(r_0 + u_0)$를 고려하고 그리고 작은 항들[2]을 무시하면 식 (20.6)으로부터 다음의 식이 산출된다.

$$M \approx M_0 - pr_0(u_0 - u) \tag{20.7}$$

식 (20.7)을 식 (20.3)에 대입하면 다음의 식이 산출된다.

$$\ddot{u} + k^2 u = -\frac{r_0^2}{E^* J}(M_0 - pr_0 u_0) \tag{20.8}$$

더불어

$$k^2 := 1 + \frac{r_0^2}{E^* J} p \tag{20.9}$$

식 (20.8)의 해는 다음과 같다.

$$u = A\cos\kappa\vartheta + B\sin\kappa\vartheta - \frac{(M_0 - pr_0 u_0)r_0^2}{E^* J\kappa^2} \tag{20.10}$$

식 (20.4)로부터 $B = 0$이 도출되고 식 (20.5)로부터 다음이 도출된다.

$$\cos\left[\kappa\left(\frac{\pi}{2} - \vartheta\right)\right] = \cos\left[\kappa\left(\frac{\pi}{2} + \vartheta\right)\right], \quad \sin\left(\kappa\frac{\pi}{2}\right)\sin(\kappa\vartheta) = 0$$

또는

$$\sin\left(\kappa\frac{\pi}{2}\right) = 0$$

이는 $\kappa = 2n(n = 1, 2, 3, \cdots)$이 된다. 그리고 가장 작은(한계) 좌굴하중 p_{cr}이 $\kappa = 2$에 대해 식 (20.10)로부터 다음과 같이 구해진다.

2) 즉, u^2의 차수에 대해

$$p_{cr} = 3\frac{E^*J}{r_0^3}$$

20.2.2 탄성적으로 내장된 파이프의 좌굴

지반계수 K_r에 의해 지배를 받는 상호작용과 같은 방식으로 매질 속에 내장된 파이프를 고려해 볼 것이다. Nikolai[3]에 의하면 좌굴하중은 다음과 같이 구해진다.

$$p = (\kappa^2 - 1)\frac{E^*I}{r^3} + K_r\frac{r}{\kappa^2 - 1} \tag{20.11}$$

여기서, $\kappa = 2, 3, 4, \cdots$. 만일 방정식 (20.11)에 p[4]를 최소화하는 숫자 κ를 대입한다면, Domke와 Timoshenko에 따라서 한계좌굴하중을 다음과 같이 구할 수 있다.

$$p_{cr} = \frac{2}{r}\sqrt{K_r E^* J} \tag{20.12}$$

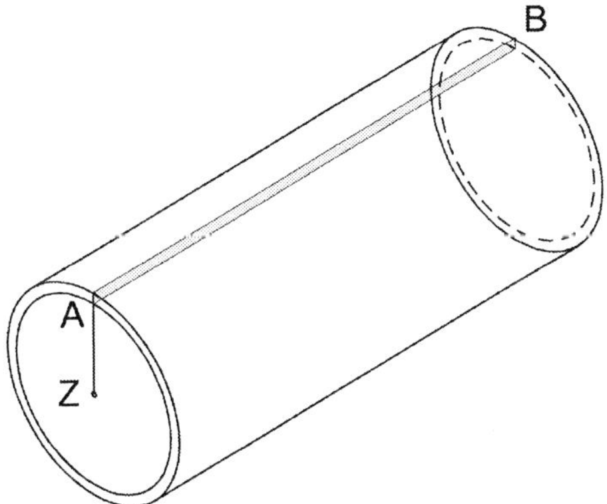

그림 20.3 관성 모멘트 J와 관련된 영역

---

3) Cited in N.S. Bulitschew: Mekhanika podsemnych sooruzenji, Moscow, Nedra Publishing House, 1994.

4) 이것은 형식적 미분 $\frac{dp}{dk} = 0$에 의해 구해질 수 있다.

21 모니터링

계측은 터널공사에서 다양한 종류의 피드백을 위해 필수적인 것이다.

설계검증 : 터널공사 중 지반거동에 대한 계산적인 예측치들은 계측들에 의해 지속적으로 검증되어야 한다(이것이 Peck의 관찰방법의 핵심적인 개념이다). 만약 예측치와 계측치 사이의 편차가 너무 크다면, 그때는 수정된 입력 매개변수를 사용하여 계산을 반복해야 한다.
임박한 피해에 대한 암시 : 계측은 임박한 붕락조짐을 나타내 보여줄 수 있다. 따라서 가능한 대책을 취할 수 있게 해준다.

계측 장비들[1]은 주변에 영향을 주지 않고 측정치를 기록해야 한다. 이것은 응력측정의 경우에는 계측장비의 강성이 응력장을 변화시키기 때문에 거의 달성하기가 어렵다.

다양한 계측장비에 대한 명칭들은 고유한 명칭을 가지고 있지 않다. 장비명칭들은 제조사[2], 국가뿐만 아니라 토질 역학과 암석 역학 사이에서도 명칭이 상이하다.

분명히, 자동계측이 선호되고 있으며, 이것이 신속한 평가와 피드백을 가능하게 해준다.

---

1) H.-P. Götz und E. Fecker: Verformungs- und Spannungsmessungen im Tunnelbau; ein unentbehrliches Mittel zur Überprüfung des Vortriebs- und Ausbaugeschehens, VDI-Berichte Nr. 472/1983. W. Schuck und E. Fecker: Geotechnische Messungen in bestehenden Eisenbahntunneln, *Tunnelbau* 1998, Verlag Glückauf, pp.44~84. H. Bock, European practice in performance monitoring for tunnel design verification, *Tunnels and Tunnelling International*, July 2000, pp.35~37, H. Bock, European practice in geotechnical instrumentation for tunnel construction control, *Tunnels & Tunnelling International*, April 2001, pp.51~53 and May 2001, pp.48~50.

2) such as DMT, GeoConcept, Glötzl, Interfels, Reflex Instrument, Slope Indicator, Spacetec, Tunnel Consult, SolExperts and others(see *Tunnels & Tunnelling International*, December 2002, 57).

21.1 수준측량

터널공사에 의한 침하 트러프는 수준 측량에 의해서 모니터링이 된다. 여러 단면의 침하 트러프 뿐만 아니라 등고선을 작도하는 것이 좋다. 수준측량은 터널 내부에서도 터널천단부의 침하를 분석하기 위해서 수행된다(측량 폴대를 터널 천단부까지 신장시킬 수 있다). 지표침하 측정을 위한 온라인 모니터링을 위한 방법은(특히 보상 그라우팅을 하는 경우 가치가 있음) 예를 들어 건물 지하실에 설치된 전자식 액면게이지를 사용한다. 게이지의 수직변위는 LVDT 플로트 센서(float sensor)나 압력 변환기에 의해 기록된다. 정밀도는 ±0.3mm이다. 이러한 측정 방법에서는 온도 보정이 매우 중요하다.

21.2 변위 및 내공변위 측정

내공변위측정은 굴착 후 가능한 빨리 터널벽면에 설치된 계측 핀(타겟 판)의 도움으로 이루어진다. 인버트 라이닝에서의 계측 핀의 설치와 측정은 어렵지만(특히 인버트가 통행을 제공하기 위해 임시로 버력으로 포설된 경우), 또한 매우 중요하다. 계측 핀 사이의 거리는 인바 와이어(invar wire) 또는 스틸 테이프로 측정한다. 요즘에는 광학 측정법이 점점 더 많이 사용되고 있다. 예를 들어 레이저빔(터널 스캐너) 또는 사진측량법(스테레오 이미지를 평가)이 있다. 획득 이미지는 굴착 단면을 확인하는 데 사용된다. 연속 이미지의 비교는 터널의 내공변위의 정보와 또한 숏크리트 두께에 대한 정보를 제공한다.

자료들은 그림 21.2와 같이 도표로 표현되어야 한다. 내공변위를 측정하기 위해서는 동일 단면 내의 여러 계측 핀들 사이의 변위 차이를 시간에 따라 도시하여야 한다.

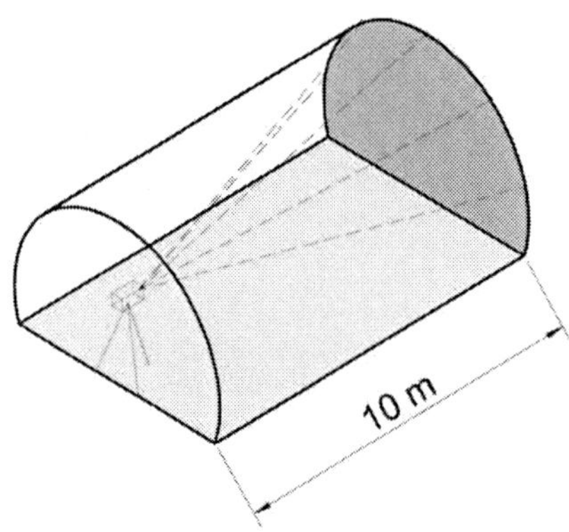

그림 21.1 태키미터(Tachmeter)에 의한 내공변위 계측

표 21.1 내공변위 계측 방법[3)]

방법	제조사	해상도(mm)	정확도(mm)
계측핀 및 인바 와이어	SolExperts	0.001	±0.003
스틸 테이프	Interfels	0.01	±0.05
측량기	Leica 등	1	±(2~3)
터널 스캐너	DIBIT, GEODATA	1	±10

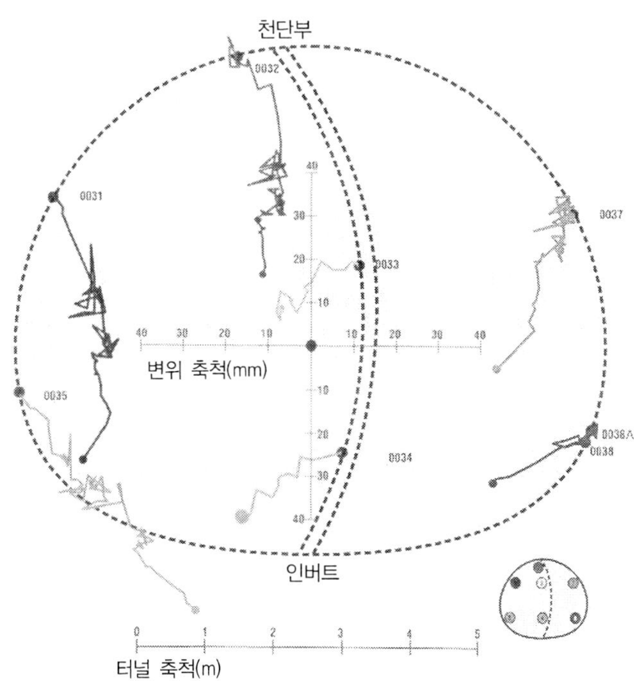

그림 21.2 터널벽면에서 측점 변위의 벡터 도면[4)]

21.3 지중변위계 및 경사계

지반 변위는 지중에 묻은 관의 변형을 측정함으로써 얻을 수 있다. 길이의 변화(종방향 신장)는 지중변위계(extensometer)의 길이 변화를 계량함으로써 계측이 되는 반면에, 편차는 경사계(inclinometer) 혹은 편차측정계(deflectometer)를 통해 측정할 수 있다. 실제적으로 측정하는 것은 시추공의 형상이다. 2개의 서로 다른 시간에서의 형상변화를 통해 변형을 얻을 수 있다.

자이로스코프 위치 측정 혹은 지자기장의 측정과 같은 시추공 내에서 움직이는 프로브(probe)의

3) 이 정보의 정확성과 완성도에 대해서는 책임이 없다.

4) The collapse of NATM tunnels at Heathrow Airport, HSE Books, Crown copyright 2000, Her Majesty's Stationery office, St Clemens House, pp.2~16, Colegate, Norwich NR3 1BQ, ISBN 07176 17920.

위치를 결정하기 위해서 여러 가지의 계측원리가 적용되어 왔다. 지반공학 및 터널공사에서는 다음과 같은 계측기들이 주로 사용된다.

지중변위계 : 와이어 혹은 봉이 시추공의 하단부에 고정된다(따라서 후자의 경우는 필요하다면 케이싱은 주변 지반의 변형에 따라 충분히 변형이 될 수 있도록 유연성이 있어야 한다. 동력계(dynamometer)는 와이어 내에 일정한 인장을 유지한다. 그래서 고정되어 있는 공저부에서의 변위 Δl는 시추공 상부에서 계측이 이루어진다. 공벽부에서 길이 변화가 측정된다. 정밀도는 10m에 0.01mm에 이를 수 있다. 와이어의 길이에 대한 변위의 비는 두 지점 사이의 평균 변형률 $\varepsilon = \Delta l/l$을 의미한다.

다중지중 변위계 : 만약 여러(6개까지) 개의 와이어나 로드가 시추공 내 여러 지점에 고정되어 있다면 시추공을 따라 발생한 변형률의 분포에 대한 더 상세한 그림을 구할 수 있다(그림 21.4). 와이어는 2개의 패커 사이의 공간에 시멘트 그라우트를 주입하여 고정한다. 절리암반의 경우 그라우트는 fleece sack으로 주입된다. 다른 방법으로는 Swellex 앵커의 원리를 이용해 고정이 이루어진다. 이어서 시추공내는 변형이 가능한 물질로 충전시켜서 공이 붕괴되는 것을 보호할 수 있다.

슬라이딩 마이크로미터(Gleitmikrometer) : 이 방법은 프로브를 공내로 삽입하는 방법이다. 시추공은 (초기에는) 1m 간격으로 링 형상의 측정마크가 장착된 PVC 관을 포함한다. PVC 관은 그라우트에 주변 암반에 고정된다. 프로브가 연속적으로 두 개의 인접한 마크들 사이에 위치하고 그리

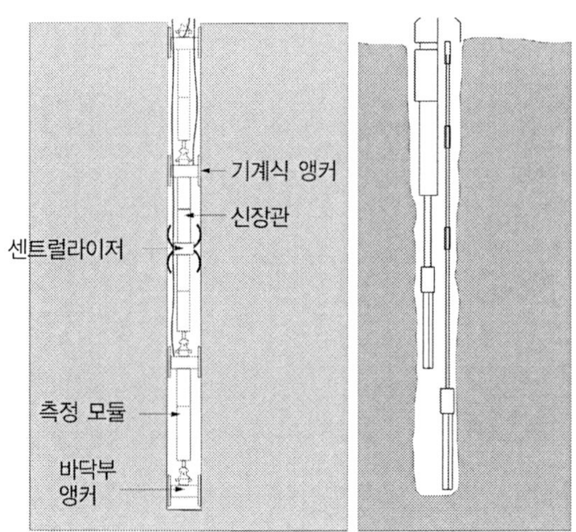

그림 21.3 지중변위계

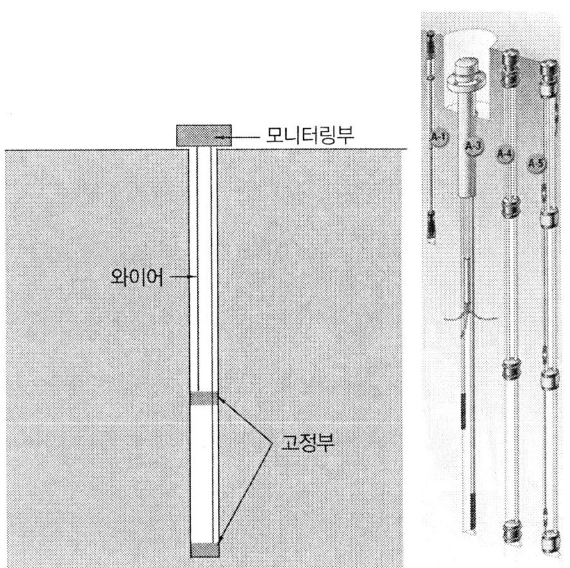

그림 21.4 다중지중변위계(원리),
GEOKON Inc.: Model A-1 Single Point Mechanical, Model A-3 Multiple Point Groutable Anchor, Model A-4 Multiple Point Snap-Ring Anchor, Model A-5 Multiple Point Hydraulic Anchor

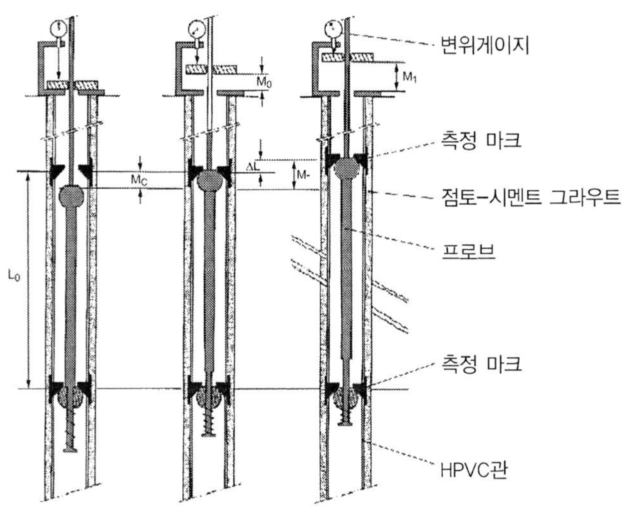

그림 21.5 슬라이딩 디포미터[5)]

고 2개의 구형 팁이 원추형 마크들을 접촉하는 방식으로 확장된다(그림 21.5). 실제 길이는 $\pm 2\mu m$의 정밀도 갖는 선형 변위변환계(LVDT)에 의해 측정된다. 측정 범위는 1m에 1cm 정도이다. 만약

---

5) *SolExperts* Ltd.

더 큰 변형이 예상된다면, 소위 슬라이딩 디포미터(deformeter)가 사용될 수 있다. 이것은 같은 원리이지만 변형측정 범위가 더 크고 정밀도는 떨어진다. 프로브는 1.5MPa의 수압을 견딜 수 있으며 온도는 보정이 된다. 40m 깊이의 시추공을 계측하기 위해서는 약 30분의 시간이 소요된다(한 번의 하향 및 상향 측정 시). 반복된 측정을 통해 두 개의 연속 측정 사이의 신장률을 알 수 있게 해준다.

경사계 : 유연한 튜브가 수직공 혹은 수평공에 설치되고 그라우트에 의해 고정된다. 경사계가 이 튜브 내를 이동하며 경사를 전자식으로 측정한다. 따라서 트래버스 측량이 이루어지며, 수치적분을 통해 공내의 좌표가 3차원적으로 측정된다(하단부는 고정된 것으로 가정하고 충분히 깊은 경우). 시차를 두고 측정된 경사 및 3차원 좌표의 차이로부터 시차 동안 발생한 공에 대해 수직 방향 변위를 얻을 수 있다.

편차측정계 : 편차측정계는 상대적인 비틀림이 측정될 수 있도록 관절형 조인트로 연결된 강봉으로 구성된다. 따라서 미분방정식 $y' = f(x)$의 수치적인 적분과 일치하는 트래버스 측량이 이루어질 수 있다. 3D 자료를 구하기 위해서, 서로 수직한 2개의 면에서 2개의 비틀림 각이 측정되어야 한다.

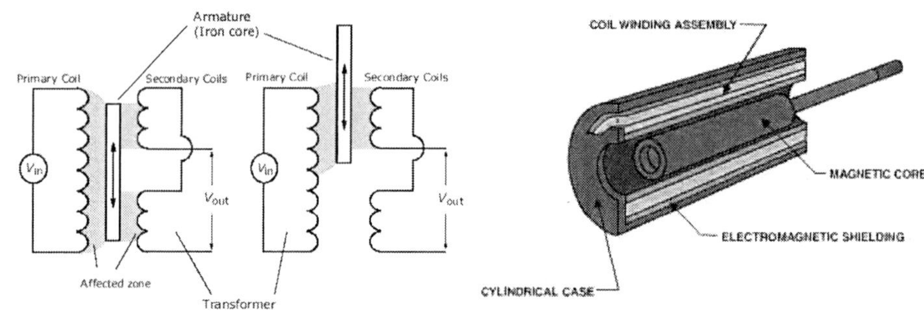

그림 21.6 LVDT

21.4 라이닝 내부에서의 응력 계측

응력은 교정된 압력셀(pressure cell)의 변형을 통해 측정된다. 평판 압력셀은 2개의 스테인리스 강판으로 구성되어 있고 그 사이의 공간은 유체로 채워진다. 압력셀은 숏크리트 라이닝 내부나 혹은 라이닝과 인접 암반사이에 설치된다. 압력셀은 유체로 채워지며(일반적으로 수은이 사용되며 이것은 상대적으로 강성이 있으나 위해성이 있어 최근에는 오일이 사용된다. 비전기식 압력셀의 측정원리는 외부압력이 작업자에 의해 설정된 내부 압력과 동일해지면 활성화되는 역류(reflux) 밸브에 근거한다(그림 21.8). 압력셀은 통상 두 방향 중 한 방향으로 설치된다. 반경 방향(σ_θ 기록)이나 접선 방향(σ_γ 기록).[6] 신뢰할 수 있는 측정을 제공하기 위하여 압력셀은 강성이 높고 편평해야 한다. 20℃ 정도의 온도 변화(예를 들어, 숏크리트 시공에 의해)는 약 3MPa까지의 응력변화를 모사할 수 있다. 또는 숏크리트의 수축 역시 상당한 압력 증가를 야기할 수 있다.

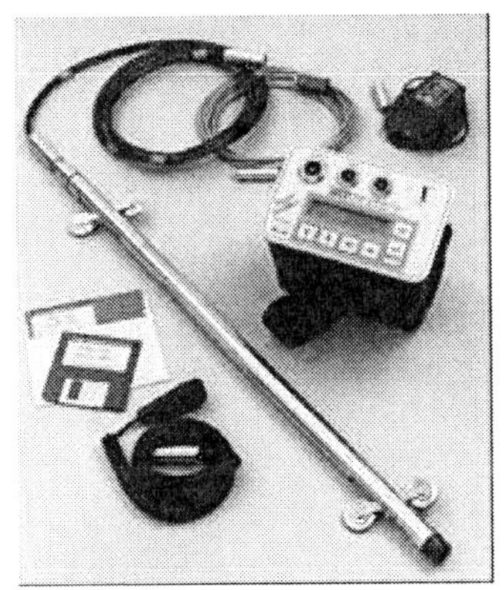
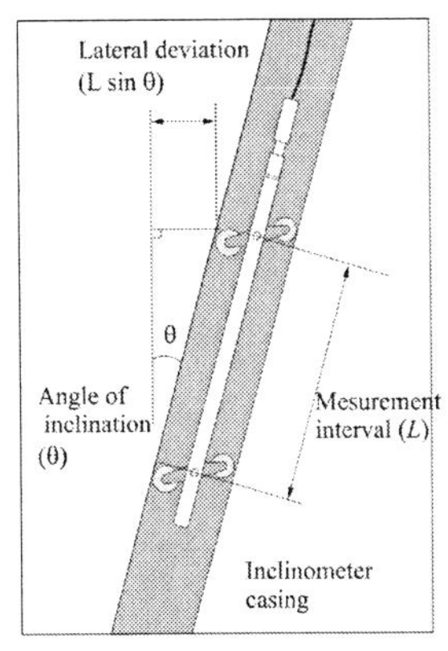

그림 21.7 경사계

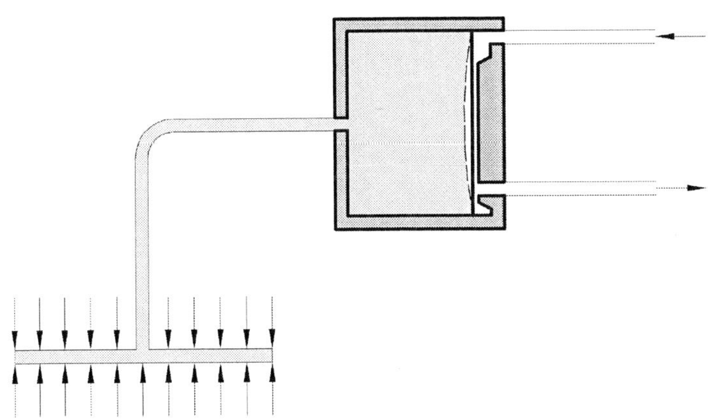

그림 21.8 Glötzl 압력셀

6) C.R.I. Clayton et al., The performance of pressure cells for sprayed concrete tunnel linings. *Géotechnique* 52, No. 2, 2002, pp.107~115.

21.5 초기응력 측정

초기응력은 터널 라이닝의 구조계산에 사용된다. 초기응력 측정은 다음과 같은 방법을 기반으로 한다[7].

- 유체를 가압하는 방법에 의한 수압파쇄법
- 하중제거에 따른 암석시료나 슬롯의 변형 측정
- 보상법 : 하중제거에 따른 변형이 측정 가능한 하중의 재하에 의해 복원이 된다. 이때 필요로 하는 응력이 초기응력과 동일하다고 가정한다.

이 모든 방법도 선형탄성거동을 전제로 한다. 즉, 초기응력 측정은 양호한 암반에만 적용할 수 있다. 획득한 결과들은 종종 매우 신뢰성이 떨어지고 그리고 노력한 만큼의 대가를 얻기가 힘들다.

21.5.1 수압파쇄

캐이싱을 하지 않은 시추공 내에서 2개의 팽창 패커로 구속이 되는 일부 구간이 물로 가압이 된다.[8] 수압이 압력 p_1에 도달하자마자 암석의 균열이 개시되고 수압이 급격히 떨어진다(그림 21.9). 양수를 멈춘 후 압력은 p_2까지 감소되며, 이것은 균열이 닫혔다는 것을 의미한다. 양수가 재개되면 결국 균열이 다시 열리고 압력 p_3를 나타내게 된다.

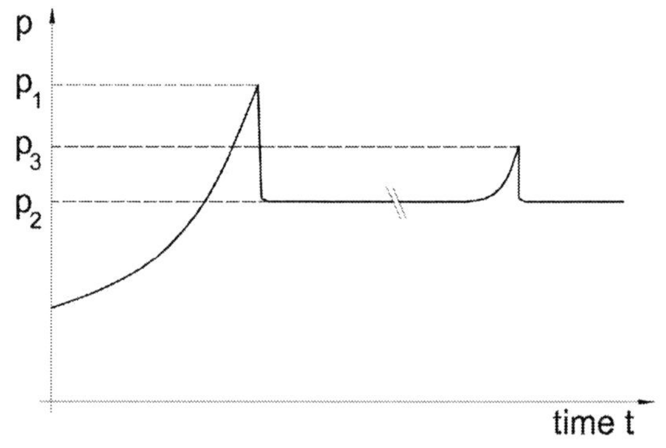

그림 21.9 수압파쇄에서 압력-시간 기록

7) Several articles on rock stress estimation can be found in *International Journal of Rock Mechanics & Mining Sciences*, 40(2003)

8) B. Bjarnason, B. Lijon, O. Stephansson 'The Bolmen Project: Rock Stress Measurements Using Hydraulic Fracturing and Overcoring Techniques', *Tunnelling and Underground Space Technology*, Vol. 3, No. 3, 1988, pp.305~316, 1988

평가를 위해서는 수직응력 σ_z를 주응력이라고 가정하면[9], 결과적으로 2개의 다른 주응력 σ_x와 σ_y는 시추공의 수직축에 수직한 방향이 된다(그림 21.10). σ_x, σ_y와 σ_z는 측정이 될 주응력들이다. 이 응력들이 초기응력이나 균질한 원거리장(far-field)의 응력들로 간주된다. 이러한 응력들은 케이싱이 되지 않은 시추공의 굴착에 따라 변한다. 지금 시추공 벽면에 작용하는 새로운 응력들을 고려하면 원주방향응력 σ_θ는 선형탄성의 가정 하에서 식 (14.5)로부터 $\sigma_y := K\sigma_x$, $K < 1$일 때 다음 식 $\sigma_\vartheta = (\sigma_x + \sigma_y) - 2(\sigma_x - \sigma_y)\cos 2\vartheta$을 얻을 수 있다. 특히, 최소 σ_ϑ는 $3\sigma_y - \sigma_x$ $(\sigma_\vartheta = 3\sigma_y - \sigma_x)$이다. 균열의 첫 번째 개방은 수압이 최소 σ_ϑ의 합(응력에 의한)에 도달하자마자 일어난다고 가정된다. 그리고 암석의 인장강도는 다음과 같다.

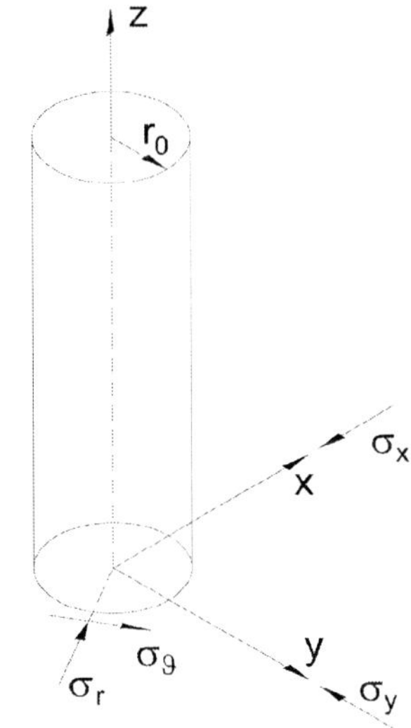

그림 21.10 초기응력장 σ_x, σ_y, σ_z와 시추공벽에서의 응력 σ_ϑ 및 σ_r

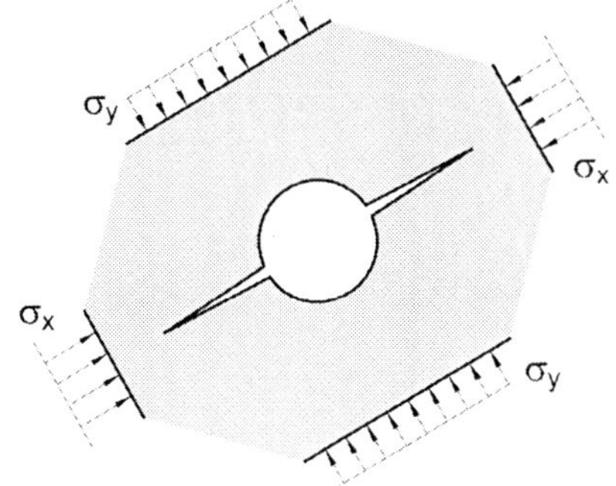

그림 21.11 균열의 위치와 주응력의 방향

9) 시추공벽에서 z는 γz와 같을 필요가 없다.

$$p_1 = 3\sigma_y - \sigma_x + \sigma_f$$

σ_ϑ는 $\vartheta = 0$일 때 최솟값이다. 따라서 균열은 최소 주응력 σ_y에 수직인 방향이 될 것이다(그림 21.11).

균열의 두 번째 개방을 위해서는 암석의 강도를 더 이상 극복할 필요가 없다. 따라서 다음과 같은 식을 얻을 수 있다.

$$p_3 = 3\sigma_y - \sigma_x \tag{21.1}$$

즉, $\sigma_f = p_1 - p_3$이다. 만약 균열이 개방되면, 기하학적 모양은 식 (14.5)의 유도를 위해 정했던 기하학적 모양과 일치하지 않는다. 하지만 p가 σ_y로 낮아지면 균열이 닫힌다고 가정할 수 있다.

$$p_2 = \sigma_y \tag{21.2}$$

식 (21.1)과 (21.2) 그리고 σ_x로부터 σ_y가 결정될 수 있다.

이 유도는 최소 주응력이 수평하다는 가정을 전제로 한다. 만약 σ_z가 최소 주응력이면, 그림 21.11과 같이 균열은 열리지 않을 것이다. 이 경우에는 압력 기록들은 평가될 수 없다. 깊이가 1,000m 이상인 경우에는 소요압력은 보통의 수압 장비로는 제공될 수 없다는 것에 주목하라. 위에서 언급된 방법은 시추공 내 균열이 없는 구역에서 적용되어야 한다. 기존의 균열이 있는 경우에는 HTPF (Hydraulic Test on Preexisting Fractures) 방법이 사용된다. HTPF 시험법은 균열들의 재개방으로 구성된다.

21.5.2 응력해방 및 보상법

대부분의 이러한 시험법은 오버코링(over coring) 기술을 기반으로 한다. 시추공의 공저부분이 오버코어되고 이에 따라서 수평응력으로부터 해방이 된다. 이때 동반되는 변형이 측정된다. 측정결과는 큰 분산을 나타난다. 따라서 신뢰할 수 있는 결과를 얻기 위해서는 많은 수(최소 10회)의 반복 측정이 필요하다.

만약 σ_1이 최대 주응력이고, σ_c가 일축 압축강도 이면, $\sigma_1/\sigma_c > 0.2$까지의 응력측정 결과는 해석이 매우 어렵고, $\sigma_1/\sigma_c > 0.3$에 대해서는 결과는 쓸모가 없다[10]. 카나다 판의(Canadian plate)

경우 이러한 값은 심도 1,000~1,500m에 해당한다. 응력개방의 변위 측정은 그림 21.12와 같이 더 작은 구경의 시추공에서 특수 프로브[11])로 내부의 팽창을 측정하거나 혹은 접착된 스트레인 게이지 로제트[12])에 의해 또는 다른 방법[13])으로 측정이 수행된다.

시추공의 오버코링으로 시추공벽에서 접선방향 응력이 해방된다. 이에 수반되는 변형률들이 측정된다. 이 변형률은 탄성거동이론에 따라 응력과 관련이 있다. 보상법에서는 공을 재개방하거나 슬롯을 원래의 크기로 돌리는 데 필요한 응력이 측정된다.

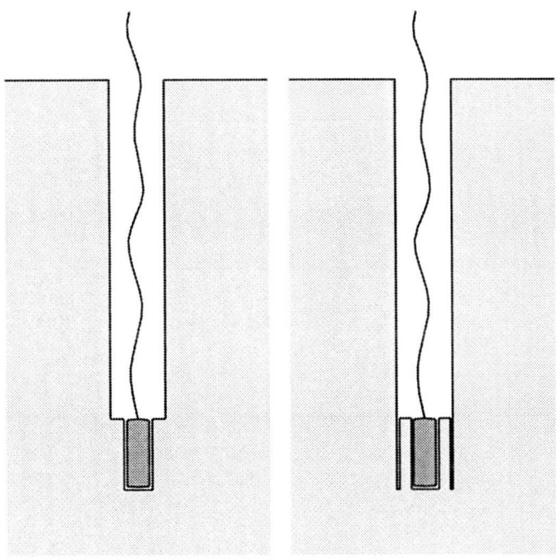

그림 21.12 제하 변형을 측정하기 위한 오버코링

21.6 계측을 위한 단면

터널의 계측 단면은 터널축을 따라 분포하게 된다. 약 매 300m 간격으로 주요 계측단면이 그리고 매 30~50m 간격으로 보조 계측 단면이 설정된다.[14]) 주요 계측 단면에는 지표침하 및 내공변위를 측정하기 위한 장비, 지중변위계 혹은 슬라이딩 마이크로미터 그리고 숏크리트 라이닝의 내부나 표면에 로드 셀을 설치된다. 보조 계측 단면에는 지표침하와 내공변위를 계측하기 위한 장비가 설치된다.

10) P.K. Kaiser et al., Underground works in hard rock tunnelling and mining. Geo-Eng 2000, Melbourne.
11) deformation meter of the U.S. Bureau of Mines.
12) so-called doorstopper of the South African Council for Scientic and Industrial Research.
13) 참조 : J.A. Franklin, M.B. Dusseault : Rock Engineering. McGraw-Hill, 1989.
14) RVS 9.32, Blatt 7.

Tunnelling and Tunnel Mechanics

터널의 수치해석

22.1 총론

수치해석(또는 수치시뮬레이션)의 목적은 지보(라이닝, 록볼트 등의)의 거동, 건물과 지반의 변형들을 예측하는 것이다. 이렇게 예측을 함으로써, 안전성을 평가하고 시공을 최적화하는 것이다. 귀납적 예측(B 등급 예측)을 함으로써 파괴를 분석하고, 연관된 매개변수를 조정하고 그리고 이해도를 높이려고 시도되는 것이다.

최근 터널 공사에서 수치적 시뮬레이션의 적용은 표준이다. 그러나 그 결과는 항상 믿음직스러운 것은 아니기 때문에, 일반적으로 결정을 내리고 공사를 진행하는 데 적절하게 쓰이진 않는다. 여기서 수치 시뮬레이션의 성능과 한계를 살펴보는 것은 흥미로운 일이다. 수치적 시뮬레이션의 기본 요소들은 균형방정식(질량, 에너지, 운동량)과 구성방정식이다. 균형방정식들은 의심의 여지가 없는 반면에 구성방정식은 관련된 재질들의 거동을 표현하고 그리고 항상 근사치이다. 간단한 구성 방정식(Hooke 법칙과 같은)은 종종 충분히 실질적이지 못하고, 그리고 충분히 실질적인 것들은 복잡성을 나타내는데 그것은 때로는 엄두도 못 낼 정도이다. 균형 및 구성 방정식들에 부가하여 초기 및 경계 조건들이 필요하다. 방정식들의 결과 시스템은 대상 물체 내의 변형과 응력장들을 결정한다. 이런 관계에서 많은 사람들이 원하는 영역들이 특유의 형태로 결정될 수 있는지의 여부를 물어야 한다. 이것은 필연적인 경우가 아니다. 고유성, 분기 및 여러 해들의 손실은 관련 방정식의 바로 그 특성에 의해 암시될 수 있으며 물리적인 배경이 있을 수 있다. 어쨌든, 그것들은 수치적 절차에 심각한 어려움 부과할 수 있다. 연속체의 모든 점에서 변형과 응력장을 결정하는 것은 관련된 방정식들을 풀어서 미지수의 여러 무한성을 결정하는 것을 의미한다. 여기서 방정식들은 미분방정식들이다. 이러한 어려움을 극복하기 위해, 물체 내에 내재해 있는 유한 개수의 점들('절점')에 우리의 관심을 제한해야 하고 그리고 평형방정식이 오직 이 점들에서만 수행되도록 요구한다. 절점들 간의 변형은 적절하게 추정된다(보간법이 사용된다).

이 접근법은 미분방정식을 대수식으로 대체할 수 있게 해준다. 고려대상인 점들에 외력들(예를 들어 중력에 의한)과 변형에 의한 내력들이 작용할 수 있다. 이 힘들은 실제값이 아닌 예측치이다. 이 힘들은 절점들 사이에 보간이 된 변위의 결과이다. 절점에서의 평형은 종종 평형미분 방정식의 약한 공식(weak formulation)으로 일컬어진다. 가상 변위의 원리에 의해 표현이 되는데, 이것은 Galeerkin의 원리로 표현하게 된다. 이 원리는 근사해는 결함(=실제와 근사해의 차이)에 대해 '직교' 한다는 것을 명시한다.

최근엔 유한요소 코드들의 다양성을 사용할 수 있다. 코드들의 품질은 종종 증명되지 않거나 가끔은 의심스럽기도 하다. 주요 원인은 유한요소 코드들이 종종 배경 이론에 대한 이해 없이 블랙박스로 사용되기 때문이다. 예측치들의 품질은 계측에 대해 거의 확인될 수 없다는 것이 밝혀졌다. 그래서 계산능력에 대한 기대는 적당히 해야 할 것 같다. 여기서 독일 지반공학회(German Society for Geotechnics)[1)]의 지반공학 수치해석 분과위원회에 의해 수행된 검증시험이 흥미롭다. 미리 정해진 기하학적 형태 및 경계 조건들, 구성방정식들, 재료의 매개변수들을 갖는 터널에 대해 여러 시험 참가자들에 의해 계산되었다. 계산된 표면침하는 크게 분산되지 않았다. 그러나 숏크리트 라이닝의 계산된 하중들(수직력과 휨모멘트)은 300% 정도까지의 놀라운 분산을 보였다. 이것은 상기 항목의 값들의 사전 조건들이 결과의 고유성을 보장하지 않는 다는 것을 의미한다.

그러므로 계산능력에 대한 몇 가지의 한계들을 신중하게 고려해야 만 한다. 그러나 이것이 계산을 축소시켜야 된다는 의미는 결코 아니다. 예측외에도 수치적 시뮬레이션들이 민감성 분석을 위해 사용될 있다. 이것은 다양한 관련 매개변수들의 역할에 대한 통찰력을 제공해 준다.

22.1.1 초기 조건과 경계 조건

초기 및 경계 조건에 대한 고려가 지반공학적(그리고 터널굴착) 문제들에 있어서 특히 어렵다.

초기 조건 구성방정식들은 전개방정식이다. 즉 이것들은 알고 있는 응력상태로부터 시작되는 변형에 의한 응력 변화를 예측을 시도하는 것이다. 그러나 지반공학에서 초기 응력장은 거의 알려져 있지 않는데, 이것은 아주 복잡하고 그리고 거의 알려지지 않은 지질학적인 역사 때문이다. 지

1) H.F. Schewiger, Results from two geotechnical benchmark problems. In: Proceed. 4th Europ. Conf. Num. Methods in Geotechnical Engineering, Udin, 1998. A. Cividini (ed.), Springer, 1998, pp.645~654.

질학적인 변형의 역사가 알려져 있다고 할지라도, 결과로 생긴 응력장을 거의 계산할 수 없다. 왜냐하면 수천 또는 수백만 년 동안 느린 속도로 진행되어온 암석의 재료 거동을 설명할 수 있는 구성방정식들이 부족하기 때문이다. 현재의 지질학적 상황(특히 습곡들)에 대한 조사에서 취성 암반들은 변형이 극단적으로 천천히 진행이 될 때 매우 연성이 될 수 있다는 것이 밝혀졌다.

초기응력장이 쉽게 평가될 수 있는 경우만이 수평면으로 경계를 이루며 정상적으로 고화된(즉, 사전재하가 없는) 반무한영역이다. 이런 상황에서는 퇴적과 응력장의 결과로 지반은 지압이 작용하는 상황이 된다. 즉, 수직응력은 깊이와 함께 선형으로 증가하여 $\sigma_z = \gamma \cdot z$ 그리고 수평응력들은 $\sigma_x = \sigma_y = K\sigma_z$가 된다. 전단응력들은 사라진다: $\sigma_{xy} = \sigma_{yz} = \sigma_{xz} = 0$. 수평방향으로의 지체구조적 압축이나 인장이 없다면 $K = K_0$이 된다.

선형탄성의 경우엔 초기 응력장은 아무런 역할을 하지 않는다. 이것이 바로 초기 응력장과 관련된 어려움이 종종 간과되는 이유다.

경계 조건 전통적으로 유한요소방법은 미리 정해진 변위들 혹은 인장력들이 물체 B와 경계 ∂B상에 적용된다. 일반적으로 물체의 운동은 '위상적'인데, 즉 이것은 경계는 항상 같은 요소들로 구성된다는 것이다. 반대로 비위상적인(non-topological) 운동들은 내부의 요소들이 경계 요소들이 되고 그리고 역도 같다는 사실로 특징지어진다. 이 경우는 예를 들면 고려대상의 물체가 다른 객체들에 의해 찢어지거나 관통되는 경우다. 정확히 이것은 종종 지반공학의 경우이고 특히 터널굴착의 경우이다. 모든 종류의 굴착, 천공, 파일 박기, 쉴드 등은 비위상적 운동들이고 유한요소방법의 적용에 심각한 어려움을 제기한다. 표준적인 접근방법은 제거되어야 할(굴착될) 요소들의 강성과 무게를 감소시키는 것이다(점진적으로 또는 한 번에). 이것은 예를 들면 연약한 흙에서 굴착할 웅덩이를 굴착할 경우에는 합당하다. 그러나 만약 굴착된 지반이 점성이 있다면, 그때는 그 점착력을 극복하기 위해 과잉의 힘이 적용되어야 한다. 이 힘은 지반에 자기평형 응력장을 뒤에 남겨놓을 수 있다. 발파에 의한 굴착은 거의 대부분 주변의 암반을 악화시킬 것이다. 굴진(예를 들어, 쉴드에 의한)은 단순히 몇몇 요소들의 재료 성질들을 대체하는 것(여기서 흙을 강재로 변환시키는 것을 의미)으로만 모델링할 수 없다. 굴진은 또한 주변 지반에 전단 및 압축 응력장들을 작용시킨다는 것을 고려해야 한다. 만약 막장의 지보가 압축된 슬러리에 의해 수행된다면, 그때는 적용 압력은 정적인 경계조건으로서 간주되어야만 한다. 동시에 주변 토사가 쉴드 막장 안으로 들어오는 운동도 고려되어야 한다.

터널공사는 복잡한 지반과 구조물간 상호작용의 문제로 구성된다. 주요한 어려움은 시공(여기선 지보가 포함된 터널)이 거의 인지할 수 없는 방식으로 초기응력장을 교란시킨다는 사실이다.

여기서 그림 22.1과 같이 중간 시공단계에 대해 살펴본다. 총 내공변위, 즉 d_0에서 d_2로의 직경의 감소는 터널의 경계에서 초기응력 σ_0가 σ_2로의 반경반향 응력이 감소되는 것을 의미한다. d_2를 결정하기 위해서 지보의 변형거동도 또한 고려해야만 한다. 그리고 이것은 지보가 설치된 후에 일어나는 지반의 변형에 따라 달라진다. 여전히 지보가 설치되지 않는 BC 구간의 안정성은 종방향의 굴착 막장의 지보효과 때문이다. 이것은(평면 변형의 경우) $(1-\beta)\sigma_0$로 평가된다. 그래서 숏크리트 라이닝[2]은 이것이 적용될 때 $\beta\sigma_0$의 하중만을 받게 된다.[3] 굴착 막장의 지보효과를 평가하는 다른 과정은 터널 단면 내 암석에 대해 감소된 강성을 적용함으로써 이루어진다($E \rightarrow \alpha E$, $\alpha \leq 1$). 이 방식에서 응력감소 $\sigma_0 \rightarrow (1-\beta)\sigma_0$는 변질되지 않고 약화된 암석 사이의 상호작용으로부터 구할 수 있다. α와 β의 값은 다소 임의로 추정해야만 한다는 것도 추가되어야 한다.

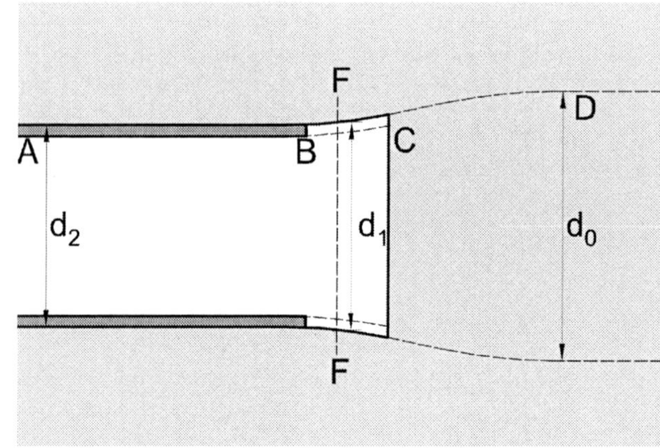

그림 22.1 중간시공단계(변형을 과장되게 표현). AB 구간 내에 숏크리트는 이미 타설되었고, CB구간은 곧 타설될 예정이다.

22.1.2 비선형성의 대처

비선형 문제들을 다루는 것은 높은 수준의 수학이 필요하다. 여기서 철저한 수학의 고려 없이 엔지니어의 접근방식이 시도된다. 이것은 적용되는 방식들의 물리적인 이해를 목적으로 하며, 적용되는 방식들은 터널공사에서 수치적 시뮬레이션에 있어서 필수적인 것이다. 비선형성은 큰 변형(기하

---

2) 즉각적인 타설이 예상된다.

3) 다음 문헌에 인용된 것을 참조 D. Harle, P.M. Mayer, B. Spuler: Stability investigations for outer lining and rock with driving the Engelberg Base tunnel, *Tunnle* 3 (1997), pp.12~22.

학적 비선형성)과 재료의 거동으로부터 발생한다. 기하학적 비선형성은 대부분의 경우 충분히 작은 부분에 변형을 적용하고 그리고 각 단계에서 질점들의 위치들을 갱신함으로써 피할 수 있다. 재료의 비선형성은 탄성과 비탄성 비선형성으로 구분되어야 한다. 비선형 탄성은 응력-변형률 곡선이 곡선이지만 가역적이라는 것을 의미한다. 즉, 재하와 제하시 같다는 것을 의미한다. 이런 형태의 비선형성은 동일하게 충분히 작은 변형의 증분을 적용함으로써 처리될 수 있다. 그러나 비탄성 비선형성은 재하와 제하시 다른 응력-변형률 곡선들(따라서 다른 강성들) 때문에 더 어렵다. 이런 비선형성은 작은 증분을 적용하여 처리될 수 없다. 따라서 이것을 '점증 비선형성'이라 한다. 이러한 비선형성은 탄소성과 초소성(hypoplastic)에 편재되어 있다. 비선형성을 다루는 방식들은 자유도가 1인 시스템에 대해 설명될 것이고, 복수의 자유도에 대한 일반화는 나중에 설명될 것이다. 고려대상 물체는 질량 m의 하중 P에 의해 재하가 되는 (비선형)스프링으로 생각될 수 있다(그림 22.2). 스프링의 힘 I는 비선형적 방식으로 스프링의 신장과 압축 x에 좌우된다. 스프링의 변형 x_F는 비선형방정식 $y(x) := P-1(x)=0$을 풀어서 결정할 수 있다. P는 외력이고, I는 내력(스프링의 힘) 그리고 y는 일종의 부족 또는 과도한 힘인데 이는 없어지게 된다. 일반적으로 방정식 $y(x)=0$은 반복적으로 푼다. 즉 초기 예측치 x_0는 x_1으로 개선되고 그리고 이것이 반복된다. 반복 계산은 해 x_i을

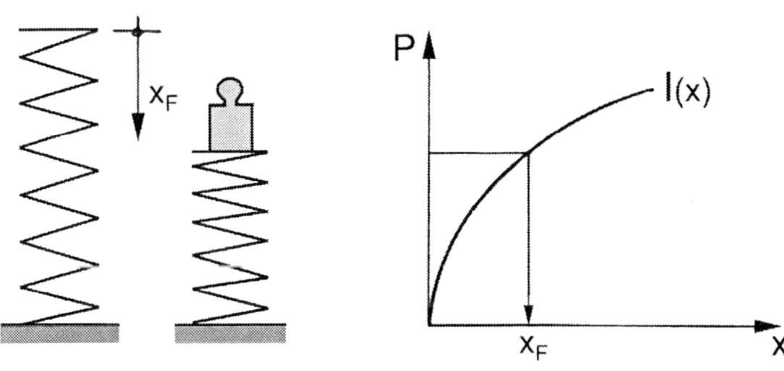

그림 22.2 비선형 스프링의 변형

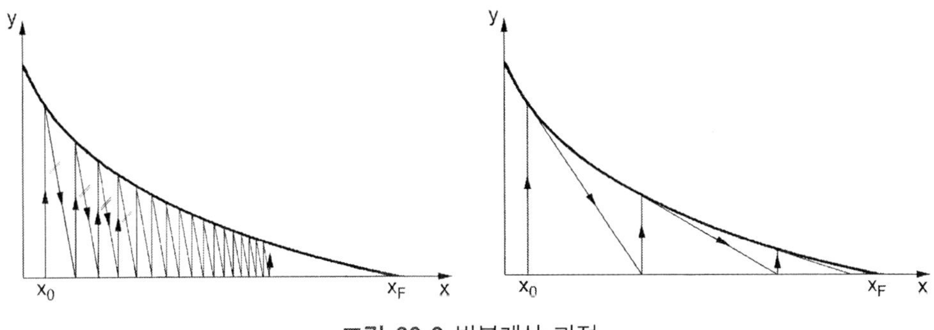

그림 22.3 반복계산 과정

$\triangle x_i := x_{i+i} - x_i$를 더해감으로써 개선시켜야 한다. 가능한 반복계산은 $\triangle x_i = ky(x_i)$를 설정하는 것이다. 분명히, $y(x_i) = 0$이면 $\triangle x_i = 0$이다. 이런 반복계산 과정은 그림 22.3의 왼쪽과 같이 도식적으로 표시될 수 있다. 만일 모든 i에 대해 $k \le 1/y'(x_i)$이면 수렴하게 된다.

훨씬 더 빠른 수렴은 Newton식에 의해 가능하다: $\triangle x_i = y(x_i)/y'(x_i)$. 이 식은 모든 점 x_i에서 (영이 되지 않는!) 도함수 y'의 평가가 요구된다.

만일 자유도가 n인 시스템을 고려한다면, 그때는 x와 y는 반드시 n차원의 벡터들 $x = \{x_1,\ x_2,\ \cdots,\ x_n\}$, $\mathrm{y} = \{\mathrm{y}_1,\ \mathrm{y}_2,\ \cdots,\ \mathrm{y}_n\}$로 대체되어야만 하고, 그리고 $y' = dy/dx$는 (강성) 행렬 $\partial \mathrm{y}/\partial \mathrm{x} = \partial y_k/\partial x_l$에 의해 대체되어야 한다. 그러면 Newton식은 다음과 같아진다: $\left(\dfrac{\partial \mathrm{y}}{\partial \mathrm{x}}\right)_i (\triangle \mathrm{x})_\mathrm{i} = (\mathrm{y})_\mathrm{i}$. 이것은 선형방정식의 한 시스템이고, 이것의 해는 $(\triangle \mathrm{x})_\mathrm{i}$를 만들어 낸다. 각각의 반복 단계에서 행렬 $\partial \mathrm{y}/\partial \mathrm{x}$는 분석적으로나 혹은 수치적으로 결정되어져야 한다. 1차원의 경우, y'가 사라지는 것은 행렬식 $|\partial \mathrm{y}/\partial \mathrm{x}|$가 사라지는 것과 같다. 즉 사라진 고유값의 출현 혹은 소위 분기점의 출현을 말한다. 일반적인 프로그램들은 고유 값이 음의 값이 될 때마다 실행을 멈춘다.

Newton 식의 빠른 반복은 많은 시간이 걸리는 강성 행렬을 결정하는 것에 의해 부분적으로 상쇄된다. 이것은 앞서 언급된 식 $\triangle x_i = ky(x_i)$로 피할 수 있다(Jacobi로 돌아가다). 그러나 이것은 더 천천히 수렴이 된다. 이 식은 물리적인 표현으로 주어질 수 있다: 만일 힘 P가 갑자기 적용되면, 물체는 진동할 것이다. 이 진동은 에너지가 어떤 종류의 감쇠에 의해 새나가지 않는 다면 계속될 것이다. 만일 감쇠가 관성력들에 비해 엄청 크다면, 관성력들은 무시될 수 있다. 선형의 점성 감쇠를 가정한다면 그때는 점성 향력 $\eta \dot{x}$에 의해 대응되는 여유력 $y = P - I$를 갖는다. 방정식$y(x) = \eta \dot{x}$은 $(x_{i+1} - x_i)/\triangle t = y(x_i)/\eta$ 또는 $\triangle x_i = \dfrac{\triangle t}{\eta} y(x_i)$으로써 수치적으로 해결될 수 있다. 이것은 앞서 언급된 Jacobi의 식이다.

만일 관성이 무시되지 않는다면, 수치적 도식들은 '동적 이완' (FLAC 이나 ABAQUS/EXPLICIT와 같은)이라고 불린다. 충분히 작은 시간의 단계들로써 이 수치적 도식들은 경계의 하중이 파와 함께 물체내부로 전파하는 것을 고려한다. 그것들은 동적 문제들에 적용될 수 있다. 준정적(quasi-static) 문제들에 대해서는 수치적 감쇠가 적용된다. 그러나 이것은 허구적일 수 있으며, 빠른 수렴을 제공한다. 그러나 감쇠는 응용문제와 구성방정식에 반드시 수동적으로 적응되어야 한다. 그렇지 않으면 해의 의사 진동이 일어날 수 도 있다.

22.1.3 구성방정식

FEM이 터널굴착에 적용되던 초기는 컴퓨터는 매우 제한된 메모리를 가지고 있었다. 따라서 자료의 관리가 가장 중요한 문제이었던 반면에 적절한 구성방정식의 선택은 그다지 중요하지 않았다. 이런 태도는 오늘날까지 유지되어 왔으며, 사용된 구성방정식이 언급조차 되지 않은 수치적 시뮬레이션의 경우를 관찰할 수 있다. 이것은 결코 정당화되지 않는다. 적절한 구성방정식의 (적절한!) 사용은 결정적으로 중요하다. 사실, 토사와 암석의 거동은 매우 복잡하다. 그러므로 실제적인 구성 방정식들은 방정식이 사용될 수 없을 정도로 복잡할 수 있다. 물론, 모두가 불필요한 복잡성[4]을 피하기 위한 방법을 찾고 있고 그리고 각각의 경우에 적용될 수 있는 가장 가능하며 간단한 구성방정식들을 선택하려고 노력하고 있다. 의심할 여지없이 가장 간단한 구성방정식은 Hooke의 법칙이고, 사실 지반공학에서 널리 사용되고 있다. 그러나 Hooke의 법칙이 어떤 종류의 체적팽창, 항복 또는 붕괴는 포함하지 않는 것을 알아야 한다. 다음 단계의 복잡성은 일반적으로 Mohr-Coulomb의 항복조건을 갖는 탄소성으로 간주된다. 그리고 연관($\psi = \varphi$) 또는 비연관($\psi < \varphi$) 유동법칙(flow rule)이다. 여기서 φ는 마찰각을 나타내고, ψ는 팽창각을 나타낸다. 이 접근방식도 단점들을 가지고 있다. 예를 들면 이것은 실제로 일어나는 갑작스런 체적수축대신에 제하시 체적팽창을 예측한다. 따라서 터널공사로 인한 체적손실을 사실적으로 설명하지 못한다(19.2장 참조).[5]

간소화의 법칙은 적용하기 어렵다는 것이 밝혀졌다. 그 이유는(실질적 예측의 관점에서) 우리는 종종 어떤 효과가 해당 문제와 연관이 있는지 또는 연관이 되지 않는지 사전에 알 수 없기 때문이다.

예를 들면 Hooke 법칙은 일정한 강성과 일정한 프와송비의 특징을 가지는 반면에 토사는 (i)실제 응력수준과 (ii)변형의 방향에 영향을 받는 강성의 특성을 가지고 있다. 종종 극단적인 강성의 변화는 일정한 강성 E와 G가 각각의 요소와 각 하중 단계에 대해 적절하게 선택이 된다면 Hooke 법칙에 의해 충분히 잘 모델링이 될 수 있다고 믿고 있다. 그러나 이 과정은 사실상 응력장 및 변형장이 다소 알려져 있고 계산될 필요가 없다고 예상한다. 더욱이 체적 팽창과 수축은 프와송비에 어떠한 값이 할당이 된다고 할지라도 Hooke 법칙에 의해서 모델링이 될 수 없다. 또한 작은 영향들이 항상 무시될 수 없다는 것도 고려해야만 한다. 특히 분기점이나 중요한 점 가까이에서는 상황들이 발생하고, 또한 주기적인 재하 시에는 작은 교란들이 커다란 결과들을 초래할 수 있다.

22.2 지반반력 방법

흙과 구조물간의 상호작용에 대한 문제를 분석하는 간단한 접근방법은 지반이 무한히 얇고 독립된(연결이 되지 않은) 스프링들로 이뤄졌다고 가정하는 것이다. 만일 이 스프링들이 선형($p = Ku$)

---

4) 일반적인 원리는 'Ockham's razor' 또는 과학에서는 '간소화의 법칙(law of parismony)'라고 부른다.

5) 참조: I. Herle., Constitutive models for numerical simulations, in: Rational Tunneling, D. Kolymbas (ed.), Logos, Berlin 2003, pp.27~60.

이면 선형 또는 탄성 지반반응이 주어진다. 여기서 p는 건축물과 지반사이의 압력이고 u는 건축물의 변위 그리고 K는 지반반력계수 또는 지반반력수이다. 여기선 건축물이 가요성(변형 가능한)이 있다고 간주되고 따라서 관계식 $p = Ku$는 국부적으로 즉 인터페이스의 모든 점에서 성립된다. Winkler로 돌아가서 지반반력 접근방식 $p = Ku$는 전면기초, 파일, 옹벽 및 터널에 적용된다(그림 22.4).

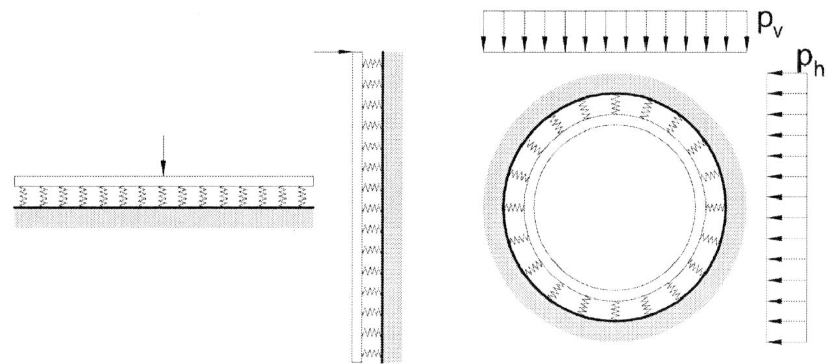

그림 22.4 지반반력접근방식에 의한 흙-구조물 상호작용

지반반력 접근방식은 명쾌한 수학적 과정의 적용을 허용한다. 따라서 곧은 빔에 대한 미분방정식 $EJu^{(4)} = -p$는 다음과 같은 일반해를 갖는 선형미분방정식 $EJu^{(4)} = -Ku$를 만들어 낸다.

$$u(x) = \sinh\frac{x}{L}\left(C_1\sin\frac{x}{L} + C_2\cos\frac{x}{L}\right) + \cosh\frac{x}{L}\left(C_3\sin\frac{x}{L} + C_4\cos\frac{x}{L}\right)$$

여기서 $L := \sqrt[4]{4EJ/K}$ 이다.

그러나 각각 분리된 스프링들에 대한 정당치 않은 가정은 지반반력계수 K는 측정이 될 수 없다는 것을 포함하고 있다는 것을 명심해야 한다. 물리적인 근본 개념이 실제적인 아닌 경우 계측은 오해의 소지가 있음에 주목하라. 실질적으로 거의 달성이 불가능한 압력 분포의 계측은 지반반력에 대한 가정은 조사가 불가하다는 것을 의미한다. 압력 분포는 거의 측정이 어렵다. 그 이유는 로드 셀들이 일반적으로 주변 물체와 다른 강성을 나타내어 응력 분포에 영향을 주기 때문이다. 지반반력계수를 계산하는 방법은 갱도 벽면에 유압피스톤(압력)을 지주로 받치는 것이다(그림 22.5). 유압 피스톤의 힘과 연장이 측정된다. 양단의 평판에서의 응력분포는 일정하지 않기 때문에(응력분포는 다른 기준들 중에서 디스크 직경에 의존), 지반반력계수는 유추될 수 없다. 비선형의 지반반력 $K = K(u)$ 혹은 국부적으로 변하는 지반반력 계수 $K = K(x)$ 또는 $K = K(u, x)$ 같은 종종 수행된 지반반력 접근방법의 개선은 그들이 위에서 언급한 어려움을 향상시킨 것처럼 실제적인 개선이 아니다.

터널공사에서 지반반력 접근방식 $\sigma_r = K_r u_r$이 탄성 지반선으로 구한 지반반력수 K_r과 함께 사용된다[6] : $K_r = 2G = E/(1+v)$. 따라서 이것은 정수압상태의 초기응력에 의해 원형단면의 내공변위 또는 일정한 팽창이 예상된다.

그 후에 하중은 그림 22.4에 따라서 라이닝에 작용한다고 가정되는데, 그러나 이것은 임의적인 것이다.

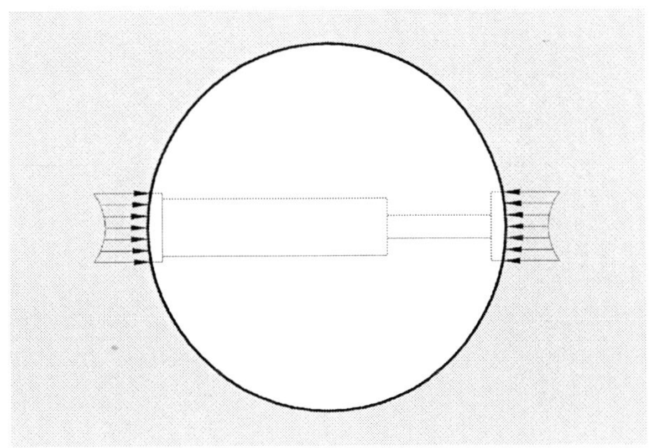

그림 22.5 평판하중시험

22.3 숏크리트 라이닝 설계와 관련된 어려움

숏크리트 라이닝은 주변 암반에 가중되는 하중들을 받을 수 있을 것으로 예상된다. 이것은 일시적이거나(만일 영구 라이닝이 차후에 타설된다면) 또는 영구적일 수 있다. 숏크리트 라이닝을 적절하게 설계하기 위해서 여기에 작용되는 하중을 알아야 한다. 그러나 이것은 여전히 만족스런 답이 없는 매우 어려운 질문이다. 그 이유는 하중은 선험적으로 주어지지 않고, 지반과 숏크리트 라이닝 간의 상호작용에 의해서 결정되기 때문이다. 소위 흙-구조물 간의 상호작용 문제들은 매우 어려운 것으로 알려져 있고, 그리고 터널공사에서는 다음 사실들에 의해 어려움이 증가된다.

6) 만약 지보가 주변 암석에 비해 충분한 강성을 갖는다면, 즉 만약에 $K_r r_0^2 /(EJ) < 200 m^{-1}$이면.

- 초기응력장과 지반의 역학적 거동은 잘 알려져 있지 않고, 특히 압착성이나 팽창성 암석의 경우는 더욱 그렇다.
- 초기 조건들은 잘 알려진 것이 없다. 숏크리트 라이닝은 막 굴착된 암반 둘레에 원주의 띠 형태로 조금씩 타설된다. 거기서 암반표면에 작용하는 반경방향 응력은 0으로 감소되고 결과적으로 (거의 측정이 불가한) 내공변위가 일어난다. 막장의 전진과 함께 내공변위가 숏크리트 상에 작용하는 하중을 증가시킨다.
- 숏크리트의 역학적 성질들은 경화되는 콘크리트의 시간에 따라 변한다. 그리고 이것은 주로 변수 Young 율과 압축강도와 함께 고려되어야 한다. 예를 들어 둘 다 $\exp(\alpha/t^{\beta})$ 형태의 시간함수에 따라 변한다. 경화시간과 더불어 숏크리트는 속도 의존적 재료로써, 강성은 시간이력과 하중 속도에 따라 달라진다. 크리프(즉, 일정한 응력에서의 변형)와 이완(즉, 일정한 변형에서의 응력변화)은 시간 의존성에 대한 유일한 두 가지 징후들이다. 몇 가지의 새로운 개발에 따라 숏크리트는 점성-탄소성 물체로 간주된다. 탄성체제는 탄소성 경화 매개변수 χ와 수화도 ξ에 의해 달라지는 Drucker-Prager 형식의 항복표면에 의해 제한된다. 크리프는 실제응력에 따라 결정이 되는 해당 변형속도와 함께 수화와 전위의 동역학에 기인한다. 직면하게 될 관계식들의 높은 복잡성, 엄청난 실험적 어려움들 그리고 실험 자료의 부족함의 관점에서 상기 형식의 관계들은 사실상 단순한 가정들이라는 것을 고려해만 한다. 따라서 이것은 어떤 다른 정보의 부재에서는 환영을 받게 된다.

숏크리트의 감소된 인장강도와 인장응력들에서의 관련이 있는 높은 크리프 속도는 라이닝 내에서 수직력이 휨모멘트와 상호작용 할 때마다 매우 복잡한 거동을 초래한다. 단순한 휨모멘트의 존재조차도 내공변위-제어법을 무의미하게 만든다. 알려진 바와 같이 이러한 접근방식은 암반이 라이닝에 가하는 압력 $p_R(u)$와 라이닝이 내공변위에 반응하는 압력 $p_L(u)$를 주어진 내공변위 u에 할당한다. 라이닝의 내공변위는 방정식 $p_R = p_L$로 구해진다. 휨모멘트가 있을 때는 u나 p 모두 공동의 둘레를 따라 일정하지 않다. 이런 경우엔 휘어진 빔에 대한 알려진 평형 방정식을 고려해야만 한다:7)

$$Q' - N/r = -p$$

$$N' + Q/r = -q$$

$$M' = Q$$

7) 식 16.15) 참조

여기서 프라임은 호의 길이 s에 대한 도함수를 나타내고, r은 곡률 반경($r \rightarrow \infty$ 의 경우 방정식을 선형빔을 위한 것으로 다시 바꾼다), 그리고 q는 빔/라이닝에 작용하는 단위길이당의 접선력이다. $q \equiv 0$ 대해서 조차도 위 방정식들은 M과 N이 상호 연관이 되어 있다는 것을 의미한다.

$$M'' - N/r = -p \tag{22.1}$$

M, N 그리고 Q와 라이닝의 변형을 관련짓기 위해서 곡률의 변화 $k = 1/r$은 다음과 같이 근사화될 수 있다.

$$\triangle k \approx \frac{u}{r^2} + u''$$

분명히, 첫 번째 항은 $r : r \rightarrow r - u$의 감소에 의한 곡률의 변화를 의미한다. 라이닝 내의 종방향 변형률은 다음과 같다.

$$\varepsilon \approx -\frac{u}{r}$$

이와 같이 N을 ϵ에 그리고 M을 u''에 할당하는 것이 합리적인 것으로 나타난다:

$$N = -AE\varepsilon = AEu/r; \quad M = f(u'') \tag{22.2}$$

그러나 u와 u''를 독립적으로 제어할 방법이 없다는 것에 주목하라. 선형 탄성의 경우 식 (22.2)는 $M = EJu''$가 되지만 인장응력들이 라이닝 내에 나타나자마자 강한 비선형이 되어버린다. 식 (22.1)과 u가 u''로부터 분리될 수 없다는 사실 때문에 내공변위-제어법은 더 이상 적용되지 않는다. N이 인장응력의 발현에 영향을 주기 때문에 식 (22.2)는 $M = f(N, u'')$로 다시 쓰여질 수 있다. 또한 함수 $f(N, u'')$는 보강의 위치에 따라 달라진다는 것에 주목하라. 그러나 터널공사에서 현재의 관행으로는 미리 정해진 보강의 위치를 정확히 유지하는 것을 허락하지 않는다. 따라서 숏크리트 보강철근의 설계는 여러 가지 단순화된 가정들로 부담을 지게 된다. 섬유보강 숏크리트의 상황이 더 낫다. 왜냐하면 이 경우 보강이 라이닝 안에서 균일하게 분포되어지기 때문이다.

리이닝의 적절한 설계는 M과 N의 실제적인 조합이 인정될 수 있다는 것을 확인해야만 한다. 이를 위해 일종의 항복함수 $g(M,N,t)$가 불균등 $g(M,N,t) < 0$이 안전한 상태를 나타내는 것과 같은 방식으로 도입되어야만 한다. 변수 t(시간)은 콘크리트의 경화시간과 크리프를 고려하기 위해 포함되어 있다. 최근의 기술수준에서는 함수 $g(M,N,t)$가 누락되어 있다.

단순화를 위한 단계는 크리프는 오직 숏크리트에 균열이 있는 경우에만 일어난다고 가정될 수 있다. 그래서 설계는 숏크리트에 균열이 생기지 않거나(이런 경우보강이 필요 없다), 아니면 시간의존('크리프') 변형들은 어떤 허용범위를 초과하지 않는다는 것을 보장해야만 한다. 시간의존 변형들은 크리프변형이 아니라는 것에 주목하라. 엄격히 말하자면 크리프는 일정한 응력하에서의 변형과 관련되기 때문이다. 그러나 터널에서 암반거동은 라이닝에 작용하고 있는 응력들이 라이닝의 변형에 따라 달라진다는 것을 의미한다(그리고 또한 압착성 또는 팽창성 암반의 경우에는 시간에 좌우된다). 여기에 제시된 언급들은 터널공사는 공학적인 관점이 요구되고 있고 그리고 여전히 집중적인 연구가 필요하다는 것을 보여주고 있다.

03

부록

A 부록 – 폭굉의 물리학

이 부록[1)]은 폭발의 성질과 흙/암석에 대한 폭발효과에 대해 설명하기 위한 것이다.

A. 폭굉

폭굉전선(detonation front)은 화약(이것은 산소와 가연성 물질의 혼합물)의 분자를 작은 조각으로 파쇄하는 충격파이다. 이것은 그 두께가 분자(약 10^{-5} ~ 10^{-6}cm)들의 자유비행에 필적하는 영역 안에서 일어난다. 이후 발열반응(산화)이 일어난다. 이러한 산화의 결과가 가스의 혼합물이다. 그림 A.1은 원통형 장약의 폭굉과 관련된 다양한 영역의 스냅사진을 나타낸다.

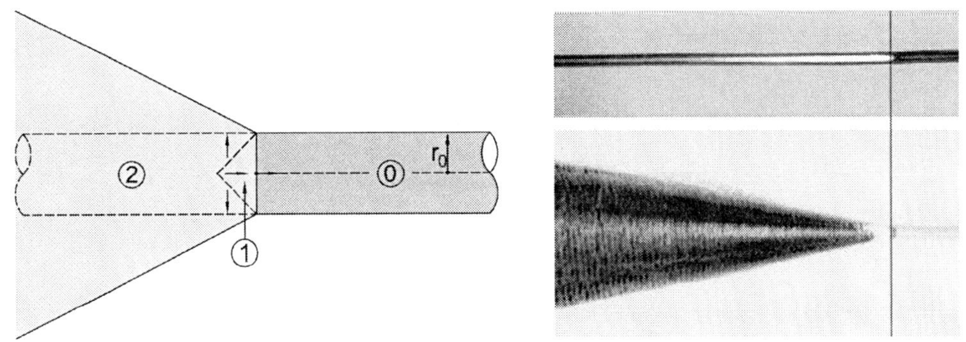

그림 A.1 원통형 장약 내의 폭굉영역

1) 이것은 주로 다음 문헌에 근거를 둠: B.N. Kutusow's book 'Rasruscheniye gornikh porod vsrivom' (Rock Blasting), Publishing House of the Moscow Institute of Mining, Moscow 1992.

폭굉전선은 초음속 u_D로 전파된다. 영역 0에서 화약은 아직 폭굉을 '느껴지지' 않으며, 여전히 초기 상태에 있다. 영역 1에서 화학적 반응이 발생하지만, 관련 물질은 아직 확장되지 않았다. 영역 2에서 확장이 일어난다.

영역 1과 2 사이 경계는 움직이는 불연속면의 표면이다.

안정한 폭굉(또는 정지된, 만일 속도 u_D로 이동하는 관찰자에 의해 인식이 된다면)의 경우, 불연속면은 속도 u_D로 움직인다. 영역 1에서의 연소는 이러한 과정을 위한 추진력이다. 연소에 의해 방출된 에너지는 폭굉전선에 전파하고 그리고 그런 작동을 계속적으로 유지한다.

이것이 소위 균질한 폭굉의 메커니즘이다. 그리고 이것은 균질한 화약내에서 일어나고 u_D= 6~7km/s의 속도로 전파한다. 상업적인 화약내의 혼합물은 어떤 비활성 요소들을 포함하며, 과정은 복잡하다.

영역 1 내에서 화학적 반응의 지속기간(속도)은 장약의 반경 r_0에 따라 달라진다. 각 종류의 화약에는 특성(한계) 반경 r_c가 있고, 만약 장약 반경이 한계 장약보다 더 작다면 폭굉은 완료된다. $r_c < r_0 < r_g$의 범위에서 폭굉속도 u_D는 그림 A.2와 같이 r_0와 함께 증가한다.

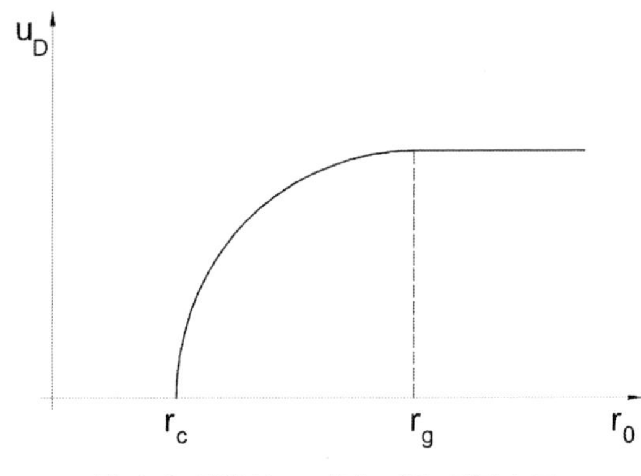

그림 A.2 장약의 크기에 따른 폭굉속도 u_D

화학반응 시간 t_c에 대한 폭굉속도 u_D의 비는 길이이고 특수 화약에 대한 특성이다. 그것은 화약의 임계 질량을 나타낸다. 만약 질량이 임계 질량보다 더 작은 경우, 그때는 장약은 이전의 폭굉에 의해 산란이 된다. 그래서 폭굉이 계속 될 수 없다.[2)]

만약 발열 반응이 충분히 에너지를 방출하고, 질량의 크기가 충분히 크고 적절한 점화가 있다면, 가연성 물질과 산소 공급제의 모든 혼합물은 폭굉할 수 있다는 것에 주목하라. 또한 화약의 임계

2) According to Yu. Khariton, see Ia.B. Zeldovich and A.S. Kompaneets, Theory of Detonation, Academic Press, 1960.

질량은 구속정도에 따라 달라집니다. 만약 폭발에 의한 발생가스의 확장이 지연되는 방식으로 화약이 포장이 된다면 화약의 한계질량이 줄어든다. 따라서 화약 약포는 시추공에 인접할 수 있어야 한다.

화약	한계직경(mm)
납산	0.01~0.02
헥소겐	1.0~1.5
트리니트로톨루엔	8.0~10
암모나이트	10~12

A.2 지하 폭발

장약은 길거나 혹은 짧다('구형'). 그리고 지표면이나 암석 내부에서 점화될 수 있다. 매장된 발파의 작용은 깊이에 따라 달라진다(그림 A.3). 깊은 심도에서의 발파는 지표면의 어떠한 영구 변형을 발생시키지 않는다. 반면에 심도가 줄어들면 발파는 박리(b), 이완(c) 그리고 비산(d)을 만든다.

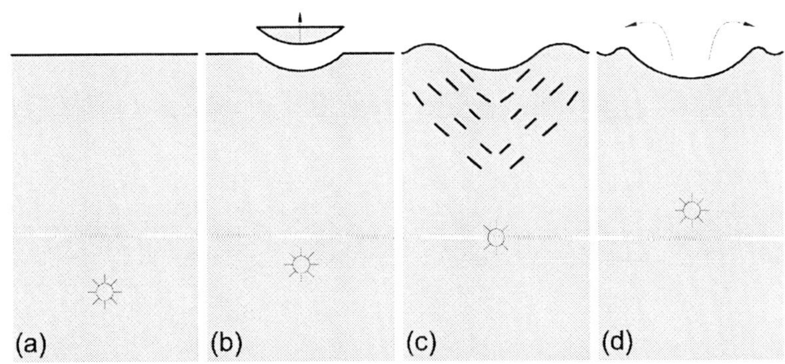

그림 A.3 깊이에 따른 매장된 발파의 작용

또한, 암석에 대한 발파의 작용은 절리의 발달 여부에 따라 달라진다.

토사에서의 폭발 : 가스의 높은 압력은 토사에 차후에 붕괴될 수 있는 공동을 형성한다. 만약 폭발의 깊이가 작은 경우에 누두공이 생성된다. 특히 흙이 물로 포화되어 있는 경우에는 느슨하고 점성이 없는 흙은 폭발로 압축이 될 수 있다는 것에 주목하라.

절리가 없는 암석에서의 폭발 : 절리가 없는 암석에서 폭발의 폭굉전선은 4-6km/s의 속도를 갖는 주변 암석을 타격한다. 암반에서 3~5km/s의 속도로 전파되는 강한 충격을 방출한다. 동반된 응력들이 암석의 강도를 초과하여 암석은 작은 입자들로 분해되어 진다. 관련된 감쇠는 충격의 진폭을 감소시킨다. 이러한 감소는 대략적으로 $1/r^5$ 에 비례한다. 여기서, r 장약으로부터의 거리이다. $r \approx 5$ 에서 $6\,r_0$ ($r_0 =$ 장약 반경)의 거리에서 전파 속도는 탄성 압축파의 속도까지 감소되지만 연관이 있는 응력들은 여전히 암석의 강도를 초과한다. 그리고 이것은 10~12 r_0 의 거리까지 주로 방사형 균열에 의해 파괴가 이루어진다. 이 영역을 넘어서 탄성파가 전파되고 그리고 가까운 구조물을 교란시키거나 손상을 줄 수 있다. 전파된 충격들의 직접적인 작용 이외에도 또한 방출된 가스의 압력(4~7x10^{-3} MPa)에 따른 일부 영향도 있다. 암석의 균열 안으로 침투한 가스의 비율은 구속이 안 된 폭발에서는 대략 30~40 체적% 그리고 구속이 된 폭발에서는 70 체적%에 이른다.

만약 장약이 지표면 근처에 설치된다면, 그때는 압축파는 지표면에서 반사되고 그리고 인장파로 되돌아온다(그림 A.4). 이러한 반사파의 폭원은 거울에 비춰진 장약의 위치로 상상할 수 있다. 암석의 인장강도는 압축강도보다 훨씬 작기 때문에 반사파가 훨씬 더 파괴적이다.

절리가 발달한 암석에서의 폭발 : 절리에서의 반사는 장약으로부터 증가된 거리에서 파의 더 강한 감쇠가 원인이다. 따라서, 파괴 영역은 절리가 발달한 암석의 경우 훨씬 더 작다.

위의 언급들은 화학적인 폭발에만 관련이 된다. 핵의 지하폭발의 효과에 대해서는 Fairhurst의 논문을 참조하라.3)

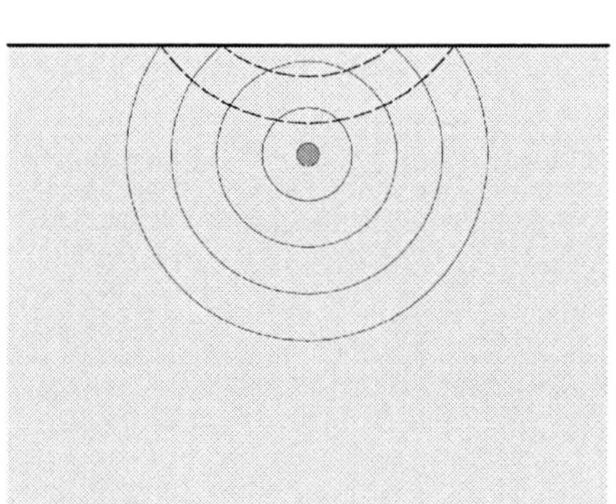

그림 A.4 지표면에서의 압축파의 반사

3) Ch. Fairhurst, Rock Mechanics of Underground Nuclear Explosions, ISRM News Journal, 6, 3/2001, 21-25.

A.3 장약들의 상호작용

단독 장약의 점화는 광산 및 터널굴진에서는 일반적으로 사용되지 않는다. 대신에, 많은 장약들이 점화가 되고 그리고 폭굉들의 상호작용은 몇 가지의 유익한 효과를 만든다. 그림 A.5에서 동시에 일어난 두 개의 폭굉 작용이 그들을 연결하는 선을 따라 향상되는 것을 볼 수 있다. 반면에 이 선의 외곽에서는 감쇠가 일어난다. 이 효과를 이해하기 위해서 반경방향의 응력은 압축응력인 반면에 원주방향 응력은 인장응력이라는 것에 주목해야한다. 따라서 A 지점에서는 응력이 증가되는 반면에 B 지점에서는 응력이 감소된다. 이러한 효과는 발파 굴착에서 매끄러운 표면을 생성하기 위해 이용된다.

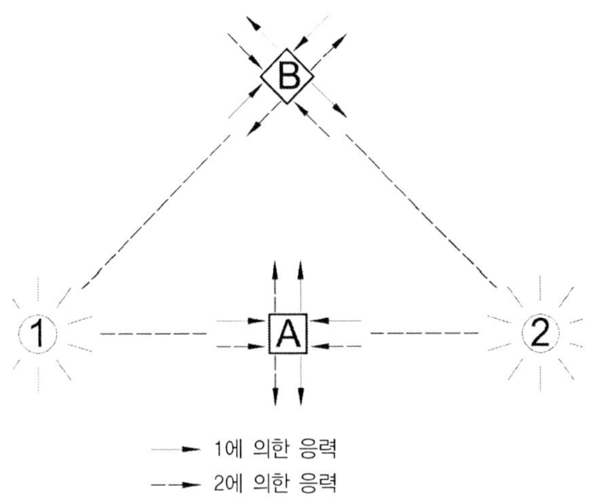

그림 A.5 장약 1과 2를 동시 폭발로 인한 응력장

소위 밀리 세컨드 발파는 암석의 파괴를 증가시키기 위해 그리고 주변에 교란을 줄이기 위해 적용된다.

어떤 시간 Δt에 의한 점화 지연은 다음과 같은 효과를 갖는다 :

1. 인접 장약으로부터의 나온 압축파의 간섭 ($\Delta t < 5$ ms)
2. 추가 표면의 형성 ($15 < \Delta t < 200$ ms)
3. 개별 블록의 충돌에 의한 추가적인 파괴 ($\Delta t > 200$ ms)

이러한 효과들은 대략 다음과 같이 설명될 수 있다(기본 이론은 여전히 불완전하다).

간섭 : 장약 1로부터 출발한 압축파는 속도 v로 지표면에 도달하고(그림 A.6) 거기에서 반사된다. 지금 그것이 인장파이기 때문에, 그것은 $\Delta t = \sqrt{a^2 + 4y^2}\ / v$의 시간경과 후에 장약 2에 도달한다. 그리고 이것은 이 시간에 정확히 점화된다. 이러한 지연들은 점화선에 있는 연시장치에 의해 달성될 수 있다(폭굉은 밀리세컨드당 6.5 m의 속도로 점화선 내에서 전파된다). 만약 압축파에 의해 점화되는 뇌관을 사용한다면 또한 지연이 이루어질 수 있다. 간섭의 활용은 매우 정확한 점화 시간을 전제로 한다. 점화시간은 거의 계산할 수 없으며, 특히 절리가 발달한 암반의 경우가 그렇다.

추가 표면의 형성 : 자유면은 자유면이 압축파를 반사하여 압축파를 인장파로 변환시키기 때문에 중요하다. 효과는 그림 A.7에 표시되어 있다.

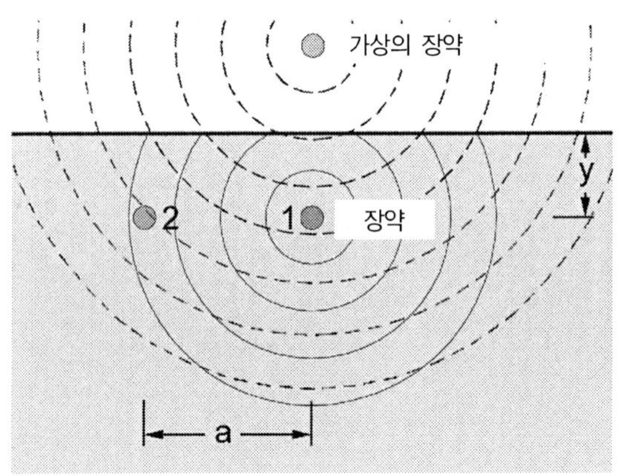

그림 A.6 자유면에서의 압축파의 반사

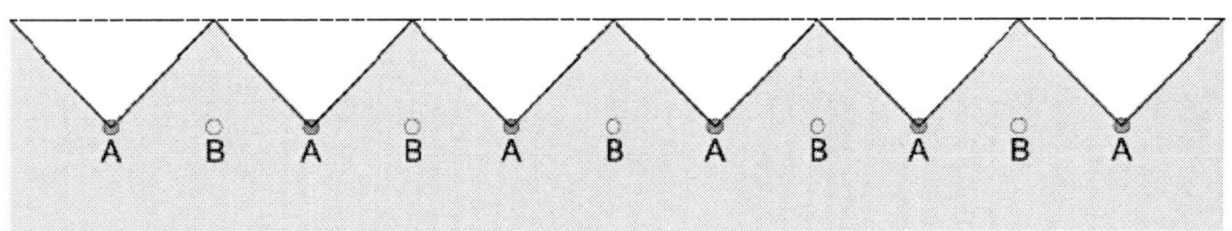

그림 A.7 장약 A의 점화는 추가 자유면을 형성한다

충돌 : 두 번째 점화로부터 암석블록은 20~60 m/s의 속도로 비산하고 그리고 최초 점화에 의한 블록에 영향을 주어 이것의 속도는 3~6 m/s로 감소한다.

만약 두 블록이 수직 궤도를 갖는다면 최대 파괴가 이루어지고 상대 속도는 적어도 15 m/s에 이르게 된다.

B 부록 – 피압 유체에 의한 흙의 지지

Tunnelling and Tunnel Mechanics

유체와 토사의 인터페이스를 고려해 보자. 흙은 유체로 포화되어 있고 흙과 유체 사이에는 분리막이 없다. 유체에 압력을 작용시키면 유체가 흙을 관통해 침투가 일어난다. 유체에 의해 흙입자의 구조에 가해지는 유체역학적 항력은 수평 방향의 흐름에 대해서는 $-dp/dx$가 된다. 이것은 입자구조를 안정화시키는 체적력(volume force)(즉, 단위 체적에 가해지는 힘)이다. 따라서 안정화가 적용되는 압력 p에 의한 것이 아니라, 압력경사 dp/dx에 의한 것이라는 것에 주목해야 한다. 즉, 안정화 작용은 유체정역학적 성질이 아니라 유체동역학적 성질이다. 물론, p의 분포(그리고 결과적으로, dp/dx의)는 수리경계조건에 따라 달라지며, 일반적으로 인터페이스에서의 압력경사는 특히 높지 않을 것이다. 이것은 예를 들면 물의 경우가 될 것이다. 그러나 유체가 벤토나이트 현탁액인 경우 그때는 인터페이스에 인접한 흙의 공극들은 삼투가 시작된 후 바로 막혀버리게 될 것이다. 이 경우 벤토나이트 현탁액은 만약 작용하고 있는 전단응력이 한계치 τ_f보다 더 낮다면 흐름이 없는 소위 Bingham 유체이기 때문이다.[1] 벤토나이트는 흙에 침투하여 두께가 l인 소위 필터 케이크를 형성한다.

l을 추정하기 위해, 공극은 직경이 d인 원통이라고 가정한다. 힘들의 평형은 다음 식을 만든다.

$$l\pi d\tau_f = p\pi d^2/4$$

여기서 $l = pd/(4\tau_f)$이다.

---

1) 즉, 벤토나이트 현탁액은 매우 높은 액상한계 w_L를 갖는 점토이고 그리고 매우 낮은 비배수 점착력 $c_u \equiv \tau_f$를 갖는다.

경험으로부터 $d \approx 2d_{10}$로 설정할 수 있다. 여기서 d_{10}은 흙 입자의 직경이고, 흙의 질량의 10%를 초과하지 않는다. 따라서 다음과 같이 된다.

$$l \approx \frac{d_{10} \cdot p}{2\tau_f}$$

물론, 큰 τ_f와 작은 d_{10}에 대해서 구해진 침투 길이(또는 케이크 두께) l은 매우 작다. 따라서 필터 케이크는 인터페이스에 작용하는 방수막으로 간주될 수 있다.

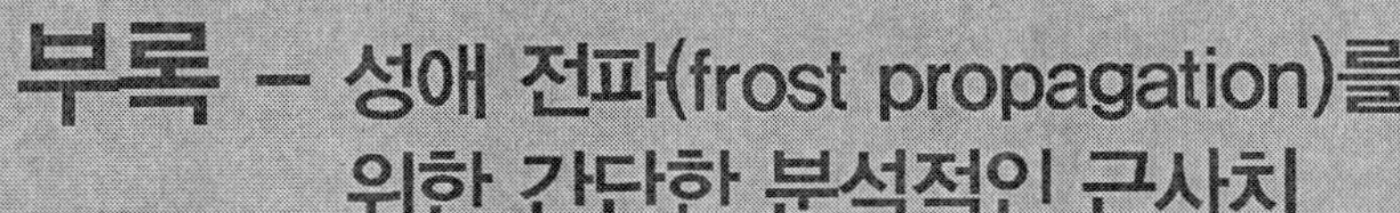

C 부록 – 성애 전파(frost propagation)를 위한 간단한 분석적인 근사치

알려진 대로 열의 전파는 복사 및/또는 전도에 의해 일어난다. 여기에서는 복사는 무시한다. 열유속(heat flux) q는 온도경사에 비례한다: $q = -\lambda \nabla T$. 비례상수 λ는 열전도도라고 한다. 따라서 단위시간 내에 일정 부피요소로 흘러드는 열의 양은 $-\mathrm{div}\,\mathrm{q} = \lambda \mathrm{div}(\nabla \mathrm{T}) = \lambda \Delta \mathrm{T}$가 된다. 여기서 Δ 은 Laplace 연산자이다. 열의 유입은 단위시간당 온도상승을 유발한다: $\frac{\partial T}{\partial t} = -\frac{\lambda}{c\rho}\mathrm{div}\,\mathrm{q}$. 여기서 ρ는 밀도이고 c는 대상물질의 비열이다. 이 방정식들로부터 Fourier 미분방정식은 다음과 같이 된다;

$$\frac{\partial T}{\partial t} = \frac{\lambda}{c\rho}\Delta T \tag{C.1}$$

여기서 $\alpha := \frac{\lambda}{c\rho}$ 는 확산율이다.

열동력학적 계산을 위해 유용한 몇몇 값들은 다음과 같다.

열전도도	λ(kJ/(m·h·°K))
언 모래	18.4
얼지 않은 모래	9.2
언 점토	9.6
얼지 않은 점토	6.3

비열	c(kJ/(kg·°K))
물	4.18
얼음	1.80
흙	0.80 함수량에 따라 매우 달라짐.

물의 잠열: 334.5 kJ/kg.

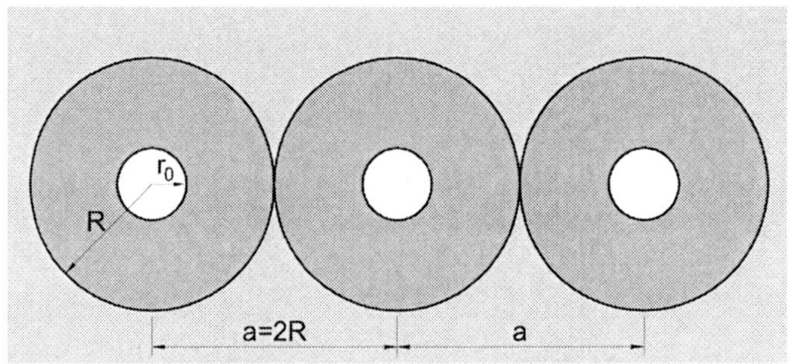

그림 C.1 동결관 주변의 성애 전파

외경이 $2r_o$인 긴 동결관(freezing pipe)를 생각해 보자(그림 C.1 참조). 이것은 반경이 R인 언 흙에 의해 둘러 쌓여있다. 축대칭인 평면문제, 즉 z 방향으로 온도흐름이 없는 문제를 생각한다. 열의 영구손실 때문에 언 흙의 반경은 $u = \dot{R}$ 속도로 증가한다. 따라서 R이 일정한 표면은 불연속면의 이동면이다. 이 불연속면과 관련하여 평형방정식들은 급증관계(jump relation)로서 표현되어야 한다. $[x]$를 불연속면을 가로지르는 x의 급증량이라고 하자. 에너지 평형에 대한 급증관계는(부동 매체에 대한) 다음과 같다.[1)]

$$[\rho e u - q] = 0 \tag{C.2}$$

여기서 e는 내부 비에너지 즉 단위체적당 내부 에너지이다. 알려진 바와 같이, 내부 에너지는 물체 에너지 중에 관찰자의 운동에 영향을 받지 않는 에너지의 일부분이다. 만약 언 흙을 아래첨자 b로 그리고 얼지 않은 흙을 a로 표시한다면, 식 (C.2)는 다음과 같다: $\rho_a e_a u - q_a = \rho_b e_b u - q_b$

혹은

$$u(\rho_a e_a - \rho_b e_b) = q_a - q_b = \lambda_b \left(\frac{\partial T}{\partial r}\right)_b - \lambda_a \left(\frac{\partial T}{\partial r}\right)_a \tag{C.3}$$

$\left(\frac{\partial T}{\partial r}\right)_a$ 및 $\left(\frac{\partial T}{\partial r}\right)_b$는 $r = R$에서 각각 오른쪽과 왼쪽 한계를 나타낸다. $\rho := \rho_a \approx \rho_b$로 설정한다. $h := e_a - e_b$는 잠열이다. 즉 흙을 얼리기 위해 흙으로부터 추출해야만 하는 열이다. 시간에 따른 동결전선(freezing front)의 전파를 결정하기 위해서는 다음과 같은 초기치 문제를 해결해야만 한다:

1) 참조: E. Becker and W. Bürger: Kontinuumsmechanik (equation 5.22), Teubner, 1975.

$t = 0$에 대해 : $T = T_\infty,\qquad r_0 < r < \infty$

$t > 0$에 대해 : $T = T_0,\qquad r = r_0$에 대해

$T = T_1 (= 0^o C)\qquad r = R$에 대해

$T = T_\infty,\qquad r \rightarrow \infty$에 대해

$r_o < r < R$과 $r > R$인 범위에서는 미분방정식 식 (C.1)이 타당하고, 그리고 $r = R$에 대해 급증 관계식 (C.3)가 타당하다. 경계 $r = R$ 은 시간에 따라 변하기 때문에, 소위 Stefan-문제를 가지게 된다.

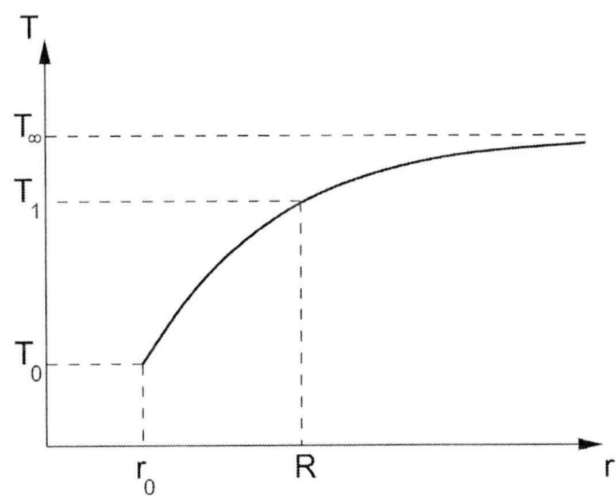

그림 C.2 동결관 주변의 순간온도의 분포

이러한 복잡한 초기-경계치 문제의 근사해를 구하기 위해, 다음과 같은 온도분포를 가정한다:

$r_0 < r < R$에 대해 $$T = T_b = T_0 + (T_1 - T_0)\left(\frac{r - r_0}{R - r_0}\right)^\mu \qquad (C.4)$$

그리고

$R < r < \infty$ 에 대해 $$T = T_a = T_\infty - (T_\infty - T_1)\left(\frac{r}{R}\right)^\nu \qquad (C.5)$$

여기서 매개변수 μ와 ν는 아직 결정되지 않았다. 원통좌표계($\frac{\partial}{\partial z} \equiv 0$인)에서 Laplace 연산자를 사용하기 위해,

$$\triangle T = \frac{1}{r}\frac{\partial T}{\partial r} + \frac{\partial^2 T}{\partial r^2}$$

식 (C.4)와 식 (C.5)를 미분한다.

$$\frac{\partial T_b}{\partial r} = (T_1 - T_0)\mu\left(\frac{r - r_0}{R - r_0}\right)^{\mu - 1}\frac{1}{R - r_0}, \quad \text{(C.6)}$$

$$\frac{\partial^2 T_b}{\partial r^2} = (T_1 - T_0)\mu(\mu - 2)\left(\frac{r - r_0}{R - r_0}\right)^{\mu - 1}\left(\frac{1}{R - r_0}\right)^2, \quad \text{(C.7)}$$

$$\frac{\partial T_a}{\partial r} = -\nu(T_\infty - T_1)\left(\frac{r}{R}\right)^{\nu - 1}\frac{1}{R}, \quad \text{(C.8)}$$

$$\frac{\partial^2 T_a}{\partial r^2} = -\nu(\nu - 1)(T_\infty - T_1)\left(\frac{r}{R}\right)^{\nu - 2}\frac{1}{R^2}. \quad \text{(C.9)}$$

시간 t에 관해 미분하면:

$$\frac{\partial T_b}{\partial t} = -\dot{R}(T_1 - T_0)\mu\left(\frac{r - r_0}{R - r_0}\right)^{\mu - 1}\frac{r - r_0^2}{R - r_0}, \quad \text{(C.10)}$$

$$\frac{\partial T_a}{\partial t} = \dot{R}\nu(T_\infty - T_1)\left(\frac{r}{R}\right)^{\nu - 1}\frac{r}{R^2}. \quad \text{(C.11)}$$

식 (C.8), 식 (C.9) 및 식 (C.11)을 사용하여 $r = R + 0$에서 (즉 동결경계의 오른쪽 인접한) 미분방정식 (C.1)을 쓴다. 그때는 다음 식과 같아진다.

$$\nu = -\frac{\dot{R}}{\alpha_a}\cdot R \quad \text{(C.12)}$$

여기서 $\alpha_a = \left(\frac{\lambda}{c\rho}\right)_a$이다. 식 (C.6), 식 (C.7) 및 식 (C.10)을 사용하여, $r = R - 0$에서(즉, 동결경계의 왼쪽에 인접한) 식 (C.1)을 쓴다. 이것은 다음 식과 같다.

$$\mu = 1 - (\frac{\dot{R}}{\alpha_b} + \frac{1}{R}) \cdot (R - r_0) \tag{C.13}$$

구해진 식들을 급증관계식 (C.2)에 대입하고 그리고 다음 식을 얻는다.

$$\dot{R}\rho h = \lambda_b (T_1 - T_0) \frac{1}{R - r_0} [1 - (\frac{\dot{R}}{\alpha_b} + \frac{1}{R})(R - r_0)] - \lambda_a (T_\infty - T_1) \frac{\dot{R}}{\alpha_a}$$

이것은 $R(t)$에 대한 미분방정식이다. 축약형을 사용하면 다음과 같다.

$$A := \rho h + \rho c_a (T_\infty - T_1) + \rho c_b (T_1 - T_0)$$

$$B := \lambda_b (T_1 - T_0)$$

다음과 같다:

$$\dot{R}A = B(\frac{1}{R - r_0} - \frac{1}{R}) = B \frac{r_0}{(R - r_0) R}$$

변수들의 분리는 다음과 같아진다.

$$(R^2 - R r_0) dR = \frac{B}{A} r_0 \, dt$$

이것으로부터 ($t = 0$에 대해 초기조건 $R = r_0$를 고려한다) 해는 다음과 같이 된다:

$$\frac{1}{3}(R^3 - r_0^3) - \frac{1}{2} r_0 (R^2 - r_0^2) = \frac{B}{A} r_0 t \tag{C.14}$$

식 (C.14)에 의해 언 흙의 원통기둥이 반경 $a/2$가 되는 데 걸린 시간 후의 폐쇄시간 t_s을 근사적으로 구할 수 있다. 축약형을 사용하면 다음과 같다.

$$C = \frac{r_0}{4A}\left(\sqrt{-6Bt(r_0^2A - 6Bt)} - \frac{1}{4}(r_0^2A - 12Bt)\right)$$

식 (C.14)의 해는 다음과 같다.

$$R = C^{\frac{1}{3}} + \frac{1}{4}\cdot\frac{r_0^2}{C^{1/3}} + \frac{r_0}{2}$$

만약 R을 $a/2$와 같다고 설정하면, 폐쇄시간 t_s를 얻게 된다. 여기서 a는 인접한 두 개의 동결관 사이의 거리이다. $r_0 << R = a/2$임을 고려할 때, 식 (C.14)는 다음과 같이 간략하게 할 수 있다: r_0^3으로 나누면 다음 식을 얻게 된다:

$$\frac{1}{3}\left[\left(\frac{R}{r_0}\right)^3 - 1\right] - \frac{1}{2}\left[\left(\frac{R}{r_0}\right)^2 - 1\right] = \frac{B}{Ar_0^2}t_s$$

$\left(\frac{R}{r_0}\right)^3 \gg \left(\frac{R}{r_0}\right)^2 \gg 1$이기 때문에 $R = \frac{a}{2}$로써 다음 식을 얻는다.

$$t_s \approx \frac{1}{3}\cdot\frac{A}{Br_0}\cdot\left(\frac{a}{2}\right)^3$$

여기서, t_s는 폐쇄시간 즉, 인접한 두 개의 동결전선이 서로 접촉하기 위해 걸리는 시간이다(그림 C.1). 단위 시간과 단위 길이 당 동결관으로부터 추출되는 열 $\dot{Q}$는 다음과 같다:

$$\dot{Q} = 2\pi r_0\, q|_{r_0} \approx 2\pi r_0 \lambda_b \frac{T_1 - T_0}{R - r_0}$$

Tunnelling and Tunnel Mechanics

D 부록 – 원형터널에서의 지속적인 유입수에 대한 엄밀 해법

복잡한 분석에 의해 구한 엄밀 해법(rigorous solution)은 여기에서 상세히 표시된다. 왜냐하면 그것은 문헌에서 거의 찾을 수 없기 때문이다. 균질하고 등방성의 투수계수를 갖는 흙/암석 내에 굴착된 원형 단면을 가진 터널을 고려한다. 적절한 배수 시스템으로 터널의 원주는 일정한 수두 h_a가 유지된다.

터널 안으로의 물의 유입은 등각사상에 의해 결정될 수 있다. 그림 D.1에서 원과 수평선은 Möbius 변환에 의해 두개의 동심원으로 변환될 수 있다.

$$w = f(z) = \frac{r(z - cr)}{cz + r}$$

여기서, $c = i\dfrac{h - \sqrt{h^2 - r^2}}{r} = ib$ 와 $i = \sqrt{-1}$ 이다.

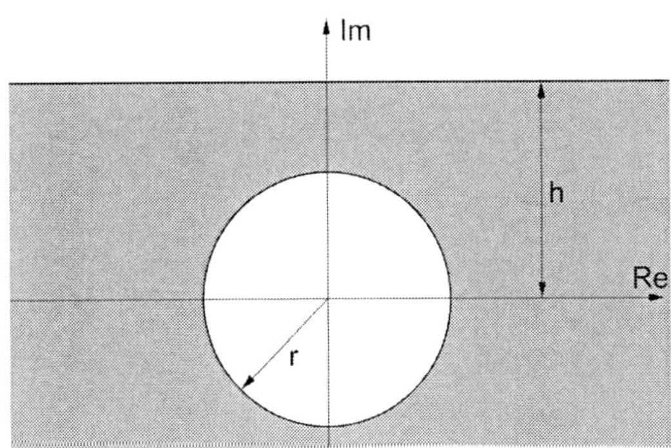

그림 D.1 복소수 평면에서이 원과 선

$f(z)$는 원 $z\bar{z}=r^2$을 같은 원 안에 작도한다: $\bar{f}(z)=\dfrac{r(\bar{z}+cr)}{-c\bar{z}+r}$로써 $f\bar{f}=r^2$을 구한다. 늘 그렇듯이 복소수해석에서, 바($^-$)는 공액 복소수를 나타낸다.

수평선 $z=ih+a$, $a\in R$은 반경 R인 원에 작도된다:

$$f(z)=\frac{r(ih+a-cr)}{c(ih+a)+r}=r^2\ \frac{a+i\sqrt{h^2-r^2}}{(h-\sqrt{h^2-r^2})(ai+\sqrt{h^2-r^2})}$$

$$\sim|f\bar{f}|=\frac{r^2}{h-\sqrt{h^2-r^2}}=:R$$

복소수포텐셜 $F(z)=\log f(z)=\log r+\log(z-cr)-\log(cz+r)$를 도입한다.

$\log w=\underbrace{\log|w|}_{\Phi}+i\Psi$를 가지고 터널안으로 들어오는 유체를 설명할 포텐셜로서 Φ를 구한다. 터널의 원주에서 포텐셜은 다음의 값을 얻는다.

$$\Phi_T=\log r$$

그리고 직선 $Lm(z)=h$ 에서 포텐셜은 다음의 값을 얻는다.

$$\Phi_S=\log R$$

거기에서 미리 정해진 값 h_a와 H(그림 8.7)를 구하기 위해서, 포텐셜은 다시 조정되어야 한다:[1)]

$$\Phi^*:=\frac{R-\rho}{R-r}\frac{\Phi}{\Phi_T}h_a+\frac{\rho-r}{R-r}\frac{\Phi}{\Phi_S}H=\Phi Q$$

여기서, $Q=\dfrac{1}{R-r}\left[\dfrac{h_a}{\log r}(R-\rho)+\dfrac{H}{\log R}(\rho-r)\right]$

그러나 $Q=Q(\rho)$ 라는 것에 주목함으로써, 이러한 재조정이 인정된다는 것이 아니라는 것을 추론한다. 왜냐하면 Φ^*는 더 이상 포텐셜($\Delta\Phi^*\neq 0$, Δ는 Laplacian 연산자)이 아니기 때문이다.

1) 이 항에서 ρ는 반경방향 좌표를 나타낸다.

따라서 다음과 같이 진행해야한다 : 측지수두 자료의 적절한 선택에 의해 $H=0$ 를 설정할 수 있다. 이 경우에 h_a는 Δh의 의미를 구한다. 즉 터널둘레와 선 $Lm(z)=h$ 사이의 수두차, $\Delta h := H-h_a$. 현재 재조정이 된 포텐셜은 다음과 같다. $\Phi^{\star} = \Delta h \cdot \dfrac{\Phi-\Phi_S}{\Phi_T-\Phi_S}$, $z=\rho\, e^{i\varphi}=\rho(\cos\varphi + i\, \sin\varphi)$ 와 $\dfrac{\partial}{\partial\rho}\log|f| = \dfrac{\partial}{\partial\rho}\log(f\bar{f})^{1/2} = \dfrac{1}{2}\dfrac{\partial}{\partial\rho}\log f\bar{f}$ 로써 다음을 구한다.

$$\frac{\partial\Phi}{\partial\rho} = \frac{\partial}{\partial\rho}\left[\log|\rho e^{i\varphi} - cr| - \log|c\rho\, e^{i\varphi} + r|\right]$$

$$= \frac{\partial}{\partial\rho}\left[\log|\rho\cos\varphi + i(\rho\, \sin\varphi - br)| - \log|-b\rho\, \sin\varphi + r + ib\rho\, \cos\varphi|\right]$$

$$= \frac{\rho - rb\,\sin\varphi}{\rho^2 - 2\rho rb\, \sin\varphi + b^2 r^2} - \frac{b^2\rho - br\,\sin\varphi}{b^2\rho^2 - br\rho\, \sin\varphi + r^2}$$

$$\frac{\partial\Phi}{\partial\rho}\Big|_{\rho=r} = \frac{1}{r}\frac{1-b^2}{1-2b\,\sin\varphi + b^2}$$

따라서 터널둘레에서 반경방향 속도는 다음과 같다.

$$v = -k\frac{\partial\Phi^{\star}}{\partial\rho} = -k\frac{\Delta h}{\Phi_T - \Phi_S}\frac{\partial\Phi}{\partial\rho}\Big|_{\rho=r} = \frac{k\Delta h}{\log(R/r)\cdot r}\cdot\frac{1-b^2}{1-2b\,\sin\varphi + b^2}$$

원주를 따라 적분하기 위해 다음과 같은 식을 사용한다.

$$\int\frac{d\varphi}{A - B\sin\varphi} = -\frac{\tan^{-1}\left[\dfrac{B\cos\varphi/2 - A\sin\varphi/2}{\cos\varphi/2\cdot\sqrt{A^2 - B^2}}\right]}{\sqrt{A^2 - B^2}}$$

여기서 $A := 1 + b^2$, $B := 2b$, $\sqrt{A^2 - B^2} = 1 - b^2$

따라서 물의 침투는 다음과 같다.

$$q = \int_0^{2\pi} vrd\varphi = -\frac{k\Delta h(1\quad b^2)}{\log(R/r)}\int_0^{2\pi}\frac{d\varphi}{1+b^2-2b\sin\varphi}$$

다음과 같이 나타낸다:

$$q=\frac{2k\Delta h}{\log(R/r)}\tan^{-1}\frac{2b\cos\varphi/2-(1+b^2)\sin\varphi/2}{\cos\varphi/2\cdot(1-b^2)}\Bigg|_{-\pi/2}^{\pi/2}$$

$$=\frac{2k\Delta h}{\log(R/r)}\left[\tan^{-1}\frac{2b-(1+b^2)}{1-b^2}-\tan^{-1}\frac{2b+(1+b^2)}{1-b^2}\right]$$

$$=\frac{2k\Delta h}{\log(R/r)}\left[\tan^{-1}\left(-\frac{(1-b)^2}{1-b^2}\right)-\tan^{-1}\frac{(1+b)^2}{1-b^2}\right]$$

$\tan^{-1}x+\tan^{-1}y=\tan^{-1}\frac{x+y}{1-xy}$ 를 이용하여, 마지막으로 다음의 식을 얻을 수 있다.

$$q=\frac{\pi k\Delta h}{\log(R/r)}=\frac{\pi k(H-h_a)}{\log\left(\frac{r}{h-\sqrt{h^2-r^2}}\right)} \tag{D.1}$$

식 (D.1)은 q가 비선형적으로 터널반경에 의존한다는 것을 보여준다. 예를 들면 h=30m에 대해 3m로부터 6m 까지 r의 증가(즉, 100%)는 30%의 q의 증가를 야기시킨다. 식 (D.1)의 장점은 심부터널뿐만 아니라 얕은 터널에 대해서도 일관성과 타당성을 나타내는 것이다. 그것은 균질하고 등방성의 투수성을 전제로 한다.

Tunnelling and Tunnel Mechanics

E 부록 – 터널에서의 공기역학적 압력의 상승

V의 속도로 튜브(터널)에 들어가는 피스톤(기차)을 경우를 고려한다. 단순화를 위해 피스톤과 튜브 사이의 간극을 무시한다. 그림 E.1과 같이, 충격파 전면이 방출되고 그리고 전파 속도 c로 이동한다. 구역 1에서의 속도 V, 압력 p와 공기 밀도는 각각 V, p_1, ρ_1이다. 반면에 구역 0에 해당하는 값: 0, p_0, ρ_0이다.

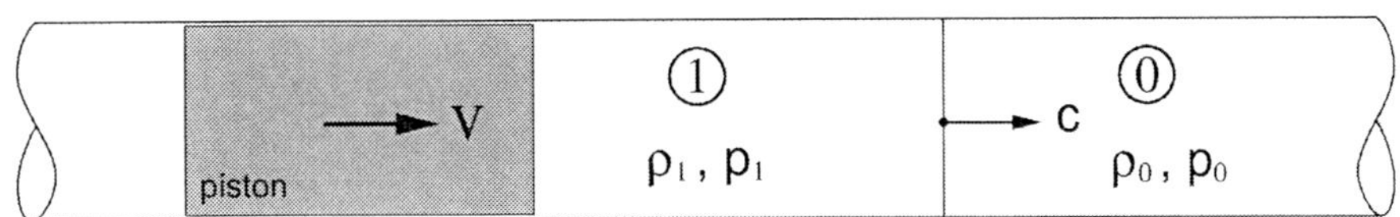

그림 E.1 튜브 내에서의 피스톤 이동

충격을 가로지르는 질량 균형이 요구된다.

$$[\rho(c-v)] := \rho_1(c-v_1) - \rho_0(c-v_0) = 0$$

그러므로

$$c = \frac{\rho_1}{\rho_1 - \rho_0} V \tag{E.1}$$

충격을 가로지르는 모멘텀 균형이 요구된다.

$$[\rho v(c-v) - p] := \rho_1 v_1(c-v_1) - p_1 - \rho_0 v_0(c-v_0) + p_0 = 0 \tag{E.2}$$

따라서

$$\rho_1 V(c-V) = p_1 - p_0 \qquad \text{(E.3)}$$

가스의 단열압축은 단열지수(공기는 $\kappa \approx 1.4$)인 k로써 $p/\rho^{\kappa} = \text{const} \leadsto \text{dp} = \frac{p}{\rho}\kappa d\rho$에 의해 설명된다.

따라서

$$p_1 - p_0 \approx \frac{p_0}{\rho_0}\kappa \cdot (\rho_1 - \rho_0) \qquad \text{(E.4)}$$

식 (E.1), (E.3) 및 (E.4)를 결합하여 c에 대한 이차 방정식을 만든다. 이것의 해는 다음과 같다.

$$c = \frac{1}{2}\left(V + \sqrt{V^2 + 4\frac{p_0}{\rho_0}\kappa}\right) \qquad \text{(E.5)}$$

대기 압력과 밀도에 대해 알려진 값으로, 즉 $\rho_0 = 1{,}293\text{g/cm}^3$ 와 $p_0 = 10^5\,\text{Pa} = 10^5\,\text{N/m}^2$으로써 $4\frac{p_0}{\rho_0}\kappa = (659\text{km/h})^2$을 얻을 수 있다. 따라서, V = 200km/h의 속도로 달리는 기차에 대해 c= 444km/h와 $\Delta p = p_1 - p_0 = p_0 \cdot \frac{\kappa}{c/V - 1} = 10^5\text{Pa} \cdot \frac{1.4}{444/200 - 1} = 114\text{kpa}$를 얻는다.

간극에서의 공기 흐름이 무시되었기 때문에 이 값은 너무 높다. 만약 간극을 고려한다면, 단면적의 비율 $n := A_{tunnel}/A_{train}$을 고려해야만 한다. 공기 압축성을 무시하고 그리고 해당 단면에 대해 속도가 평균이 된다고 가정한다면, 연속성은 다음의 식을 만든다(그림 E.2).

$$vA_{tunnel} = VA_{train} - v_g(A_{tunnel} - A_{train}) \text{ 또는 } v = nV - (1-n)v_g \qquad \text{(E.6)}$$

식 (E.1), (E.3) 및 (E.5)에서 V는 v에 의해 대체되어야만 한다. 속도차 v_g는 식 (2.2)를 통해 압력 상승 Δp와 관계가 있고 길이 l의 증가와 함께 감소된다. 따라서 그것은 터널에서 기차의 이동시간에 따라 달라진다.

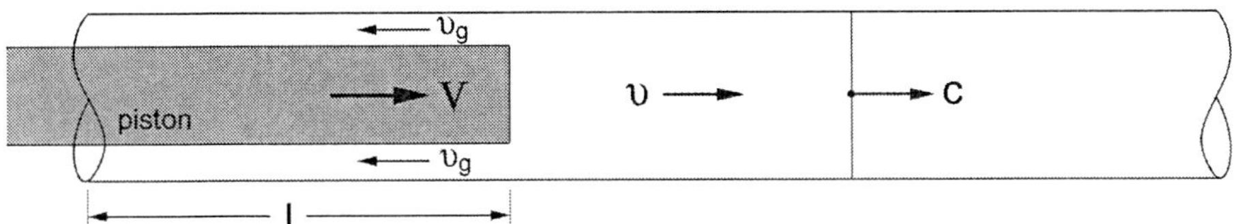

그림 E.2 간극이 있는 피스톤

어떤 시간 t에 대해, v는 다음 식으로부터 반복하여 결정되어야만 한다.

$$\triangle\, p = \lambda \frac{l}{d}\frac{g}{2}v_g^2 = p_0 \frac{\kappa}{c/v-1}$$

여기서, d는 간극에서의 흐름에 대한 적절한 수리반경이다.

Tunnelling and Tunnel Mechanics

F 부록 – 보강 지반의 다상 모델

다중 매체(복합 재료와 같은)에 대해, 각 점은 모든 성분에 의해 점유되어 있다고 가정한다. 여기서의 경우는 지반과 보강이며, 해당 분야의 양들은 각각의 지수 g와 r로 표시된다. 체적 V로써 대표 체적요소(REV, representative volume element)을 생각해 보자. 지반 및 보강에 포함된 체적은 각각 V_g와 V_r이다. 해당 체적분율은 $\alpha_g+\alpha_r=1$로서 $\alpha_g := V_g/V$ 그리고 $\alpha_r = V_r/V$이다.

체적분율은 면적분율과 동일하다는 것을 볼 수 있을 것이다. 예를 들어 $\alpha_g=A_g/A$이며, A_g는 지반이 차지하는 단면이고 그리고 A는 총단면이다. 여러 가지 성분에 대한 다상 매체와 양(밀도 및 응력 등)과 관련이 있다면, 개별 상들에 걸쳐 지배적인(또는 평균적인) '진짜'(또는 '유효한') 양들과 전체 REV대해 평균적인 '부분' 양들 사이는 구별이 되어야만 한다. 따라서 지반 및 보강의 실제 밀도는 각각 ρ^g와 ρ^r이 된다. 해당 부분 밀도는 $\rho_g=\alpha_g\rho^g$와 $\rho_r=\alpha_r\rho^r$ 이다. 마찬가지로, 한편으로는 응력 σ^g와 σ^r사이 그리고 또 한편으로는 $\sigma_g=\alpha_g\sigma^g$와 $\sigma_r=\alpha_r\sigma^r$사이가 구분이 되어야만 한다.[1] 준정적인 경우(즉, 가속도가 무시된다) 두 상에 대한 평형 방정식은 다음과 같다:

$$\nabla\cdot\sigma_g+\mathrm{P}_{rg}+\rho_g\mathrm{g}=0 \tag{F.1}$$
$$\nabla\cdot\sigma_r+\mathrm{P}_{gr}+\rho_r\mathrm{g}=0$$

g는 중력 가속도, $\mathrm{P}_{rg}=-\mathrm{P}_{gr}$는 두 상의 상호작용의 특성을 나타내는 벡터이다. P_{rg}는 지반에 대한 보강에 의해서 발휘되는 단위 체적당의 힘이다. 완전히 동원될 수 있는 강성-이상적 소성의 전

1) 다상 매체의 표기법에 있어서 σ^g는 지반에서의 '유효'응력이다. 이 양은 토질역학의 일반적인 의미에서 유효응력과 혼동해서는 안 된다.

단응력 τ_0 경우에 대한 상호작용력은 다음과 같이 결정될 수 있다 : 그림 F.1에서 음영이 있는 부분의 체적은

$$V_0 = \int_0^{\theta_0} \int_0^b \int_{r_0}^{r_0+l} r dr dz d\theta$$

여기서 $\theta_0 = a/r_0$ 이고 한 개의 볼트에 해당한다. 따라서, 상호작용력은 $\pi d \tau_0 l$ 은 다음과 같이 얻어진다 :

$$\pi d l \tau_0 = \int_0^{\theta_0} \int_0^b \int_{r_0}^{r_0+l} P_{rg} r dr dz d\theta \qquad \text{(F.2)}$$

P_{rg}가 r에 좌우된다는 것을 안다면, $P_{rg} = \mathrm{const}/r$로 설정하고 식 (F.2)로부터 다음 식을 얻을 수 있다.

$$P_{rg} = \frac{\pi d \tau_0 r_0}{ab} \cdot \frac{1}{r}$$

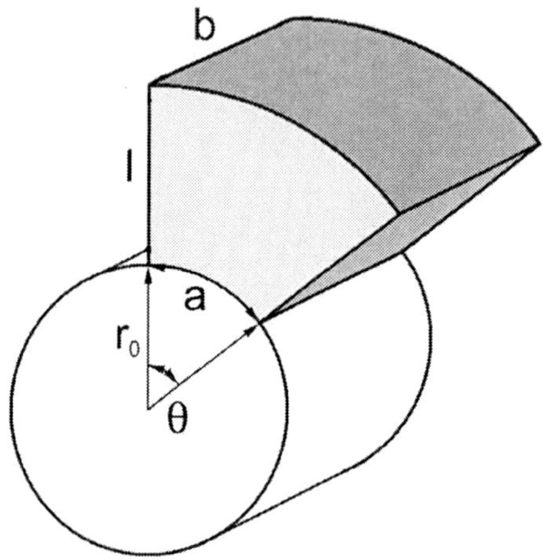

그림 F.1 한 개의 볼트에 해당되는 체적

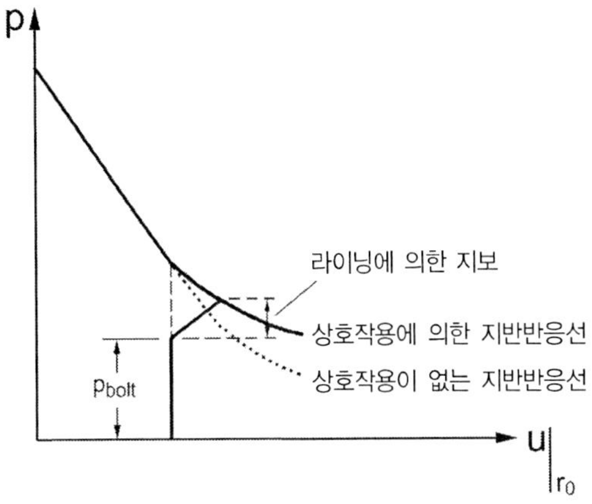

그림 F.2 볼트의 작용에 의해 변하는 지반 반응선과 해당 지보선

분명히, 매우 가는 볼트에 대한 $(d \rightarrow 0)$ 상호작용력 P_{rg}는 무시되고, 따라서, 15.1.3 항에서의 그것의 무시는 정당화된다. 사라지지 않는 상호작용력은 다음과 같이 고려 될 수 있다: 늘 그렇듯이, 심부터널에 대해 중력을 무시한다$(g \approx 0)$. 그러면 원통 좌표로 작성된 식 (F.1)은 다음과 같다 :

$$\frac{d\sigma_r}{dr} + \frac{\sigma_r - \sigma_\theta}{\theta} = -\frac{\pi d \tau_0 r_0}{ab} \cdot \frac{1}{r} \tag{F.3}$$

Mohr-Coulomb 항복조건을 도입하면 다음과 유도된다.

$$\frac{d\sigma_r}{dr} - \frac{(\sigma_\theta + \sigma_r)\sin\varphi}{r} - \frac{2c\cot\varphi}{r} = -\frac{\pi d \tau_0 r_0}{ab} \cdot \frac{1}{r} \tag{F.4}$$

만약 점착력 c를 $\hat{c}$로 대체한다면 식 (F.4)를 원래의 식으로 줄일 수 있다. 여기서

$$\hat{c} := c - \tau_0 \frac{\pi d r_0}{2ab} \cdot \tan\varphi \tag{F.5}$$

따라서, 지반에 대한 볼트의 작용은 식 (F.5)에 따른 점착력의 감소와 일치한다. $\varphi > 0$에 대해 식 (F.5)가 수용된다는 것에 주목하라. $\varphi = 0$ 와 $\sigma_\theta - \sigma_r = 2c$에 대해 평형식 (F.4)는 다음 식에 의해 대체되어야 한다.

$$\frac{d\sigma_r}{dr} - \frac{2c}{r} = -\frac{\pi d\tau_0 r_0}{ab} \cdot \frac{1}{r}$$

만약 $\hat{c}$에 의해 c를 대체한다면 해 (14.30)은 유효해질 것이다.

$$\hat{c} := c - \tau_0 \frac{\pi d r_0}{2ab}$$

그림 F.2와 같이 볼트의 작용에 의한 체적력은 지반 반응선을 변경한다.

부록 – 지진파에 의한 터널의 변형

여기에서는 인덱스 s와 p를 생략한다; 아래에서 언급되는 연산들은 p-파에 대해서 한 번 그리고 s-파에 대해서도 한 번, 두 번을 실행해야 한다.

변위장 $\mathbf{u}(\mathrm{x}, \mathrm{t})$로부터 다음과 같이 변형장(기하학적으로 선형화됨)을 얻을수 있다:

$$\varepsilon = \frac{1}{2}\left[\frac{\partial \mathbf{u}}{\partial \mathbf{x}} + \left(\frac{\partial \mathbf{u}}{\partial \mathbf{x}}\right)^T\right]$$

지수표기법(index notation)으로부터 다음 식를 얻을 수 있다:

$$u_i = a\, l_i \exp\left[i\omega\left(t - \frac{l_k x_k}{c}\right)\right]$$

$$\sim \frac{\partial u_i}{\partial x_i} = -i\frac{\omega}{c} a\, l_i l_j \exp\left[i\omega\left(t - \frac{l_k x_k}{c}\right)\right] = -i\frac{\omega}{c} l_j u_i$$

이런 이유로

$$\varepsilon_{ij} = -i\frac{\omega}{2c}(l_i u_j + l_j u_i) = -i\frac{\omega}{c} a\, l_i l_j \exp\left[i\omega\left(t - \frac{l_k x_k}{c}\right)\right]$$

터널축의 변형률 ϵ는 다음과 같이 주어진다.

$$\varepsilon = \varepsilon : \mathbf{t} \otimes \mathbf{t} = \varepsilon_{ij}\, t_i\, t_j$$

$$\varepsilon_{\max} = \frac{\omega}{c} a\, l_i\, l_j\, t_i\, t_j$$

α를 터널 축 t와 파의 전파방향 I 사이의 각도를 나타낸다고 하자. $l_i t_i = \cos\alpha$로써 마침내 다음과 같이 된다.

$$\varepsilon_{max} = \frac{\omega}{c} a \cos^2 \alpha$$

지금 변위장 $\mathbf{u}(\mathrm{x}, \mathrm{t})$에 의해 부과되는 터널축의 곡률 변화 κ를 결정하자. 초기 곡률이 작아서 무시할 수 있다고 가정한다. 터널 축의 벡터 표현식을 $\mathbf{r}(\mathrm{s}) = \mathbf{r}_0(s) + \mathbf{u}(\mathrm{s})$라 하자, 여기서 s는 호의 길이다. 그때 곡률은 다음 $\kappa \approx |\mathbf{r}''|$과 같이 주어진다. 여기서 프라임(′)은 s와 관계되는 유도임을 나타낸다. 따라서 다음과 같은 식을 얻을 수 있다.

$$\triangle \kappa = \kappa - \kappa_0 \approx \kappa \approx |\mathbf{u}''|$$

$\mathbf{u}''$는 다음과 같이 결정될 수 있다 :

$$\mathbf{u}' = u_i' = \frac{\partial u_i}{\partial x_j} \frac{\partial x_j}{\partial s} = \frac{\partial u_i}{\partial x_j} t_j$$

동시에

$$\begin{aligned} (u_i')' &= \frac{\partial}{\partial x_k} \left(\frac{\partial u_i}{\partial x_j} t_j \right) t_k \\ &= \frac{\partial^2 u_i}{\partial x_k \partial x_j} t_j t_k + \frac{\partial u_i}{\partial x_j} \frac{\partial t_j}{\partial x_k} t_k = \frac{\partial^2 u_i}{\partial x_k \partial x_j} t_j t_k + \frac{\partial u_i}{\partial x_j} \frac{\partial t_j}{\partial s} \end{aligned}$$

초기 직선인 터널에 대해서$(\partial t_i / \partial s = 0)$는 다음과 같은 식을 얻을 수 있다.

$$u_i'' = \frac{\partial^2 u_i}{\partial x_k \partial x_j} t_k t_j$$

따라서

$$\kappa = \left| \frac{\partial^2 u_i}{\partial x_k \partial x_j} t_k t_j \right|$$

$$\leadsto \quad \kappa = \frac{\omega^2}{c^2} l_j l_k t_j t_k |u_i|$$

그리고

$$\kappa_{max} = \left(\frac{\omega}{c} \right)^2 a \, l_j l_k t_j t_k$$

또는

$$\kappa_{max} = \left(\frac{\omega}{c} \cos\alpha \right)^2 a$$ 이 된다.

H 부록 – 팽창에 대한 합리적 접근

역학적인 용어에서, 팽창은 다음과 같이 설명될 수 있다: 변형률 ε를 팽창(ε_s)에 의한 부분과 역학적 재하/제하(ε_b)에 의한 한 부분으로 분해할 수 있다:

$$\varepsilon = \varepsilon_s + \varepsilon_b \tag{H.1}$$

팽창성 광물에 물이 즉각적으로 접근할 수 있도록 하기 위해, 무한히 얇은 층으로 간주한다. 실험결과의 부족으로, ε_s와 w 사이 가장 간단한 관계 즉 선형의 관계를 가정한다:

$$\varepsilon_s = \varepsilon_{s,\max} \frac{w}{w_{\max}} \tag{H.2}$$

물론, 이 관계는 해당 시험결과가 구해질 수 있으면 바로 더 실제적인 관계에 의해 교체될 수 있다. w는 수분 함량이다. 그것은 공극내의 자유수(토질역학에서 늘 그렇듯이)뿐만 아니라, 팽창의 원인되는 물과 관련된다.

$w_{\max}$는 포화상태의 수분 함량이다, 즉 더 이상의 팽창이 발생하지 않을 때이다. 지반에서 물의 전파는 알려진 확산 방정식에 의해 지배되고 또한 압밀이론으로부터 알려진 확산 과정이다, 한 개의 공간차원을 갖는 문제에 대해

$$\frac{\partial w}{\partial t} = c \frac{\partial^2 w}{\partial z^2} \tag{H.3}$$

단순화를 위해, c를 상수로 가정한다. 분명히 1 D-압밀에 대해서 말하자면 같은 해가 적용된다.

변형률의 역학적인 부분을 위해 토질역학의 알려진 대수 관계식을 사용한다:

$$\varepsilon_b = -C_b \ln \frac{\sigma}{\sigma_0} \tag{H.4}$$

여기서 압축은 음의 값을 취한다. σ_0는 초기 응력이다. 다시, 식 (H.4) 대신에 만약 구할 수만 있다면 더 적절한 관계식이 사용될 수 있다.

지금 두께 l인 층을 고려하자. $t=0$에서 층의 상부 및 하부 경계에 물의 접근이 이루어진다. 이 층 내에서 수분 함량의 순간적인 분포는 압밀이론으로부터 알려진 것과 같은 등시간곡선에 의해 주어진다(그림 H.1).

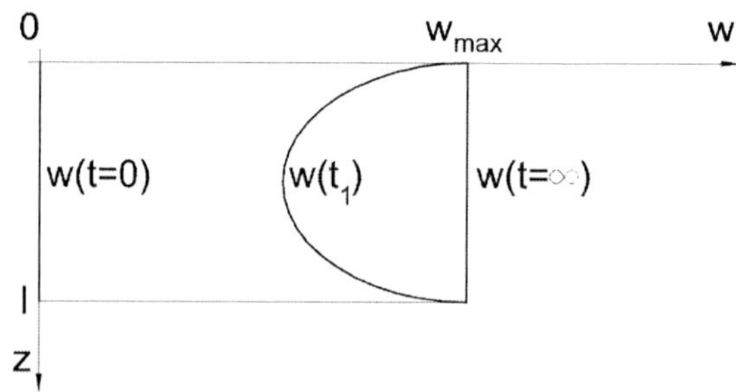

그림 H.1 여러 시간에서 팽창성 층의 두께 $0 \le z \le l$에 걸쳐 나타나는 w의 분포

만일 모든 심도 z와 모든 시간 t 대해 w가 알려진다면, 팽창에 의한 융기는 다음과 같이 얻을 수 있다:

$$(\Delta l)_s = \int_0^l \varepsilon_s dz = \varepsilon_{s,\max} \int_0^l \frac{w}{w_{\max}} dz = \varepsilon_{s,\max} \int_0^l \mu dz = \varepsilon_{s,\max}\, \overline{\mu} l \tag{H.5}$$

확산 방정식 (H.3)의 해는 무차원 시간 $\tau := 4ct/l^2$의 함수로서 $\overline{\mu}$가 산출된다. 압밀이론에서 $\overline{\mu}$는 최종 침하량 s_∞에 대해 시간 t에서의 실제 침하량의 비를 나타낸다. 여기에서 $\overline{\mu}$는 $t \to \infty$에서의 최종 확장에 대한 시간 t에서의 팽창에 의한 (억제되지 않은)확장의 비를 나타낸다. 알려진 대로, $\overline{\mu}$와 τ 사이의 관계식은 근사적으로 다음과 같이 구해질 수 있다.

$$\tau = \begin{cases} \dfrac{\pi}{4}\overline{\mu}^2 & \overline{\mu} < 0{,}6 \text{ 에 대해} \\ -0.933\log_{10}(1-\overline{\mu}) - 0{,}085 & \overline{\mu} > 0{,}6 \text{ 에 대해} \end{cases}$$

식 (H.5)로부터 팽창에 의한 평균 확장은 다음과 같다.

$$\overline{\varepsilon_s} := \left(\frac{\Delta l}{l}\right)_s = \overline{\mu}\varepsilon_{s,\max} \tag{H.6}$$

식 (H.4), (H.1)로부터 (H.6)은 고려되는 층의 총 확장은 다음과 같다:

$$\overline{\varepsilon} = -C_b \ln\frac{\sigma}{\sigma_0} + \varepsilon_{s,\max}\overline{\mu}$$

반로그의 도표(그림 H.2)에서 $\overline{\varepsilon}$와 σ사이의 관계는 직선으로 표시된다.

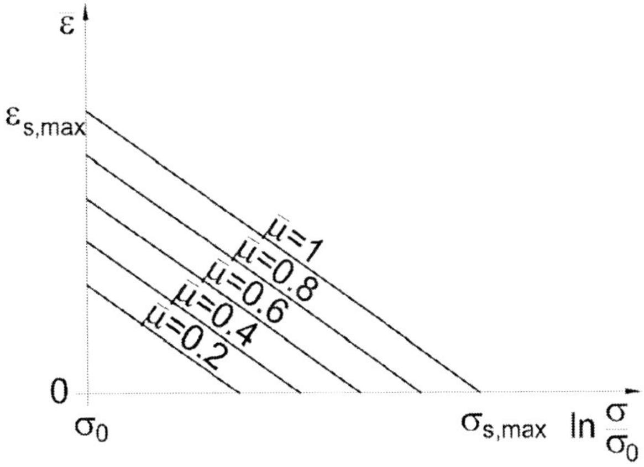

그림 H.2 $\overline{\varepsilon}$와 σ 사이의 관계. $\varepsilon = 0$와 $\sigma = \sigma_0$에 대해 t= 0에서 경계로의 물의 접촉이 일어남. $t \rightarrow \infty$ 대해 경우 $\overline{\mu} = 1$이 얻어짐

그림 H.2에서 직선 그룹은 $\overline{\mu}$(혹은 시간 t)에 의해 지표화가 된다. 예를 들어 약한 입자들로 구성되는 압축성의 층을 추가하는 것은 팽창한 층을 특별한 $\sigma - \overline{\varepsilon}$ 관계, 예를 들어 탄성-이상적 소성 관계를 규정하게 된다. 만약 그림 H.2안에 이러한 관계를 도시한다면, 시간에 따르는 응력과 변형률의 발달이 구해진다(그림 H.3).

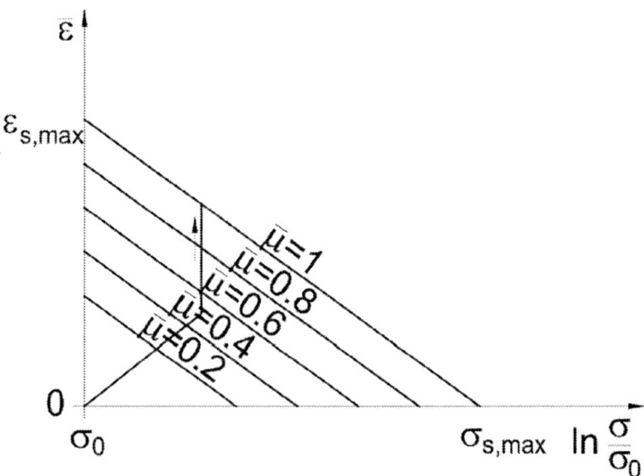

그림 H.3 여기에서 보는 바와 같이 탄성-이상적인 소성 곡선에 의해 $\bar{\varepsilon}$와 σ사이 관계가 미리 정해져 있다면, 그때는 시간에 따른 변형률의 발달이 제시된 지표화로부터 유추될 수 있다.

찾아보기

ㄱ

강섬유보강 154
개별요소법 255
격자지보재 144
경계조건 228, 235, 273
경사계 361, 364
공극률 173, 176
공극수압 179, 208
공기 불투명도 39
공내재하시험 265, 287
과압밀 233, 234
교통용량 13, 14
국부적 볼팅 141
굴진장 75, 130
굴착기 81, 82
그라우트 주입가능성 160
그라우팅 154, 158
극점 65, 66

ㄴ

내공변위 295, 298, 360
내화 콘크리트 43

ㄷ

단면형태 7, 8
단층 58, 67, 237
단층경면 68
더블 쉴드 95, 100
도갱 112
도로 터널 6, 51
도폭선 86, 87
동결공법 166

ㄹ

라이닝 세그먼트 79, 95
라이프라인 98, 109
로드헤드 82, 92
록볼트 115, 141
리바운드 222
링 폐합 76, 171

ㅁ

막장 지보 98, 147
모노코크 라이닝 154
목재 지보 142

ㅂ

반죽질기 133, 159
반횡류식 37, 38
발파후 가스 211
방수 터널 179
배수 터널 183, 186
벤치 76, 77
벤토나이트 현탁액 202, 391

변위장 218, 411
변형률 240, 249
보상 그라우팅 155, 157, 158
본조사 58
분할단면 굴착 75, 76
비상대피구역 15

ㅅ

상계정리 335, 337
선형 229, 269, 315
설계시공분리방식 25
설계시공일괄방식 24
세그먼트 96, 100, 105, 144
소성거동 231, 232
숏크리트 195, 311, 379, 382
수갱 굴진 205
수밀 콘크리트 189, 190
수압파쇄 366
스무스 발파 86, 87
스파일링 145, 146
시멘트 그라우트 139, 362
시추공 115, 174, 265, 368

ㅇ

아치 지보 143
암반분류법 70, 148
암석파열 353
압기공법 191, 193
압축강도 113, 182, 329
앵커 305, 309, 311
언더피닝 130
연성거동 237, 254
연화현상 234, 242
열전도도 393
영구 라이닝 21, 150
예비조사 58, 59
유효응력 175, 208
응력분포 250, 303
응력장 253, 330
응력해방 368
이방성 185, 246, 301
이수식 쉴드 102, 106, 318
이완현상 248, 302
인버트 188, 223
인장강도 238, 244, 388
인장증강 307

ㅈ

자립시간 70, 170
장약 84, 87, 388
저압 그라우팅 155
전기뇌관 85, 86
전단강도 68, 234
전단면 굴착 130
전색 84, 85, 89
절리 64, 66, 72, 245
점착력 164, 233, 292
점하중 시험 243
점화 85, 86
정규압밀 234
정설도갱 76, 78
제트 그라우팅 155, 158
조명 14, 215
주입재 155, 158
주향 65, 67
지반반력 377, 379
지반반응선 304, 322
지보력 138, 318
지보반응선 288, 289
지보압 272, 325, 333

지보재 130, 142, 148
지중변위계 361, 362
지진파 339
지표침하 75, 348
지표함몰붕괴 17, 170
지하수로 터널 18

ㅊ

철로터널 5, 9
체적탄성계수 230
체적팽창 284, 377
초기응력 129, 274
초기조건 397
취성거동 150
측벽도갱 78, 110
침매 터널 198, 200

ㅋ

캐스트 콘크리트 131, 150
케이슨 198, 200, 201
코끼리 발 76, 80
코어 샘플러 62
코어 회수율 64
크기 효과 250, 252
크리프 147, 250

ㅌ

탄성거동 276
탄성계수 131, 259
탄성파 63, 64
터널 횡단면 9
테일 간극 99
토목섬유 180, 190
토압식 쉴드 106, 107
투수계수 154, 157, 185

ㅍ

패턴 볼팅 141, 305
팽창 260, 264, 415
퍼포렉스 146
폭굉 85, 386
프락탈 251, 252
프리스트레스 앵커 307, 310
플래쉬 오버 42

ㅎ

하계정리 235, 335
한계정리 235
헤드룸 14
화약류 85, 87, 88
화재감지기 45, 55
화재진압대책 43
환기 풍관 32, 33
환기팬 34, 35,42
횡류식 환기 38
훠폴링 145, 146

기 타

NATM 129, 167, 168, 169, 221
Hoek와 Brown의 기준 259
Q 시스템 70, 71
RMR 70, 71, 81
RQD 64, 70, 71
TBM 18, 82, 91, 179

역 / 자 / 소 / 개

▶ **선우춘**

한국지질자원연구원 지하공간환경연구실 책임(영년직)연구원

불란서 Paris VI 대학(박사)

서울대학교 자원공학과(석사)

서울대학교 자원공학과(학사)

한국터널지하공간학회 이사

한국자원공학회 부회장(편집위원장)

E-mail : sunwoo@kigam.re.kr

▶ **박인준**

한서대학교 토목공학과 교수

University of Arizona(박사)

연세대학교 토목공학과(석사)

연세대학교 토목공학과(학사)

한국터널지하공간학회 이사

한국지반공학회 이사

E-mail : geotech@hanseo.ac.kr

▶ **김상환**

호서대학교 토목공학과 교수

Oxford University(박사)

Asian Institute of Technology 지반공학과(석사)

인하대학교 토목공학과(학사)

한국터널지하공간학회 부회장

한국지반공학회 이사

한국방재학회 이사

E-mail : kimsh@hoseo.edu

유광호

수원대학교 토목공학과 교수

University of Minnesota(박사)

연세대학교 토목공학과(석사)

연세대학교 토목공학과(학사)

한국터널지하공간학회 부회장

한국지반공학회 이사

E-mail : khyou@suwon.ac.kr

유충식

성균관대학교 건축토목공학부 교수

Pennsylvania State University(박사)

Pennsylvania State University 토목공학과(석사)

성균관대학교 토목공학과(학사)

한국터널지하공간학회 이사

한국지반공학회 이사

한국토목섬유학회 부회장

E-mail : csyoo@skku.edu

이승호

상지대학교 건설시스템공학과 교수

한양대학교(박사)

한양대학교 토목공학과(석사)

한양대학교 토목공학과(학사)

한국지반공학회 회장

E-mail : shlee@sangji.ac.kr

▸ **전석원**

서울대학교 에너지시스템공학부 교수

University of Arizona(박사)

서울대학교 자원공학과(석사)

서울대학교 자원공학과(학사)

한국터널지하공간학회 이사

한국지반공학회 이사

한국암반공학회 이사

E-mail : sjeon@snu.ac.kr

▸ **송명규**

University of Nottingham Malaysia Campus, Assistant Professor

한양대학교 대학원 암석역학(박사)

한양대학교 지구환경시스템공학과(석사)

한양대학교 지구환경시스템공학과(학사)

ITA WG15 Environment and Underground 분과위원

한국터널지하공간학회 종신회원 및 정보화 분과위원

한국암반공학회 종신회원

E-mail : mk.song@nottingham.edu.my, singsong@paran.com

터널공학

– 터널굴착과 터널역학

초판인쇄 2013년 8월 16일
초판발행 2013년 8월 23일

저　　자 Dimitrios Kolymbas
역　　자 선우춘, 박인준, 김상환, 유광호, 유충식, 이승호, 전석원, 송명규
펴 낸 이 김성배
펴 낸 곳 도서출판 씨아이알

책임편집 이정윤
디 자 인 송성용, 류지영
제작책임 윤석진

등록번호 제2-3285호
등 록 일 2001년 3월 19일
주　　소 100-250 서울특별시 중구 예장동 1-151
전화번호 02-2275-8603(대표) **팩스번호** 02-2275-8604
홈페이지 www.circom.co.kr

ISBN 978-89-97776-83-2 93530
정가 35,000원